SOCIÉTÉ IMPÉRIALE D'ACCLIMATATION

LA
PRODUCTION
ANIMALE ET VÉGÉTALE

ETUDES FAITES A L'EXPOSITION UNIVERSELLE DE 1867

PARIS

E. DENTU, LIBRAIRE-ÉDITEUR

PALAIS-ROYAL, GALERIE D'ORLÉANS, 17 ET 19

ET AU SIÉGE DE LA SOCIÉTÉ

HÔTEL LAURAGUAIS, RUE DE LILLE, 19

1867

LA

PRODUCTION

ANIMALE ET VÉGÉTALE

Paris . — Imprimerie de E. MARTINET, rue Mignon, 2.

SOCIÉTÉ IMPÉRIALE D'ACCLIMATATION

LA
PRODUCTION

ANIMALE ET VÉGÉTALE

ÉTUDES FAITES A L'EXPOSITION UNIVERSELLE DE 1867

PARIS

E. DENTU, LIBRAIRE-ÉDITEUR

PALAIS-ROYAL, GALERIE D'ORLÉANS, 17 ET 19

ET AU SIÉGE DE LA SOCIÉTÉ

HÔTEL LAURAGUAIS, RUE DE LILLE, 19

1867

L'ouvrage offert aujourd'hui au public par la *Société impériale d'acclimatation* est indépendant du *Bulletin mensuel*
réservé à ses travaux ordinaires.

Désirant tirer de l'*Exposition universelle de* 1867 d'utiles
enseignements, la Société a institué un *Comité d'études* ayant
pour mission de rechercher à l'Exposition et de décrire tous
les produits zoologiques ou botaniques capables d'intéresser
l'œuvre de l'*acclimatation*, et de faire connaître les procédés
appliqués pour utiliser ces produits.

Les rapporteurs de ce Comité, composé de personnes compétentes dans chaque spécialité des sciences naturelles, ont
consigné dans leurs travaux le fruit des recherches communes.

Ce volume sur la production animale et végétale, étranger
aux rapports publiés par les commissions officielles, n'est pas
un catalogue des principaux objets exposés, ouvrage qui n'aurait qu'une utilité temporaire et limitée à la durée de l'Expo-
tion, mais bien un travail sur les diverses branches d'histoire

naturelle, que les personnes intéressées au but de la Société impériale d'acclimatation consulteront toujours avec fruit.

Pour centraliser les rapports, les juger et en autoriser l'impression, le Conseil de la Société, dans sa séance du 10 mai 1867, a nommé une *Commission supérieure* composée de :

MM. DROUYN DE LHUYS, président de la Société (1).

DUMÉRIL (Auguste),
PASSY (Antoine),
QUATREFAGES (de),
RICHARD (du Cantal), } vice-présidents.

ÉPRÉMESNIL (le comte d'), secrétaire général.
SOUBEIRAN (le docteur J. Léon), secrétaire des séances.
WALLUT (Ch.), secrétaire du Conseil.
COSSON, archiviste.

CHATIN,
COSTE,
DAVIN (Frédéric),
CLOQUET (le baron Jules), } membres du Conseil.
JACQUEMART (Frédéric),
LARREY (le baron),
SÉGUIER (le baron),

GEOFFROY SAINT-HILAIRE (Albert), secrétaire honoraire du Conseil.
GILLET DE GRANDMONT (le docteur A.), secrétaire adjoint des séances (2).

AUBÉ (le docteur),
BERRIER-FONTAINE (le docteur),
GERVAIS (Paul),
GUÉRIN-MÉNEVILLE,
LEBLANC,
POTEL-LECOUTEUX, } membres de la Société (3).

---

(1) La *Commission supérieure* a été alternativement présidée par Son Excellence M. Drouyn de Lhuys, président, et M. Richard (du Cantal), vice-président.

(2) M. Gillet de Grandmont a été *délégué par la Commission supérieure* pour centraliser les résultats des travaux des rapporteurs du Comité.

(3) Bien qu'ayant été soumis à l'appréciation de la Commission supérieure, les rapports composant le présent ouvrage restent l'expression des opinions personnelles des rapporteurs.

Le *Comité d'études*, comprenant les membres nommés :
1° par la Commission supérieure ; 2° par les cinq sections
de la Société (1) ; 3° par les Commissions *industrielle* et
médicale de la Société, se composait de :

MM. Avène (le baron d').
   Becquemont.
   Bourguin.
   Bouvier.
   Bretagne (Ch.).
   Calais.
   Garcenac.
   Chevet aîné.
   Decroix.
   Delamardelle (le baron).
   Delondre (Augustin).
   Duriez.
   Gayat.
   Galbert fils (de).
   Gastinel.

MM. Girard (Maurice).
   Giraudeau.
   Hennequin.
   Kralik.
   Lacour.
   Martin de Moussy (le docteur).
   Mialhe (le docteur).
   Millet.
   Pigeaux (le docteur).
   Tourlet.
   Tricot.
   Vavasseur (le docteur).
   Verreaux (Jules).
   Vilmorin (H.).

(1) La Société impériale d'acclimatation comprend 5 sections, savoir :
   1re section : Mammifères.
   2e   —   Oiseaux.
   3e   —   Poissons, Mollusques, etc.
   4e   —   Insectes.
   5e   —   Végétaux.

INTRODUCTION

DE L'INFLUENCE DE L'HOMME
SUR LA CRÉATION DES RACES
ANIMALES ET VÉGÉTALES

Par M. LE Dʳ A. G. DE GRANDMONT

Membre associé au Jury international, Secrétaire adjoint de la Société impériale d'acclimatation.

En tête d'une publication sur la production animale et végétale, œuvre de talent et de science due au zèle des membres de la Société d'acclimatation, j'ai pensé qu'il ne serait peut-être pas sans intérêt d'indiquer sous l'empire de quelles influences l'homme crée, avec les animaux qui l'entourent, des races répondant, mieux que celles de la nature, à la multiplicité de ses besoins.

Roi sur la terre, ciron dans l'immensité des mondes, armé d'instruments de son œuvre pour allonger la portée de ses sens, compter et décrire les infiniment petits, surprendre dans les infiniment grands leur cause et leur but final ; par l'étude des grandes lois de la nature, l'homme s'élève et cherche à se rapprocher de son Créateur. Vain orgueil s'il veut créer, il lui manquera toujours le souffle divin qui anime ; louables efforts s'il cherche à compléter la somme des connaissances qu'il lui est donné d'acquérir sur la terre.

Nulle étude, à ce dernier titre, ne mérite plus de captiver l'attention du naturaliste que celle des lois qui président à la transformation des êtres.

J'aurais voulu pouvoir aborder cette étude si ardue, si entraînante tout à la fois ; l'autorité me manque, et je laisse à de plus capables le soin de résoudre les problèmes que je ne ferai qu'indiquer chemin faisant. Je vais donc parcourir, en tous sens et presque sans itinéraire, les domaines de l'histoire naturelle, ne songeant qu'à recueillir les faits propres à démontrer les propositions suivantes :

Les êtres vivants se modifient dès qu'ils sont au pouvoir de l'homme.

Les modifications des animaux sont capitales au point de vue des résultats, bien que portant d'abord et principalement sur les appareils les moins essentiels de l'organisme.

Les modifications subies par les animaux sont le résultat de forces que l'homme dirige à son gré.

Enfin j'aurai atteint mon but, si je puis, condensant en quelques pages les éléments de la zootechnie, faire entrevoir tout ce que l'acclimatation et l'élevage peuvent demander à cette science, pour l'importation des espèces exotiques et l'amélioration de nos races indigènes.

I

LES ÊTRES VIVANTS SE MODIFIENT DÈS QU'ILS SONT AU POUVOIR DE L'HOMME.

Aussi loin que nous puissions remonter dans le passé à l'aide des traditions écrites que les siècles ont conservées, nous trouvons nos animaux domestiques déjà soumis à l'homme et lui rendant, en partie, les services que nous leur demandons encore aujourd'hui.

Dans les hypogées égyptiennes dont quelques-unes, suivant l'opinion des savants, datent de soixante siècles avant notre ère, on trouve la représentation de scènes des champs. L'intérieur du temple égyptien de l'Exposition, reproduction fidèle d'une construction de plus de quatre mille ans d'existence, nous donne une idée de ces salles funéraires habilement décorées.

Les dessins que renferment les hypogées ont été d'un grand secours aux naturalistes pour la recherche du type primitif de nos races domestiques. Ils nous montrent, en effet, la vache de couleurs variées (témoignage d'une domestication déjà avancée), employée aux travaux agricoles, et conduite à l'aide d'une corde serrant la mâchoire inférieure, ou traie par un esclave qui lui a lié les pieds de derrière; tandis que le bœuf s'avance majestueusement, le cou orné de festons, vers le sacrificateur qui l'attend. Ils nous représentent aussi l'âne, encore rétif, tenu par la tête et la queue pendant qu'on lui pose le bât. Le cheval ne figure pas dans les dessins des premières dynasties égyptiennes ; ce ne fut, en effet, que plus tard qu'il fut appliqué aux travaux de la guerre. Cependant, de la lecture des plus anciens manuscrits chinois, il résulte que, deux mille ans avant notre ère, le cheval était déjà domestiqué dans la Chine.

On voit encore sur les murs des hypogées le profil de la chèvre et du mouton, celui du chien, qui est représenté par deux variétés ou races ; toutes deux ont les formes du lévrier ; mais l'une porte les oreilles droites, l'autre tombantes ; on voit généralement, dans cette dernière particularité, le signe d'une domesticité très-ancienne. Il est fort probable du reste que le chien est de tous les animaux celui qui, le premier, fut soumis à l'homme.

Les oiseaux de basse-cour sont aussi figurés sur les monuments égyptiens : les oies conduites en troupe et à la baguette, comme de nos jours ; les canards en liberté sur une pièce d'eau, où des esclaves les prennent à l'aide de rets. Beaucoup plus tard, du temps de Varon, 75 ans avant Jésus-Christ environ, le canard n'était pas encore domestiqué puisqu'au dire du *plus savant des Romains*, on ne le conservait qu'en tendant des filets au-dessus des étangs. Le pigeon est, le plus souvent, représenté enfermé dans des cages qui semblent destinées au marché (1).

Telles sont, relativement aux animaux domestiques, les traditions les plus anciennes et les moins capables de donner prise aux fausses interprétations.

Ainsi donc, dès les premiers temps de son histoire, l'homme avait rassemblé autour de lui les animaux les plus utiles, et

______

(1) M. Bourguin a donné, dans son *Rapport sur les animaux de l'antique Égypte,* une description très-exacte et très-complète de l'hypogée de l'Exposition.

déjà il avait, en partie, su les modifier. On comprend, dès
lors, les difficultés sans nombre et les chances presque inévi-
tables d'erreurs qu'ont rencontrées les premiers naturalistes
à la recherche des types originels de nos animaux auxiliaires;
puisque, partant de leur époque, ils se trouvaient en face des
races les plus variées et les plus dissemblables dans leurs caractères, et que, remontant à l'antiquité, ils rencontraient
encore des animaux tels qu'il n'en existait plus à l'état sauvage.

Quoi qu'il en soit, les travaux de Geoffroy Saint-Hilaire (1)
ont jeté un grand jour sur cette question; et il est admis, avec
ce savant zoologiste, que nous devons, à l'Asie, la majeure
partie de nos races domestiques.

L'âne et le cheval viennent de l'Arabie, notre bœuf est
celui des Égyptiens (2).

La chèvre et le mouton trouvent leur origine dans le bouquetin et le mouflon.

Le chien a pour père un chacal. Cette question a été l'objet
de discussions longues et pleines d'intérêt : les uns voyaient
dans le loup le type primitif du chien ; les autres le trouvaient
dans le chacal. Geoffroy Saint-Hilaire défendait cette dernière opinion. En obtenant un produit fécond par l'accou-
plement du chien et du chacal, en apprivoisant ce dernier,
en lui apprenant à aboyer, et en donnant au chien, par
une nourriture exclusivement animale, l'odeur que l'on disait
caractéristique du chacal, ce savant a répondu victorieuse-
ment aux objections que lui opposaient ses contradicteurs.

Mais revenons à l'influence de l'homme sur les animaux.
Sans chercher dans l'antiquité des transformations que nous
ne pouvons suivre pas à pas, étudions ces phénomènes à des

(1) Geoffroy Saint-Hilaire, *Acclimatation et domestication des animaux*. Paris, 1861.
(2) Les Égyptiens possédaient aussi le zébu.

époques beaucoup plus récentes; recherchons ceux qui ont lieu chaque jour, sous nos yeux, et qui, pour être trop communs, nous laissent indifférents.

L'agriculteur produit des races de bœufs pour le travail, pour la viande, de vaches pour le lait, de moutons pour la laine et la chair, de porcs pour la graisse, de chevaux pour le trait ou la selle. L'éleveur crée des races de chiens de très-haute taille ou de dimensions extrêmement petites, des races de lapins, de poules, de canards, etc. Mais tous ces animaux ayant pour souche des parents domestiqués depuis longtemps déjà, je ne m'y arrêterai pas pour le moment et je parlerai d'animaux plus récemment importés.

Parmi les oiseaux, nous trouverons des exemples d'un haut intérêt. Le serin des Canaries, introduit en Europe dans le milieu du xve siècle, était originairement d'une couleur verdâtre tachée de brun. Aujourd'hui, il est représenté par un grand nombre de races basées sur la couleur du plumage, la forme du corps ou la puissance du chant. La race dite de Hollande se caractérise entre toutes par son corps allongé, porté sur de longues pattes, et par sa voix qui a acquis des modulations d'une mélodie toute particulière.

Le dindon, dont l'importation attribuée aux jésuites remonte au commencement du xvie siècle, a tout à la fois, dans nos basses-cours, pris plus de volume et perdu une partie de l'éclat de son plumage.

Le biset (*Columba livia*) a conservé dans nos colombiers la livrée qu'il portait à l'état sauvage ; et cependant à côté de lui, on voit les pigeons les plus dissemblables. Les uns ont un volume considérable, les autres sont des miniatures d'oiseaux ; l'un a les pattes recouvertes de plumes, l'autre porte un jabot sous le cou, un capuchon sur la tête ; celui-ci a la queue redressée et ouverte comme celle d'un paon, cet autre les ailes plus longues que le corps à la façon des hirondelles. Malgré leurs caractères opposés, toutes ces races doivent être rapportées au biset.

Ces exemples démontrent d'une façon irrécusable que l'homme, en imposant sa domination aux animaux, les oblige à revêtir la livrée qu'il lui plaît, à modifier la forme de leur corps et leur instinct naturel. Nous verrons bientôt que, si l'homme exige parfois tant de sacrifices des animaux, ce n'est pas seulement pour qu'ils récréent sa vue, mais souvent aussi pour qu'ils l'aident à lutter contre les premiers besoins de la vie.

II

LES MODIFICATIONS DES ANIMAUX SONT CAPITALES AU POINT DE VUE DES RÉSULTATS, BIEN QUE PORTANT D'ABORD ET PRINCIPALEMENT SUR LES APPAREILS LES MOINS ESSENTIELS DE L'ORGANISME.

La nature, en confiant à l'homme les animaux de la création, a placé en eux, à côté de l'instinct de conservation, la force de *résistance* qui lutte contre la rigueur des influences nuisibles externes. Je m'explique : un animal vivant sous une basse latitude n'est pas plutôt transporté dans une région plus froide, que son corps se couvre de poils plus longs ; placé en face d'aliments qu'il ne connaît pas, l'instinct de conservation l'oblige à les accepter, tandis que, en vertu de la *loi de résistance*, son tube digestif tend à se mettre en harmonie avec le nouvel aliment qui lui est offert. Ce que je dis ici des animaux est encore vrai des végétaux, de sorte que l'on peut admettre d'une façon générale que, sous peine de périr, les êtres organisés doivent subir des mutations dans leurs dispositions anatomiques et dans leurs fonctions physiologiques pour s'adapter aux conditions diverses d'existence auxquelles ils sont soumis.

C'est ce que Geoffroy Saint-Hilaire exprime en disant que les caractères des êtres organisés, fixes pour chaque espèce, tant qu'elle se perpétue au milieu de mêmes circonstances, se modifient si les circonstances ambiantes viennent à changer.

« Outre les causes qui agissent sur eux, dit aussi F. Cuvier, tous les animaux se développent sous l'influence des causes qui sont hors d'eux et qui ont la puissance de les modifier dans des limites plus ou moins étendues. Les modifications qu'ils éprouvent par là tendent à les mettre en harmonie avec les circonstances au milieu desquelles ils vivent, et sous ce point de vue, il est peu de phénomènes qui méritent à un plus haut degré l'attention des naturalistes. »

J'aurai souvent occasion de citer de nombreuses applications de la *loi de résistance,* je ne m'y arrêterai donc pas davantage en ce moment.

Dans les modifications que subissent les animaux, ce sont toujours les organes qui ont le moins d'influence sur la vie qui sont les premiers atteints.

Quelquefois cependant, les organes qui nous servent à caractériser une espèce sont eux-mêmes touchés, mais ce n'est qu'accidentellement, et l'on ne doit voir dans ce fait qu'un nouveau témoignage de l'imperfection de nos moyens de classification et de la méthode que nous suivons dans l'étude des sciences.

Les modifications portent d'abord sur la coloration et la nature des téguments, sur la quantité de tissu adipeux, puis sur les dimensions en général, enfin sur les organes internes et sur les os.

Tout animal élevé en domesticité n'est pas fatalement condamné à passer par cette série de phénomènes; l'homme, à son gré, peut diriger l'action de ses moyens dans tel ou tel sens, engraisser cet animal, grandir les proportions de celui-là, changer en laine le poil de l'un, en poil la laine de l'autre, etc. Ces modifications qui semblent si peu importantes au premier abord sont, pour l'anatomiste et le physiologiste, l'objet d'études d'un grand intérêt. Là où l'on ne voit vulgairement que la naissance ou la chute d'un poil, ils découvrent que tout un appareil composé de glandes, de vaisseaux, de nerfs, s'est développé ou atrophié en même temps que le bulbe pileux.

Quand l'anatomiste mesure le tube digestif de notre chat domestique, il le trouve plus long que celui du *Felis mani-culata* dont Étienne Geoffroy Saint-Hilaire a découvert des momies en Égypte et qui est la souche de notre race actuelle. Le physiologiste, à son tour, donne l'explication de cet allongement. En acceptant des aliments en partie de nature végétale, le chat a introduit dans ses voies digestives des matières plus difficilement assimilables ; son intestin, pour répondre aux besoins de nutrition de l'organisme, a dû (comme un grand industriel qui, pour satisfaire aux demandes des acheteurs, augmenterait son personnel d'ouvriers) multiplier sa surface et par conséquent les bouches absorbant au profit de l'économie les sucs nourriciers de la digestion.

Les modifications du genre de cette dernière sont, avec celles des os, les plus importantes qu'il ait été donné d'observer ; et l'on ne doit pas espérer les voir s'étendre plus loin, à cause de la *loi de fixité* de l'espèce qui lutte sans cesse contre la domestication et ses exigences.

Fixité de l'espèce. — L'étude des faits de la nature nous fournit en foule les preuves de la fixité de l'espèce.

La paléontologie, cette science qui reconstitue la faune et la flore des époques antérieures à la nôtre, a classé en trois groupes les êtres qu'elle a décrits. Dans le premier elle range ceux qui n'existent plus de nos jours ; dans le second ceux qui ne se rencontrent plus vivants dans les régions qu'ils ont habitées autrefois ; dans le troisième ceux qui vivent encore sur le même sol. Ce dernier groupe fournit les meilleurs exemples de la fixité de l'espèce.

Agassiz, par l'étude qu'il a faite des îles voisines de la Floride et de cette presqu'île elle-même, nous a montré que ces masses émergentes étaient dues à des polypiers. Suivant le calcul du célèbre naturaliste, il a fallu au moins deux cent mille ans à ces animaux inférieurs pour constituer de semblables surfaces habitables.

La botanique nous offre des arguments non moins concluants : M. de Quatrefages, dans son livre sur *l'unité de l'espèce humaine*, ouvrage remarquable que j'ai consulté avec fruit, cite, d'après M. Decaisne, un exemple de la fixité des races remontant à une époque antérieure aux dernières transformations du globe.

Dans des travaux de terrassement aux environs de Dôle, les sables du diluvium furent remués, et l'on vit, non pas sans étonnement, à mesure que ceux-ci arrivaient au contact de l'air, apparaître un petit gaillet, plante rare dans la localité ; sa multiplication dans cet endroit provenait de graines qui, depuis des siècles, avaient conservé leurs facultés germinatrices. Ce gaillet n'est autre que le *Galium anglicum*, qui se trouve si communément dans les lieux secs, aux environs de Paris.

Dans les hypogées, on a trouvé des débris de végétaux qui présentaient tous les caractères de ceux que nous possédons aujourd'hui. A l'aide des pains qu'on y a même découverts, nos botanistes ont pu s'assurer que l'orge, dont les Égyptiens se servaient, était en tout semblable à celle que nous cultivons.

Par le nombre des couches qui constituent le tronc des arbres, on peut apprécier d'une façon très-approximative l'âge des végétaux (une couche correspondant à une année de végétation). Dans nos forêts, on a signalé des chênes dont le diamètre dépassait 4 mètres ; leur existence remontait à douze cents ans. Sur un échantillon de *Sequoia gigantea*, présenté récemment à notre Société, on comptait 1245 couches. Adanson a mesuré au cap Vert un baobab de 22 mètres de circonférence; il estime que cet arbre avait vécu plus de cinq mille ans; un autre Sequoia gigantesque de Californie a offert jusqu'à 6000 couches; il était donc contemporain des premières dynasties égyptiennes.

On voit par là que si les êtres subissent les influences des conditions de toute nature dans lesquelles ils sont placés, la grande *loi de fixité* de l'espèce tend à les ramener au type primitif. Il faut donc que l'homme intervienne sans cesse pour conserver ses races domestiques.

L'étude de cette influence humaine dominatrice et de ses moyens d'action conduit à poser les lois de la zootechnie, mais nous ne ferons ici que les indiquer.

III

LES MODIFICATIONS SUBIES PAR LES ANIMAUX SONT LE RÉSULTAT DE FORCES QUE L'HOMME DIRIGE A SON GRÉ.

Les forces dont l'homme dispose vis-à-vis des êtres qu'il veut soumettre à son empire sont au nombre de quatre :

1° *L'hérédité ;*
2° *Les milieux ;*
3° *La nourriture ;*
4° *Le travail.*

Nous allons successivement chercher à faire comprendre l'action de chacune d'elles.

Hérédité. — Par hérédité, nous désignons la disposition organique que les parents transmettent à leurs enfants par voie de génération.

Les travaux récents de l'embryogénie, et plus particulièrement les recherches du savant professeur Coste, ont établi que dès sa première forme, c'est-à-dire celle de l'œuf, le produit se trouve composé d'éléments issus de l'un et de l'autre de ses parents, et réunis dans la membrane vitelline de l'œuf.

« Libres, d'y obéir à l'impulsion de leur affinité réciproque, ces éléments, sous l'empire de cette tendance, s'y confondent en une seule et même substance qui, remaniée et repétrie par la segmentation dans le champ clos de ce laboratoire vivant, s'y transfigure en un organisme nouveau, image combinée des parents dont il émane, représentation visible ou latente de leur nature physique, don précieux ou funeste, héritage de force ou de faiblesse, de santé ou de maladie, suivant que le mélange provient de source pure ou de source viciée.

« Ce pouvoir de transmission va si loin, que les matériaux renfermés dans l'œuf de certaines espèces (truites saumonées) portent déjà, avant même qu'il y ait trace de développement, la même nuance de coloration que la chair de la variété de race dont ils sont le produit. Or, s'il en est ainsi à propos d'une simple et fugitive coloration de substance, que doit-on supposer lorsqu'il s'agit de l'une de ces altérations organiques profondément invétérées? Redoutable problème, sur lequel la science a le devoir d'appeler l'attention des hommes, afin d'éveiller en eux le sentiment de leur responsabilité. Elle les convie à tenir compte des convenances physiologiques dans le choix de leurs alliances (1). »

Ces lignes expriment beaucoup mieux que je ne l'aurais pu faire moi-même la gravité des conséquences qu'entraîne l'hérédité chez l'homme.

L'observation nous enseigne, en effet, que les parents transmettent à leurs enfants non-seulement les formes extérieures du corps, les aptitudes intellectuelles, les prédispositions pathologiques, mais même les difformités dont eux-mêmes sont victimes. M. de Quatrefages cite à cet égard des exemples frappants (2). Sans nous arrêter à l'histoire d'Edward Lambert,

---

(1) Coste, *Histoire du développement des corps organisés*, 3ᵉ partie, p. 108.
(2) A. de Quatrefages, *Unité de l'espèce humaine*, p. 209.

1717, l'homme à la carapace de porc-épic, qui nous semble offrir l'exemple d'une affection cutanée héréditaire et mal connue à cette époque, nous reproduirons celle de Colbrun. L'aïeule du calculateur avait six doigts à chaque main et six orteils à chaque pied. Mariée avec un homme bien conformé, elle eut trois enfants dont deux polydactyles, quatre sur cinq à la troisième génération présentèrent le même vice de conformation, et quatre sur huit à la quatrième; l'observation n'a pas été suivie plus loin.

L'influence de l'hérédité est également manifeste chez les animaux, soit que les qualités des parents aient été acquises ou transmises par croisement ou sélection.

Vit-on jamais des chevaux normands engendrer un poulain qu'on aurait pu confondre avec le cheval d'Algérie, un bœuf charolais naître d'un couple breton?

Comme pour l'espèce humaine, l'hérédité doit être, en zootechnie, le sujet d'études sérieuses; la gravité des alliances ressort de plus d'un fait : la jument qui a subi une seule fois les approches d'un âne transmet à ses produits les traces indélébiles de la mésalliance maternelle; la même expérience peut être répétée chaque jour chez la chienne, chez la poule; cependant il s'agit dans ce cas, contrairement à ce qui avait lieu pour la jument, d'un croisement de race à race.

De ces observations ne doit-on pas tirer un grand enseignement : éviter les accouplements impurs et rechercher ceux qui peuvent donner aux produits des qualités plus précieuses. M. Knight a établi que les aptitudes morales acquises se transmettent par voie d'hérédité; plus particulièrement, par des expériences suivies, il a démontré que les chiens chassent de race.

Les agronomes et les horticulteurs savent que les graines reproduisent les qualités des plantes dont elles émanent; il est bien entendu qu'il ne s'agit pas ici des végétaux dont on modifie les fruits par l'ente et la greffe. Quand un végétal, longtemps multiplié par bouture, marcotte, etc., devient sujet à des maladies, on a recours au semis pour lui rendre la force et la vigueur.

N'est-ce pas comme si l'on demandait à l'hérédité de reconstituer une race saine et vigoureuse.

Milieux. — Sous le nom de milieux, nous désignons l'ensemble des conditions météorologiques qui peuvent agir sur les êtres organisés. On comprend dès lors toute l'influence que le climat est appelé à jouer dans les modifications subies par les espèces animales et végétales. « Chaque individu, en effet, dit Geoffroy Saint-Hilaire, présente un ensemble de conditions biologiques en harmonie avec les conditions physiques du pays qu'il habite. » M. de Quatrefages a soutenu avec non moins de talent que de science la thèse des influences de milieu sur la formation des diverses races humaines. Il est juste toutefois de faire remarquer que ce savant attache au mot milieu un sens plus étendu que nous, puisqu'il comprend en outre, sous ce nom, la nourriture et les habitudes des êtres. C'est pour céder aux influences extérieures et pour mieux résister à la destruction, but final de leur action, que l'homme, primitivement blanc, a pris, suivant M. de Quatrefages et d'autres naturalistes, les teintes variées des diverses races.

D'Orbigny, dans son *Voyage dans l'Amérique méridionale*, parle des Quichoas des hauts plateaux des Cordillères, dont les poumons considérablement augmentés de capacité, compensent, par la quantité, la faible densité de l'air qu'ils reçoivent.

En dehors des modifications de coloration de la peau et de développement d'organes, l'homme est victime, sous l'influence des milieux, d'accidents qui, bien qu'individuels, se transmettent quelquefois à toute une génération; tel est le crétinisme des gorges du Valais, des Pyrénées, des Carpathes, de l'Oural, du Thibet, des Cordillères, etc.

Chez les animaux, les milieux ont une influence non moins appréciable; il suffit que l'homme transporte des animaux dans une région différente de celle qu'ils habitaient, pour que ceux-ci, se modifiant peu à peu, s'accommodent au climat, à la température, aux variations atmosphériques.

Dans son remarquable travail sur les races importées par les Européens en Amérique, M. Roulin a démontré que le développement du système pileux est en relation immédiate avec le climat. En descendant les Cordillères, les premiers bœufs que l'on rencontre ont un pelage très-épais; ceux qui viennent ensuite sont moins couverts; enfin ceux de la plaine sont quelquefois complétement nus. Nous avons eu souvent l'occasion d'observer que les chèvres du Thibet échangent en France contre un poil jarreux et grossier le fin duvet qui les couvre dans leur pays.

C'est en mettant en œuvre l'influence du climat que les Chinois sont parvenus à créer leur race de chiens nus, dont les dernières expositions nous ont présenté de nombreux exemples.

Les poussins qui naissent dans les régions chaudes sont dépourvus du duvet qui, chez nous, les préserve du froid à leur sortie de l'œuf. Au Japon, les plumes sont remplacées par une sorte de poils fins et soyeux, dans la race des poules dites *de soie* (1).

Les faits suivants nous donnent des exemples de l'influence du milieu sur la manifestation plus ou moins tardive, plus ou

(1) Nos basses-cours possèdent aujourd'hui la race des poules de soie.

moins fréquente de certains phénomènes physiologiques. L'oie d'Égypte, introduite en France par Geoffroy Saint-Hilaire, ne tarda pas à se reproduire, comme elle en avait l'habitude, au renouvellement de l'année ; mais la rigueur de nos hivers empêcha l'éclosion ; peu à peu le moment des pontes fut reculé, et aujourd'hui c'est avec un plein succès que l'incubation se fait au mois d'avril.

« Lorsque les animaux vivent à l'état sauvage, dit M. Coste, occupés sans cesse du soin de leur propre conservation, souvent exposés à l'intempérie des saisons, ne pouvant pas toujours se procurer une nourriture suffisante, les fonctions de leurs ovaires ne s'accomplissent qu'à de rares intervalles. Mais quand ils viennent chercher un abri dans nos demeures et y trouver toutes les conditions favorables que la domesticité leur procure, la maturation des œufs peut, sous cette nouvelle influence, devenir assez fréquente pour que, chez certaines espèces, la ponte soit presque quotidienne.

» Le pigeon sauvage, qui ne dépose ses œufs qu'une ou deux fois par an, tant qu'il reste soumis aux conditions de la vie errante, niche sept ou huit fois lorsqu'il fixe sa demeure dans nos colombiers. Il y a même des races de cette espèce dont les petits sont à peine éclos que déjà une nouvelle ponte commence ; en sorte que ces animaux sont obligés de partager leurs soins entre les jeunes d'une première et ceux d'une seconde génération.

» Les poules domestiques qui habitent nos étables cessent de pondre lorsqu'elles commencent à couver ; celles, au contraire, dont on a la précaution d'enlever les œufs à mesure qu'elles les déposent, peuvent, si on leur donne une nourriture appropriée, pondre presque tous les jours et durant huit mois de l'année.

» Le lapin des champs n'a pas plus d'une ou deux portées par an, tant qu'il vit en liberté ; mais quand il est réduit à l'état domestique, il se reproduit jusqu'à sept fois, pourvu qu'on ait le soin de sevrer ses petits en temps opportun ; il est probable qu'il pourrait se reproduire plus souvent encore, si, au lieu d'attendre que ses petits soient assez développés pour se passer des soins de leur mère, on les éloignait au moment même de la naissance. . . . .

» ..... En un mot, il y a des époques naturelles pour la maturation et la chute des œufs, comme il y en a d'autres que l'on pourrait appeler artificielles, parce qu'il est possible de les provoquer à l'aide des agents extérieurs dont l'expérience a montré l'efficacité. Au nombre de ces agents, on peut citer les conditions d'abri, de température, l'abondance et la qualité des aliments.....

» ..... A ces causes s'en ajoute une des plus activement accélératrices de la déhiscence : je veux parler de la cohabitation des mâles parmi les femelles..... Les sollicitations auxquelles celles-ci seront incessamment soumises provoqueront le retour d'un état qui, en l'absence de cette excitation, aurait été beaucoup plus lent à venir (1). »

Les poissons subissent aussi d'une façon très-notable l'influence des milieux ; la carpe ne prospère pas dans les eaux froides ; les œufs du saumon éclosent en quarante ou cinquante jours dans nos eaux, et prolongent pendant cent vingt jours, sous les climats froids, la période de leur évolution ; ceux de la truite saumonée perdent leur coloration caractéristique, lorsqu'ils sont déposés dans des rivières peu propices au saumonage.

(1) Coste, *op. cit.*, 1re partie, p. 224 et suivantes.

Il suffit de signaler l'influence des milieux sur la production végétale, pour que l'esprit en mesure tout de suite l'importance. Dans nos climats, le blé ne donne qu'une récolte par an ; il en produit deux en Égypte. Tandis que l'orge se développe en cinq mois sous la zone tempérée, elle opère son évolution complète en deux mois dans la Laponie et la Finlande ; ce phénomène tient à la chaleur non interrompue développée dans ces contrées par la longueur des jours comparée à la brièveté des nuits de juin et juillet. Sous notre climat, le blé semé en automne mûrit trois fois plus lentement que celui qu'on confie à la terre à l'époque du printemps.

Certains bourgeons sont entourés d'une substance duveteuse qui doit les préserver de l'action du froid ; rudimentaire sur l'arbre des pays chauds, ce duvet se développe d'autant plus que le végétal est plus éloigné des régions équatoriales.

Nourriture. — On a souvent comparé l'organisme végétal et animal à un laboratoire de chimie où les aliments se transforment tantôt en tissus ligneux ou en sucs végétaux ; tantôt en muscles, os, cornes, plumes, etc. ; la comparaison est juste à condition de tenir compte du principe vital qui domine toutes les combinaisons et transformations organiques. Sans le principe vital, où donc serait la différence entre un œuf fécondé et celui qui n'a pas reçu l'influence du phénomène qui donne la vie.

« Quelle variété de produits est fournie par ce laboratoire vivant, dit M. Richard, du Cantal. Rien n'est plus curieux, plus capable de stimuler nos méditations et de provoquer les recherches des physiologistes, que les produits si variés et si nombreux fabriqués par les animaux. Là, c'est un acide, ici

un alcali pour une opération de chimie, ailleurs c'est un
poison qui sert de moyen de défense à l'animal comme au
najas, au crotal, au trigonocéphale, etc.; ou une substance
que rien n'égale en douceur comme le miel. Le castoréum
est fabriqué par le castor, le musc par un chevrotain, et la
civette par l'animal qui porte le même nom.

» L'abeille fabrique le miel d'un côté et le venin de l'autre,
et la nature l'a pourvue d'un aiguillon, d'une *lancette* pour
inoculer son ennemi. Les araignées font les fils dont elles
tissent leur toile, et la soie sort toute filée de la filature
d'une chenille. L'escargot, l'huître, la tortue, fabriquent leur
maison qui leur sert en même temps d'habillement ; le porc-
épic, le hérisson, sont armés de manière à défier leurs ennemis, leur corps est un faisceau de lances divergentes qui sont
fabriquées par leur peau.

» Mais ce n'est pas seulement chez les animaux qu'on observe ces variétés de produits, les végétaux en fournissent
aussi des exemples : la ciguë, la renoncule, le sumac vénéneux, le mancenillier, etc., fournissent du poison avec les
mêmes éléments qui servent à produire les fruits les plus
exquis à d'autres végétaux, tels que l'ananas, le bananier, le
prunier, etc. Un pin fabrique la résine à côté d'un frêne qui
produit la gomme, l'ellébore vireux pousse à côté du pêcher,
le pavot à côté du café, d'un cep de vigne ; et quelles différences dans ces diverses substances pour les usages que nous
en faisons (1) ! »

L'influence de la nourriture sur la production des races,
et par conséquent sur les modifications que les animaux peuvent subir, se démontre facilement.

____

(1) A. Richard (du Cantal), *Étude du cheval de service et de guerre*, p. 16.

A certaines alimentations correspondent chez l'homme des affections spéciales. La goutte, la gravelle, semblent le propre des gens qui se livrent à la bonne chère. Par contre, une nourriture substantielle et réglée développe le système musculaire. Lors de la première construction des chemins de fer en France, nos ingénieurs, peu secondés, dans leurs travaux, par nos ouvriers, firent venir d'Angleterre les terrassiers qui avaient travaillé aux voies ferrées de leur propre pays. On ne tarda pas à reconnaître que ces hommes accomplissaient dans leur journée une tâche notablement plus pénible que celle des ouvriers français; en recherchant la cause de cette différence, on la trouva dans la nourriture presque exclusivement végétale des ouvriers français, qui ne mangeaient de viande qu'une fois la semaine, tandis que les Anglais faisaient, au moins une fois par vingt-quatre heures, usage de cet aliment. Tous les efforts tentés pour amener l'ouvrier français à prendre une nourriture plus substantielle furent vains, et l'on se vit obligé de pourvoir à leurs repas; dès lors le travail des journées ne présenta plus de différences.

En passant aux animaux on voit que pour le cheval de labour, de roulage et de tous les travaux où la force, sans la vitesse, est exigée, le foin est la principale nourriture, tandis que l'avoine est presque exclusivement celle des chevaux d'attelage, de course et de chasse.

Quant aux moutons, ne sait-on pas que les races de montagnes broutent une herbe délicate et sèche qui tend à donner à leur laine de la finesse, de la douceur et de l'éclat, et à leur viande une saveur toute particulière.

Quelle expérience peut mieux démontrer l'influence de la nourriture chez les animaux que la coloration observée sur les os des fœtus de cochons nourris avec la garance?

Chez les oiseaux, l'aliment joue un rôle non moins important. Dans les grands centres séricicoles, on a l'habitude
de donner aux poules les chrysalides tuées pour le dévidage;
les œufs que pondent ces gallinacés contractent un goût répugnant qui leur ôte toute valeur.

M. Richard, du Cantal, raconte qu'en Algérie, nourrissant
des canards avec les débris d'une tuerie, il a vu ces animaux
acquérir tout leur développement en vingt ou vingt-cinq
jours.

Par l'obscurité dans laquelle on plonge les oies et les canards, et les conditions d'immobilité dans lesquelles on les
place, en même temps qu'on oblige leur appareil digestif à
fonctionner outre mesure, on détermine, dans leurs organes,
des transformations de tissu, telles qu'elles ne tarderaient pas
à faire périr les animaux, si l'homme, pour jouir du fruit de
sa barbarie, n'immolait ces volatiles avant que l'obésité pa-
thologique qu'il a développée chez eux ne les ait tués.

C'est en obligeant les organes de digestion des poulets et
des dindons à des travaux analogues et excessifs, tel celui
de digérer jusqu'à trente noix en un jour, qu'on amène ces
oiseaux à acquérir l'embonpoint qui fait leur prix.

Les modifications peuvent encore porter uniquement sur
le système osseux.

J'élevais de jeunes merles pris dans un nid. Sous l'influence
d'une nourriture privée de calcaire ces animaux grossissaient
à vue d'œil; mais, quoique semblant prêts à s'envoler, ils
ne sortaient pas encore du nid. Un examen attentif me fit
reconnaître un cas de rachitisme développé sous l'influence
de la nourriture; les os en effet étaient déformés et flexi-
bles. Je n'en continuai pas moins cependant la même alimentation; les oiseaux se développèrent encore, mais ne mar-
chèrent toujours pas. Enfin, sous l'influence d'une pâtée

végétale et même minérale, car j'avais eu soin d'ajouter des fragments de craie, je vis bientôt, avec satisfaction, mes jeunes merles sortir du nid, se tenir sur leurs pattes et se percher. Leurs os s'étaient consolidés. Mais le moment était venu de mettre fin à l'expérience; les oiseaux furent sacrifiés. Leur squelette apparut consolidé, mais déformé. Le rachis était voûté et dévié latéralement; les os des membres étaient courbés. Ces pièces anatomiques très-dignes d'intérêt furent conservées dans le musée de notre regretté maître, l'illustre professeur Rayer, dont je préparais alors le cours de médecine comparée (1).

Ces recherches expérimentales et leurs conséquences ne pourraient-elles servir à expliquer la formation de certaines races, entre autres celle des chiens bassets à jambes torses? En présence de ce chien au corps volumineux porté sur des pattes basses et tordues, je me suis souvent demandé si cette race ne serait pas due à la transmission par hérédité des difformités d'un père rachitique.

Mais laissons de côté les exemples tirés de la pathologie pour revenir à ceux que présentent les animaux sains et bien portants; les gourmets savent parfaitement nous désigner l'époque à laquelle tel gibier est plus agréable au goût, parce qu'ils connaissent exactement sa nourriture de chaque saison.

Chez les poissons, une expérience récente a démontré tout l'empire de l'homme sur ces animaux, qui, jusqu'à ce jour, avait semblé devoir échapper à l'action de ses moyens. Dans le vivier-laboratoire de Concarneau (petite mer en miniature), si propre aux recherches scientifiques, construit

---

(1) Chossat avait déjà produit le rachitisme chez les animaux, en les soumettant à une diète prolongée.

sous la direction du savant professeur Coste, et déjà illustré
par les travaux de nombreux naturalistes, nous avons eu occasion de voir des poissons nourris artificiellement modifier
la forme de leur corps pour satisfaire, d'une part, aux exigences de l'engraissement, et de l'autre à l'étroitesse relative
de leur prison : je veux parler des turbots qui s'élargissent de
façon à se rapprocher de la forme circulaire, en même temps
qu'ils prennent une épaisseur telle qu'au-devant de la naissance de la queue se manifeste un bourrelet adipeux rappelant celui de nos races d'animaux destinés à l'engraissement.

L'ostréiculture fondée sur nos côtes et répandue dans le
monde entier, grâce aux persévérants efforts de M. Coste, a
vulgarisé les notions de l'histoire naturelle des êtres inférieurs. On sait que les huîtres, placées dans l'eau de mer
exposée aux rayons lumineux et contenue dans un espace
fermé, ne tardent pas à s'engraisser en même temps que,
sous l'influence de molécules verdâtres très-ténues, en suspension dans l'eau, elles prennent, principalement dans leurs
branchies, une couleur verte plus ou moins prononcée. Ce
phénomène est-il dû à une absorption par les organes digestifs
ou seulement par les voies respiratoires, c'est ce qu'il est
impossible, dans l'état actuel de nos connaissances, de décider
d'une façon positive, mais le fait n'en est pas moins réel et
pas moins instructif.

Les moules cultivées sur les vasières de nos côtes acquièrent
un accroissement plus considérable et beaucoup plus rapide
que dans l'état de nature et prennent en même temps une
finesse de goût très-remarquable.

Dans une ruche, certains alvéoles sont le berceau de la
génération future, tandis que les autres, suivant la pittoresque
expression de M. Maurice Girard, sont des armoires à provisions. Dans les premiers se trouve le couvain ; chacun d'eux

contient un œuf qui doit éclore et donner naissance à une larve d'abeille. Tous ces alvéoles sont d'égale dimension ; cependant les ouvrières, d'un commun accord, abattant une, deux, trois cloisons, constituent une cellule plus vaste : c'est un berceau royal ; la larve qui y naîtra sera l'objet des soins et de la sollicitude de toutes les ouvrières, celles-ci lui apporteront, sans cesse, une pâtée royale qui aura pour résultat d'augmenter notablement les proportions du petit ver et de lui faire subir un développement parfait. Tandis que les petites cellules produiront des ouvrières neutres, c'est-à-dire victimes d'un arrêt de développement, le berceau royal enfantera la mère de la ruche. Seule entre toutes, cette dernière sera capable de donner naissance à une nouvelle génération. Telle est l'effet de la nourriture sur les larves des abeilles que, si les vers voisins de la reine future reçoivent par inadvertance quelques becquées de la pâtée royale, ils en ressentent l'effet pendant toute la durée de leur existence. Quand elles éclosent, les abeilles ont subi un commencement de développement qui les rapproche, par la forme, de la mère du peuple. Dès que celle-ci, du reste, a reconnu chez elles la preuve du larcin dont elle a été victime, elle s'empresse de les immoler.

L'influence des engrais sur la production végétale est trop connue pour que je m'y arrête un instant.

Travail. — Sous le nom de *travail* nous désignons les différents services exigés de nos animaux domestiques. Par exemple, pour la vache qui nous fournit le lait, l'opération du trayage journalier à laquelle on la soumet nous représente son travail.

Chez l'homme, l'influence du travail est manifeste ; non-seulement les os, les muscles, les articulations, se modifient, mais encore la constitution. Au moyen âge, tant que nos pères furent de preux chevaliers, la force corporelle était chez eux très-développée, ainsi que l'on en peut juger par les armures que les siècles ont respectées. A défaut d'éléments pour satisfaire leur esprit guerroyeur, ils s'adonnaient à la chasse, au tournoi, à tous les exercices violents. Lorsqu'ils furent condamnés à l'inaction, ils ne tardèrent pas à s'efféminer, et l'on vit apparaître des modifications dans les formes du corps, des extrémités principalement, qui sont encore de nos jours le témoignage d'une origine aristocratique. A chaque instant, nous assistons indifférents à des transformations non moins intéressantes : le boxeur, par un entraînement méthodique, rend sa chair insensible aux coups les plus violents, le forgeron se crée des biceps afin de mieux forger. Les muscles des jambes et des cuisses se développent chez le coureur et le danseur, ceux du tronc chez le gymnasiarque ; les articulations s'assouplissent et acquièrent une mobilité anormale chez le clown et l'acrobate.

Par contre, l'homme des champs, toujours penché vers le sol, conserve dans la colonne vertébrale la courbure à laquelle l'oblige son travail. Un exemple nous fera comprendre l'influence d'un travail analogue quoique tout passif : Séraphin, qui a amusé toute une génération par son talent à reproduire les scènes de la vie à l'aide des ombres chinoises, était obligé, pour l'exercice de son métier, de rester des journées entières dans un espace si peu élevé, que bien qu'assis à la façon des tailleurs, il était encore forcé de se courber fortement en avant. Séraphin garda toute sa vie les traces des exigences de sa profession ; il mourut âgé. Sa colonne vertébrale est conservée au musée Dupuytren. Les vertèbres, immobilisées par l'inaction, se sont soudées peu à peu par leur surface externe.

Que d'exemples ne pourrait-on pas citer de l'influence du

travail sur d'autres parties du corps : l'exercice amène la
perfection de la vue, le sauvage s'habitue à reconnaître, en
appliquant son oreille sur le sol, la nature des bruits les plus
éloignés.

Chez le cheval de trait, les muscles de l'encolure et de
l'épaule se développent, ce sont au contraire ceux du bras et
de la cuisse qui se fortifient chez le cheval de course.

Toutes nos fermières savent qu'en trayant la vache, on pro-
longe chez elle la production du lait longtemps après qu'on
l'a privée de son veau. J'aurais pu dire la même chose de la
femme ; quand, nourrice, elle vient à tomber malade, le lait
se supprime, mais tous les médecins savent que lorsqu'elle
se rétablit, par la succion on ramène aisément la sécrétion
lactée.

C'est par le travail que l'on constitue des races de chiens
propres à garder la maison et à défendre le maître, à poursuivre le gibier en donnant de la voix, à le rechercher par
l'odorat ou à le forcer à la course.

Nous trouvons un exemple du travail et de son influence sur
les végétaux dans les efforts que doit faire une plante pour
vaincre la résistance que l'homme oppose à son développement : la chicorée travaille pour sortir, sous forme de *barbe
de capucin*, du tonneau au fond duquel l'enterre le jardinier.
Quand on s'oppose au développement dans le sens de la longueur des tubercules de l'igname et qu'on l'oblige à s'étendre
en largeur, on lui impose un travail.

En résumé, l'hérédité, les milieux, la nourriture et le travail exercent une action puissante sur toute la série des êtres
organisés (1). C'est en combinant ces forces avec méthode,

(1) La culture de l'huître sur les rivages émergents telle qu'elle est pratiquée, avec
succès, à Arcachon, à Marenne, à Oleron, à Fouras, à Auray, à Lorient, à Concarneau, etc., est l'un des plus puissants témoignages de l'influence humaine sur les
êtres organisés.

en atténuant l'empire de celle-ci, en augmentant la puissance de celle-là que l'homme arrive à créer des races d'une gr ande stabilité, quoique notablement déviées du type primitif. Je ne citerai que l'exemple du bull-dog. Cet animal a été admirablement préparé pour former, comme dit M. P. Pichot : « une mâchoire vivante pour mordre et ne pas lâcher ». Qui n'a vu ces bateleurs lancer leurs bull-dogs sur un tampon qu'on enlève prestement tandis qu'une série de pièces d'artifice éclatent autour de l'animal, sans l'effrayer assez pour lui faire lâcher prise. On raconte qu'on a pu couper les quatre pattes à ces terribles chiens, sans que la douleur les oblige à quitter la victime qu'ils se sont choisie. Le bull-dog, quoique fort dissemblable de nos chiens ordinaires, constitue une race bien fixe, puisqu'il transmet à ses petits ses propres caractères : sa mâchoire colossale et sa queue atrophiée et cassée.

Il nous reste maintenant à indiquer les connaissances complémentaires qui sont nécessaires à l'éleveur pour arriver, avec les forces modificatrices, à la création des races domestiques.

Nous voulons parler de ces deux facultés propres à tout être organisé : l'innéité et l'atavisme.

L'*innéité* est la faculté qu'ont d'eux êtres semblables d'engendrer un produit présentant des qualités bonnes ou mauvaises autres que les leurs. On comprend le parti que l'homme peut tirer de l'innéité pour la création des races. Je n'en citerai qu'un exemple : M. Graux, de Mauchamp, cultivateur qui joignait à une profonde érudition un esprit d'observation remarquable et une patience à toute épreuve, sut découvrir dans un agneau mâle, né dans son troupeau, difforme et malingre, des qualités de finesse de laine extraordinaires ; appliquant avec talent les lois de la zootechnie, qu'il avait apprises dans le grand livre de la nature, il créa, après dix-sept ans d'efforts soutenus, la plus riche et la plus soyeuse de nos laines indigènes.

L'*atavisme*, par contre, est la faculté par laquelle un être vivant reproduit des qualités qu'il tient, non de ses ascendants directs, mais de ses grands parents ou de ses aïeux. L'atavisme lutte avec la fixité de l'espèce contre la domestication; il faudra donc en tenir compte dans les difficultés que rencontrera la création des races.

Création des races naturelles et artificielles. — Pour compléter ce travail, il nous reste à démontrer comment on peut arriver à formuler, en les tirant de la saine observation des faits, les lois qui régissent la création des races.

M. Richard, du Cantal, dans tous ses travaux de zootechnie, a distingué, au point de vue de l'éleveur, les races en *naturelles et artificielles*. Les premières sont formées par les siècles et composées d'individus qui, quoique domestiques, ne doivent rien à l'art actuel, pour la conservation de leur type qu'ils tiennent de la nature du lieu qu'ils habitent, c'est-à-dire de l'influence du climat, de la nourriture et du travail auxquels ils sont soumis, soit pour rechercher leurs aliments, soit pour satisfaire à leurs autres besoins. L'hérédité reste ici en dehors, parce qu'il ne s'agit que d'une réunion d'animaux semblables. L'homme n'intervient donc dans la création des races naturelles que par le seul fait d'importation des animaux (1).

Les races sont artificielles pour M. Richard du Cantal, parce qu'elles ont été soustraites aux influences atmosphériques. On peut dire que l'homme les fabrique de toutes pièces : en choisissant les parents, en les accouplant à son gré,

____

(1) Comme exemple de races chevalines naturelles, nous citerons les races percheronne, franc-comtoise, bretonne, etc.

en leur formant un milieu artificiel, en leur imposant une nourriture préparée et en les obligeant à un travail destiné à favoriser le développement de telle ou telle partie du corps.

Cette définition conduit à admettre que les races artificielles ne sont durables qu'à la condition de subir sans cesse l'action de l'homme. Cependant il serait difficile de ne pas admettre que par la durée du temps elles tendent à acquérir des caractères fixes, ou tout au moins des caractères qui ne pourraient disparaître que par une longue suite d'années, de siècles peut-être ; telle est notre race de mérinos si répandue dans toutes nos provinces.

Le cheval arabe semble être l'origine de nos races chevalines, mais ce n'est que par une série d'étapes rapprochées et caractérisées, pour ainsi dire, à chaque fois, par une acclimatation nouvelle, que ce cheval a pu se domestiquer jusque dans les régions les plus froides. C'est ainsi du reste qu'il faut procéder dans les travaux d'acclimatation, et l'on ne doit pas espérer qu'il suffise, pour doter son pays d'une espèce d'animaux exotiques, d'en importer un plus ou moins grand nombre d'individus et de les rendre à la liberté ; car si le milieu et la nourriture ont été trop rapidement changés, les animaux ne tardent pas à périr.

Comment le cheval arabe a-t-il pu former notre cheval normand ? Pour l'expliquer, il conviendrait de fixer par une loi précise l'influence sur l'organisme des quatre forces modificatrices. C'est ce que ne nous permet pas l'état actuel de nos connaissances. Cependant il est facile d'entrevoir que l'hérédité agit principalement sur la totalité de l'organisme ; les milieux sur les organes de protection, la peau et le cuir avec toutes les fonctions physiologiques qui s'y rattachent ; la nourriture sur le développement général, et le travail sur les organes de locomotion.

Transporté en Normandie, le cheval s'est trouvé dans un milieu froid et humide ; le cuir a dû subir un développement plus considérable, il est devenu, pour protéger l'animal contre le froid, plus épais, plus grossier, le poil s'est fait plus dur et plus long ; cependant la nourriture plus abondante a obligé les organes de la digestion à prendre de plus grandes proportions, et les cavités qui les contiennent s'en sont ressenti elles-mêmes. L'animal, rencontrant aisément et à chaque pas une nourriture abondante, ne s'est pas vu condamné, comme dans son pays, à parcourir quelquefois de vastes étendues pour trouver un maigre pâturage ; les muscles presque inactifs et plus copieusement nourris se sont épaissis, et les os destinés à les supporter ont pris eux-mêmes un développement plus grand. Si l'on joint à cela l'hérédité agissant dans ce cas d'une façon doublement énergique, puisque les parents avaient subi les mêmes modifications, on comprendra comment les chevaux arabes, soumis pendant une longue suite d'années aux mêmes conditions et à l'influence des mêmes forces, ont fini par se constituer en race naturelle normande, caractérisée par les larges dimensions et la puissance de la structure.

Prenons comme exemple de race artificielle, le cheval de course. Pour bien comprendre la création de cette race, il est nécessaire de posséder quelques notions anatomiques et physiologiques, bases de la zootechnie, science qui traite de la conformation, de la structure et des fonctions des animaux, au point de vue des services qu'ils sont appelés à nous rendre. Dans un cheval d'hippodrome, les membres, par leur conformation, doivent se rapprocher de ceux des animaux les mieux constitués pour la vitesse. L'épaule doit être longue et oblique : longue pour que les muscles qui la forment avec l'omoplate soient doués de contractions plus étendues ; oblique parce que plus la pointe de l'épaule est dirigée en avant, plus le bras, dans l'action, peut parcourir d'espace et gagner de terrain. La cuisse peut être comparée à l'épaule ; elle est, comme cette dernière, dirigée d'arrière en avant ; de cette corrélation de direction et d'action, il résulte que la cuisse du cheval de course doit présenter, comme l'épaule, les qualités de longueur et d'obliquité. L'avant-bras et la jambe doivent être longs pour que l'extrémité du membre soit porté plus en avant ; la tête petite ; les naseaux largement ouverts ; la poitrine profonde ; le ventre enfin doit contenir des intestins de petit volume. Peu importe que l'animal ait l'air efflanqué s'il est moins pesant.

Supposons qu'un éleveur veuille, à l'aide des chevaux normands, créer un animal de course, son premier soin sera de choisir des parents se rapprochant, par leurs formes, du type dont nous parlions tout à l'heure ; le poulain présentera à un plus haut degré les qualités de ses ascendants ; nourri dans les conditions habituelles des normands, il ferait un cheval de vitesse, mais qui ne ressemblerait pas encore à nos chevaux de course, il s'agit de lui donner la légèreté des membres, la douceur du poil, la finesse de la peau et l'irritabilité du tempérament ; c'est par le milieu, la nourriture et le travail qu'on obtiendra ces résultats. Une écurie chaude, à température constante, préservera l'animal des atteintes du froid ; des couvertures de laine garantiront son corps ; des bandes de flanelle entoureront ses membres ; une nourriture choisie, excitante, présentant sous un petit volume des aliments substantiels, donnera de la force aux muscles, tandis que les intestins rencontrant peu d'éléments étrangers à la nourriture et destinés à être rejetés se rétréciront sous l'influence de leur inaction. Chaque jour, enfin, un exercice méthodique apprendra à l'animal à fournir une course rapide, mais de durée très-limitée. Si l'on a eu soin de soumettre à ce régime un cheval à tempérament nerveux, au caractère irascible, on aura fait un cheval de course.

C'est en mettant en pratique les notions de la zootechnie sur nos races bovines et ovines que l'on peut faire des animaux de boucherie, de travail et de production. Il suffit souvent pour cela d'avoir à sa disposition un type, que celui-ci existe en réalité, ou qu'on le trouve dans une description exacte faite par un homme compétent. Voici, suivant M. Richard, du Cantal, le type du cheval de guerre : « Une des premières qualités du cheval de troupe c'est d'être froid et de ne pas dépenser à propos de rien en fanfaronnade le fond qui lui reste pour une meilleure occasion. S'il faut qu'il ait le plus possible de sang de bonne nature, il doit être calme, peu irritable et toujours dispos. Il faut que le cavalier le retrouve quand il en a besoin, sans cela c'est un mauvais type de guerre, ce n'est qu'un cheval de parade (1). »

L'une des principales conditions à remplir avant de s'occuper de la création des races est de s'assurer si le milieu, la nourriture et le travail ne sont pas diamétralement opposés aux conditions dans lesquelles vit l'animal que l'on prend pour étalon. Croiser la petite vache de Bretagne avec le grand taureau de la Suisse, la jument de la Camargue avec l'étalon de la Normandie, c'est vouloir arriver à des résultats négatifs.

D'un autre côté, tous les animaux ne présentent pas les mêmes prédispositions. Si l'on veut obtenir des bœufs pour l'engraissement, il faut d'abord qu'un choix méthodique désigne les animaux naturellement plus aptes à prendre du poids. « Un bœuf qui a la tête petite, effilée, l'œil grand,

____

(1) A. Richard (du Cantal), *Étude du cheval de service et de guerre*, p. 428.

bien ouvert, l'oreille fine, amincie, souple, très-mobile, couverte de poils rares et soyeux ; la corne blanche ou noire, composée de fibres fines, serrées et compactes, aura généralement l'encolure amincie, le fanon rudimentaire ou nul, la peau mince, souple, moelleuse, bien détachée des tissus sous-jacents et le poil court et fin ; sa queue et ses extrémités seront minces, fines ; ses tendons seront bien marqués sous la peau ; si avec ces caractères, l'animal a le dos et les reins larges et droits, la côte arrondie, les épaules bien musclées, la croupe large, charnue, les cuisses et les fesses bien descendues, le jarret bas et les membres courts, il aura le caractère d'un sujet d'une bonne nature et d'un engraissement facile (1). »

Ce bœuf étant choisi, on l'enferme dans une étable où il trouve la température, le calme et le demi-jour qui lui conviennent ; on lui présente, à des heures réglées, une nourriture saine, variée, abondante, et l'on mesure exactement le liquide qu'il doit absorber. C'est ainsi que l'on obtient un animal gras et pesant.

Pour faire un bœuf de travail on choisit des parents fortement musclés, au cou court et puissant, les produits qu'ils donnent sont élevés en plein air et obligés à des travaux pénibles.

L'homme, en résumé, peut donner aux animaux tous les caractères qu'il lui plaît, créer toutes les races nécessaires à ses besoins; mais il doit baser ses expériences sur la zootechnie. Cette science, de date récente, est due surtout aux travaux pratiques des Bakwell et Collins, en Angleterre, et de Daubenton, en France. On sait en effet que celui-ci, interrogé par Trudaine, alors ministre, au sujet de l'introduction du mé-

____

(1) A. Richard (du Cantal), *Dictionnaire raisonné d'agriculture*, t. Iᵉʳ, p. 492.

rinos dans notre pays, répondit qu'il se chargeait de le créer, et dix années lui suffirent pour réaliser sa promesse. En Angleterre la zootechnie pratique est beaucoup plus avancée que chez nous ; nos voisins, par un élevage méthodique, prolongé, coûteux d'abord, mais productif dans la suite, sont arrivés à créer des races de bœufs, de chevaux, de brebis, de chiens, de volailles, admirablement disposées pour le but auquel on les destine.

Par des croisements inconsidérés, nous avons en France mélangé les races. « Le hasard, l'ignorance, ont contribué à mêler les races qui auraient dû rester distinctes », dit M. Ivart dans la *Maison rustique*. A propos du cheval pur sang que nous avons introduit dans toutes nos provinces, aussi bien dans les mauvais pays que dans les bons, dans les sols incultes que dans les mieux cultivés, M. Richard, du Cantal, s'écrie : « C'est un contre-sens dont notre agriculture a été victime, dont elle a payé les frais par l'abâtardissement de ses espèces légères. »

Des expériences nombreuses ont en effet démontré que le croisement de deux races à caractères opposés donnait souvent des produits moins parfaits que les parents. On croirait presque que les qualités acquises par les individus et qui constituent le caractère des races s'anéantissent réciproquement pour ne laisser reparaître que le type originel. Nombre de fois nos éleveurs ont dû regretter d'avoir croisé leurs races avec des animaux qui ne convenaient ni à leur culture ni aux ressources dont ils pouvaient disposer.

L'observation de ces faits a conduit certains savants à dire : « On peut bien transporter des individus, mais on ne transporte pas une race, il faudrait pour cela transporter avec elle le ciel, l'air, le sol, les eaux, les herbages. Par le croisement on obtient des effets immédiats, mais incomplets, mais éphémères, on crée des produits, on ne fonde pas une race (1). »

Cette observation est fort juste et démontrée par les faits : les animaux que les Européens introduisirent en Amérique ne tardèrent pas à se rapprocher de l'état sauvage ; c'est à cet état que l'on a donné le nom de *race marrone*. M. Roulin a décrit le retour du cochon à l'état libre : la tête grossit, les défenses s'allongent, les oreilles se redressent, le poil durcit et se colore, il prend même une teinte noire que l'on ne rencontre chez aucun sanglier. Privées de culture, nos plantes de jardins reprennent leurs dimensions, formes et couleurs premières, le pommier et le poirier retrouvent leurs piquants.

Ainsi tous les animaux domestiques tendent à revenir à leur type primitif dès que l'homme les abandonne, tant il est vrai que la nature cherche toujours à reprendre ses droits. Ne devons-nous pas voir là un nouveau témoignage de la loi qui condamne l'homme au travail. En exil sur la terre, il appelle à lui tous les êtres qui l'entourent, pour l'aider à lutter contre les causes innombrables de destruction qui l'assiégent ; il asservit les animaux et transforme les végétaux ; mais si, content de son œuvre, après avoir travaillé six jours, il veut, à l'image de son Dieu, se reposer le septième, tous ses travaux s'écroulent, il faut recommencer.

(1) Béclard, *Éléments de Physiologie*, p. 983.

RAPPORTS

SUR LA PRODUCTION

ANIMALE ET VÉGÉTALE

LES

PREMIERS ANIMAUX DOMESTIQUES

ET LES PREMIÈRES PLANTES CULTIVÉES

DANS LA CONTRÉE QUI, PLUS TARD, FUT LA GAULE

RAPPORT

Par M. BOURGUIN

Président honoraire de la Société protectrice des animaux,
Membre de la Société impériale d'acclimatation.

Dans son *Histoire naturelle des minéraux*, en parlant des fossiles qui nous donnent une idée des espèces maintenant anéanties, et dont l'existence a précédé celle de tous les êtres actuellement vivants ou végétants, Buffon regrette que son âge le force à quitter ces intéressants objets et ne lui permette pas d'en donner même une énumération incomplète. « Ce travail sur la vieille nature, dit-il, exigerait seul plus de temps qu'il ne m'en reste à vivre, et je ne puis que le recommander à la postérité. »

Cuvier, par ses remarquables travaux sur les ossements fossiles et par la forte impulsion qu'il a donnée à cette partie de la science, a dignement répondu au vœu de Buffon.

Mais la curiosité humaine ne pouvait s'arrêter là. Elle fouille aujourd'hui les entrailles de notre sol et les profondeurs des lacs pour y chercher quelques éclaircissements sur les premiers âges de l'homme, sur les animaux et sur les végétaux qui peuplaient la terre au moment où il y a laissé les premières traces de sa présence.

Le travail qui m'est demandé par la Commission d'études n'est qu'une partie très-circonscrite de ce grand problème. Je dois rechercher quels ont été les premiers animaux domestiques et les premières plantes cultivées dans le pays qui plus tard fut la Gaule ; et c'est dans l'enceinte de l'Exposition que je dois recueillir les éléments de mon rapport.

Si nous entrons dans la première salle de la galerie consacrée à l'histoire du travail (section française), nous lisons en haut des murs cette inscription : *la Gaule avant l'emploi des métaux*, c'est-à-dire à l'époque appelée par les naturalistes l'*âge de la pierre*.

L'organisation de cette salle a été confiée à une commission présidée par M. Édouard Lartet, et dont M. Gabriel de Mortillet est le secrétaire. Ces noms sont la meilleure garantie de l'ordre méthodique qui règne dans le classement des objets, et du soin qu'on a pris d'écarter tout ce qui pouvait être d'une authenticité contestable.

La partie gauche de la salle offre une riche collection de ces antiques instruments de pierre, premiers produits de l'industrie humaine en Europe. Ce sont des haches, des couteaux, des coins, des racloirs, des pointes de lance ou de flèche, le tout taillé à grands éclats dans le silex. Tous ces objets trouvés, sur divers points de plus de trente de nos départements, dans des couches plus ou moins profondes des terrains dits *quaternaires*, y étaient mêlés confusément avec des débris de grands animaux, appartenant à des espèces éteintes, telles que le mammouth (*Elephas primigenius*), deux autres espèces d'éléphants monstrueux (*Elephas antiquus* et *Elephas meridionalis*), le rhinocéros aux narines cloisonnées (*Rhinoceros tichorhinus*) et le grand hippopotame (*Hippopotamus major*).

L'homme a donc vécu avec ces grands pachydermes, dont les ossements fossiles caractérisent la période géologique que Cuvier appelait l'*âge des mastodontes*. Cette contemporanéité de l'homme et de ces races animales, disparues depuis un temps immémorial, a été longtemps et vivement contestée ; elle paraît aujourd'hui à peu près généralement admise. La nombreuse collection des objets exposés dans la galerie de l'histoire du travail ramènera peut-être les derniers opposants.

Je ferai remarquer que les animaux gigantesques de cette époque reculée n'étaient pas bien redoutables pour l'homme, puisque d'eux-

mêmes ils ne l'attaquent pas. Il fallait seulement qu'il fût assez
adroit pour les surprendre dans ses piéges, ou pour les frapper de
ses armes, et pour se défendre ou trouver à se réfugier en lieu sûr
quand l'animal, blessé et devenu furieux, prenait l'offensive. Mais
chez les peuplades demeurées sauvages, des individus, seuls ou associés, entreprennent, contre des animaux plus dangereux, des luttes
dont ils sortent vainqueurs.

Quelle était, sur notre sol, la flore de cette époque? C'est ce que
les vitrines de l'Exposition ne nous disent pas.

Quoi qu'il en soit, et encore bien que l'homme pût alors trouver
dans les fruits des forêts quelques ressources alimentaires, nous devons supposer qu'il vivait principalement de sa chasse et de sa pêche.
Rien, dans les découvertes anciennes ou récentes, ne peut faire
soupçonner qu'il fût alors pasteur ou agriculteur ; on pense généralement, ce qui me semble bien difficile à admettre, qu'il ne connaissait pas l'usage du feu, et qu'il dévorait la chair crue.

Après cette première période à laquelle nous conserverons le nom
que lui donne Cuvier, *l'âge des mastodontes*, des changements dans
les conditions atmosphériques et géologiques en amènent successi-
·vement deux autres que l'on désigne par les appellations de *l'âge du
grand ours* et *l'âge du renne*.

Les énormes pachydermes de l'époque précédente deviennent de
plus en plus rares, et l'on voit apparaître ou plutôt se multiplier le
grand ours des cavernes (*Ursus spelæus*), l'élan (*Megaceros hyberni-
cus*), le bœuf musqué (*Ovibos moschatus*), l'aurochs (*Bison europæus*);
beaucoup plus tard, mais en très-grande quantité, le renne (*Cervus
·tarandus*), et l'urus (*Bos primigenius*). En même temps se propagent
deux grands carnassiers, l'hyène et le tigre des cavernes (*Hyæna
spelæa* et *Felis spelæa*).

Dans l'âge du grand ours, et plus encore dans celui du renne, les
armes, bien qu'encore de silex éclaté et non poli, portent la trace
d'un travail un peu plus soigné. On invente la scie, c'est-à-dire des
lames de silex un peu courbes et dentelées à leur partie inférieure.
Elles sont de petite dimension et assez informes, mais encastrées de
toute leur longueur dans une poignée de bois (comme on en voit à
l'Exposition suisse); elles devaient être d'une grande utilité pour
couper et pour travailler les os et les cornes des ruminants.

C'est à cette époque plutôt qu'à l'âge antérieur que, suivant quelques savants, l'homme a découvert le moyen d'allumer et d'entre-
·tenir le feu. Dans un grand nombre de cavernes, le plus souvent
tout à l'entrée, on trouve un mélange de terre noirâtre, de cendres

et de débris de charbon végétal (l'Exposition en présente plusieurs fragments). Des pierres, des cailloux, des galets, circonscrivaient le foyer sur un espace de quelques mètres. Tout autour on rencontre des amas d'os de bœuf et d'autres mammifères. Ces os sont toujours fendus dans le sens de la longueur, ou fragmentés d'une manière uniforme, ce qui semble indiquer qu'on en extrayait la moelle.

Outre la chair des animaux, on voit que les hommes de ce temps utilisaient les peaux. Au bas des cornes de renne, là où la peau est très-adhérente, apparaît encore la trace des incisions qu'ils y pratiquaient afin de la détacher ; mais, pour façonner ces peaux en vêtements, il était nécessaire de les coudre ; de là la quantité d'aiguilles d'os qui figurent à l'Exposition ; elles sont percées d'un chas pour recevoir le fil ; de tous ces instruments primitifs, c'est le plus perfectionné ; d'autres incisions circulaires faites au bas de la jambe de ces mêmes rennes montrent qu'on en coupait les tendons, probablement pour les fendre et les diviser en fils, comme le font encore les Esquimaux.

Au surplus, nulle trace de culture, nul indice d'animaux ralliés à l'homme.

A l'époque du Renne se montrent les premières manifestations de l'art. Dès son début, l'art sert à perfectionner, à décorer les armes de l'homme, et à fournir des ornements à la femme.

On ne se borne plus à façonner grossièrement le silex, on emploie les os des divers animaux. Le bois du renne fournit une nouvelle matière d'un usage encore plus précieux.

Avec de petits os d'oiseaux ou des dents percées d'un trou, on fabrique des colliers pour la femme. Dans les os aussi on taille des harpons à une ou plusieurs barbelures. Sont-ce bien des hameçons ou des harpons ? Notre confrère, M. Millet, fort compétent en ces matières, en doute, et je partage son avis. Ce sont plutôt des pointes de flèche, ou peut-être des sortes de crémaillères qui, suspendues en sens opposé à la direction des barbelures, servaient à accrocher divers objets. Sur des bois de renne on voit des sculptures d'animaux, d'un travail tout primitif, et pourtant exécutées avec assez de soin pour qu'on ne se trompe pas sur l'intention de l'artiste. L'objet le plus souvent représenté est le renne lui-même, mais on y voit aussi des têtes de tigre, de bison, de bouquetin. A l'aide d'une pointe de silex on dessinait, on ciselait d'autres images. Sur une plaque d'ivoire non polie, on voit l'esquisse d'un éléphant. Quelque grossière qu'elle soit, on reconnaît que le cou est couvert d'une longue crinière. C'est un mammouth. Qu'un artiste de nos jours reproduise l'image d'un animal appartenant à une espèce éteinte depuis des siècles, il n'y a là rien qui doive nous surprendre : la science a reconstitué et en quelque sorte fait revivre tous ces êtres. Pour les hommes de l'époque du renne, la science n'existait pas ; ils ne pouvaient représenter que les objets qu'ils avaient sous les yeux : le mammouth vivait donc encore au moment où l'artiste primitif en traçait la figure. Il en était de même de l'hippopotame, du grand ours et de l'aurochs, plusieurs fois figurés sur des bois de renne. On y voit aussi des bœufs, des chevaux, des cerfs et des oies. Ces animaux étaient donc déjà répandus chez nous à l'âge du Renne.

Sur la vitrine qui contient ces curieuses représentations animales, une bande de papier porte ces mots : Premier age de la pierre. Cette inscription peut donner lieu à une méprise. On partage ordinairement l'âge de la pierre en quatre périodes : l'âge du mammouth, l'âge de l'ours des cavernes, l'âge du renne, et l'âge de la pierre polie. Tous les dessins renfermés dans la vitrine appartiennent à la troisième de ces périodes, puisque la plupart sont faits sur des bois de renne. Quelques archéologues, il est vrai, n'admettent qu'une seule division : l'âge de la pierre éclatée et l'âge de la pierre polie. Mais alors on a deux parties très-inégales, puisque la première a vu se succéder trois populations zoologiques différentes, tandis que la seconde n'a pas vu s'accomplir de changements dans sa faune, qui est encore la nôtre, et que d'ailleurs cette dernière période semble avoir passé assez rapidement à l'âge du bronze.

J'ai omis de dire que dans les terrains correspondant à chacune des époques dont je viens de parler, on a trouvé des ossements humains. De leur ensemble on peut conclure que la race était de petite taille, fait dont nous trouverons plus loin la confirmation.

Nous arrivons à la partie droite de la galerie du travail (première salle), et tout d'abord nous voyons qu'une nouvelle révolution climatologique s'est accomplie ; car, à l'âge de la pierre polie, la population animale a subi de grands changements : le mammouth, ce dernier survivant de l'âge des mastodontes, a complétement disparu ; le grand ours des cavernes et l'hyène l'ont suivi ; l'élan, l'aurochs et le renne, qui forment comme une transition avec notre faune locale actuelle, sont devenus très-rares ; d'autres espèces vont se multiplier, ce sont celles qui nous entourent : le cerf, le chevreuil, la chèvre, le mouton, le cheval, le sanglier, l'ours brun, le castor, le lièvre, l'écureuil, et nos carnassiers : loup, renard, blaireau, marte, belette, putois.

Une révolution sociale, s'il est permis d'employer ce mot en parlant de ces temps reculés, semble aussi s'être accomplie. Pendant des époques dont il est impossible d'apprécier la durée, mais qui furent nécessairement fort longues, puisqu'elles ont vu s'éteindre successivement, ou émigrer loin de notre sol, les races animales qui le peuplaient à l'âge des mastodontes, puis à l'âge de l'ours des cavernes, puis à l'âge du renne, pendant ces périodes où les siècles succèdent aux siècles, l'humanité reste à peu près stationnaire : elle ne sait se fabriquer que d'informes instruments de silex ; elle est inhabile à se construire des demeures. Le feu, quand elle trouve le moyen de l'allumer et de l'entretenir, n'améliore pas sensiblement sa condition. Dans la fable antique, en dérobant au soleil un de ses rayons pour le donner à la terre, Prométhée affranchit l'homme des dures nécessités de la vie : il lui fournit le moyen de maîtriser et de faire servir à son usage les forces aveugles de la nature. Dans la réalité, cet affranchissement s'est fait bien longtemps attendre pour l'homme primitif en Europe. Quelques essais de dessin et de gravure en relief sur la corne ou sur l'ivoire indiquent seuls un progrès sensible dans son intelligence.

Avec l'âge de la pierre polie, tout change d'aspect : on voit l'homme se construire des habitations, se creuser des canots, se tisser des vêtements, devenir agriculteur, et s'entourer d'animaux domestiques. Cherchons si la galerie de l'histoire du travail nous fournira quelques données sur les causes qui ont pu amener des changements si considérables et si soudains.

L'Exposition nous montre un grand nombre d'objets recueillis dans les dolmens. Il existe, sur plusieurs points de notre territoire, notamment en Bretagne, une assez grande quantité de pierres énormes posées à plat sur des supports. On les désigne sous le nom de *dolmens*. On sait aujourd'hui que ce ne sont pas des autels druidiques, comme on l'a cru longtemps, mais des tombeaux. En les fouillant, on y a trouvé des pointes de flèches et des haches de silex poli, des débris de poterie, parfois des armes de bronze, mais avec cette circonstance, vérifiable dans les vitrines de l'Exposition, que les dolmens élevés en Armorique ne contenaient que des instruments de silex ; dans ceux qui sont plus éloignés des côtes, le bronze était associé au silex ; enfin, dans l'Aveyron et dans d'autres contrées, le bronze dominait, et la pierre polie ne se montrait plus qu'exceptionnellement. Il y a là comme une indication de l'âge comparatif de ces monuments : les plus anciens sont les plus rapprochés de la mer. On ne peut pas les attribuer aux Celtes, venus des contrées danubiennes; d'un autre côté, le maniement et le transport de ces lourdes masses suppose une autre population que les pauvres sauvages qui, pendant tant de siècles, savaient à peine se fabriquer des armes grossières. L'hypothèse la plus raisonnable est qu'ils sont dus à une race qui a abordé notre pays par ses côtes occidentales. Nécessairement peu nombreuse, puisqu'elle arrivait par mer, cette race n'aura pas cherché à anéantir ou à subjuguer les populations qu'elle y trouvait établies; elle se sera plutôt amalgamée avec elles, en leur apportant les éléments d'un état social plus avancé.

On trouve de ces dolmens dans l'Hindoustan, en Syrie, dans l'Afrique septentrionale, en Portugal. Je cite à dessein ces contrées dans l'ordre où elles auraient pu être les étapes de la race civilisatrice. On s'expliquerait ainsi comment c'est par le littoral de l'ouest qu'elle a abordé l'Europe. Dans cette supposition, elle aurait traversé l'Égypte, mais avant que ce pays fût constitué en corps de nation. Les pyramides, au surplus, pourraient n'être qu'une réalisation plus grandiose de la pensée qui a fait ériger les dolmens.

Je sais que l'opinion commune est que cette race est venue de la Scandinavie, et qu'elle est allée, de migration en migration, se perdre dans le nord de l'Afrique. Mais, s'il en était ainsi, comment expliquer l'origine asiatique de nos premiers animaux domestiques, origine reconnue non-seulement par un savant de la Suisse, M. Rutimeyer, mais par notre regretté président Isidore Geoffroy Saint-Hilaire? Au surplus, je suis bien persuadé que l'étude du gisement des pierres qui ont fourni les premières haches polies trouvées dans les dolmens, et l'étude de la provenance de nos races d'animaux domestiques sont les meilleurs moyens d'arriver à la détermination, si ce n'est du point de départ, au moins des dernières stations de la race qui a apporté aux populations primitives de l'Europe occidentale tous les éléments de leurs progrès.

A ce propos, qu'on me permette de citer une anecdote : Le célèbre minéralogiste Dolomieu, après avoir passé plusieurs semaines à visiter les mines et les carrières de la Toscane, était sur le point de quitter Florence, sans en avoir vu le musée. Un de ses amis lui en fit honte, et, le conduisant au palais Pitti, le plaça en face de la Vénus de Médicis. Dolomieu, qui avait la vue basse, s'approcha de la statue, l'examina à l'aide de son lorgnon, puis se tournant vers son ami, lui dit : « Que me parliez-vous d'un chef-d'œuvre du ciseau grec? Ceci est du marbre de Carrare; je m'y connais. Votre statue a été faite en Italie. » Dolomieu ne se trompait pas. Depuis lors, la Vénus de Médicis est considérée comme la copie, faite à Rome, d'une statue grecque malheureusement perdue.

La matière des haches polies est très-souvent étrangère aux localités où l'on trouve ces instruments. Si un nouveau Dolomieu pouvait, avec certitude, en indiquer l'origine, cette détermination serait d'un puissant secours pour la solution de la question historique.

La galerie française contient de curieux spécimens des instruments de l'âge de la pierre polie : des polissoirs, gros blocs de grès portant des sillons plus ou moins profonds où le polissage s'obtenait par un frottement prolongé; des marteaux, tantôt taillés en pointe aux deux bouts, tantôt présentant un bout obtus, mais ayant toujours un large trou au milieu pour l'emmanchure; de très-grandes et très-belles haches de jadéite, de serpentine, de fibrolithe, même de schiste, trouvées dans un dolmen du Morbihan, avec des pendeloques et des grains de collier de callaïs, sorte de turquoise d'un vert tendre; de grandes pierres à moudre, et au-dessus quelques grains de blé carbonisés. Il y a aussi, dans cette salle, une exposition des objets provenant des fouilles pratiquées dans le lac du Bourget (Savoie); mais ces objets prouvent que les stations qui se sont constituées sur ce lac appartiennent à la fin de l'âge du bronze. C'est donc à l'exposition de la Suisse que nous irons étudier ces sortes d'établissements, parce que la plupart d'entre eux remontent à une date beaucoup plus ancienne. En nous y rendant, nous ne sortons pas des limites qui nous ont été tracées, puisque l'Helvétie faisait partie de la Gaule.

En 1853, une baisse considérable des eaux, dans le lac de Zurich, mit à découvert, non loin du village de Meilen, tout un ensemble de pilotis que l'on supposa avoir servi d'assises à des habitations d'une très-haute antiquité. Des fouilles pratiquées en cet endroit amenèrent beaucoup d'objets qui confirmèrent cette conjecture. L'attention ainsi éveillée, on explora d'autres lacs, et, dans les petits comme dans les grands, on trouva de ces assemblages de pilotis ordinairement rongés par l'action des eaux, en sorte qu'ils dépassaient à peine le niveau de la vase. On a constaté qu'il y en avait plus de vingt dans le lac de Genève, plus de trente dans le lac de Constance, plus de quarante dans le lac de Neuchâtel. Le petit lac de Bienne en comptait une vingtaine. A Morges, sur le lac de Genève, un seul assemblage de pilotis occupe une superficie de 180 000 pieds carrés; d'où l'on juge que les huttes construites sur les plates-formes que soutenaient ces pilotis pouvaient s'élever à 300 environ. Depuis lors on a trouvé des traces de ces îlots factices en France, en Italie, en Irlande, etc.

En Suisse, les stations lacustres sont toujours situées à proximité d'un cours d'eau. Les pilotis sont ordinairement disposés parallèlement à la rive et à une certaine distance Des pilotis dans une direction opposée indiquent l'emplacement de passerelles étroites, sortes de ponts volants, qui reliaient la station à la rive.

Ces stations, appelées *palafittes* par les naturalistes, étaient-elles, comme on le croit communément, les habitations régulières de certaines peuplades? N'étaient-ce pas plutôt des lieux de refuge où les habitants de la contrée mettaient, en cas de guerre, leurs richesses à l'abri d'un coup de main? Ce qui me porterait à embrasser cette dernière opinion, c'est que César, dans ses *Commentaires*, parle souvent d'établissements analogues qu'il nomme *oppides*, et dont il indique la destination : *Oppidum dictum, quod ibi homines opes suas conferunt.* Chaque cité, ajoute-t-il (et par cité il faut entendre une confédération), en avait un nombre proportionné aux besoins de sa défense. Parmi les oppides qu'il cite, ceux de Lutetia et de Melodunum étaient dans une île (VII, 57, 58) ; ceux de Vesuntio et d'Uxellodunum étaient entourés d'eau (I, 28 ; VIII, 40); ceux de Geneva, de Genabum et de Noviodunum, étaient placés sur le bord d'un fleuve (I, 1; VII, 11 et 55); l'oppide d'Avaricum était protégé par un cours d'eau et par des marais, etc. Il semblerait résulter de ces faits que les Gaulois, quand ils se substituèrent aux habitants primitifs de ces contrées, avaient trouvé bon de conserver ces lieux d'abri ou d'en établir de semblables.

Quoi qu'il en soit, l'existence des palafittes est un fait acquis à l'histoire. La date de leur construction peut être fixée, avec quelque certitude, à l'âge de la pierre polie, puisque dans plusieurs stations on n'a retiré de la vase que des instruments de pierre, de corne ou d'os. Dans celles au contraire où l'on a trouvé des armes et des ustensiles de bronze, les couches profondes fournissent toujours des objets de silex poli. On y trouve aussi des haches et des couteaux de silex taillé par éclats, mais on doit comprendre qu'une matière ne se substitue à une autre que graduellement, et que pendant un certain laps de temps elles sont toutes deux concurremment employées.

Quelques-uns de ces objets présentent de l'intérêt. La plupart des haches de silex poli, celles qui sont connues sous la dénomination fort erronée de *celtiques*, sont enchâssées dans un morceau de corne de cerf, matière qui n'est pas susceptible de se fendre comme le bois; mais cette enchâssure de corne tantôt présente vers le milieu un trou auquel s'adaptait un manche de bois d'environ 35 centimètres de longueur, tantôt est amincie à son extrémité opposée à la pierre et s'emboîtait dans le manche où elle était maintenue par des ligaments. Pour les pointes de flèche, elles étaient fixées dans une baguette fendue, et y adhéraient au moyen de bitume et d'un fil fortement enroulé autour du bois. Une petite hache est emmanchée dans la base d'une corne de cerf, et le premier andouiller sert de manche. Il y a aussi un moulin complet composé de deux pièces de granit, dont l'une, assez grosse, forme la meule dormante, l'autre, plus petite, est la meule mobile, à la main.

Dans ces mêmes couches profondes se trouvent des poteries grossières. Ce sont des vases faits à la main sans l'aide du tour, présentant, pour tout ornement, des impressions produites avec le pouce ou l'ongle. Des côtes d'animaux, refendues et appointies à une extrémité, servaient à donner aux vases la forme ronde. On se sert encore de ce moyen dans certaines poteries de la Suisse. Ces vases, généralement arrondis par le bas, étaient employés pour faire chauffer des liquides, comme le montrent des anneaux de terre cuite qui leur servaient de support, quand on les approchait du feu. Ils étaient aussi destinés à renfermer des grains. Dans les fouilles pratiquées à Wangen, sur le lac de Constance, on a recueilli plusieurs boisseaux d'un froment (*Triticum vulgare*), qui, par sa forme et sa grosseur, ressemble beaucoup à notre blé actuel; il y avait aussi une autre espèce de froment (*Triticum dicoccum*), de l'orge à deux rangées (*Hordeum distichon*), et des gâteaux d'un pain grossier, dans lequel on voit souvent des grains entiers. Ce pain était cuit entre des pierres, comme le prouve l'irrégularité de ses formes. A Robenhausen, sur le lac Pfæffikon, près de Zurich, on a trouvé de l'orge à six rangées (*Hordeum hexastichon*); c'est l'espèce que cultivaient les Grecs, les Romains, et même les anciens Égyptiens, puisqu'on en a retiré des cercueils de leurs momies. Dans d'autres stations, on a trouvé le blé barbu (*Triticum turgidum*), l'épeautre (*Triticum spelta*); deux espèces de millet qui, dans plusieurs pays, servent encore à la nourriture de l'homme (*Panicum miliaceum* et *Setaria italica*), et le seigle (*Secale cereale*). Il y avait aussi, dans la vase de ces stations, des pommes et des poires carbonisées; elles étaient coupées en deux, évidemment séchées et conservées comme approvisionnements d'hiver. Ces fruits étaient d'un petit volume, et tels qu'en produisent les pommiers et les poiriers sauvages de nos bois. Quelques variétés, plus grosses, font supposer que ces arbres étaient déjà l'objet d'une certaine culture. On a également trouvé, dans les mêmes eaux, des graines de framboises et de mûres de ronce en très-grande abondance. M. de Mortillet pense, avec beaucoup de raison, que ces fruits servaient aux habitants des palafittes à fabriquer une liqueur fermentée. Il y avait aussi des glands, des noisettes, des faînes, des noyaux de prunelles et de merises. La station de l'île Saint-Pierre (lac de Bienne), a fourni de l'avoine, des pois, des lentilles et des fèves de petite dimension (*Faba vulgaris celtica*). Des échantillons de toutes ces productions sont dans les vitrines.

Je dois encore mentionner les fragments d'étoffes carbonisées. Ces étoffes sont toutes de lin ; mais les unes, d'une certaine épaisseur, sont tressées, les autres plus minces sont tissées. Les objets exposés dans les vitrines nous permettent de suivre les détails dans leur fabrication. Il y a d'abord les peignes pour diviser le lin : ils sont formés d'un certain nombre d'os refendus, aiguisés en pointe à un des bouts et réunis par un lien de corde. Des rondelles percées d'un trou, à travers lequel on faisait passer une tige de bois, étaient des pesons de fuseaux ; de petites molettes en poterie grossière servaient à tendre les fils de la chaîne ; enfin, il y a des navettes très-primitives, d'os ou de bois. Des fragments de corne de cerf, taillés en forme de glands et percés d'un trou, ou terminés par un bourrelet, étaient les petits fuseaux qu'on suspendait à l'extrémité des cordonnets, quand, au lieu de tisser l'étoffe, on la tressait. Nos dentellières se servent encore de fuseaux analogues à ceux-là.

Ainsi donc, à l'époque de la pierre polie, l'homme cultivait plusieurs espèces de froment, deux espèces d'orge, deux espèces de millet, le seigle, l'avoine, la fève, la lentille, le pois. Il faisait des approvisionnements de faînes, de glands, de noisettes, de pommes et de poires. Enfin il cultivait le lin (*Linum angustifolium*), comme plante textile.

Il vivait aussi des produits de sa chasse : les animaux dont les ossements, débris de ses repas, se retrouvent dans les lacs, sont d'abord : l'élan, le bison et l'urus ; mais ces animaux, survivants d'une population zoologique éteinte en grande partie, y sont rares. L'urus cependant n'a complétement disparu que vers le xvie siècle : il a donné son nom au canton d'Uri, sur les armoiries duquel la tête de ce bœuf colossal est représentée. Les autres animaux sauvages, qu'on peut considérer comme gibier, étaient le cerf noble, remarquable par la grandeur de ses os et la beauté de son bois, le chevreuil, le sanglier, le bouquetin, le blaireau, le castor, l'écureuil et le hérisson. Si nous ajoutons à ces animaux la tortue d'Europe, l'ours, le loup, le renard, la fouine, le furet, l'hermine et le chat sauvage, nous aurons un tableau complet de tous ceux qui ont été découverts près des pilotis, et dont le savant M. Rutimeyer a déterminé les os.

On peut s'étonner de ne pas voir le lièvre figurer dans cette énumération. Il se pourrait que, par suite d'une superstition que César retrouva chez les anciens Bretons, on ne mangeât pas alors le lièvre. A l'appui d'une idée que j'émettrai plus loin, je consigne ici que les Lapons de notre époque repoussent également la chair de cet animal.

Quant aux animaux domestiques, nous savons que les habitants des lacustres possédaient. le bœuf, la chèvre, le mouton, le cochon et le chien, peut-être le cheval.

Il y avait deux races de bœufs domestiques : « Elles sont faciles à distinguer, dit M. Rutimeyer, dans une note manuscrite qui m'a été communiquée; l'une, plus petite, peut être comparée aux races de formes sveltes, à jambes fines, à cornes petites et courbes, qu'on trouve distribuées dans nos montagnes; l'autre, plus grande de taille, ne s'est rencontrée que dans une seule station, à Concise, sur le lac de Neuchâtel. » Le même savant pense que ces deux races étaient de provenance asiatique, ainsi que la chèvre et le mouton.

Les chèvres étaient nombreuses : d'après les découvertes faites, on voit qu'on mangeait beaucoup de chevreaux.

Le mouton était de petite taille, à jambes fines, aux cornes courtes, presque sans tour de spire et se rapprochant, par leur forme et leur direction, des cornes de la chèvre.

M. Rutimeyer distingue deux espèces de sangliers : une espèce d'énorme grandeur (*Sus scrofa ferus*), et une autre de plus petite taille qu'il appelle le Sanglier des tourbières (*Sus scrofa palustris*), race éteinte, dit-il, et qui se distinguait par le peu de longueur de ses défenses. D'après l'abondance des os trouvés dans les lacs, un jeune savant que j'ai eu la bonne fortune de rencontrer à l'Exposition, M. Rochat, d'Yverdon, pense que cette seconde espèce était un cochon domestique et non pas sauvage. Si ses défenses sont peu développées, dit-il, c'est qu'on le mangeait jeune. M. le professeur Heer, de Zurich, est porté à croire que la petite race porcine, répandue d'Ilanz à Dissentir, descend de ce sanglier des tourbières.

La seule espèce de chien qu'on ait trouvée dans les stations lacustres était intermédiaire, par sa taille et par ses formes, entre le chien de garde et le chien d'arrêt. Dans les stations de l'âge de la pierre, le renard est plus abondant que le chien.

Si j'ai élevé un doute relativement au cheval comme animal domestique, c'est qu'on n'en a guère trouvé dans les lacs que des dents et en très-petit nombre. M. Rochat, dont je viens de parler, m'écrit à ce sujet : « Les ossements trouvés sont des restes de table : la rareté des os de chevaux prouverait seulement qu'on ne mangeait pas cet animal. » J'oserai hasarder une autre opinion : c'est que le cheval n'était pas domestique. A l'état sauvage, il habite ordinairement les grandes plaines ; il devait donc être rare dans les montagnes et les vallées de la Suisse. D'après l'histoire de tous les peuples, le cheval a d'abord été employé à la guerre, et l'état social des hommes de cette époque n'était pas assez avancé pour qu'ils combatissent sur des chars.

J'avais espéré pouvoir faire la distinction des animaux domestiques qui appartiennent à l'âge du bronze et de ceux qu'on peut faire remonter à l'âge de la pierre. Cette séparation n'est pas possible. On ne trouve, suivant les temps, que des différences en plus ou en moins. A cet égard voici quelques indications :

Le mouton, très-rare à l'âge de la pierre, devient commun à l'âge du bronze.

Pour la chèvre et pour le chien, on remarque aussi une augmentation à l'âge du bronze ; elle est seulement moins marquée.

Le cochon est aussi commun à l'âge de la pierre qu'à l'âge suivant.

Le bœuf se trouve en grand nombre à l'une et à l'autre époque. Mais, indépendamment des deux races que j'ai mentionnées plus haut, on a extrait, des stations lacustres de l'âge de la pierre, les os d'une troisième espèce, que M. Rutimeyer dit avoir été domestique, et qu'il croit être descendue de l'urus. Selon lui, cette race qui était éteinte en Suisse à l'âge du bronze, existe encore en Europe. Les grands bœufs du Jutland et du Holstein en proviendraient.

Une particularité digne de remarque, c'est que pendant les deux âges, les os du cerf se trouvent en aussi grande, parfois même en plus grande quantité que ceux du bœuf. On n'ose pas en conclure que le cerf fût alors domestique ; mais des populations qui élevaient des constructions considérables sur pilotis, pouvaient entourer de pieux de vastes espaces pour y retenir le cerf, et aussi le daim duquel, dans certaines stations, les restes sont considérables.

Parmi les oiseaux dont on a trouvé les ossements, sept appartiennent à l'ordre des rapaces, les autres sont : l'étourneau, le corbeau, le cincle, le pigeon, la gelinotte, la cigogne, le héron, le goëland, le cygne, l'oie, deux espèces de canards, la foulque et le grèbe. Rien n'indique qu'aucun de ces oiseaux fût domestique.

Des fragments de filets, des hameçons d'os et de bronze montrent, comme on pouvait s'y attendre, que ces populations vivaient en partie de leur pêche. Les débris de poissons qu'on a découverts appartiennent aux dix espèces les plus communes dans les lacs.

Dans quelles circonstances le bronze est-il venu s'associer à la pierre polie, et ajouter aux armes et aux ustensiles déjà perfectionnés de cette époque des objets qui frappent par leur variété et leur beauté, tels que des haches ciselées, des couteaux d'une forme élégante, des épées et des dagues à poignées ornementées, des épingles à cheveux, des bracelets, des anneaux, des faux, des faucilles, des hameçons, etc.? Faut-il croire avec un naturaliste vaudois, M. Troyon, que le bronze a été apporté par une nouvelle race, les Celtes, qui serait venue se substituer aux habitants primitifs du pays? Rien n'autorise une telle supposition. D'abord les Celtes, qui ne vinrent qu'après les Galls ou les Gaulois, connaissaient le fer; puis le bronze apparaît, en même temps, sur toutes les côtes occidentales de l'Europe, chez nous, en Angleterre, en Danemark. Et, chose remarquable, les armes, les ustensiles, les ornements de bronze de ces différents pays, ont, non pas seulement une ressemblance, mais une parfaite identité de formes. Évidemment tous ces objets sortaient des mêmes fabriques.

Plus de 1400 ans avant notre ère, les Phéniciens naviguaient sur l'Atlantique et avaient découvert les mines d'étain de la Grande-Bretagne. Ils avaient établi des colonies sur toute la côte méditerranéenne de l'Afrique, et jeté les fondements de la ville de Gadès, que Cadix a remplacée. Homère, quelques siècles plus tard, dit en parlant des Phéniciens, qu'ils étaient de très-habiles artisans, grands commerçants, très-experts dans l'art de la navigation, et que sur leurs noirs vaisseaux ils transportaient des richesses innombrables. Il ajoute que Sidon, leur capitale, abondait en objets de bronze (*Odyssée*, XV). On sait d'ailleurs qu'ils ne cherchaient pas à faire des conquêtes, mais à nouer des relations avec les peuples amis de la paix. Il est naturel de penser que c'est à eux que toute l'Europe occidentale a dû ses premiers objets de bronze.

Il y a cela de particulier que le bronze ne s'est trouvé que dans les stations lacustres de la Suisse occidentale et méridionale, dans celles de Genève, de Luissel, de Neuchâtel, de Bienne, de Morat et de

Stempach. On n'en trouve pas trace dans le lac de Constance, où l'on a reconnu trente-deux stations, ni dans aucune autre partie de la Suisse orientale. Le fait s'explique aisément : le commerce se faisait par le Rhône ou par le Piémont, et à une époque où les moyens de transport étaient nécessairement fort imparfaits, ses opérations ne pouvaient s'étendre bien loin.

Qu'il me soit permis de faire, en terminant, une très-courte excursion dans le domaine de la conjecture.

D'après la dimension du manche des outils et de la poignée des armes retirées des lacs, on voit que les hommes qui habitaient la Gaule à ces époques reculées avaient la main très-petite. Les bracelets de femme et les impressions des doigts sur les poteries conduisent à la même conclusion. Dans nos sociétés civilisées, la petitesse de la main peut bien être l'attribut des classes qui ne se livrent pas aux travaux manuels; mais alors ces classes n'existaient pas : la main était nécessairement en rapport avec le corps.

En cherchant, sans sortir de l'exposition, à me faire une idée des hommes de ce temps, j'ai trouvé, dans la galerie de la Suède et de la Norvége, ces curieux mannequins représentant, d'une manière si saisissante, les types humains de ces pays; et parmi eux, deux groupes de Lapons. Voilà bien les mains pour lesquelles semble avoir été faite la poignée des armes dont j'ai parlé. Un de ces hommes est figuré assis dans un traîneau tiré par un renne. J'ai vu là, je ne veux pas dire une sorte de révélation, mais une indication qui peut avoir sa valeur.

Plusieurs savants distingués ont émis l'opinion que les premiers habitants de notre pays étaient de race finnoise. Un d'eux même avance que c'étaient les frères aînés des Finnois actuels. Je ferai un pas de plus, en supposant que c'étaient leurs ancêtres. Refoulés vers le nord par les invasions successives des Galls et des Celtes, ils auront été rejetés définitivement aux extrémités septentrionales de l'Europe et de l'Asie, par la grande invasion des Scandinaves, vers le premier siècle avant notre ère.

Dans ces régions inhospitalières, qu'aucun peuple n'aurait pu choisir pour y établir sa résidence, si ce n'est contraint par la nécessité, ils ont retrouvé le renne, qu'avaient connu leurs pères, et dont ils avaient gardé le souvenir, puisque la tradition de cet animal existait encore dans la Gaule au temps de César.

Si l'on demande comment des hommes de si petite taille, et qui n'ont jamais été renommés par leurs instincts guerriers, avaient pu vivre au milieu des mammouths, des rhinocéros, des hippopotames, et en faire leur proie, je répondrai que les Finnois, montés sur de frêles canots et sans être mieux armés qu'à ces époques primitives, vont avec une adresse et une audace incroyables, poursuivre les baleines à des centaines de kilomètres de leurs côtes.

Je ne donne, bien entendu, mes idées que comme des hypothèses. Je connais le danger des conclusions trop hâtives ; mais dans ces ténèbres où l'on ne marche encore qu'à tâtons, il est pardonnable de se guider sur les moindres lueurs.

LES
ANIMAUX DOMESTIQUES
DANS L'ANTIQUE ÉGYPTE

RAPPORT

Par M. BOURGUIN

Président honoraire de la Société protectrice des animaux,
Membre de la Société impériale d'acclimatation.

En visitant, à l'Exposition, le petit temple égyptien, tout à la fois
musée et spécimen de l'art des Pharaons, le Comité d'études (section des oiseaux) a été frappé de l'intérêt que peuvent présenter,
pour l'histoire de la domestication de certaines races animales, les
peintures dont les murs de ce temple sont couverts.

Ce temple a été construit sur les plans de M. Mariette bey, directeur général du service de conservation des antiquités en Égypte,
qui s'est illustré par tant de découvertes. Comme disposition générale et comme harmonie de proportions, cet édifice offre un modèle,
mais un modèle très-réduit, des temples de l'antique Égypte : en
effet, quelques-uns de ces temples sont aussi vastes que Notre-Dame
de Paris, tandis que le monument du parc égyptien, au Champ de
Mars, n'a pas plus de 18 mètres de façade et 48 mètres de profondeur. Mais, dans ses dimensions restreintes, il présente ce rare
mérite que les peintures qui en décorent les murs sont des repro-
ductions très-fidèles d'anciennes peintures égyptiennes; reproduc-
tions faites tant d'après des estampages de papier, qu'au moyen
d'épreuves photographiques, complétées par des mesures prises mi-
nutieusement sur les lieux, et par une gamme des couleurs, dont
les tons ont été soigneusement conservés.

Ces peintures appartiennent à des époques séparées par des siècles :
celles du pourtour extérieur sont de l'époque grecque : un Pto-
lémée en est le principal personnage; celles des parois latérales et
de la face postérieure du couloir circulaire représentent des cérémonies religieuses. C'est le roi Séti, le Séthos des Grecs (XIXe dy-

2

nastie) offrant ses adorations aux dieux, qui lui accordent en échange la victoire, la force et la vie éternelle. On a trouvé le moyen d'y introduire un portrait authentique de la célèbre reine Cléopâtre. Les divinités à têtes d'animaux sont nombreuses dans ces tableaux; mais il n'y a là rien qui ait rapport à l'acclimatation ou à la domestication.

Les peintures de l'intérieur, infiniment plus anciennes, sont beaucoup plus intéressantes pour nous. Elles ont été copiées sur celles qui existent dans les salles funéraires des tombes de deux fonctionnaires de la IVe dynastie nommés l'un *Ti*, l'autre *Phtah-Hotep*. Dans ces salles les parents du défunt se réunissaient à certains anniversaires, et il était assez naturel qu'on y représentât des épisodes empruntés à sa vie publique ou privée. D'ailleurs, par un pieux sentiment, et d'après leur croyance au dogme de la résurrection, ils voulaient qu'au moment où l'âme viendrait reprendre possession de son ancienne demeure, le mort retrouvât l'image des lieux et des personnes au milieu desquelles son existence s'était écoulée.

Les peintures reproduites dans le petit temple égyptien nous offrent des scènes de la vie des champs, scènes si simples que, pour les comprendre, il n'est pas besoin de recourir à l'explication du livret. D'après les égyptologues, il faudrait faire remonter ces peintures à 4000 ans environ avant notre ère. C'est une date que nous n'avons pas à discuter : il nous suffit de savoir qu'elles sont de la plus haute antiquité.

Nous ne céderons pas à la tentation de décrire tous les sujets de ces tableaux. Bornons-nous à dire qu'on y trouve représentés la vendange et la fabrication du vin; le labourage, la moisson et le dépiquage des blés; des scènes de chasse et de pêche; la navigation à rames et à voile; des ateliers de menuiserie, de sparterie, de poterie, de sculpture; des chantiers de bateaux en construction; des scribes, le pinceau à la main, en attitude d'écrire; des joutes nautiques; des esclaves qu'on va châtier par la bastonnade, et jusqu'à des jeunes gens qu'on exerce à la gymnastique (1).

(1) Tous les exercices du corps étaient en grand honneur chez les anciens Égyptiens, comme on peut en juger par l'ouvrage de Champollion le jeune, où 7 ou 8 planches du tome IV sont entièrement consacrées à la représentation des jeux très-variés de gymnastique et de lutte auxquels ils se livraient. De là, sans doute, les caractères physiques, et en quelque sorte de race, qu'on remarque dans toutes les statues exposées dans le petit temple : épaules larges, bras nerveux, poitrine développée, jambes musculeuses.

Une planche entière du même volume est consacrée à la gymnastique des femmes.

Revenons à ce qui nous intéresse plus particulièrement, c'est-à-dire aux animaux représentés dans ces tableaux. Nous ne nous occuperons pas de ceux qui figurent comme signes ou caractères hiéroglyphiques dans les légendes destinées à donner l'énumération des titres des deux fonctionnaires *Ti* et *Pthah-Hotep*, à expliquer les sujets des peintures ou à traduire les paroles que certains personnages sont censés prononcer. Ces signes, au nombre desquels nous trouvons le râle, la chouette, l'hirondelle, le vautour, le marabout, l'oie, la huppe, le lièvre, n'ont pas de rapport avec l'acclimatation.

Il n'en est pas de même des animaux peints, non plus dans les inscriptions, mais dans les tableaux. Ce sont ceux dont les anciens Égyptiens se servaient, comme auxiliaires de leurs travaux agricoles, comme tributaires, ou simplement alimentaires ; et aussi ceux qu'ils prenaient à la chasse ou à la pêche.

Les peintures sont divisées en stèles ou panneaux. Chaque stèle est partagée en plusieurs registres, ou bandes superposées, dont chacune représente ordinairement un sujet différent. On nous pardonnera d'entrer dans des détails minutieux : rien n'est à négliger dans la description d'objets appartenant à des temps si reculés ; d'ailleurs, dans les questions de domestication, les variations de couleur, les circonstances de modification de certains organes ou de leur position, telles que les oreilles droites ou tombantes, les jambes plus ou moins hautes, la queue pendante ou redressée, ont une certaine importance.

Dans la première stèle, à droite en entrant, on voit, au deuxième registre, un homme qui conduit trois hyènes et cinq chiens tenus en laisse (1). Ces chiens sont de couleur fauve dans la partie supé-

---

(1) Quelque extraordinaire que le fait puisse paraître, l'hyène était chez les anciens Égyptiens un animal domestique. Celles de notre tableau sont attachées par un simple cordon passé autour de leur cou, moins solidement que les chiens, qui sont munis de colliers ; une d'elles est même entièrement libre. Dans la planche 13, tome III, du grand ouvrage de Lepsius, sont représentés trois serviteurs conduisant l'un un âne, l'autre un bœuf et le troisième une hyène. Le bœuf est attaché par la mâchoire inférieure ; l'hyène l'est, de même que l'âne, par une corde passée à son cou et dont le bout est dans la main d'un des serviteurs. Ceux-ci portent sur la tête de grands paniers qu'ils soutiennent de l'autre main, ce qui prouve que la conduite des animaux n'était pas difficile. Dans un autre tableau du même volume, une hyène est attachée, au moyen d'une corde, à un anneau fixé en terre, auprès de deux antilopes retenues de la même manière.

L'hyène devait être très-utile pour débarrasser le sol des poissons morts et des

rieure du corps, et blanche dans la partie inférieure; les oreilles sont droites; la queue longue est entièrement enroulée sur elle-même. Par leurs formes sveltes, leurs jambes élevées, leurs flancs amaigris et leurs têtes fines, ces chiens sont de véritables lévriers. Ils s'éloignent donc beaucoup du chacal, qu'on semble s'accorder à reconnaître comme le type sauvage de nos races canines. A côté de ce groupe se trouve un autre chien, plus petit, de forme moins élancée, à museau court et à oreilles tombantes. Un peu plus loin, dans deux paniers suspendus aux extrémités d'un long bâton passé sur son épaule, un homme porte des faons de cette charmante espèce de gazelle nommée la *corine*. Un autre porte de la même manière des lapins et des hérissons. Quatre hommes traînent une grande cage à deux étages, où sont renfermés une panthère et un lion. Les barreaux de cette cage semblent être de fer ; mais on sait que, bien qu'ayant connu ce métal, les anciens Égyptiens ne l'ont jamais employé.

Au troisième registre de la même stèle, une antilope fauve est tetée par son petit. Deux grands lévriers attaquent deux animaux, dont l'un, de couleur grise, à grandes cornes contournées, est le bouquetin (*Capra ibex*, Linné), l'autre, fort reconnaissable à ses longues cornes un peu arquées en arrière, est certainement l'algazelle (1) (*Antilope gazella*, Pallas), animal qui, dans un autre tableau, paraît réduit à la domesticité.

Un lion attaque un taureau, derrière lequel se trouve un chien à oreilles tombantes. Deux hérissons se trouvent aussi dans ce registre : l'un d'eux, qui dévore une grosse sauterelle, sort d'un trou, ou plutôt d'une hutte faite de main d'homme. Faut-il en conclure que, dès cette époque, les Égyptiens avaient reconnu les services que rend le hérisson comme destructeur d'insectes et que, plus avisés que nous, ils leur préparaient des abris? On y voit aussi une mangouste à poils gris (*Viverra ichneumon*, Linné) et une gerboise (*Dipus gerboa*, Linné) de couleur fauve.

Le quatrième registre de cette première stèle est la représentation d'une chasse aux canards. Elle se pratique au moyen de deux grands filets ou nappes que plusieurs hommes couchés font tomber sur les

petits animaux noyés, après la retraite des eaux du Nil. Comme elle figure toujours en petit nombre dans les tableaux, il est à croire qu'on en entretenait seulement quelques-unes dans les grandes habitations.

(1) Ce mot signifie simplement la gazelle. L'article arabe *al* s'est uni au substantif. C'est ce qui a lieu pour beaucoup d'autres mots que nous avons empruntés à la langue arabe, tels que almanach, alcade, alchimie, alambic, alcool, alcoran, algèbre, etc.

oiseaux, en se relevant, au signal d'un personnage debout, aux
pieds duquel se tient une cigogne blanche (*Ardea alba*, Linné)
qui semble privée. Quelques serviteurs placent dans des paniers
les canards qu'on a pris. Ces oiseaux sont de couleurs différentes :
les uns tout blancs, d'autres gris, d'autres noirâtres ; quelques-uns
ont la tête verte, la poitrine d'un brun pourpre, avec un collier
blanc. Tous les canards sauvages portent la même livrée, sauf la
différence qui existe entre le mâle et la femelle, dont la robe est de
couleur uniforme et plus terne ; les canards du tableau, avec leur
variété de couleurs, sembleraient être des canards domestiques,
qu'on laissait vivre dans un état de demi-liberté sur les canaux dont
l'Égypte était sillonnée, et qu'on prenait au filet, quand on voulait
en envoyer au marché. Un serviteur porte des pigeons dans un panier. Comme on verra plus loin les pigeons à l'état domestique,
on est en droit de se demander si les pigeons transportés ne seraient
pas de ces pigeons voyageurs qui, de temps immémorial, ont été
employés dans l'Orient à porter des messages. Un autre serviteur
porte des oies dans des paniers suspendus à un long bâton.

La deuxième et la sixième stèle ne contiennent que les noms et
titres de Phtah-Hotep en caractères hiéroglyphiques. La troisième
stèle n'a pas d'animaux, sauf deux chiens familiers, couchés aux
pieds de leurs maîtres.

La quatrième est peut-être la plus curieuse : elle se compose de
moulages exécutés en plâtre sur les creux rapportés d'Égypte. Les
figures ne sont pas coloriées, la matière ne s'y prête pas ; mais par
leurs proportions et leurs rapports avec celles des stèles peintes,
elles sont le meilleur témoignage de la fidélité de ces dernières.
Cette quatrième stèle forme l'entourage de la porte du fond.

Au-dessus de cette porte, on voit trois jeunes gens conduisant un
bœuf qui porte un ornement au cou ; puis trois groupes d'oiseaux.
Dans le premier, un cygne et des oies ; dans le second, des oisons
qui n'ont pas encore de plumes aux ailes, des pigeons, des oies et
des canards ; dans le troisième, cinq grues, en tête desquelles marche un jeune homme. Nous avions pensé que ces grues étaient
de l'espèce qu'on appelle la *demoiselle de Numidie* (*Ardea virgo*,
Linné). M. Jules Verreaux, devant la science duquel nous aimons à
nous incliner, dit que ce sont des grues cendrées (*Ardea grus*,
Linné).

A droite de la porte, deux hommes conduisent de jeunes gazelles;
une algazelle est attachée à un pieu ; trois hommes défrichent un
terrain au hoyau ; deux autres labourent avec deux vaches accou-

plées par un joug; deux jeunes gens conduisent une troupe d'ânes; deux autres, armés de longs bâtons, mènent une troupe de grues, absolument comme on dirige aujourd'hui une bande de dindons.

A gauche de la porte, deux bœufs sont conduits par deux hommes, dont l'un est un nain. Au passage d'un gué, un enfant qui marche en tête porte un veau sur son dos; le veau se retourne et semble se plaindre; suivent trois vaches à tête nue, dont l'une est sans doute la mère du veau, car elle lève la tête et se hâte pour s'en rapprocher. Trois bœufs à grandes cornes viennent après. Plus bas, on charge un âne d'un panier très-haut de forme, assez semblable à ces paniers couverts de rideaux, dans lesquels voyagent les femmes arabes à dos de chameau (1). L'âne paraît rétif, car un homme le tient fortement par la tête, un autre par la queue, tandis que deux autres attachent le panier. Un autre âne est déjà chargé. Une femme trait une vache cornue, dont les jambes de derrière sont liées au-dessus du jarret par plusieurs tours de corde; le veau placé en avant lèche le poitrail de la vache.

Au bas de cette stèle sont plusieurs femmes qui se rendent à un marché : elles portent, dans de grands paniers placés sur leur tête, des pains, des raisins et des grenades. Une d'elles porte en outre une oie sous son bras, une autre un chevreau, une troisième tient une oie à la main, une quatrième conduit une antilope attachée à la patte par une corde. D'autres portent des vases, la dernière une poignée d'épis.

La cinquième stèle, sur le mur à gauche vers le fond, nous montre d'abord des barques à grandes voiles carrées. Au-dessous, une chasse à l'hippopotame. Un de ces animaux s'est pris à un piége de métal; on attaque les autres au moyen de longs pieux terminés par un harpon. Un de ces hippopotames a saisi un crocodile par le milieu du corps. Une pêche est pratiquée avec un de ces grands filets dont on se sert encore, de nos jours, pour barrer les rivières, et auxquels on donne le nom de *senne*. Une autre pêche a lieu au moyen de nasses d'osier accolées par le sommet, de manière que le poisson s'y prenne en montant comme en descendant. Un homme, assis dans une barque, pêche seul avec une corde probablement terminée par un hameçon que le poisson qu'il retire de l'eau a avalé. Un troupeau de bœufs passe un gué. Les hommes qui les conduisent sont

(1) Dans le bel ouvrage, *Monuments de l'Égypte et de la Nubie*, publié après la mort de Champollion le jeune, tome IV, on voit des ânes portant deux enfants dans des paniers semblables à ceux que nous venons de décrire, mais plus bas de forme.

dans des barques. Un d'eux tient un veau attaché au bout d'une corde; suivent deux vaches à tête nue, puis sept bœufs, dont les uns sont blancs, les autres bruns, le dernier est blanc avec des taches grises. Par leurs longues cornes divergentes, ces bœufs rappellent ceux de la Sicile et de la Romagne. Qu'on nous permette de placer ici une réflexion. Les bœufs du centre de l'Afrique, ceux du Soudan par exemple, dont on voit des photographies à l'Exposition, sont des bœufs à bosse ou des zébus. Les bœufs à longues cornes, figurés dans les tableaux, ont dû être amenés en Égypte par les peuplades qui s'y sont primitivement établies. On a cru longtemps que les premiers habitants de cette contrée étaient venus du sud de l'Afrique, en suivant le cours du Nil; aujourd'hui la science incline à penser qu'ils étaient originaires de l'Asie. Une étude de la race bovine représentée sur les tableaux pourrait aider à déterminer la contrée d'où la peuplade émigrante est partie.

Sur une plate-forme élevée au-dessus d'une des barques, et destinée à l'abriter du soleil, se promène un singe de couleur verte. C'est le *Cercopithecus sabœus* de Cuvier, le *callitriche* de Buffon. Cette espèce de singes est encore commune en Égypte, nous a dit M. Mariette, et l'on se plaît à en tenir quelques-uns dans les habitations. Leur couleur d'un beau vert, quand ils sont jeunes, prend une nuance plus terne, quand ils vieillissent.

Dans la septième stèle, des pasteurs conduisent un troupeau composé d'un bouc et de sept chèvres. Tous ces animaux ont des cornes longues, ridées en travers, ondulées, et dirigées latéralement. Le bouc est de couleur fauve avec des mouchetures, trois des chèvres sont de couleur brune, trois autres de couleur grise, la dernière est blanche et noire. Elles n'ont pas de barbe, non plus que le bouc; les oreilles sont tombantes. Six bœufs blancs sont conduits probablement à un sacrifice. On sait qu'un animal tacheté, ou présentant un seul poil noir, ne pouvait être offert aux dieux. Deux de ces bœufs portent au cou une large bande d'étoffe artistement brodée et à bouts longs et larges. Chez d'autres, cette bande est remplacée par un ornement formé de cordelettes. Tous ces bœufs à grandes cornes sont conduits au moyen d'une corde attachée non à leur cou, mais à leur mâchoire inférieure. Un intérieur de basse-cour nous montre des oies et des grues qu'on engraisse : des serviteurs sont occupés à préparer des pâtons ; d'autres en introduisent dans le bec des oiseaux. Les oies ne sont pas blanches : elles ont le cou et le dessus du corps bleuâtres; la tête et les ailes sont d'un roux vif. C'est bien l'*Anser cœrulescens* de Linné, et l'oie décrite par

Buffon sous le nom d'*oie d'Égypte*. Trois ânes sont conduits par un homme; deux de ces ânes sont jaunes; mais par leurs formes et la lourdeur de leur tête, ce sont bien des ânes et non des hémiones; le troisième est gris; aucun d'eux n'a la croix noire sur le dos. On sait que, de nos jours, l'âne est encore la monture favorite des Égyptiens. Un jeune homme tient en laisse deux lévriers, dont toute la tête et le dos sont noirs, le ventre est blanc. Un nain conduit un cynocéphale vert. Par trois fois un nain est représenté dans ces peintures; il ne faudrait pas se hâter d'en conclure que la difformité résultant du défaut de taille fût commune en Égypte à cette époque. Un nain ayant vécu dans la domesticité de Ti peut figurer trois fois sur les tableaux qui décoraient la tombe de ce personnage.

Dans une scène de moissonnage, les ouvriers se servent non d'une faucille, mais d'une faux à laquelle est adapté un manche très-court. C'est l'instrument encore à l'usage de ces bandes de moissonneurs qui, chaque année, partent de la Belgique, au commencement de l'été, et se rendent dans nos départements de l'ouest et du sud-ouest, d'où ils reviennent vers la Belgique, en faisant partout la moisson sur leur passage. Le blé de cette stèle est un blé barbu; il n'est coupé qu'à demi-tige. Il est probable qu'on incendiait les chaumes, comme cela se pratiquait chez les Romains, au dire de Virgile. Deux couples de vaches sont attelées à la charrue. Elles nous ont rappelé qu'en Toscane, la contrée la mieux cultivée de l'Italie, on ne laboure qu'avec des vaches, jamais avec des bœufs. En Égypte cet usage pouvait tenir à des croyances religieuses. Suivant le témoignage d'Hérodote, confirmé par Porphyre et par saint Jérôme, les Égyptiens regardaient comme un sacrilége de manger de la chair de vache. Ils s'abstenaient aussi de celle des bœufs qui avaient travaillé. Ils avaient donc intérêt à utiliser les forces de la vache, et à maintenir le bœuf en état de servir à l'alimentation. Dans ce tableau, on voit aussi une femme occupée à traire une vache dont les jambes de derrière sont attachées par une corde.

De l'ensemble des peintures du temple intérieur, il résulte qu'à l'époque la plus reculée de leur histoire, les Égyptiens avaient pour animaux domestiques, parmi les mammifères, le chien, l'hyène, le bœuf, l'âne, la chèvre, le lapin, plusieurs antilopes, notamment la corine, et l'algazelle; et parmi les oiseaux, la grue, l'oie, le pigeon et le canard. Le cygne n'étant représenté qu'une fois était vraisemblablement pour eux un oiseau d'ornement, comme le singe était un objet d'amusement.

On voit aussi qu'ils protégeaient la mangouste, qui dévore les œufs de crocodile; le hérisson, grand destructeur d'insectes, et la cigogne, qui niche volontiers dans le voisinage des habitations de l'homme, où elle détruit beaucoup de mollusques et de petits reptiles.

On peut conjecturer, de leur absence sur les tableaux, que le cheval, le chameau, le cochon, le chat, ne vivaient pas dans la demeure des anciens habitants de l'Égypte. Pour le cochon, le fait s'explique aisément, puisqu'ils le regardaient comme un animal immonde. Quant au cheval, les Égyptiens ne le connurent que beaucoup plus tard (1). En ce qui concerne le chameau, bien qu'ils l'aient aussi connu à une époque postérieure, ils n'ont jamais voulu l'employer. Nous devons penser également que dans ces temps éloignés ils ne connaissaient ni la poule, ni nos autres gallinacés de l'ancien continent, le faisan et la pintade. On sait combien, à une époque plus rapprochée, ils étaient devenus habiles dans l'art d'élever les poulets.

(1) « L'Égypte n'a pas connu les chevaux jusqu'aux campagnes de Thoutmès III (XVIIIe dynastie) en Asie, bien que de toute antiquité elle ait connu les ânes... Les premiers chevaux qu'on ait vus en Égypte y furent amenés par le roi que je viens de nommer... On ne s'en est jamais servi que pour les chars de guerre... Jamais le cheval n'est représenté occupé au labourage. » (*Extrait d'une lettre de M. Mariette bey, en réponse à quelques questions que nous lui avions adressées.*)

C'est donc vers la fin du XVIIe siècle avant notre ère que le cheval, animal asiatique, fut introduit en Égypte. Il s'y propagea rapidement; car, environ deux cents ans plus tard, Ramsès II, le Sésostris des Grecs, possédait un grand nombre de chars de guerre. Il existe de cette époque un chant épique, composé par le grammate Pen-ta-our, un des poëtes qui suivaient le roi dans ses expéditions guerrières. Ce chant, antérieur de plusieurs siècles aux poëmes d'Homère et à la Bible, est gravé sur les murs de Karnak et sur la face nord du grand pylone de Louqsor. Il a été traduit en français par M. de Rougé, d'après un papyrus qui se trouve en Angleterre. Le poëte nous montre Ramsès II, tombé dans une embuscade, et tout à coup entouré par 2500 chars ennemis, à travers lesquels il se fraye un passage. « Le grand lion qui marche auprès des chevaux du roi combat avec lui. La fureur enflamme tous ses membres. Quiconque s'approche tombe renversé. » Il y a probablement quelque exagération dans le nombre des chars; mais ce curieux épisode nous fait voir qu'à cette époque les chevaux étaient déjà fort nombreux dans l'Afrique septentrionale.

Bien que dans le poëme de Pen-ta-our les cavaliers soient quelquefois opposés aux fantassins, il est certain que les anciens Égyptiens n'avaient pas de cavalerie, dans le sens que nous donnons à ce mot. Comme le dit M. Mariette, ils ne se servaient des chevaux que pour les atteler à leurs chars de guerre. De même, dans l'*Iliade*, Nestor est toujours qualifié *le vieux cavalier;* cependant, comme tous les autres chefs grecs et troyens, il combat sur un char.

. Nous rappellerons ici que dans les poëmes d'Homère deux oiseaux seulement, l'oie et le pigeon, sont indiqués comme domestiques. Au XV*e* chant de l'*Odyssée*, nous voyons Hélène élever des oies dans la cour du palais de Ménélas; et au XIX*e* chant, Pénélope prendre plaisir à jeter, à des oies privées, du grain détrempé d'eau. Au II*e* chant de l'*Iliade*, Homère cite deux villes de la Grèce, Thisbé et Massa, qu'il particularise par une épithète qui signifie *abondantes en pigeons*. S'il s'agissait de contrées, il n'y aurait rien à conclure de la circonstance mentionnée par le poëte; mais il s'agit de deux villes, et l'on doit croire qu'il a voulu parler de pigeons domestiques. .

Relativement aux grues, oiseaux doux, intelligents et affectueux, on comprend que les Égyptiens se les soient attachées; ils ne pouvaient trouver de plus utiles auxiliaires pour la destruction des reptiles, des limaces et des rats, qui pullulaient dans le pays après les inondations du Nil.

L'intérieur du temple égyptien est un musée : il contient des statues d'une antiquité qui semble fabuleuse; ce sont bien certainement les plus anciennes représentations de la figure humaine, on peut dire les plus anciens portraits qui soient venus jusqu'à nous; des ornements de tout genre et des objets d'art d'une valeur inappréciable y sont en grand nombre. Il y a là de quoi occuper la vie d'un savant, mais il n'y a rien pour nous.

Il convient pourtant de remarquer que, parmi les bijoux de la reine Aah-Hotep, mère d'Amosis, premier roi de la XVIII*e* dynastie (1700 ans avant Jésus-Christ), se trouve une chaîne de cou à laquelle sont suspendues trois abeilles d'or massifs. On peut voir là une indication qu'à cette époque l'apiculture était déjà pratiquée en Égypte. Au IV*e* livre des *Géorgiques*, Virgile nous dit que c'est

Le peuple dont le Nil inonde les sillons

qui trouva le moyen. de reproduire la population d'une ruche quand un accident l'a fait périr. Ce moyen décrit dans l'épisode d'Aristée est une fable; mais en attribuant aux Égyptiens la découverte de ce merveilleux secret, le poëte nous montre que, de temps immémorial, ce peuple était réputé pour son habileté dans l'art d'élever les abeilles. La production du miel et de la cire est encore une des industries de l'Égypte moderne.

Enfin dans la cage de verre qui renferme une grande quantité de petits monuments religieux, funéraires et historiques, on voit un groupe de trois divinités de bronze, aux pieds desquelles est couchée une chatte dans la position de l'allaitement. Selon M. Mariette, ces statuettes ne remonteraient pas au delà de la XXVIᵉ dynastie (650 ans environ avant notre ère); mais elles indiquent qu'à cette époque le chat était devenu chez les Égyptiens un animal domestique (1).

En sortant du temple, arrêtons-nous devant les deux grandes peintures historiques qui décorent extérieurement les parois, de chaque côté de la porte d'entrée. Elles représentent une campagne entreprise au XVIIᵉ siècle avant notre ère, par la reine Hatasou, régente pendant la minorité de Thoutmès III, son frère, contre les habitants du pays de Pount, région qui occupait la partie méridionale de la péninsule arabique. L'expédition avait eu lieu par mer. Nous assistons à des scènes d'embarquement et de retour des troupes, après la victoire. Notons-en quelques détails : on transporte, à bord des vaisseaux, les tributs levés sur le peuple vaincu, et notamment des arbres entiers couverts de leurs feuilles, et dont les racines sont renfermées dans de grands paniers formés de feuilles de palmier tressées, et pleins de terre. C'étaient, sans aucun doute, des arbres inconnus à l'Égypte et qu'on voulait y acclimater. Malheureusement les peintures ne permettent guère d'en reconnaître l'espèce. On embarque aussi des bœufs à cornes courtes et en forme de croissant, par conséquent appartenant à une race différente de ceux que nous montrent les tableaux de la salle intérieure. Il serait possible que nous fussions témoins d'une acclimatation. Ce qui nous porte à le croire, c'est que toutes les représentations du bœuf Apis ont les cornes courtes et en croissant; d'après M. Mariette, la plus ancienne de ces représentations daterait seulement du règne d'Aménophis III, un des successeurs de Thoutmès III. Les Égyptiens avaient dû être frappés de cette forme de cornes: elle leur rappelait une des phases de la lune, à laquelle ils rendaient un culte.

Sur ce tableau figurent deux ânes, l'un de couleur roussâtre,

____

(1) Nous ne doutons pas que le chat n'ait été domestiqué en Égypte avant cette époque. On sait que cet animal y était l'objet d'une vénération superstitieuse. Suivant Diodore de Sicile, il y avait à Bubaste une salle funéraire où l'on déposait embaumés les chats qui mouraient de leur belle mort.

Les anciens Égyptiens ont connu deux espèces de chats : le chat ganté (*Felis maniculata*), que Temminck et Blainville pensent avoir été la souche des chats domestiques de l'Égypte actuelle, et une autre espèce que l'on trouve à l'état de momie, le *Felis bubastes*, lequel se rapproche beaucoup de *Felis chaus* de Cuvier.

l'autre d'un gris clair. Ils ont l'apparence moins lourde que ceux des tableaux de l'intérieur. C'est une race améliorée par une longue domestication et qui se rapproche de l'âne aux formes sveltes que, dans son ouvrage sur l'*Acclimatation et la domestication* des animaux utiles, Isidore Geoffroy Saint-Hilaire a reproduit d'après une peinture des monuments de Karnak.

Enfin le tableau nous montre deux singes, appartenant au genre que les naturalistes appellent *cynocéphale*, c'est-à-dire à tête de chien. Leur queue, relevée à son origine, descend ensuite sur les jarrets. L'un, à la face couleur de chair, est probablement l'hamadryas, l'autre, au museau noir, est le papion.

Les dimensions de la muraille n'ont pas permis de reproduire tous les détails du tableau original. M. Mariette nous a dit qu'au nombre des objets embarqués après la victoire se trouvaient des girafes. C'est une circonstance qui mérite d'être relevée : elle confirme l'idée des naturalistes qui, en dépit des géographes, réunissent, à l'Afrique, l'Arabie et la Syrie. Par leurs espèces animales et végétales, ces deux contrées sont africaines et non asiatiques.

Le tableau que nous venons de décrire peut aider à déterminer la patrie originaire du cheval. Nous y voyons la reine Hatasou porter ses armes victorieuses dans la partie méridionale de l'Arabie, dont antérieurement Thoutmès I avait conquis toute la portion septentrionale; et pas plus au sud qu'au nord de la grande presqu'île les Égyptiens ne rencontrèrent le cheval. Ce précieux quadrupède n'est donc pas originaire de l'Arabie comme on l'a dit si souvent, et comme le répétait, il y a peu de temps, l'émir Abd-el-Kader dans sa lettre au général Daumas.

En terminant ce rapport, nous remercierons Son Altesse le vice-roi d'Égypte, Ismaïl-Pacha, que notre Société s'honore de compter parmi ses membres, et qui a été l'organisateur de cette curieuse exposition. Non content d'inaugurer pour l'Égypte une ère nouvelle, il a pris à cœur de faire connaître à l'Europe quelques pages de l'histoire d'une civilisation qui nous apparaît dans un épanouissement déjà si complet, quand le reste du monde n'a pas encore d'histoire.

LES
CHEVAUX ET LES CHIENS

RAPPORT

Par M. LEBLANC

Médecin vétérinaire, Membre de l'Académie impériale de médecine,
Membre de la Société impériale d'acclimatation.

Si l'on ne considérait les chevaux et les chiens qui ont été exposés au Champ de Mars et à l'île de Billancourt que sous le rapport de l'acclimatation proprement dite, il n'y aurait à constater que très-peu de faits nouveaux et bien dignes d'intérêt. On sait que le cheval et le chien vivent à peu près partout; mais si l'on attache à l'expression d'acclimatation une signification plus étendue que celle qu'on lui assigne ordinairement; si l'acclimatation peut embrasser, à la fois, les moyens de faire vivre des espèces et des races d'animaux là où elles n'existaient pas, et, surtout, embrasser les moyens de les modifier avec avantage pour les besoins de l'homme, l'étude des animaux exposés a mérité de fixer l'attention. Les spécimens présentés ne viennent pas prouver, cependant, que de grandes découvertes ou de grands perfectionnements ont eu lieu dans ces derniers temps. Mais quelques-uns viennent au moins démontrer l'efficacité de certaines règles indispensables à la reproduction d'animaux utiles; et malheureusement le plus grand nombre indique que l'on s'est engagé dans une mauvaise voie. L'Exposition a été au moins instructive sous ce rapport.

Il y avait assez d'individus exposés pour que l'on pût s'assurer de l'influence de la génération, de l'hérédité, par conséquent; de l'influence de l'alimentation, de la constitution géologique du sol, de la disposition physique et météorologique des contrées diverses, des modes d'élevage des animaux et de ce que l'on est convenu d'appeler leur éducation, ou mieux leur dressage, c'est-à-dire, leur appropriation à tel ou tel genre d'utilisation.

Si le nombre des individus exposés a été assez grand, il est à regretter, toutefois, que les divers pays n'aient pas présenté, à beaucoup près, toutes leurs richesses en animaux des espèces chevaline et canine.

L'Exposition internationale de 1867 n'a pas brillé, en général, dans la spécialité des chevaux et des chiens. Tous ceux qui connaissent l'état de la population chevaline et canine se consoleront de ce qui s'est passé sous ce rapport, parce qu'ils n'ignorent pas, je le répète, que l'univers est beaucoup plus riche que l'exposition n'a semblé le faire croire. Évidemment les plus beaux types n'ont pas été amenés ; toutes les races, et les plus belles, n'ont pas été représentées, même en comprenant parmi les chevaux exposés ceux que la Société hippique française avait réunis, au nombre de quatre cents ou environ, dans des constructions provisoires très-bien appropriées, élevées sur l'esplanade des Invalides. A l'appui de ce que je viens d'avancer, il me suffira de dire qu'il n'y avait pas un seul cheval arabe né en Orient, et pas un seul cheval bien remarquable de la race anglaise, dite de pur sang ; il manquait donc les deux sources les plus propres à l'amélioration de toutes les races de chevaux, quand ces éléments sont convenablement utilisés.

Les dérivés de ces races étaient assez nombreux ; mais combien peu prouvaient que les règles de la production des chevaux utiles, perfectionnés, avaient été appliquées. J'ai été heureux de constater que, dans les produits français, se trouvait, à un très-petit nombre d'individus près, l'application de ces règles, qui constituent une vraie science. Ce n'est pas ici le lieu d'exposer avec détail les principes de cette science, qui n'est malheureusement pas le partage de beaucoup de monde, et surtout de ceux qui devraient, pour beaucoup de raisons, la posséder au plus haut degré. Que de trésors font fausse route et ne sont consacrés qu'à satisfaire des fantaisies, qu'à alimenter des jeux qui font marcher à rebours les principes utiles, bien connus cependant, les seuls qui peuvent enrichir un pays en animaux, puisqu'eux seuls permettent de favoriser la production de chevaux propres à des genres de services déterminés et profitables. Et ce que je dis là n'est pas une idée préconçue, ce n'est pas une supposition ; c'est le résultat de faits bien avérés, bien constatés dans diverses contrées, en Angleterre et en France surtout. En effet, on sait qu'en Angleterre et en France, par l'application de certaines règles, on a pu créer des familles, des races capables de transmettre leurs qualités, à la condition toutefois de ne pas négliger les influences d'alimentation, de climat et d'éducation.

Quoique je me sois fait un devoir d'être très-sobre de réflexions en dehors de ce qui concerne la narration de ce que j'ai vu à l'Exposition générale, je ne puis m'empêcher de dire que les familles, les races fixes, se forment à la fois par les mâles et par les femelles. On néglige trop en France le choix des juments. Il ne faudrait pas seulement entourer de soins les étalons, il serait de première importance de conserver des juments types, soit pour perpétuer une race donnée, soit pour créer des variétés appropriées à certains usages, et qui deviendraient races plus tard. Dans beaucoup de pays cela se fait ainsi : en Russie, en Prusse, en Autriche, par exemple, où il y a des établissements que l'on appelle des jumenteries. Il y en avait en France, il n'y a pas encore longtemps.

Les familles ont d'autant plus d'influence par hérédité qu'elles sont plus anciennes, et, partant, plus fixes. C'est pour cela que le cheval arabe, de source pure, est si propre à l'amélioration. Il en est de même du cheval pur sang anglais, mais à un moindre degré. Cet excès d'influence doit être convenablement utilisé par un métissage bien entendu, modéré, et quelquefois alternant. En cela il y a encore des règles à suivre, règles qui sont bien connues et sur lesquelles cependant il y a divergence ; mais, selon moi, la question est arrivée au point de faire cesser toute hésitation. C'est aussi l'opinion des gens pratiques et de tous les observateurs sans prévention, sans parti pris. Ces règles ont été formulées d'après l'expérience et d'après la science, quoi qu'en disent leurs détracteurs ; elles ont été formulées encore il n'y a pas longtemps dans un bon livre, écrit par M. Gayot et par M. Moll, en 1861. M. Gayot et M. Moll ont prouvé, par des faits irrécusables, qu'à l'aide du métissage méthodique, que par certaines combinaisons dans les alliances et par la sélection, on pouvait constituer des familles, des races plus ou moins appropriées à tels ou tels usages, en faisant intervenir, bien entendu, je veux le répéter, comme auxiliaire, les influences des localités, des climats, et notamment celles des aliments.

Mais qu'on ne l'oublie pas, pour arriver à toutes ces combinaisons, il faut toujours avoir à sa disposition le cheval arabe pur d'Orient, dont la puissance est immense, quel que soit le pays où il a été transporté, pour servir de source améliorante et pour reconstituer des familles dont les caractères se modifient en mal. Je crois bien inutile d'insister ici sur l'importance de la pureté de cette source ; elle a été trop souvent proclamée dans la Société d'acclimatation par tous ceux qui ont eu l'occasion d'en parler, par M. Richard (du Cantal) notamment ; et l'on sait qu'Ab-del-Kader est venu confirmer par son observation particulière ce que nous saviens déjà par tradition, depuis longtemps, de l'indispensable nécessité de conserver la pureté de la race.

L'exposition de chevaux et de chiens a eu lieu successivement par catégorie : les chevaux de gros trait, du 1er au 15 juin ; les chevaux de luxe, du 15 au 31 juillet, et les chiens du 1er au 15 août.

LES CHEVAUX. — *Les chevaux de gros trait* étaient au nombre de 92, dont 49 femelles et 43 mâles, sans compter les quatre seuls chevaux étrangers présentés par un Anglais, M. Howard. D'après le catalogue ces chevaux appartenaient presque tous aux trois races suivantes : la race percheronne, la race boulonnaise et la race bretonne. Il y avait bien quelques individus que l'on avait qualifiés de croisés-percherons; ils étaient en très-petit nombre. Je crois que l'on aurait dû attribuer cette dénomination à une bien plus grande quantité; car il y avait peu d'individus qui se ressemblassent de manière à être considérés comme des types d'une même famille, d'une même race. L'immense majorité tendait à se rapprocher plus de la race boulonnaise que de la race percheronne, telle qu'elle a été décrite autrefois, et telle que je l'ai connue, même, il y a quarante ans, alors qu'il y avait de ces beaux attelages de postes et de diligences. Les chevaux dits percherons ont grossi, sont devenus moins légers, ils ont moins d'animation, moins de pétulance, ils ont les poils moins fins, moins brillants. Il me paraît évident que l'on s'est écarté des règles dont j'ai parlé précédemment; on a mélangé sans soins des races qui paraissaient fixes et très-bien constituées, et l'on est arrivé à avoir des bâtards sans caractères bien déterminés. Je n'ai vu qu'un petit nombre d'individus ayant réellement le type de l'ancien percheron. Je signalerai cependant un cheval appartenant à la Compagnie générale des omnibus. Ce cheval a remporté un premier prix, à bon droit. On a qualifié percheron un très-beau cheval exposé par M. le baron de Fourment; je suis convaincu qu'il n'appartient pas à cette race; il est beaucoup plus distingué, comme on le dit, que le cheval percheron type; il y a du cheval de luxe chez lui; il pourrait devenir un bon chef de famille, s'il était bien marié.

Pris individuellement, les chevaux et les juments de trait étaient, en général, bons, quelle qu'ait été la dénomination sous laquelle ils ont été présentés, mais on ne pouvait dire qu'ils fournissaient la preuve d'un perfectionnement, surtout au point de vue de la constitution de races fixes.

Parmi les chevaux étrangers de trait, j'ai distingué un cheval de la race clydesdale, extrêmement puissant, d'une organisation athlétique, ayant beaucoup d'harmonie dans les proportions des diverses parties de son corps et de ses membres. La race clydesdale est écossaise; elle est bien confirmée, elle se reproduit très-bien par elle-même.

Il y avait aussi au Champ de Mars trois chevaux russes de trait, bien constitués.

Les CHEVAUX DE LUXE exposés à Billancourt, étaient divisés en *chevaux de selle, chevaux de trait, juments pur sang, juments d'attelage* et *juments de selle.* Il y avait en tout 205 animaux, non compris ceux qui étaient au Champ de Mars, savoir : 129 mâles et 76 femelles. C'est dans ce groupe d'animaux, qui étaient presque tous nés en France, que l'on a pu constater le résultat avantageux d'un métissage bien entendu de nos anciennes races par le cheval arabe et par le bon cheval anglais pur sang, c'est-à-dire par le cheval qui n'a pas encore été allongé, pour lui donner le plus de vitesse possible au galop de course, pendant quelques minutes seulement. C'est là que l'on a pu voir ce que produit l'hérédité, la sélection, l'alimentation, l'influence du climat, le dressage et les combinaisons diverses pour arriver à créer des races utiles, pouvant se propager par génération. La race anglo-normande y était très-bien représentée, qu'elle ait été élevée dans la Normandie même, ou dans la Vendée, ou dans la Charente, ou dans d'autres contrées qui peuvent fournir une alimentation suffisante; mais on a pu constater aussi que l'insuffisance de l'application des règles d'une zootechnie basée sur l'observation et la physiologie devenait une source de mécomptes; car les exemples à imiter n'étaient pas en majorité. C'est notamment dans les chevaux du Midi qu'il y avait le plus à blâmer; on voyait que le cheval anglais de course, pur sang, pas assez étoffé, allongé, y avait été prodigué, et avait ainsi fait perdre les caractères si précieux qui indiquaient autrefois que les races du sud-ouest de la France pouvaient rendre de grands services dans les genres d'utilisation divers. Ces chevaux étaient légers, mais bien proportionnés; aujourd'hui ils sont grêles et trop effilés.

Il y avait à Billancourt 37 chevaux étrangers, 14 étalons, 23 juments, parmi lesquels se trouvaient trois chevaux anglais pur sang, 2 juments anglaises pur sang, 3 étalons du Norfolk, 1 irlandais, 3 étalons et 2 juments de la race des Deux-Ponts, de la Bavière rhénane, 5 étalons et 1 jument de la race trakehnen, de la Prusse orientale.

Dans les trois chevaux anglais pur sang, j'ai remarqué un cheval âgé qui avait des proportions très-belles, assez rares aujourd'hui, et qui a dû produire de bons chevaux.

La race des Deux-Ponts, produite par l'alliance déjà ancienne du cheval arabe et du cheval anglais, était bien représentée; mais cette race de petite taille ne serait pas propre à créer en France les chevaux de luxe dont nous avons besoin.

La race prussienne du haras de Trakehnen, dont la robe est toujours complétement noire, a évidemment pour origine le cheval arabe. Les modifications que l'on a obtenues depuis sa création, qui date de 1730, ont fait des animaux très-brillants, mais trop légers, à corps et à membres trop grêles, en général, pour que nous puissions utiliser cette race en France, comme race améliorante, et pour que, même, nous cherchions à l'introduire chez nous dans le but de la propager. La seule jument trakehnen exposée était mieux proportionnée que les étalons : elle avait plus d'étoffe.

Les chevaux hollandais étaient représentés par 10 juments, et les chevaux hanovriens par 2 chevaux. Ces deux races s'améliorent beaucoup, soit par le métissage avec le bon cheval anglais, soit par la sélection.

Les chevaux russes du Champ de Mars étaient au nombre de 24; tous étaient entiers; ils étaient classés de la manière suivante : *chevaux de selle*, 6; *trotteurs*, 6; *chevaux de trait*, 3; *chevaux de types différents*, 9. Une notice très-bien faite sur le cheval de Russie, rédigée par des Russes, a donné des renseignements précis, non-seulement sur chacun des chevaux exposés, mais encore sur toute l'espèce chevaline en Russie. On y trouve la généalogie, très-limitée il est vrai, de chacun des chevaux exposés; on s'est borné à mentionner les noms de leur père et de leur mère, sans indiquer l'origine exacte des aïeux. Cette origine est extrêmement variée; ainsi on dit, d'une manière générale, que trois des *chevaux de selle* exposés appartiennent à la race d'Orloff-Tchesmensky, qui a été créée à la fin du siècle dernier par le croisement intelligent et successif des chevaux anglais et des chevaux arabes, croisement qui a eu lieu dans les jumenteries de Khrénovaya, gouvernement du Varonége, et dans celles du comte Rostopchine. Les trois autres proviennent de trois jumenteries appartenant à trois propriétaires différents, dont deux habitent le gouvernement de Kharkof, et le troisième celui de Volhynie. Ces six chevaux de selle peuvent être considérés comme de bons chevaux de service, mais ils ne peuvent être consacrés à l'amélioration de nos races françaises. Rien ne prouve qu'ils appartiennent à des races fixes.

Les six *chevaux trotteurs* sont de la race dite d'Orloff, dont la création date du siècle dernier, et dont l'origine est assez bien indiquée dans la notice russe, qui dit : « Cette race descend de Bars Ier, » étalon gris, fils de Polkan Ier, et petit-fils de Smatanka, amené » d'Arabie. La mère de Bars était de race hollandaise, et celle de » Polkan de race danoise. Plusieurs des filles de. Bars Ier eurent » pour mères des juments anglaises, arabes, persanes et hollan- » daises; mais ensuite la race des trotteurs se développa et se » consolida par le choix de producteurs pris dans son propre » milieu. »

D'après ce qui précède, la fameuse race d'Orloff serait donc bien confirmée. Les types présentés sont sans doute des meilleurs de la race; il y a un de ces chevaux appelé Bédouin, qui a parcouru, au trot, dans le bois de Boulogne, une distance de 3 kilomètres avec autant de vitesse qu'un cheval de course anglais, au galop; mais il était attelé à un véhicule très-léger et chargé d'un homme seulement, le tout ne pesait que 163 kilogrammes. Ces chevaux sont très-séduisants, toutes les régions du train antérieur sont très-développées, très-brillantes en action; le train postérieur, au contraire, est aminci et faible dans toutes ses parties; il ne concorde pas avec celui du devant; ce ne sont pas encore des modèles à imiter; ce ne sont pas des animaux propres à modifier en bien nos chevaux français perfectionnés et équilibrés dans leurs diverses régions, de manière à fournir pendant longtemps, et à une allure raisonnable, une force motrice animale capable de satisfaire à tous les besoins les plus urgents et les plus utiles. Les chevaux Orloff sont des chevaux d'amusement, comme la plupart des chevaux qui courent sur nos hippodromes.

Parmi les chevaux désignés sous le titre : *chevaux de types diffé-rents*, l'exposition russe avait présenté d'assez bons modèles des différentes races qui existent dans es diverses contrées, si variées, des possessions russes. Ces chevaux sont propres à des services en rapport avec leur conformation, leur constitution et leur taille. J'ai remarqué en particulier un cheval noir cosaque, de la région du Don. Ce cheval est admirablement constitué, il doit être fort et plein d'animation; il doit appartenir à la meilleure des deux races des chevaux cosaques du Don qu'indique la notice sur les chevaux russes. L'une est le résultat de l'alliance des chevaux indigènes avec les races voisines, avec des chevaux tartares nogais, turcs et circassiens; l'autre a été améliorée par le pur sang arabe.

On élève un très-grand nombre de chevaux en Russie; on estime qu'il y en a 19 500 000 dans la grande Russie, 612 500 en Pologne, et 256 500 en Finlande.

Les chevaux autrichiens exposés au Champ de Mars provenaient des haras militaires; il y en avait 6. Ils sont nés savoir : 2 dans le haras de Kisber, en Hongrie; 2 dans celui de Babolna, aussi en Hongrie, et 2 dans celui de Mezœhegyes, encore en Hongrie. Le haras de Kisber contient 10 étalons pur sang anglais, 60 juments pur sang anglais, et 120 juments demi-sang, avec leur descendance. Celui de Babolna, 9 étalons et 70 juments pur sang arabe, plus 100 juments demi-sang avec leur progéniture. Le haras de Mezœhegyes se compose de 30 étalons, dont 14 pur sang anglais, et de 800 poulinières de race anglo-arabe et normande. 200 de ces juments descendent d'un étalon normand, appelé *Nonius*. La race de Nonius est destinée à propager les gros et les grands chevaux; les individus qui la composent sont en général d'une bonne santé. Il y en avait un exemplaire à l'Exposition; il se ressentait beaucoup de son origine. Il paraît que l'on a modifié cette race avec avantage, en alliant les femelles avec le pur sang anglais. Un second cheval était de demi-sang anglais; un troisième avait eu pour père un trotteur du Norfolk et pour mère une jument issue d'un cheval arabe; un quatrième cheval issu de père et de mère arabe pur sang; un cinquième de même origine; enfin le sixième provenait d'un cheval anglais pur sang et d'une jument appartenant à la race normande, dite *Nonius*.

Il y a encore dans les États autrichiens deux autres haras, un à Radautz, dans la Bukovine; l'autre à Piber, en Styrie. Le premier contient 24 étalons, dont 6 anglais et 4 arabes pur sang, et 400 juments poulinières de race anglaise légère et de race arabe. Le second ne renferme que 4 étalons et 60 juments; tous ces derniers animaux sont de race espagnole.

Les 6 chevaux dont je viens de parler n'avaient rien de bien remarquable; ils étaient bons cependant; nous n'avons pas, malgré cela, à les envier comme reproducteurs, alors même que deux d'entre eux sont de pur sang arabe. Il vaut toujours mieux employer des étalons arabes nés en Orient; il est bien démontré que l'influence de ces derniers est plus grande et plus efficace.

Anes et mulets. — Je ne puis rien dire, quant à présent, des ânes et des mulets qui seront sans doute exposés dans la seconde quinzaine du mois de septembre. Si la réunion de cette catégorie d'animaux répond à notre richesse en baudets et en mulets, elle devra être très-belle et très-nombreuse. La France exporte, par an, 24 000 mules ou mulets et 500 ânes ou ânesses. C'est cette exportation qui fait que, en dernier résultat, le nombre des animaux de l'espèce équine exportés excède celui des animaux importés de près de 34 000 têtes.

On devra aussi exposer, dans la seconde quinzaine du mois d'octobre, d'après le règlement général de l'Exposition universelle, LES ANIMAUX DIVERS ACCLIMATÉS OU SUSCEPTIBLES DE L'ÊTRE. Au point de vue de l'acclimatation proprement dite, je ne connais, parmi les diverses espèces du genre cheval et du genre chien, aucune de ces espèces qui exige des soins bien particuliers pour pouvoir vivre, soit dans un climat, soit dans un autre, en les soumettant les uns ou les autres à des conditions analogues. L'acclimatation de ces espèces se fera donc sans beaucoup de peine. Les difficultés à vaincre pour rendre utiles les diverses espèces du genre cheval qui ne sont pas encore appropriées aux services que nous obtenons du cheval, de l'âne et du mulet, consistent dans la possibilité de l'application des divers modes de dressage aux espèces insoumises encore, ou au moins pas suffisamment soumises. Le dressage de l'hémione, du couagga, du dauw, du zèbre et de l'hémippe, devrait être considéré comme un complément de l'acclimatation. Des tentatives ont déjà été faites, quelques-unes avec succès; il y a tout lieu d'espérer qu'avec de la persévérance on atteindra le but désiré. On possédera ainsi pour auxiliaires des animaux d'abord d'un très-beau pelage, puis capables de rendre des services, si l'on met en rapport l'usage que l'on en fera avec l'aptitude particulière à chaque espèce, ou à des dérivés des diverses espèces. Tout cela est possible; on est parvenu déjà à atteler et à monter des hémiones, des zèbres et des métis d'âne et d'hémione.

CHIENS. — Les *chiens* étaient assez nombreux à l'exposition de Billancourt (404); il y en avait aussi quelques-uns au Champ de Mars. Cette exposition était beaucoup moins importante que celles qui avaient été organisées par la Société du Jardin zoologique d'acclimatation du bois de Boulogne, en 1863 et 1865. Les diverses races, et les variétés dans les races, étaient beaucoup moins bien représentées à Billancourt. Comme je n'y ai constaté aucun fait nouveau qui ait témoigné en faveur d'un perfectionnement ou d'une modification bien manifeste dans la multiplication et dans l'utilisation du chien, je pense que les divers enseignements qui ont été recueillis et publiés dans le *Bulletin de la Société impériale zoologique d'acclimatation* en 1863 et en 1865, seront plus instructifs que tout ce que je pourrais dire ici. On comprend, du reste, que les progrès dans l'amélioration des races animales ne peuvent pas être aussi rapides que les progrès dans le perfectionnement des objets inanimés, sur lesquels le génie de l'homme a beaucoup plus de puissance.

Des détails purement descriptifs des divers groupes des chiens exposés n'offriraient non plus qu'un très-faible intérêt. Je me bornerai donc à conseiller à ceux qui désireraient connaître l'état actuel des races de chiens des différents pays, de lire tout ce qui a été publié dans le *Bulletin de la Société*, à l'occasion des expositions universelles qui ont eu lieu successivement au Jardin d'acclimatation en 1863 et aux Champs-Élysées en 1865. Je n'oublierai cependant pas de signaler quelques chiens remarquables, parmi lesquels on distinguait ceux de la meute de M. le vicomte de la Besge, composée de chiens dits bâtards anglo-poitevins. Il y avait des chiens bassets allemands d'une grande finesse; deux magnifiques lévriers russes, qui se trouvaient logés à côté des écuries des chevaux russes au Champ de Mars, et un chien boule-dogue espagnol dont le type n'existait pas aux précédentes expositions des races canines.

L'INDUSTRIE MULASSIÈRE

RAPPORT

Par M. LE Dʳ RICHARD (DU CANTAL)

Ancien Directeur de l'École des haras,
Vice-Président et Membre honoraire de la Société impériale d'acclimatation.

Les services rendus par le produit du croisement du baudet et de la jument sont appréciés partout. Partout le mulet est rustique, robuste, sobre, résistant aux fatigues, à tous les services, à la somme, au trait ou à la selle, et c'est dans les pays de montagnes surtout, dans les chemins escarpés, dans les sentiers difficiles à gravir, que le mulet fait preuve d'adresse, de résistance et de force, soit pour monter, soit pour descendre. Pour les transports dans les montagnes sans routes, pourvues seulement de sentiers étroits, sinueux, ravinés et rocailleux, nul animal domestique ne peut être comparé au mulet pour la sûreté du pied et pour sa qualité exceptionnelle de bête de somme. Tous les pays du monde sont d'accord sur ce point. A cet avantage, le mulet unit celui de pouvoir bien supporter les chaleurs, pendant le travail, dans les pays méridionaux, aussi y est-il employé de préférence au cheval et au bœuf.

Tous les pays où il y a l'âne et le cheval produisent le mulet; mais tous ne lui donnent pas également les qualités qui le distinguent. La France peut être considérée comme ayant le monopole de la production du plus beau mulet qu'il y ait au monde, et c'est le Poitou qui le fournit. Toutefois, cette fertile province est loin d'avoir exposé toutes les richesses mulassières à Billancourt. Elle n'a présenté que quelques beaux échantillons qui, quoique peu nombreux, ont pu donner une idée de la beauté de ses produits.

Les animaux exposés comprenaient : trois chevaux étalons mulassiers, quatre juments du même type, dont deux étaient suivies, l'une d'un poulain, l'autre d'une mule; sept baudets étalons, quatre ânesses, un mulet et dix mules. En tout, trente et un animaux.

Les trois chevaux étalons mulassiers étaient fortement charpentés, bien constitués. Cependant le jury s'est montré difficile : il n'a pas cru devoir accorder de premier prix. Le cheval qui a obtenu un deuxième prix est un poulain de trois ans et demi, gris ardoisé, admirablement conformé pour sa destination, en même temps qu'il était construit de manière à faire un excellent cheval de trait. Il était présenté par M. Roy (François), de Saint-Romans-Lesmelles (Deux-Sèvres).

Le troisième prix a été accordé à M. Aimé Rousseau, propriétaire à Oulmes (Vendée). Son cheval, bai marron, âgé de quatre ans, était moins distingué que le précédent au point de vue de la conformation. Il n'en était pas moins un modèle remarquable d'étalon mulassier fortement musclé, bien membré et dans de bonnes conditions de reproducteur. Il était constitué aussi en bon cheval de trait.

La jument qui a été jugée digne du premier prix appartenait à M. Mousset, des Deux-Sèvres. Blanche, et de très-belle conformation comme mulassière, elle était suivie d'un poulain mâle. On lui faisait toutefois un petit reproche un peu mérité : on ne lui trouvait pas le pied assez évasé pour une mulassière. Dans cette race, plus le sabot est large, plus il est beau : cela s'explique facilement. Le baudet a toujours le pied relativement très-petit. Si la jument qu'il féconde a le sabot comme lui, le mulet s'en ressentira, et ce sera un défaut. Il faut donc que la jument ait le pied le plus large possible, pour qu'elle puisse remédier, dans son produit, au défaut du baudet, et fournir un mulet avec des pieds convenablement développés.

Le baudet qui a obtenu le premier prix appartenait à M. Turpaud, de Puissec (Vendée). C'était un très-bel étalon que les connaisseurs ont estimé 12 à 14 000 francs. Ce prix paraîtra très-élevé ; mais quand on pense que cet animal peut produire à son propriétaire 3000 francs de saillies et même plus par an, à 50 francs par saillie, on comprend son prix élevé, et le capital qui a servi à l'acheter est placé à un bon intérêt. Ses produits avec une bonne mulassière seront vendus 600 francs et plus, à l'âge de six mois, et de 12 à 15 000 francs à l'âge de trois ans. Ils formeront des *attelages de luxe*, comme on en voit en Espagne, et qui sont *payés* à des prix élevés.

M. Pouponnot (Jean), de Puissec (Vendée), a obtenu le deuxième prix pour son baudet, d'une bonne conformation mulassière ; et le troisième prix a été donné à M. Vlyberge, de Ravières (Yonne), pour un petit âne d'une belle conformation, mais trop fin, trop petit et trop léger pour faire un mulassier. Ce petit étalon ne peut être employé qu'à la reproduction des petits ânes si utiles dans nos campagnes, chez les cultivateurs et chez les vignerons surtout.

Le premier prix des ânesses mulassières a été accordé à M. Turpaud, de Puissec (Vendée), qui a aussi obtenu le premier prix des baudets; et le deuxième prix a été donné à M. Bouchet, à Valence, commune de Coulie (Vienne). Ce propriétaire-éleveur avait aussi présenté trois baudets remarquables, fortement charpentés, de trois à quatre ans. Ces animaux ont été admirés par les vrais connaisseurs, mais la limite des récompenses n'a pas permis au jury de les primer.

Un deuxième prix a été décerné à M. Hamot, de Seine-et-Oise, pour deux ânesses.

Les mules formaient une collection d'un bon choix. Celle qui a mérité le premier prix appartenait à M. Raimbault (Deux-Sèvres). Elle était aussi remarquable par la distinction de sa conformation que par son développement.

Le deuxième prix a été mérité par M. Forgeau, pour une belle mule de trois ans, et le troisième par M. Boutel, de Saint-Hermine (Vendée), pour une mule de quatre ans, bien conformée.

M. Abel de Laprade, de Mazerolles (Vienne), a obtenu un premier prix d'ensemble pour quatre belles mules de trois à quatre ans.

Enfin M. Dyonnet a reçu un deuxième prix pour un très-beau mulet de quinze mois, bien constitué, bien membré et fortement charpenté.

La prospérité de l'élevage du mulet permet à la France d'en exporter dans le midi de l'Europe, surtout en Espagne; on en envoie aussi en Afrique et dans les colonies. Ceux que nous élevons dans les montagnes du centre et notamment du Midi sont de taille moyenne, souvent même au-dessous de cette taille, mais ils sont toujours très-estimés. Toutefois ils sont généralement employés à la somme, très-peu au trait, parce qu'ils sont trop légers. Ceux qui sont produits par le Poitou, au contraire, sont très-forts, très-développés et très-propres au trait. Ces magnifiques mulets qu'on observe sur les routes du midi de la France, et qui ont la taille et le développement de nos grands chevaux de trait, sont employés par le roulage; ils font toujours un excellent service. Le Poitou seul les fournit, et l'on a vu à Billancourt les modèles des baudets et des juments dont ils émanent.

L'Afrique élève une grande quantité de mulets employés à la

somme par les Arabes; l'armée les utilise aussi pour le transport de l'artillerie de montagne, et pour celui des blessés dans les ambulances.

Mais, produits par les juments arabes, ils manquent de développement pour le trait, et ceux qu'on y emploie, soit pour les trains d'artillerie ou des équipages militaires, soit pour le roulage ordinaire ou l'agriculture algérienne, sont achetés en France à des prix élevés. L'administration a cependant cherché à développer, dans la colonie, l'industrie mulassière pour le trait avec des baudets achetés dans le Poitou, et d'autres étalons de ce type importés de Malte et d'Espagne. Ces pays élèvent des baudets qui ont la taille de ceux du Poitou, mais ils sont moins estimés, parce qu'ils n'en ont ni les membres, ni le développement musculaire. Les mulets légers suffisaient en Afrique avant les routes qui y ont été faites pour l'armée, parce qu'ils ne pouvaient y être employés qu'à la somme : et pour ce service, dans les chemins difficiles notamment, les mulets légers sont meilleurs que les gros mulets plus lourds; mais aujourd'hui que la colonie est sillonnée de belles routes, le mulet de trait y est devenu nécessaire, je pourrais dire indispensable.

Je viens de dire que les mulets légers sont relativement plus aptes à la somme que les gros mulets de trait. Cette opinion que j'avance pourra être considérée comme un paradoxe, et cependant elle est exacte; une courte application le démontrera, et je dois la donner ici.

Le mulet de somme n'a besoin que de force musculaire pour porter la charge; le poids de sa masse, en dehors des muscles, non-seulement ne contribue pas à porter le fardeau, mais il surcharge inutilement l'animal, et c'est sur cette théorie que repose l'entraînement des chevaux de course. On les délivre des solides et des liquides qui ne font que les surcharger, au détriment de leur force musculaire que l'on développe le plus possible par un exercice raisonné. Pour porter, un animal n'a donc besoin que de force musculaire; mais il n'en est pas de même pour traîner. Le poids du corps est très-utile, dans ce service spécial, par l'impulsion naturelle qu'il donne à l'objet traîné. Supposons, en effet, deux animaux de trait du même poids et de même force musculaire. Ils déplaceront et traîneront en même temps une lourde charrette, en vertu de deux puissance représentées l'une par la force musculaire, l'autre par la force d'impulsion donnée par le poids du corps qui fait contre-poids au fardeau traîné. Rendez par la pensée un de ces animaux moins lourd que l'autre, en lui conservant d'ailleurs la même force musculaire, il sera privé d'une quantité de puissance d'impulsion, et forcé d'y suppléer par un plus grand effort musculaire. Il sera obligé de se cramponner au sol, et il se fatiguera infiniment plus que son pareil qui a conservé la force d'impulsion que lui donne le poids de son corps.

Mais ce qui est un avantage pour le trait est un inconvénient pour la somme. Admettons deux animaux de même force musculaire au dynamomètre, et pesant 800 kilogrammes chacun ; chargez-les de 150 kilogrammes l'un et l'autre, allégez de 100 kilogrammes le poids du corps de l'un, et il aura cette quantité de poids de moins à porter que l'autre animal chargé du même poids que lui. C'est ce qui explique pourquoi les petits mulets de somme nous paraissent si forts, pour porter des charges, relativement aux gros mulets. C'est aussi ce qui explique pourquoi les mulets du Poitou, si précieux pour les attelages, sont inférieurs relativement aux petits mulets de montagnes, pour la somme. Mais comme les routes et les chemins vicinaux se multiplient chaque jour de plus en plus, on conçoit que les débouchés des gros mulets et leur utilité vont toujours croissant en France comme à l'étranger : aussi l'industrie mulassière, dont l'exposition de Billancourt nous a montré de beaux modèles, est-elle en prospérité dans la riche province du Poitou, et nulle autre ne mérite plus qu'elle d'être encouragée.

LES
RACES BOVINES ET OVINES

RAPPORT

Par M. LE Dr RICHARD (DU CANTAL)

Ancien Directeur de l'École des haras,
Vice-Président et Membre honoraire de la Société impériale d'acclimatation.

Le Comité d'études désigné par la Société impériale d'acclimatation, pour examiner les sujets qui, présentés à l'Exposition universelle de 1867, offriraient de l'intérêt pour nos travaux d'acclimatation et de perfectionnement des espèces, m'a chargé de lui adresser un rapport sur les races bovines et ovines qui ont été présentées au Champ de Mars et à Billancourt. J'ai accepté avec empressement cette tâche ; toutefois, cette décision ayant été prise un peu tardivement, je n'ai pu voir les animaux qui ont été exhibés depuis le commencement de l'Exposition. Je ne pourrai donc parler que de ceux qu'il m'a été possible d'examiner jusqu'à ce jour.

Le typhus, maladie contagieuse qui a ravagé les races bovines du nord de l'Europe, notamment en Angleterre et en Hollande, a nécessité des mesures sanitaires qui ont privé l'Exposition de 1867 de l'exhibition de quelques races étrangères remarquables par leur nature comme par les améliorations dont elles ont été l'objet. Dans les Expositions internationales antérieures, l'Angleterre surtout, la Hollande, la Belgique, l'Allemagne, la Suisse, l'Italie, avaient envoyé de beaux spécimens de leurs races bovines. Mais c'était toujours l'Angleterre qui l'emportait sur toutes les autres nations, par le perfectionnement de ses divers types de boucherie surtout. Sous ce rapport, nulle race ne peut être comparée, par exemple, au type durham comme animal de boucherie ; nulle race n'acquiert le degré d'engraissement excessif auquel elle parvient, quand les éleveurs veulent l'obtenir pour les concours. Les races anglaises angus, hereford, devon, ayr, sont modelées, chacune dans son genre, de manière à laisser généralement peu à désirer dans leur admirable conformation. Toutes prouvent l'habileté des éleveurs de bœufs de la Grande-Bretagne. Ils ont pétri la matière animale comme ils l'ont voulu ; ils ont fabriqué le type de boucherie, celui de travail et de lait de manière à répondre à leurs besoins. Aussi, pourrait-on dire qu'en Angleterre, l'art a fait plus pour le perfectionnement des races en général, que les conditions physiques du sol sur lequel elles sont élevées. Au fond, l'Angleterre est la nation qui a su le mieux perfectionner ses espèces animales, suivant le but qu'elle s'est proposée et suivant les véritables règles d'un élevage raisonné. Nous avons examiné, à l'Exposition, quelques animaux d'origine anglaise, purs ou croisés; mais ils avaient été élevés en France, et ils n'offraient rien de bien saillant à noter.

On a pu remarquer aussi quelques sujets de la race hollandaise élevés en France. Cette race, d'une belle conformation, est une des meilleures laitières de l'Europe. Quelques animaux suisses de la race schwitz ont figuré aussi à Billancourt.

Tels sont les divers sujets de races étrangères que nous avons observés et qui avaient été élevés en France. Aucun d'eux, d'ailleurs, n'offrait rien de remarquable à signaler ici.

Mais nos races françaises nous ont montré de bons types, chacun dans sa spécialité. Quand on les observe bien, et qu'on étudie leurs qualités et les ressources qu'elles offrent à nos besoins, quand on sait bien les améliorer, on ne comprend pas la manie qu'on a trop souvent de vouloir les croiser indéfiniment avec des races étrangères. Je vais tâcher de démontrer pourquoi cette opinion des éleveurs sérieux n'est pas sans fondement.

Procédons avec méthode, et voyons quelles sont nos races bovines qui peuvent gagner à être métissées, dans nos types laitiers de travail ou de boucherie.

Si nous commençons cette étude par le nord de la France, nous trouvons la race flamande ; elle marche à la tête des types laitiers connus, elle prend un beau développement et elle est bien appropriée au pays qui l'élève. La croiser c'est compromettre ses qualités d'ailleurs si bien appréciées. A une bonne production du lait, elle réunit d'excellentes conditions de finesse pour la boucherie : il ne lui manque que d'être un peu mieux roulée, d'être plus trapue, plus près de terre, ce que l'on obtiendra peu à peu avec un bon choix de reproducteurs. Je conserverais cette précieuse race sans mélange. Avec quel type d'ailleurs pourrions-nous la croiser pour l'améliorer comme laitière : je l'ai étudiée sur place, j'ai conféré avec des éleveurs de la Flandre française et nous pouvons être rassurés, ils ne sont nullement disposés à abâtardir leurs belles vaches par des mélanges hasardés.

La race cotentine, qui suit la flamande par ordre de région, a figuré aussi avec avantage à l'Exposition universelle. Très-beau type laitier, et remarquable surtout par ses qualités butyreuses, elle est une des races les plus estimées d'Europe, et sa finesse la rend encore très-bonne pour la boucherie. La métisser ce serait la détruire, et les Normands sont trop judicieux pour dégrader leurs belles cotentines par des mélanges. Du reste ils ont, pour la vente de leurs laitières pures, un débouché aussi assuré qu'avantageux et multiplié. Ils les vendent toujours à de bons prix aux pays qui n'élèvent pas, et aux nourrisseurs des environs des grandes villes, de Paris surtout, où se consomme une immense quantité de lait.

Pas de croisement encore pour cette belle race française, nous pouvons l'améliorer par elle-même en choisissant bien les reproducteurs. Donnons-lui une conformation plus régulière; redressons sa ligne du dos, arrondissons sa poitrine, raccourcissons ses jambes, donnons plus d'étoffe à sa croupe et à sa culotte; et nous aurons, dans le type cotentin, une des races les plus précieuses de l'Europe.

La vache bretonne figurait aussi à l'Exposition. Elle est bonne laitière et elle en a bien le caractère pour un connaisseur ; mais élevée dans un pays pauvre en herbages, elle est de petite taille. Ces animaux des landes ne sauraient prendre le développement de ceux qui sont produits par les riches pays d'herbages de la Normandie ou de la Flandre. Sobre et rustique, cette petite vache, pie-noire, est utilisée dans le sud-est de la France surtout. Elle y est recherchée comme laitière, parce que, par sa sobriété, elle convient, comme la chèvre, dans les pays où les fourrages sont peu abondants.

Avec quel type pourrions-nous croiser encore cette petite landaise si bien appropriée aux maigres pâturages, aux pays de bruyères et d'ajoncs? Si l'on veut la métisser, il faut nécessairement changer les conditions de son régime alimentaire.

Voilà trois types laitiers qui, chacun dans son genre, n'ont rien à envier aux races étrangères, rien à demander au croisement.

Après ces races laitières, examinons nos races de travail et de boucherie. Pour le travail, nous avons des animaux qui peuvent être comparés à ceux de quelque nation que ce soit. Nos montagnes du centre et du midi de la France élèvent des races précieuses sous ce rapport, et nous n'avons pas lieu de nous en plaindre; leur étoffe est excellente, leur développement est convenable, nous

n'avons qu'à les bien perfectionner, et nous aurons d'excellents modèles de travail avec des conditions satisfaisantes pour la boucherie.

On a pu voir à l'Exposition universelle des types charolais qui
ont offert quelques sujets perfectionnés aussi bien conformés, pour
la boucherie, que les animaux anglais eux-mêmes. Cette race, de
conformation séduisante, a l'avantage d'être propre au travail; elle
est facile à reconnaître partout, à sa robe café au lait clair, à ses
formes potelées et arrondies; le bœuf charolais prend aussi un bon
développement, et sa race marcherait à la tête de nos races françaises si elle était laitière, mais cette qualité lui manque.

La race morvandelle, rustique et bonne travailleuse; la chole-
taise, estimée des bouchers pour la qualité de sa viande; la race
comtoise dite femiline, était aussi représentée à l'Exposition par de
bons modèles des localités où elles sont élevées.

La Savoie avait envoyé quelques beaux sujets de la race tarine
ou tarentaise, type de montagnes rustique, bien conformé et d'un
bon développement.

Cette race est assez bonne laitière, et son acclimatation a bien
réussi en Afrique. En 1858, la Société d'acclimatation a donné à
MM. Trottier et Tetheule, une médaille d'argent pour avoir importé et acclimaté les vaches tarentaises aux environs d'Alger où
elles rendent de grands services par le lait qu'elles donnent. On sait
combien la production de cet aliment, si précieux pour les enfants
surtout, est insuffisante dans notre belle colonie.

Les races des montagnes du centre de la France étaient représentées par des types du Mézens, de la Marche, du Limousin, de
l'Auvergne et d'Aubrac.

La race mézens élevée dans la Haute-Loire et l'Ardèche, celle de la
Marche produite par la Creuse et le type Aubrac, qui forme les
vacheries de la Lozère, de l'Aveyron et du sud-est du Cantal, sont
des races-très-estimées, sobres, rustiques, vigoureuses au travail et
assez bien conformées; mais elles sont médiocrement laitières. La
race limousine, qui a de l'analogie avec les précédentes, est aussi un
bon type de travail, qualité assez généralement observée chez les
races de montagnes.

Mais parmi ces races, celle qui est connue sous le nom de *race
de Salers*, élevée dans le Cantal, est la plus remarquable autant par
son développement, son aptitude au travail et sa finesse pour la boucherie, que par ses dispositions à être assez bonne laitière. Les éleveurs du pays du Salers commencent à les perfectionner; mais
cette amélioration est généralement lente et trop bornée. S'ils par-

viennent à donner à leur race la conformation régulière des beaux types de boucherie, elle deviendra une des plus précieuses d'Europe, parce qu'elle sera l'une de celles qui pourront réunir au plus haut degré les trois conditions d'aptitude à la boucherie, au travail et à donner du lait très-caséeux dont on fait les fromages d'Auvergne, consommés surtout dans le midi de la France.

Mais telle qu'elle est généralement encore aujourd'hui, la race Salers manque de régularité. Ses membres ne sont pas assez courts, ses formes sont anguleuses, ses sujets ne sont pas bien roulés et leur excellente étoffe a besoin d'être mieux modelée. Il sera possible, facile même d'obtenir ce résultat quand les éléments de la zootechnie auront éclairé les éleveurs; le bœuf salers sera alors un des meilleurs types que pourra produire l'agriculture française.

Après les races des montagnes du centre viennent les races élevées dans le sud-ouest de la France ; divers types de ces races ont figuré à l'Exposition.

En première ligne de ces races, nous devons placer la race agenaise élevée dans la vallée de la Garonne. Vigoureuse, bien développée, fortement musclée, cette race est une de nos meilleures de travail, pour l'agriculture et les charrois; mais elle manque de finesse pour la boucherie, et elle n'est pas bonne laitière. On parviendrait facilement à l'améliorer par un bon choix de reproducteurs pourvus d'un système cutané et pileux plus moelleux, plus souple et plus fin, avec des cornes plus amincies, plus effilées, et un système osseux moins volumineux. Tel qu'il est cependant, le bœuf agenais est un des plus forts et des plus beaux bœufs de France.

La race basadaise est aussi très-remarquable par sa force musculaire, sa vigueur et son aptitude au travail. On a pu observer, chez quelques individus de cette race, de beaux modèles perfectionnés pour la boucherie, tant par leur conformation que par leur finesse. Mais cette race manque encore de qualités laitières.

La race gasconne élevée dans le Gers forme un type rustique propre au travail, mais il est peu laitier, et sa conformation laisse à désirer pour la boucherie.

On a pu remarquer encore à Billancourt quelques sujets de la race dite de Lourdes. Élevée dans les Pyrénées, cette race est assez bonne laitière.

- Telles sont les races de bœufs que j'ai pu observer à l'Exposition universelle de 1867. Toutefois, je n'ai pu fixer mon jugement absolu sur chacune d'elles. Il n'est pas possible, en effet, de pouvoir juger d'une race d'animaux, en général, sur quelques sujets isolés, et d'autant plus que ceux qui sont présentés aux exhibitions sont toujours choisis parmi les types exceptionnels dans une contrée.

Je ne dois pas terminer cette note sans dire quelques mots sur les croisements comme moyen d'amélioration de races. Des études sérieuses faites dans divers points de la France, sur les métissages dans l'espèce bovine, m'a rendu très-circonspect, très-réservé, parce que si j'ai vu quelques beaux sujets provenant de métissages, ils ont été l'exception, et je né vois pas qu'une seule de nos races ait été améliorée par ce procédé. Qu'on ne pense pas toutefois que je sois exclusif, et que je veuille repousser les croisements quand même; si, au point de vue de la production du lait et de la puissance du travail, nous avons peu à demander aux métissages, nous désirons en général des améliorations, dans nos races destinées à la boucherie. Mais je me demande si nos éleveurs, après avoir été bien instruits sur l'art d'améliorer les races, ne parviendraient pas plus sûrement à les perfectionner par elles-mêmes au moyen d'un bon choix des reproducteurs et d'un régime approprié, que par des mélanges dont on ne saurait prévoir les conséquences, les effets ultérieurs. C'est là une étude pratique de la nature qui n'a jamais été généralisée en France. Les Anglais ont bien amélioré leurs races, les Français sont-ils moins intelligents? Nos éleveurs ne pourraient-ils pas faire comme ceux d'outre Manche? J'ai la persuasion que lorsque la zoologie aura éclairé, par un enseignement sérieux, nos agriculteurs, les faits leur démontreront peut-être que dans la grande majorité des cas ce sera par la sélection, et non par les mélanges des races, que nous arriverons plus sûrement à améliorer nos bœufs. C'est mon avis, malgré les assertions contraires de quelques amis du progrès, plutôt séduits par des théories ingénieuses que par des faits pratiques observés journellement.

J'aurai peu de chose à dire sur nos races ovines, parce que, depuis que j'ai été chargé de les étudier, peu de sujets ont été présentés à l'Exposition universelle.

Le premier type qui se présente d'abord est le mérinos. Dans ce type, nous pouvons dire que nous n'avons rien à désirer, tant au point de vue de la conformation des animaux qu'à celui de la finesse de leur laine. On sait du reste à quelle cause la France doit l'amélioration de la race mérine et son acclimatation chez nous. Elle le doit à la science de la zoologie que Daubenton sut appliquer à son élevage. Nous ne pourrons perfectionner les autres races d'animaux divers que par l'emploi des mêmes moyens; sans eux nous n'y parviendrons jamais. Les faits l'ont toujours prouvé dans le passé, comme ils nous le démontrent dans le présent. Quelques hommes d'intelligence pourront, par leur esprit d'observation, améliorer quelques types exceptionnels ; mais jamais l'amélioration ne se généralisera si la science, qui seule peut la provoquer, ne se généralise pas d'abord.

On a pu remarquer au Champ de Mars une race de mouton élevée dans l'Aveyron et qui est connue sous le nom de *race du Larzac.* Cette race assez bien conformée, et d'un lainage commun d'ailleurs, est excellente laitière, et c'est avec son lait que l'on fait l'excellent fromage de Roquefort si estimé et exporté, non-seulement dans toute l'Europe, mais en Amérique. La Société des caves réunies de Roquefort élève à 2 millions de kilogrammes la quantité de fromages expédiés annuellement, ce qui donnerait un produit de 4 millions au moins ; la bonne qualité du roquefort est vendue en moyenne 2 francs environ le kilogramme.

On a pu observer aussi, à l'Exposition, une race anglaise élevée par quelques propriétaires en France. Je veux parler de la race southdown : ce type bien conformé, rustique et donnant une viande de bonne qualité, est une création des Anglais.

Quelques spécimens d'autres races françaises, notamment des berrichons et des solognots, figuraient à l'Exposition universelle, mais leurs types, communs d'ailleurs, n'offraient rien de remarquable à signaler ici.

J'ai dit que la France doit à la science de Daubenton sa supériorité sur les autres nations en général, dans l'élevage du mérinos ; nos reproducteurs de cette précieuse race sont exportés dans presque tous les pays du globe où l'on élève des moutons, et partout on rend justice à nos éleveurs. Pourquoi faut-il que leur habileté soit bornée à l'amélioration de l'espèce mérine ? De quelles richesses ne doteraient-ils pas la France, s'ils savaient perfectionner toutes les autres races d'animaux comme ils ont perfectionné le mérinos ?

En parlant des succès obtenus sur l'élevage de ces animaux, je ne dois pas négliger de signaler ici une découverte faite en 1828 par un agriculteur aussi intelligent que persévérant dans la tâche difficile qu'il s'imposa, celle de créer, pour son pays, une race nouvelle et inconnue, non-seulement en France, mais dans le monde entier ; je veux parler de la race mauchamp.

On sait que M. Graux, qui cultivait la ferme de Mauchamp, près Berry-au-Bac, dans l'Aisne, découvrit, dans son troupeau mérinos, un agneau mâle pourvu d'une laine brillante et soyeuse qui avait tout l'aspect physique du poil. Cet agneau, devenu étalon, assez mal conformé d'ailleurs, fut le point de départ de la nouvelle race qui devait donner un lainage si précieux pour l'industrie. Encouragé par M. Yvart, inspecteur général des bergeries nationales et par une subvention de l'administration, M. Graux, après avoir obtenu le lainage qu'il désirait, s'occupa de perfectionner les formes des sujets qui le fournissait, et il y parvint de manière à bien répondre au but proposé. Aujourd'hui, les mauchamps sont aussi bien conformés, aussi développés que les mérinos dont ils proviennent, en conservant toujours les précieuses qualités de leur lainage.

M. Davin, manufacturier à Paris, fut un des premiers industriels qui comprit l'importance des qualités précieuses de la laine mau champ pour la fabrication des tissus de luxe. En 1853, un an avant la fondation de la Société impériale d'acclimatation, notre zélé confrère fabriqua, avec cette laine, des étoffes de divers genres admirées par tous les hommes spéciaux qui les examinèrent. M. Davin ne pouvait manquer d'intervenir auprès de la Société d'acclimatation pour attirer son attention sur les mauchamps. La Société fonda des prix pour encourager la propagation de cette race précieuse; elle confia dès toisons à l'un de ses membres, le docteur Mello, de l'Oise, qui lui adressa sur cette découverte un rapport favorable.

En 1859, M. Davin fit à la Société d'acclimatation un rapport détaillé sur la laine mauchamp; la Société lui décerna une médaille de première classe pour les études pratiques qu'il avait faites sur l'emploi de cette matière première à laquelle il donna le nom de cachemire indigène, tant elle se rapproche du poil de la chèvre du Thibet par sa finesse, son reflet brillant et le soyeux des tissus qu'elle sert à fabriquer. La laine mauchamp, très-solide, très-tenace, puisqu'elle est généralement employée pour chaîne dans la fabrication des étoffes, aurait même une supériorité sur le cachemire du Thibet en ce qu'elle n'a pas de jarre que contient toujours ce dernier, et dont il est difficile de le débarrasser. Or, ce défaut est toujours grave pour la fabrication des châles, surtout, parce que la jarre prend mal les couleurs, ce qui nuit à la régularité du coloris des tissus et au prix de vente par conséquent; d'autre part, son extraction cause des frais de main-d'œuvre.

La Société impériale d'acclimatation a cherché à encourager, par des récompenses, la propagation du mouton mauchamp, et cependant l'ignorance et la routine ont encore un tel pouvoir, que ce précieux animal n'est pas répandu comme il pourrait et devrait l'être. Sa laine, lavée à dos, est payée 8 francs le kilogramme par M. Davin, et la moyenne des toisons de M. Graux est de 2 kilogrammes, ce qui porte à 16 francs le prix de chaque toison. La viande du mauchamp est excellente, meilleure que celle du mérinos ordinaire ; son croisement avec d'autres races, notamment avec des mérinos, améliore toujours les laines, sans jamais nuire ni à la quantité, ni à la qualité de la production de la viande, comme on en a eu la preuve dans le châtillonnais, notamment ; et cependant la multiplication de ce type précieux de création française marche lentement. A quoi faut-il l'attribuer ? A l'ignorance encore trop répandue, au préjugé, à la routine encore trop puissante aujourd'hui. Le jour où l'agriculture sera éclairée comme toutes les autres carrières, par des études spéciales suffisantes, l'industrie manufacturière des tissus laineux n'aura pas à se plaindre de l'insuffisance de la laine mauchamp pour les étoffes de luxe ; il lui en sera fourni en quantité suffisante. La solution satisfaisante de la question est dans l'instruction professionnelle des éleveurs ; elle ne saurait être ailleurs.

LES DROMADAIRES

RAPPORT

Par M. DECROIX

Vétérinaire en premier à la garde de Paris,
Membre de la Société impériale d'acclimatation.

En histoire naturelle, on divise le genre chameau en deux espèces : 1° le chameau proprement dit (*Camelus bactrianus*, L.) ; 2° le dromadaire (*Camelus dromedarius*, L.). Le premier présente sur le dos deux bosses médianes, dont une un peu en arrière du garrot et l'autre un peu en avant de la croupe. Le second n'a qu'une bosse au milieu du dos.

Par cette simple indication il est facile de constater que les deux sujets qui figurent à l'Exposition égyptienne sont des dromadaires, quoiqu'on les désigne vulgairement sous le nom plus générique de *chameaux*. Ce sont deux femelles ayant peut-être une vingtaine d'années, de taille moyenne (environ 1 mètre 80 centimètres en avant de la bosse), sous poil fauve brunâtre, tête petite, cou mince, membres grêles, se rapprochant quant à la force et à la conformation, du dromadaire, svelte et élancé, apte à la course et appelé méhari ; ce ne sont pas là ces dromadaires de taille élevée, fortement constitués, et affectés plus spécialement au transport des lourds fardeaux.

Ce qui indique que les sujets dont nous parlons sont destinés à la selle, c'est, en outre de la conformation, l'anneau nasal fixé dans l'aile interne du nez et auquel, pendant la course, on peut attacher des cordes pour guider l'animal comme avec les rênes d'une bride. Cet anneau rappelle celui qu'on place aux bœufs et surtout aux taureaux dangereux, avec cette différence, toutefois, que chez ces derniers l'anneau traverse la cloison nasale et non pas seulement une aile du nez.

Le Dromadaire est admirablement organisé pour rendre des services comme bête de somme dans les pays chauds et plus spécialement dans les contrées de plaines sablonneuses, ce qui lui a fait donner par Buffon le nom pittoresque de *vaisseau du désert*.

Les climats froids et humides, les terrains gras ou montagneux, ou rocailleux, ne lui conviennent pas.

Comme tous les ruminants à la classe desquels il appartient, le dromadaire a *deux doigts* qui servent à l'appui, mais ces doigts ne sont pas séparés comme chez le bœuf et le mouton ; ils sont réunis jusque vers la pointe par la peau qui forme seulement un sillon entre eux à la face supérieure, tandis que le dessous du pied présente une surface plane. Chaque doigt est terminé par un ongle ressemblant à une griffe obtuse ou à une grande coquille de noix. Le dessous du pied présente une large plaque cornée arrondie rappelant, pour la résistance, l'élasticité et l'épaisseur, une forte semelle de cuir.

L'organisation du pied, au point de vue anatomique, est extrêmement curieuse : des coussinets fusiformes, d'aspect cellulo-graisseux, sont parfaitement disposés pour amortir les chocs et se prêter aux inégalités du sol sans faire souffrir l'animal. C'est aussi grâce à ces coussinets que le pied s'élargit, s'étale beaucoup pendant l'appui au lieu de s'enfoncer dans le sol comme le sabot du cheval.

Malgré sa sobriété habituelle le dromadaire absorbe, lorsque l'occasion s'en présente, des quantités considérables de boissons et d'aliments ; mais lorsqu'il y a nécessité, il s'accommode facilement d'une nourriture peu abondante et de médiocre qualité.

Pendant les longs et pénibles voyages auxquels il est habitué dès sa jeunesse, il se nourrit facilement avec les artichauts sauvages (*Cynara cardunculus*), le güetaf (*Atriplex helonimus*), le chea (*Arthemisia absinthium*), l'alpha (*Arundo festucoïdes*), et toutes les plantes grossières qui se trouvent sur son passage. Son long cou élastique lui permet de brouter, sans ralentir son pas ordinaire, à 1 mètre à droite ou à gauche.

Il peut rester sans boire pendant deux ou trois jours et même plus, selon la saison, le travail et la température. Cette sobriété n'est pas due, comme on l'a avancé, à une poche ou *réservoir à eau ;* au moins nous n'avons pu découvrir ce réservoir et nos confrères de l'armée, notamment MM. Flaubert et Vallon, n'ont pas été plus heureux.

Tandis que les Arabes font déjà travailler le cheval âgé de deux ans et même de un an en cas d'urgence, ce n'est guère qu'à l'âge de trois ans qu'ils commencent à employer les dromadaires. Le dressage pour l'usage du bât consiste à apprendre à l'animal à se coucher et à se lever, à se mettre en marche et à s'arrêter à la parole. Pour l'usage de la selle on leur apprend en outre à obéir à de légers coups de baguette et à l'action des rênes fixées au licol ou à l'anneau nasal.

Les dromadaires sont d'un caractère docile et craintif, excepté à l'époque du rut. Cependant il faut les traiter avec intelligence et douceur, pour éviter de les rendre méchants et rétifs. Comme leur taille élevée ne permet pas de les charger s'ils restent debout, on les habitue à se coucher ou plutôt à s'accroupir sur le ventre et à rester dans cette position jusqu'à ce que le fardeau soit fixé sur le bât. La répétition fréquente de cette manœuvre a pour résultat la formation de callosités sous le sternum, aux genoux et aux grassets. Pour les forcer à rester accroupis, on maintient les genoux fléchis à l'aide de cordes qui entourent l'avant-bras et le canon, ce qui se pratique facilement à cause de la souplesse remarquable des articulations.

Les dromadaires de taille et de force moyenne peuvent porter une charge de 200 à 250 kilogrammes et parcourir 10 à 12 lieues par jour pendant de longs voyages. Dans nos expéditions d'Afrique, ils portent ordinairement un tiers environ en plus de la charge des mulets (trois sacs d'orge ou trois caisses de biscuits au lieu de deux).

Les palanquins ou espèces de tentes que l'on ajuste sur le dos des dromadaires peuvent contenir trois ou quatre femmes ou enfants avec leur léger bagage.

Dans les essais qui ont été tentés par nos généraux pour former une sorte de cavalerie ou de *dromaderie*, s'il est permis d'employer ce mot, chaque animal portait deux hommes munis de leurs objets de campement, de leurs munitions et de leurs provisions de bouche. Ces essais n'ont pas eu le résultat qu'on en attendait ; mais l'insuccès doit être attribué en grande partie à ce que les soldats ne savaient pas diriger convenablement leur monture, et d'autre part au manque de soins raisonnés et de ménagement qu'exigent tous les animaux, surtout ceux qui nous occupent ; et cependant le général Bonaparte, en Égypte, avait fait choisir les soldats les plus intelligents. Le général Marey, en Algérie, avait aussi à cœur de former une bonne cavalerie avec des dromadaires ; malheureusement, nos hommes, bien que de bonne volonté, ne pouvaient être assez promptement initiés à la manière de tirer le meilleur parti de leur monture, et ces tentatives ont dû être abandonnées. En Bolivie (Amérique du Sud) on a essayé d'introduire les dromadaires ; mais on est revenu au mulet comme meilleure bête de somme (1).

(1) Renseignement fourni par M. le docteur Martin de Moussy.

Les dromadaires sont impropres au trait : leur tête, leur encolure, leurs épaules, leur garrot, leurs membres, ne sont pas conformés pour le collier ou le joug.

Ces animaux, sauf quelques variétés à poil ras, sont tondus tous les ans comme les moutons. Leur toison est employée aux mêmes usages que la laine à laquelle les Arabes la préfèrent pour la confection des tentes et des cordages. Les femelles fournissent un lait qui, malgré son goût particulier et son odeur un peu forte, rend de grands services comme boisson dans les contrées où l'eau est très-rare. Leur chair est livrée à la consommation comme celle du bœuf, avec laquelle elle a beaucoup de ressemblance.

Sans entrer dans de plus longues considérations, voyons l'enseignement que notre Société peut tirer des dromadaires qui figurent à l'Exposition.

Dans toutes les questions d'acclimatation il faut autant que possible avoir pour soi, et non contre soi, les influences climatériques; il faut en outre et avant tout, au point de vue pratique, que les sujets à acclimater répondent à un besoin réel; qu'ils puissent, mieux que les animaux déjà acclimatés, procurer des avantages donnés, sans entraîner de plus grands inconvénients.

Or, comme animaux de trait ou de boucherie, nos chevaux et nos bœufs sont supérieurs aux dromadaires; d'autre part, nos plus mauvaises vaches donnent plus de lait que les meilleures chamelles; la laine de nos moutons répond mieux à nos goûts et à nos habitudes que le poil de chameau. Il est vrai qu'aucune de nos espèces domestiques ne saurait rivaliser avec le dromadaire comme bête de somme; mais nos chemins de fer, nos canaux, nos routes si bien entretenues depuis quelques années, nous mettent complétement à l'abri du besoin de bêtes de somme. Un petit âne peut traîner un fardeau plus pesant que la charge à dos du plus fort dromadaire. Il faut aussi reconnaître que notre climat, même dans le midi de la France, n'est pas favorable aux animaux qui nous occupent; pour les acclimater, et pour les conserver lorsqu'ils seraient acclimatés, il faudrait des soins hygiéniques qui les rendraient délicats et leur enlèveraient une partie des qualités qui en font des animaux éminemment propres aux pays chauds.

Mais en Algérie, ne pourraient-ils pas rendre des services? N'y aurait-il pas avantage à y importer la race égyptienne?

Je ne le pense pas : notre colonie possède toutes les variétés dont elle a senti le besoin.

De même que nous pouvons trouver en France trois catégories de chevaux : ceux de gros trait, ceux de trait léger et ceux de selle ; de même en Algérie, on trouve trois variétés de dromadaires : dans le Tell ce sont des sujets de haute taille, fortement établis, grands mangeurs relativement ; sur les hauts plateaux, des sujets plus petits, plus sobres, aptes à la selle et au bât ; enfin sur le bord du désert et dans les oasis, des sujets élancés, sobres et agiles, appelés méhari, qui, comme animaux de selle, parcourent de 20 à 30 lieues par jour.

En définitive, comme on trouve en Algérie de tout aussi beaux sujets que ceux de l'exposition égyptienne, il n'y a pas lieu de nous occuper d'importer la race en question dans notre colonie où les améliorations que l'on pourraient désirer s'obtiendraient en donnant une direction convenable à l'hygiène et à la reproduction des races déjà acclimatées (1).

Mais dans les pays chauds où les boissons et les aliments sont rares, où les routes carrossables font défaut et où le sol est sablonneux, les dromadaires peuvent, mieux que les chevaux et les mulets, rendre de grands services. C'est grâce aux chameaux importés depuis quelques années en Australie qu'une caravane partie à la recherche d'un savant perdu dans les déserts a pu échapper à une mort certaine (2). En ce moment même, la colonne expéditionnaire qu'organise l'Angleterre, pour tenter de sauver les sujets anglais retenus prisonniers par l'empereur Théodore, n'aura d'autre moyen de transport que des dromadaires, sans lesquels l'expédition serait, sinon impossible, au moins beaucoup plus difficile.

(1) Nous engageons les personnes qui s'intéressent à tout ce qui est relatif aux dromadaires à consulter les ouvrages de M. le général Carbuccia et de M. Vallon, vétérinaire principal.

(2) *Bulletin de la Société d'acclimatation*, 1866, p. 230.

ESPÈCE PORCINE

RAPPORT

Par M. LE Dᴿ RICHARD (DU CANTAL)

Ancien Directeur de l'École des haras,
Vice-Président et Membre honoraire de la Société impériale d'acclimatation.

L'exposition des porcs qui a été observée pendant la première quinzaine de septembre à Billancourt n'a pas dû satisfaire les visiteurs, en ce qui concerne les races françaises pures. On aurait, en effet, une triste idée des ressources alimentaires qu'elles peuvent offrir à nos populations, si on les jugeait d'après les rares sujets qui ont été présentés au concours. Sur cent cinquante-quatre animaux que j'ai examinés, nombre fourni par dix truies, cinquante-huit porcelets d'âges divers, et les autres sujets qui composaient l'exhibition, on ne comptait que quelques rares types français, généralement peu remarquables d'ailleurs. Mais si nos races indigènes ont fait défaut, les races anglaises présentées par nos éleveurs (les éleveurs anglais n'ont pas figuré à Billancourt) nous ont offert de beaux modèles. Trois races françaises seulement figuraient au concours; ces races étaient : la craonnaise, l'augeronne et la marchoise. Cette dernière était bien représentée par un verrat appartenant à M. Paquet (Creuse). Cet étalon, qui a eu un premier prix bien mérité, était d'une très-bonne conformation, d'une nature rustique bien adaptée au pays qui l'a élevé. Une truie de la même race, suivie de ses porcelets, appartenait au même éleveur. M. Simonnet, des Deux-Sèvres, avait présenté un verrat craonnais. M. Blandeau, d'Ile-et-Vilaine, avait un verrat de même race de six mois. Deux ou trois autres étalons du même type figuraient aussi au concours. On y voyait deux truies normandes, avec leurs porcelets, appartenant à M. Marchal (Seine-et-Oise), et quelques autres animaux français assez médiocres à mon avis. Tels étaient les sujets qui représentaient tristement nos races. Quelques individus croisés anglais, et préférables d'ailleurs aux sujets de nos races pures, complétaient la collection bien peu nombreuse de nos produits indigènes.

Toutefois, je dois dire qu'on n'a pas pu juger des qualités de nos races françaises d'après le concours de Billancourt. J'ai étudié autant qu'il m'a été possible la production animale de notre pays dans ses diverses races, et je puis affirmer, sans crainte de démenti, que les éleveurs sérieux de nos bons types de porcs n'ont pas présenté leurs animaux. J'en appelle au concours qui eut lieu à Poissy au printemps passé. Plusieurs de nos races y étaient représentées par de beaux modèles qui pouvaient nous donner une juste idée des ressources que nous offrent nos porcs indigènes purs ou croisés. On est donc autorisé à dire que, pour les races françaises, l'exhibition de Billancourt, en septembre 1867, n'a pas répondu au vœu des visiteurs; elle ne leur a pas montré nos ressources.

Mais il n'en a pas été de même pour les races anglaises pures élevées en France. Les éleveurs avaient exposé de très-beaux reproducteurs, chacun dans son type. M. Maisonhaute, d'Eure-et-Loir, avait une belle réunion d'animaux de la race berkshire, qui a obtenu un premier prix d'ensemble bien mérité. On admirait, dans cette belle collection, un magnifique verrat de deux ans, quatre truies suivies de leurs porcelets, et plusieurs autres animaux de divers âges, tous remarquables par leurs qualités et leur bonne conformation.

La race berkshire se fait distinguer par son développement et sa nature rustique. Si la mémoire ne me fait pas défaut, je me rappelle que M. Bella père, fondateur et directeur de Grignon, a été un des premiers importateurs de ce type, qu'il savait apprécier, et je ne crois pas me tromper en disant que son digne successeur à la direction de Grignon, M. François Bella, partage l'opinion de son père sur ces animaux.

Madame la princesse Baciocchi, qui a obtenu de si beaux résultats dans l'exploitation agricole qu'elle a organisée et qu'elle dirige elle-même dans le Morbihan, avait présenté un étalon et deux truies très-remarquables aussi de la race berkshire.

M. Hamot, l'heureux vainqueur au concours de Poissy au printemps passé, avait exposé divers sujets d'une très-belle conformation des races yorkshire et new-leicester. Ces races, qui m'ont paru être d'une finesse plus caractérisée que les berkshire, doivent avoir moins de rusticité que ces derniers. On peut avoir cette opinion après avoir fait l'étude de la nature des soies, de la peau, de la conformation générale et du tempérament des sujets comparés entre eux.

Mais une race d'une finesse remarquable est la race suffolk. M. Noblet, du Loiret, avait parmi les beaux types qu'il a exposés un modèle de verrat suffolk de six mois qui attirait l'attention de tous les connaisseurs sérieux. Je ne crois pas qu'il soit possible de trouver un plus beau modèle de race porcine parmi les types les plus fins de cette espèce; finesse des soies, de la peau et du système osseux, conformation régulière dans tout l'ensemble du corps, bien cylindré et près de terre, extrémités irréprochables, tel était ce petit modèle d'étalon anglais.

M. Labitte, de l'Oise, avait exposé de beaux sujets de race anglaise yorkshire. M. Lacour, de l'Yonne, avait aussi une remarquable collection de sujets anglais middlesex; un verrat français et deux truies, une croisée anglaise, l'autre française. Enfin la collection de sujets anglais middlesex, yorkshire et croisés de M. Poisson, du Cher, contenait aussi de beaux modèles de reproducteurs. Pour conclure, je dirai que sans les races anglaises, l'exposition des porcs à Billancourt pourrait être considérée comme presque nulle par la rareté et les conditions peu favorables des sujets de nos races indigènes.

On voit bon nombre d'éleveurs français qui sont peu sympathiques à l'adoption des races de porcs anglais; d'autres, au contraire, recommandent de les adopter à tout prix. Si nous possédions bien la question de notre production animale en général, il serait facile de nous mettre d'accord; nous comprendrions que chaque localité doit faire choix du type animal qui lui convient dans toutes les races. Si dans les porcs anglais il y a des races perfectionnées obtenues par des soins hygiéniques bien combinés, mais d'une constitution plus ou moins délicate qui les rend impropres à un élevage rustique, à la glandée, par exemple, il en est d'autres qui sont assez robustes pour aller aux bois ou aux champs chercher leur nourriture comme nos races indigènes dans certains pays. Toute la question est dans le choix des animaux, suivant la nature des ressources qu'on peut offrir à leur élevage. La France, il est vrai, possède aussi de très-bonnes races, mais nous devons rendre aux Anglais la justice qui leur est due. Sauf pour le mérinos, ils nous sont supérieurs en amélioration de toutes les autres races, et leurs porcs, purs ou croisés avec les nôtres, ont rendu à notre élevage de l'espèce porcine, dans beaucoup de lieux, des services incontestables. Je suis persuadé, du reste, que des études comparatives bien faites confirmeront ce que j'avance à ce sujet.

Le perfectionnement et la multiplication de la race porcine offre d'autant plus d'intérêt en France, que la viande de porc est la base de l'alimentation animale de la grande majorité de notre population rurale d'une part, et que de l'autre la graisse fournie par cet animal sert à préparer les légumes dans nos villes et dans nos campagnes. On a porté à 300 millions de kilogrammes la quantité de viande de porc consommée en France. Ce chiffre me paraît au-dessous de la réalité. Sans parler de la consommation des villes, nos 28 millions de cultivateurs, dont l'alimentation animale consiste surtout dans la viande de porc salée, doivent manger plus de 300 millions de kilogrammes de cette viande, ce qui ne ferait pas d'ailleurs un kilogramme par mois et par tête. Il ne paraît pas probable que la consommation de la viande de porc soit si minime.

On conçoit donc de quel intérêt est l'élevage du porc, qui transforme en graisse et en viande des résidus de cuisine ou autres débris que lui seul peut consommer avec avantage partout où il est élevé, dans nos petits ménages des campagnes notamment, et combien il importe de multiplier et de perfectionner cette race d'animaux si utiles pour l'alimentation de nos populations laborieuses des campagnes.

LAINES DU BASSIN DE LA PLATA

ANIMAUX DEVENUS INDIGÈNES, ANIMAUX RÉCEMMENT ACCLIMATÉS

RAPPORT

Par M. LE Dr V. MARTIN DE MOUSSY

Membre de l'Institut historique et géographique de la Plata,
Membre de la Société impériale d'acclimatation.

Le bassin de la Plata, occupé principalement par la confédération Argentine et l'État oriental de l'Uruguay, a offert à l'Exposition une grande variété de laines qui n'est, toutefois, qu'une faible expression de l'immense exportation qui se fait de ce produit depuis quelques années, exportation telle qu'elle dépasse maintenant celle de toutes les colonies anglaises de l'Océanie et de l'Afrique réunies : Nouvelle-Zélande, Tasmanie, Australie, Natal et cap de Bonne-Espérance, car elle est aujourd'hui de 100 millions de kilogrammes et paraît devoir encore augmenter.

Ces laines proviennent de mérinos purs, de mérinos métis à tous les degrés, de moutons indigènes des provinces de l'intérieur, enfin d'animaux de plaine et d'animaux de montagnes. Ces derniers sont élevés sur les plateaux et dans les vallées des sierras de Cordova et de San-Luis, qui constituent le massif central argentin se dressant comme une grande île, entre la région herbeuse des Pampas et la plaine sèche et saline située entre ce massif et les Andes; la chaîne des Andes, dans les hautes vallées et sur les plateaux connus sous le nom de *Puna*, en nourrit également. Toutefois, l'élève de la race ovine se développe surtout dans les plaines fertiles de la région pampéenne des provinces de Buenos-Ayres, Santa-Fé et Cordova, dans les grasses prairies de l'Entre-Rios et sur les excellents pâturages qui tapissent les petites collines de la Bande orientale.

Le mouton fut introduit au milieu du XVIe siècle, par les conquérants espagnols venus du Pérou. Le Tucuman, ou partie méridionale de l'empire conquis des Incas, avait reçu, dès les premières années de la conquête, de 1533 à 1540, les animaux domestiques de l'Europe. Mais ce ne fut qu'en 1550 que Nuflo Chavez, un des colonisateurs de la Plata, amena du Tucuman au Paraguay, centre des établissements espagnols dans cette partie de l'Amérique, les premières chèvres et les brebis qui furent la tige de ces troupeaux sans nombre qui se multiplièrent dans les régions platéennes.

Ces premiers animaux étaient de race espagnole et se rapprochaient sans doute beaucoup du type mérinos alors assez répandu dans la péninsule. Mais transportés dans un pays si différent du leur, sous l'influence du sol et du climat, ils subirent des modifications profondes.

Le bœuf amené quelques années plus tard dans la région des fleuves et des pampas devint bien vite l'objet de prédilection des colons, et ils ne s'occupèrent plus du mouton, que l'on abandonna pour ainsi dire à lui-même dans ces plaines; tandis que dans l'intérieur et vers les Andes, cantons moins propices à l'élève du gros bétail, on le soignait davantage par suite du besoin que l'on avait de sa laine et de sa chair; néanmoins on n'en élevait que ce qui était absolument nécessaire pour la consommation.

Il était arrivé ainsi que dans la province de Buenos-Ayres, dans celles de Santa-Fé et de l'Entre-Rios, les moutons s'élevaient à la grâce de Dieu au milieu du désert. Leur chair était absolument dédaignée; parfois, on en faisait des tueries énormes, dit Azara, et on les laissaient pourrir sur le sol pour faire plus tard de la chaux avec leurs os. Les Indiens de la Pampa n'en voulait même pas et préféraient chasser le guanaque, dont la peau servait à les vêtir, que d'user de la laine. Cet état de choses dura jusqu'à l'émancipation.

A partir de cette époque, les terres prenant un peu plus de valeur, l'industrie se développpant, on commença à soupçonner l'utilité que pourrait avoir un jour l'élève des bêtes ovines. Le mouton de la Pampa, ainsi négligé, avait dégénéré; les bêtes étaient petites, leur laine était grossière, on comprit la nécessité de les régénérer. Dès 1813, raconte M. Balcarce dans un mémoire présenté à la Société d'acclimatation, séance du 17 avril 1863, le consul des États-Unis, M. Helsy, introduisit quelques béliers mérinos d'origine allemande, mais ces animaux succombèrent dans un incendie, et ce ne fut qu'en 1824 que les tentatives furent reprises sous l'administration de D. Bernardino Rivadavia qui fit venir cent moutons mérinos d'Espagne et cent southdowns d'Angleterre. En 1826 un nouvel envoi fut provoqué, et quelques bergers européens l'accompagnèrent; de ce moment datent les premiers succès de l'acclimatation de ces belles races. Des éleveurs anglais et allemands, auxquels se joignirent bientôt des Argentins, commencèrent à fonder des *estancias* ou fermes, uniquement consacrées à l'élève de la race ovine régénérée par les reproducteurs des meilleures races européennes. En 1836, le type négretti fut introduit, ainsi que divers autres reproducteurs de Saxe et de Sibérie, des mérinos de Rambouillet et l'industrie lainière fut décidément établie. Toutefois, par suite des événements politiques, elle fut longtemps stationnaire. En 1830 l'exportation était de 944 balles ; en 1840 elle ne s'élevait encore qu'à 3577, et en 1850 à 17 069. Mais, à partir de 1854, un mouvement remarquable s'opérant dans cette industrie, la campagne de 1854-1855 (la tonte a lieu au mois de novembre et l'évaluation du produit ne peut se faire qu'au commencement de l'année suivante), donnait 27 677 balles ; en 1860 la quantité était de 38 482, malgré une épizootie. Trois ans plus tard, en 1863, elle atteignait 78 697 ; et l'année dernière, 1865-1866, 144 167, c'est-à-dire 57 666 800 kilogrammes, la balle étant calculée à 400 kilogrammes en moyenne. On estime que le chiffre de cette année dépasse 150 000 balles, c'est-à-dire 60 millions, indépendamment de 20 701 balles renfermant 4 152 000 peaux des moutons ayant servi à la consommation.

A côté de cet énorme progrès dans la production des laines argentines, il faut mettre celle des laines de l'État oriental de l'Uruguay qui, quoique bien moins étendu que la confédération Argentine, n'en élève pas moins une quantité considérable de bétail, et où l'amélioration et le développement de la race ovine n'ont pas été moins remarquables que dans la république voisine.

L'exportation, par le seul port de Montevideo, a monté de 6500 balles en 1860, à 30 166 balles pour le 1er semestre de 1867 seulement, ce qui fait plus de 12 millions de kilogrammes, et il reste encore à calculer le second semestre beaucoup moins considérable, il est vrai, que le premier.

On voit donc que les exportations réunies de tout le bassin de la Plata atteignent maintenant 100 millions de kilogrammes, c'est-à-dire 100 000 tonnes; cette progression depuis dix années est véritablement prodigieuse.

Les laines du littoral de la Plata sont généralement très-fines; il s'en exporte peu pour l'Angleterre qui consomme naturellement de préférence les laines de ses colonies. Les États-Unis d'une part, et de l'autre la Belgique et la France, sont trois marchés où s'écoule la presque totalité de la production platéenne. En 1866, le port d'Anvers a reçu 73 000 balles ; cette année on estime que la quantité reçue s'élèvera à 90 000. En France, en 1866, le port du Havre a reçu 40 069 balles dont 9236 de Montevideo; cette année, le chiffre y dépasse déjà 40 000 balles venues de Buenos-Ayres et 10 000 de Montevideo. La fabrique d'Elbeuf les emploie maintenant presque exclusivement pour les draps et les nouveautés; en six ans la quantité de laine platéenne consommée dans cette fabrique a donc monté de 4000 balles à 25 000 et tend à s'accroître chaque jour. Le même phénomène se passe en Belgique pour la fabrique de Verviers.

Dans un rapport fait à la Société industrielle d'Elbeuf, d'après la demande de son président, M. Aubé, *Sur les laines de la Plata et l'emploi considérable que l'on en fait dans la fabrique d'Elbeuf*, le rapporteur, M. Chennevières, après avoir donné les chiffres que nous venons de citer, établit les qualités suivantes des laines mises en œuvre par cette fabrique :

« La laine d'Espagne, autrefois presque uniquement employée, est délaissée; celle de France, constamment améliorée par des croisements intelligents depuis un demi-siècle, est excellente pour les lainages de qualité intermédiaire; la laine de Russie a les mêmes usages que celle de France; la laine d'Allemagne est très-belle, supérieure à toutes pour la draperie, mais très-chère et pour ce motif elle ne peut être employée pour la nouveauté; il en est à peu près de même de la laine de Hongrie. Les laines d'Australie, de bonne qualité également, sont naturellement accaparées par les Anglais. Il a donc été avantageux de s'adresser aux laines de la Plata, dont la qualité devenait égale à celle des autres pays producteurs et l'emportait même à divers points de vue, et surtout à celui du prix. »

Ces laines arrivent en suint et non nettoyées du *gratteron*, graine de trèfle et d'autres plantes nommées dans le pays *carretilla*. Leur dégraissage et leur nettoyage en élèveraient trop le prix, vu la cherté de la main-d'œuvre dans la Plata, et il faut les nettoyer en Europe. Mais cet inconvénient est racheté par leur bas prix; de telle sorte qu'une fois nettoyées, et l'on a des machines pour cela, elles sont encore à un prix inférieur à celui des autres pays, et par conséquent plus avantageuses pour la fabrique française et belge.

Ces laines se classent en deux qualités, les *buenos-ayres* et les *montevideo.*

Les buenos-ayres sont plus fines, plus douces, elles ont conservé les qualités introduites par les mérinos allemands, dits négretti, que les éleveurs buenos-ayriens emploient principalement comme reproducteurs. Bonnes pour les draps, elles sont encore meilleures pour le genre de tissu dit *nouveauté* qui veut de la finesse et du

5

moelleux; et l'on sait la grande faveur qui entoure ces tissus dans le monde entier. De là, la demande croissante de ces sortes pour la fabrique normande.

Les montevideo sont précieuses pour les genres de fabrication qui exigent l'emploi, comme mélange, de matières courtes qu'il faut soutenir par une laine nerveuse. Employées seules, elles conviennent aussi à la nouveauté intermédiaire.

Enfin il vient de la Plata, mais en petite quantité, sous le nom de *laine de Cordova*, des laines du massif central de la province de Santiago del Estero et des Andes. Ces laines ont été lavées et nettoyées pour en diminuer le poids. Elles sont longues et fines et néanmoins très-fortes; elles proviennent de ces troupeaux introduits dès le xvie siècle par les conquérants, mais qui sont modifiés suivant l'habitat et le climat. Les troupeaux de Cordova vivent dans la plaine haute, en moyenne de 300 à 500 mètres d'altitude, qui commence au pied du massif central ou sur des plateaux élevés, les uns de 2000 mètres, c'est la crête de la Sierra; ou de 800 à 1200, c'est la hauteur des plateaux intermédiaires.

Ceux de Santiago del Estero paissent dans une plaine aride, sèche et salée, semée de buissons épineux, mais sous lesquels croît une herbe très-nourrissante. La température moyenne y est de 20°, et l'été est fort chaud.

Enfin dans les hautes vallées et sur les plateaux des Andes, dans les provinces de la Rioja, de Catamacia, de Salta et de Jujuy, les animaux vivent entre 2500 et 4000 mètres d'altitude, car la végétation des graminées persiste à cette hauteur sur le plateau bolivien et la plaine dite Puna de Jujuy, qui en font partie, entre le 22e et 24e degré de latitude. La province de Jujuy est la dernière des possessions argentines vers le nord.

Les toisons qui ont été envoyées de ces provinces à l'Exposition ont été fort remarquées, car elles étaient véritablement énormes et aussi notables par la finesse de leur laine et la longueur du brin que par l'épaisseur et le fourré de la toison. Ces animaux vivent sous un climat froid; il y gèle toutes les nuits pendant huit mois de l'année, et le soleil est intense dans le jour. Le sol, généralement aride et caillouteux, est tapissé dans beaucoup d'endroits d'une herbe courte et drue, même à 4000 mètres d'altitude, ainsi que nous l'avons vu dans la haute plaine d'Humaguaca sous le tropique. Dans ces conditions, les bêtes à laine prospèrent admirablement, elles ne sont jamais malades; la gale et les insectes, qui tourmentent si gravement les troupeaux des plaines, les épargnent complétement. Si le fret n'étaient pas si élevé, ces provinces pourraient exporter une quantité considérable de laine, fort recherchée sur les marchés d'Europe, ainsi que nous venons de le dire, à cause de la finesse, de la longueur et de la force de son brin. Ces animaux n'ont point été croisés, ils sont restés tels que les ont faits le terrain et le climat de ces montagnes.

A côté de ces troupeaux de moutons paissent ceux de lamas et d'alpacas, et dans les endroits plus écartés, sur les froides collines des plateaux, errent le guanaco et la vigogne, que l'on chasse pour leur fourrure et leur chair. Le mâle de la vigogne donne cet admirable duvet qui servait jadis à tisser les étoffes destinées à vêtir la famille impériale des Incas, et que l'on emploie aujourd'hui à la confection de ces ponchos ou manteaux dont les moins chers se vendent 160 francs sur le lieu de fabrication, et dont le prix a atteint jusqu'à 1000 fr. pour les sortes les plus fines.

Ces étoffes, extrêmement remarquables, sont fabriquées par les femmes du pays à l'aide du métier le plus simple.

Lorsque l'Amérique du Sud fut découverte, le lama et ses congénères étaient les seuls animaux domestiques des plateaux des Andes. Les millions de bœufs, de chevaux, d'ânes, de mulets, de chèvres, de brebis, de porcs, qui couvrent aujourd'hui le continent, sont les résultats de l'acclimatation pratiquée sur une échelle immense. Les troupeaux des Andes ont l'avantage de représenter ce qu'une race, bonne d'origine, sans toutefois être supérieure, devient avec le temps, sous un climat qui lui est favorable et avec quelques soins, car les montagnards quichuas ne les ont jamais négligés. Les troupeaux de la région pampéenne au contraire, abandonnés ainsi à eux-mêmes, ont dégénéré sous l'influence des intempéries, des sécheresses, de la négligence et de l'incurie des colons ; mais il a suffi de croisements raisonnés, d'une surveillance intelligente, d'un meilleur aménagement des pâturages, enfin de quelques soins particuliers, pour renouveler complétement l'espèce ovine dans les provinces fertiles du littoral de la Plata, et en faire un des centres de production lainière les plus riches et les plus abondants du globe.

La Plata et l'Australie donnent un éclatant exemple des avantages et des résultats d'une acclimatation bien conduite.

LES
OISEAUX A ACCLIMATER

RAPPORT

Par M. J. VERREAUX

Attaché au Muséum d'histoire naturelle de Paris.

Désirant apporter notre part de coopération aux utiles travaux du Comité d'études, nous allons esquisser les espèces d'oiseaux qui nous ont le plus frappé parmi les collections exposées, dans ce grand centre industriel du Champ de Mars, et indiquer celles qu'il serait utile d'acclimater chez nous, afin de compléter celles qui le sont déjà. Parmi ces dernières se trouvent plusieurs espèces de gallinacés et palmipèdes fort appréciés dans toute l'Europe. Nous citerons spécialement le faisan à collier, de la Chine, et le faisan de Mongolie, qui rivalisent avec le faisan colchite, originaire de l'Asie. Mais, ce qui nous a surtout frappé, ce dont nous voudrions voir la reproduction dans toutes les basses-cours, c'est le dindon sauvage de l'Amérique du Nord (le *Meleagris sylvestris*), que nous avons remarqué à l'exposition de Billancourt, où un exposant nous a assuré avoir déjà obtenu un certain nombre de produits de cette même espèce. Nous ne pouvons que faire des vœux pour sa propagation, car il faut dire qu'elle est aussi délicate de chair que belle et brillante dans sa forme et son plumage. Quoique d'un volume un peu moindre que celui de notre dindon domestique, ce serait une acquisition précieuse que nous espérons voir se propager.

Il serait également bien désirable que l'on fît des efforts pour propager en France quelques-uns des tétras d'Amérique du Nord; nous ne pensons pas que le climat s'oppose à leur acclimatation. Nous possédons déjà le tétras cupidon (*Cupidonia cupido*), qui a reproduit chez nous, et nous ne voyons pas quelles sont les difficultés qui s'opposent à l'introduction du tétras à fraises (*Bonasia rumbellus*), et du tétras phasianelle (*Centrocercus phasianellus*).

Des trois espèces de paons, le paon ordinaire (*Pavo cristatus*) est assez répandu partout, mais le paon spicifère (*Pavo muticus*), et le paon aux pennes noires (*Pavo nigripennis*), le sont moins et mériteraient de l'être davantage.

La famille des faisans qui comprend, à elle seule, un nombre considérable d'espèces variées, nous donne, depuis un demi-siècle, les dorés (*Thaumalea picta*), et les argentés (*Euplocomus nychthemerus*) ; mais depuis peu d'années seulement, nous avons acquis un assez grand nombre d'espèces des plus remarquables par la beauté de leur plumage et l'excellence de leur chair ; telles sont le lophophore resplendissant (*Lophophorus impeyanus*); le satyre cornu (*Satyra cornuta*), le satyre de Temminck (*Satyra Temminckii*), et une foule d'autres espèces que nous énumérons dans la liste ci-jointe de tout ce que nous connaissons sur cette belle et intéressante famille.

Le nombre des pintades s'élève à une dizaine d'espèces, dont quatre nous sont acquises : la pintade ordinaire (*Numida meleagris*) introduite depuis des siècles; la ptilorhynque (*Numida ptilorhyncha*); la rindalle (*Numida rindalli*), et celle de Madagascar (*Numida tiarata*).

Les hoccos et les pénélopes, dont les espèces sont tropicales, nous fournissent une ample récolte, puisque nous les conservons assez longtemps dans nos volières où beaucoup d'entre elles ont déjà produit. La Hollande surtout était renommée, il y a plus d'un demi-siècle, pour la production de ces oiseaux.

Les colins, dont trois espèces se reproduisent avec facilité chez nous, abonderaient déjà, si le braconnage n'y mettait obstacle comme il le fait pour tant d'autre gibier.

Mais ce qui serait surtout intéressant et bien utile de domestiquer, ce sont les grands tétras, ou coq de bruyère (*Tetrao urogallus*), espèce qui devient de plus en plus rare en France. Tout le monde connaît la valeur culinaire de cet oiseau, dont la chair est tellement estimée que le prix se maintient toujours entre 30 et 40 francs.

La grande outarde (*Otis tarda*) serait encore une espèce bien importante à introduire; son corps, d'un volume considérable, présente cette particularité qu'il se compose d'une chair exquise, résumant à elle seule plusieurs qualités qui se trouvent séparées chez d'autres oiseaux.

En parcourant la liste des espèces de gallinacés des diverses parties du monde, il est facile de voir que nous avons encore beaucoup de conquêtes à faire, et que nos richesses pourraient s'accroître considérablement si nous voulions y apporter des soins et de la persévérance. Suivant nous, la classe de palmipèdes serait également facile à perpétuer en France. L'oie du Canada (*Bernicla canadensis*) est depuis longues années partout, et reproduit avec facilité; l'oie d'Égypte (*Chenelopex ægyptiaca*), dont l'espèce est devenue très-commune et qui existe même à l'état sauvage depuis une dizaine d'années; l'oie de Gambie (*Plectropterus gambensis*), si belle par son plumage, si douce par ses mœurs, réussit bien dans nos jardins zoologiques où elle se reproduit facilement; sa chair étant très-délicate serait fort appréciée sur nos tables. Nous pouvons encore étendre nos citations à l'égard des palmipèdes sur le canard casarca (*Casarca rutila*); le tadorne ordinaire (*Tadorna Belloni*), si beau de plumage; l'oie de Magellan (*Chloephaga magellanica*); l'oie à tête grise (*Chloephaga poliocephala*); celle à tête rousse (*Chloephaga rubidiceps*); et enfin sur l'oie des îles Sandwich (*Anser sandwichensis*). Les produits de cette espèce surtout seraient très-faciles à obtenir si l'on voulait prendre la peine de s'en occuper sérieusement. Nous pouvons dire, en effet, sans crainte d'être contredit, que dans la classe des oiseaux, celle des palmipèdes est une des plus riches et des plus faciles à reproduire dans notre climat, les résultats déjà obtenus confirmant notre assertion; et il est quelques oiseaux que nous considérons dès aujourd'hui comme une conquête acquise; tels sont par exemple le cygne noir d'Australie (*Cygnus atratus*); le céréops cendré (*Cereops Novæ-Hollandiæ*); la sarcelle de Chine (*Aix gabriculata*), celle de la Caroline (*Aix sponsa*). Ces différentes espèces nous donnent depuis nombre d'années des productions abondantes. On peut encore ajouter diverses espèces de *Dendrocygna* ou canards arboricoles, provenant des diverses parties du monde.

Nous ne pouvons terminer cette note sans assurer la Société que nous serons toujours heureux de mettre à sa disposition toutes nos connaissances, quand elle voudra bien y faire appel, et que, non-seulement nous nous empresserons de lui signaler les nombreuses espèces que nous connaissons et que nous avons été à même d'étudier pendant nos longs et lointains voyages, mais encore que nous nous tenons à sa disposition pour lui faciliter l'importation de ce qu'elle pourrait nous signaler, en mettant à profit les bienveillants rapports établis et conservés dans les pays éloignés.

LISTE DE TOUTES LES ESPÈCES DE GALLINACÉS QUE NOUS CONNAISSONS

MEGAPODIIDÆ, Bp.

Megapodius Freycineti, *Quoy et Gaim*	Waigiou.
— Reinwardti, *Wayl*	Nouvelle-Guinée.
— Laperousii, *Quoy*	Iles Mariannes.
— Cumingi, *Dillwin*	Philippines.
— Quoyi, *Gray*	Gilolo.
— Forsteni, *Tem*	Amboine.
— Mac Gillivryi, *Gray*	Archipel de la Louisiade.
— Gilberti, *Gray*	Célèbes.
— Gouldii, *Gray*	Lombock.
— nicobariensis, *Blyth*	Nicobar.
— tumulus, *Gould*	Australie.
— Wallacei, *Gray*	Gilolo.
— Stæri, *Gray*	Iles des Navigateurs.
— Burnabyi, *Gray*	Ile Husson.
— Andersoni, *Gray*	Nouvelle-Calédonie.
Talegallus Cuvieri, *Gray*	Nouvelle-Guinée.
* — Lathami, *Gray*	Australie.
Megacephalon rubripes, *Gray*	Célèbes.
Leipoa ocellata, *Gould*	Australie.

ROLLULIDÆ, Bp.

*Rollulus cristatus, *Bp*	Malaisie.
Cryptonyx niger, *Bp*	—

NUMIDIDÆ, Bp.

Agelastes meleagrides, *Tem*	Afrique occidentale.
Phasides niger, *Cassin*	—
*Numida meleagris, *Lin*	—
— Rendalli, *Ogilby*	—
* — ptilorhyncha, *Licht*	Afrique orientale.
* — mitrata, *Pall*	Afrique méridionale.
* — tiarata, *Bp*	Madagascar.
* — cristata, *Pall*	Afrique occidentale.
— coronata, *Gray*	Afrique méridionale.
— Pucherani, *Bp*	Mozambique.
— plumifera, *Cassin*	Afrique occidentale.
* — vulturina, *Hardw*	Afrique orientale.

MELEAGRIDIDÆ, Bp.

*Meleagris Gallopavo, *Lin*	Bermudes.
* — sylvestris, *Vieill*	Amérique septentrionale.
— mexicana, *Gould*	Mexique.
* — ocellata, *Cuv*	Guatemala.

CORACIDÆ, Bp.

Crax alector, *Lin*.	Amérique méridionale.
* — globicera, *Lin*.	—
* — globulosa, *Spix*.	—
* — Alberti, *Fraser*.	—
* — carunculata, *Tem*.	—
* — rubra, *Lin*.	—
— urumutum, *Spix*.	—
* — tomentosa, *Spix*.	—
*Pauxi galeata, *Lath*.	Amérique méridionale.
*Urax mitu, *Lin*.	—

PENELOPIDÆ, Bp.

*Penelope cristata, *Merr*.	Amérique méridionale.
* — purpurascens, *Wagl*.	Guatemala.
* — brasiliensis, *Briss*.	Amérique méridionale.
* — marail, *Gm*.	—
* — boliviana, *Reichenb*.	—
* — superciliaris, *Illig*.	—
* — superciliosa, *Cuv*.	—
* — pileata, *Licht*.	—
* — obscura, *Illig*.	—
— montana, *Licht*.	—
— argyrotis, *Bp*.	—
* — leucolophos, *Merr*.	—
— cumanensis, *Gm*.	—
* — nigrifrons, *Tem*.	—
— carunculata, *Tem*.	—
*Ortalida Motmot, *Lin*.	—
* — ruficauda, *Jard*.	—
* — ruficeps, *Wagl*.	—
— erythroptera, *Licht*.	—
* — vetula, *Wagl*.	—
* — poliocephala, *Wagl*.	Guatemala.
— canicollis, *Wagl*.	Amérique méridionale.
* — guttata, *Spix*.	—
— squamata, *Less*.	—
— adspersa, *Tschudi*.	—
* — Montagnii, *Bp*.	—
— leucogaster, *Gould*.	—
Ortalida albiventer, *Wagl*.	—
Chamæpetes gondoti, *Less*.	—
Oreophasis derbyanus, *Gray*.	Guatemala.

PAVONIDÆ, Bp.

Argusanus giganteus, *Tem*.	Malaisie.
— ocellatus, *J. Verr*.	—
*Pavo cristatus, *Lin*.	Indes orientales.
* — nigripennis, *Selat*.	Malaisie.
* — muticus, *Lin*.	Java.
*Polyplectron bicalcaratum, *Lin*.	Malaisie.
* — thibetanus, *Briss*.	Chine.

*Polyplectron Germani, *Elliot*..................... Cochinchine.
— emphanum, *Tem*....................... Philippines.
— inocellatus, *Cuv*...................... Malaisie.

PHASIANIDÆ, Bp.

*Phasianus colchicus, *Lin*...................... Asie.
* — torquatus, *Gm*........................ Chine.
* — mongolicus, *Pall*.................... Mongolie.
* — versicolor, *Vieill*.................... Japon.
* — Reevesii, *Gray*...................... Chine.
* — Sœmmeringii, *Tem*................... Japon.
* — scintilla, *Gray*...................... —
* — Wallichi, *Hardw*.................... Indes orientales.
*Thaumalea picta, *Wagl*................... Chine.
— Amherstiæ, *Leadbeat*................ —
*Crossoptilon auritum, *Pall*................. Mantchourie.
— thibetanum, *Gray*.................... Thibet.
*Euplocomus nychthemerus, *Lin*............. Chine.
* — prælatus............................ Cochinchine.
— Vieilloti, *Gray*...................... Malaisie.
— ignitus, *Shaw*...................... Bornéo.
— nobilis, *Selat*...................... —
* — Swinhoei, *Gould*.................... Chine.
* — lineatus, *Luth*...................... Cochinchine.
* — Horsfieldi, *Gray*.................... Indes orientales.
* — melanotus, *Blyth*................... —
* — albocristatus, *Vig*.................. —
— Cuvieri, *Tem*....................... —
— erythrophthalmus, *Raffles*.......... Malaisie.
— pyronotus, *Gray*.................... —
*Gallus ferrugineus, *Gm*.................... —

De cette espèce, nous avons les races domestiques dont voici les principales :

Gallus gallinaceus, *Gm*.
— Gallorum, *Less*.
— cristatus, *Lin*.
— ecaudatus, *Lin*.
— morio, *Lin*.
— lanatus, *Lin*.
— crispus, *Lin*.
— pusillus, *Lin*.
— domesticus, *Gm*.
— giganteus, *Tem*.
— sylvaticus, *Gray*.
— Temminckii, *Gray*.
— Æneus, *Cuv*.
— Austrutheri, *Gray*.

* Gallus Stanleyii............................. Ceylan.
* — Sonneratii, *Tem*...................... Indes orientales.
* — varius, *Shaw*........................ Malaisie.
*Pucrasia macrolopha, *Less*................. Indes orientales.
— castanea, *Gould*.................... —
— nipalensis, *Gould*.................. —
* — xanthospilus, *Gray*................. Chine.

*Lophophorus impeyanus, *Lath*.................... Indes orientales.
  — Lhuysii, *A. Geoff.* et *J. Verr*............... Chine.
*Satyra cornuta, *Briss*....................... Indes orientales.
  — melanocephala, *Gruy*.................... —
* — Temminckii, *Gruy*..................... Chine.
  — Caboti, *Gould* .... —

TETRAONIDÆ, Bp.

*Tetrao urogallus, *Lin*...................... Europe.
  — urogalloïdes, *Middend*................. Sibérie.
  — hybridus, *Lin*....................... Europe.
* — tetrix, *Lin*......................... —
Centrocercus urophasianus, *Bp*............... Amérique septentrionale.
  — phasianellus, *Lin*.................... —
*Cupidonia Cupido, *Lin*...................... —
Canace obscura, *Say*........................ —
  — canadensis, *Lin*..................... —
  — falcipennis, *Hartl*................... —
*Bonasia betulina, *Scopal*................... Europe.
  — albigularis, *Bp*..................... Kamtschatka.
  — rumbellus, *Lin*...................... Amérique septentrionale.
Lagopus persicus, *Gray*..................... Perse.
* — scoticus, *Lath*..................... Europe.
* — albus, *Lin*......................... —
  — Islandorum, *Faber*.................. —
* — mutus, *Leach*....................... —
  — rupestris, *Lath*.................... Amérique septentrionale.
  — groenlandicus, *Brehm*................ Europe.

PERDICIDÆ, Bp.

Tetraogallus caspius, *Gm*................... Sibérie.
  — alpinus, *Motsch*.................... —
  — himalayensis, *Gray*................. Indes orientales.
  — altaicus, *Gebler*................... Altaï.
  — thibetanus, *Gould*.................. Thibet.
Lerwa nivicola, *Hodgs*..................... Indes orientales.
Ithaginis cruentus, *Hardw*................. —
  — Geoffroyi, *J. Verr*................. Chine.
Galloperdix gularis, *Tem*.................. Indes orientales.
  — zeylonensis, *Gm*.................... Ceylan.
  — oculea, *Tem*....................... Malaisie.
* — sphenura, *Gruy*.................... —
Bambusicola sonorivox, *Swinh*............. Formose.
Hepburnia spadicea, *Gm*................... Malaisie.
  — lunulata, *Valene*................... Indes orientales.
*Francolinus vulgaris, *Steph*............... Europe.
* — Asiæ, *Bp*.......................... Indes orientales.
* — pictus, *Jard*...................... —
  — perlatus, *Gm*...................... —
  — Lathami, *Hartl*.................... Afrique occidentale.
* — ponticerianus, *Gm*................. Indes orientales.
  — longirostris, *Tem*................. Malaisie.
* — bicalcaratus, *Lin*................. Afrique occidentale.
* — capensis, *Gm*..................... Afrique méridionale.

Francolinus natalensis, *Smith*..................... Amérique méridionale.
— albigularis, *Gray*......................... Afrique orientale.
— Erkeli, *Rüpp*.......................... —
— Clappertoni, *Children*.................. Afrique occidentale.
— Rüppelli, *Gray*........................ Afrique orientale.
— pileatus, *Sw*.......................... Afrique méridionale.
— subtorquatus, *Sw*...................... —
— gariepensis, *Sw*....................... —
— Levaillanti, *Tem*...................... —
— afer, *Lath*............................ —
— gutturalis, *Rüpp*.......... .... Afrique orientale.
— adspersus, *Wather*..................... Afrique méridionale.
Pternistes nudicollis, *Gm*............... —
— Swainsoni, *Smith*...................... —
* — rubricollis, *Rüpp*................... Afrique orientale.
— Cranchi, *Leach*........................ —
*Margaroperdix striata, *Gm*............... Madagascar.
*Perdix rubra, *Briss*.................... Europe.
* — petrosa, *Lath*....................... —
* — saxatilis, *Bechst*................... —
— altaica, *Bp*........................... Asie.
* — chukar, *Gruy*........................ Indes orientales.
— synaica, *Bp*........................... —
* — melanocephala, *Rüpp*................. Afrique orientale.
— yemenensis, *Nicholson*................. Asie.
— Heyi, *Tem*............................. Afrique septentrionale.
— Bonhami, *Gruy*......................... Asie.
Arboricola torqueola, *Valene*............ Indes orientales.
— javanica, *Horsf*....................... Malaisie.
— personata, *Horsf*...................... Indes orientales.
Oreocaccabis crudigularis, *Swinh*........ Formose.
*Starna perdix, *Lin*..................... Europe.
— thoracica, *Tem*........................ —
— barbata, *J. Verr*...................... Sibérie.
*Ptilopachus fuscus, *Vieill*............. Afrique occidentale.

ODONTOPHORIDÆ, Bp.

Dendrortyx macroura, *Jard*............... Guatemala.
— leucophrys, *Gould*..................... —
— barbata, *Licht*........................ —
Odontophorus guianensis, *Gm*............. Amérique méridionale.
— marmoratus, *Gould*.....................
— pachyrhynchus, *Tschud*................. —
— speciosa, *Tschud*...................... —
— capneira, *Spix*........................ —
— capistrata, *Jard*...................... —
— stellatus, *Gould*...................... —
— guttatus, *Gould*....................... —
— Bolliviani, *Gould*..................... —
— varaguensis, *Gould*.................... —
— columbianus, *Gould*.................... —
— strophium, *Gould*...................... —
— lineolatus, *Licht*..................... Guatemala.
— melanotis. *Salv*....................... Veragua.
— leucolæmus, *Newton*.................... —

Cyrtonyx masseua, *Less*........................ Guatemala.
  — Sallæi, *J. Verr*...................... —
  — ocellata, *Gould*......................
*Ortyx virginiana, *Lin*........................ Amérique septentrionale.
* — cubanensis, *Gould*.................... Cuba.
  — texana, *Laurence*.................... Texas.
  — nigrigularis, *Gould*................. Mexique.
  — coyolcos, *Gm*....................... —
  — pectoralis, *Gould*.................. Guatemala.
  — hypoleucos, *Gould*.................. Mexique.
*Eupsichortyx cristata, *Lin*.................. Amérique méridionale.
  — leucotis, *Gould*.................... —
* — Sonninii, *Tem*..................... —
* — parvicristata, *Gould*.............. —
  — leucopogon, *Gould*................. —
  — thoracica, *Gambel*................. —
  — Sclateri, *Bp*...................... —
Philortyx fasciata, *Gould*....................
Callipepla squamata, *Vig*.................... Californie.
  — elegans, *Less*..................... —
  — Douglasi, *Vig*.................... —
*Lophortyx californica, *Shaw*................ —
  — Gambeli, *Natt*.................... —
* — picta, *Dougl*..................... —

....COTURNICIDÆ, Bp.

*Coturnix communis, *Bechst*.................. Europe.
  — Novæ-Zelandiæ, *Quoy et Gaim*...... Nouvelle-Zélande.
  — pectoralis, *Gould*................. Australie.
* — coromandelica, *Gm*................ Indes orientales.
  — histrionica, *Hartl*............... Afrique méridionale.
* Australis, *Lath*........................ Australie.
* — diemenensis, *Gould*.............. —
  — chinensis, *Lin*.................. Indes orientales.
  — Adansoni, *J. Verr*............... Afrique occidentale.
  — erythrorhyncha, *Sykes*........... Indes orientales.
* — cambayensis, *Lath*.............. —
  — argoondah, *Sykes*............... —

TURNICIDÆ, Bp.

Pedionomus torquatus, *Gould*................ Australie.
*Turnix africana, *Desfont*.................. Europe.
  — lepurana, *Smith*................. Afrique méridionale.
  — nigricollis, *Gm*................. Madagascar.
  — hottentola, *Tem*................. Afrique méridionale.
  — nigrifons, *Lacép*............... Indes orientales.
  — Dussumieri, *Tem*................ —
* — jondera, *Hodys*................
* — pugnax, *Tem*................... Malaisie.
  — fasciata, *Tem*................. Philippines.
  — ocellatus, *Scopol*............. —
  — melanogastra, *Gould*........... Australie.
  — varia, *Lath*.................. —
  — maculata, *Vieill*............. —

Turnix melanota, *Gould*........................ Australie.
— scintillans, *Gould*........................ —
— castanota, *Gould*........................ —
— pyrrhothorax, *Gould*........................ —
— velox, *Gould*........................ —
— Meiffreni, *Vieill*........................ Afrique occidentale.

TINAMIDÆ, Bp.

Tinamus major, *Gm*........................ Amérique méridionale.
— canus, *Wayl*........................ —
— tao, *Tem*........................ —
— Weddelli, *Bp*........................ —
— Kleæi, *T'schud*........................ —
Crypturus cinereus, *Gm*........................ —
— megapodius, *Bp*........................ —
— adspersus, *Wagl*........................ —
* — vermiculatus, *Tem*........................ —
* — undulatus, *Tem*........................ —
* — obsoletus, *Tem*........................ —
* — tataupa, *Tem*........................ —
— cervinus, *Bp*........................ —
— parvirostris, *Wayl*........................ —
* — Sovi, *Gm*........................ —
— meserythrus, *Sclat*........................ Guatemala.
— Sallæi, *Bp*........................ —
— Boucardi, *Sclat*........................ —
Nothocercus Julius, *Bp*........................ Amérique méridionale.
— Delattrii, *Bp*........................ Guatemala.
— noctivagus, *Wied*........................ Amérique méridionale.
— variegatus, *Gm*........................ —
— atricapillus, *Tschud*........................ —
— strigulosus, *Tem*........................ —
— scolopax, *Bp*........................ —
*Rhynchotus rufescens, *Tem*........................ —
— perdicarius........................ —
Nothura boraquira, *Spix*........................ —
— punctulata, *Gruy*........................ —
— major, *Spix*........................ —
— maculosa, *Tem*........................ —
— minor, *Spix*........................ —
Parvuncula nana, *Tem*........................ —
Eudromia elegans, *d'Orbig.* et *Geoff*........................ —
Tinamotis Pentlandi, *Vig*........................ —

PTEROCLIDÆ, Bp.

*Pterocles arenarius, *Pall*........................ Europe et Algérie.
— bicinctus, *Tem*........................ Afrique méridionale.
— Lichtensteini, *Tem*........................ —
* — quadricinctus, *Tem*........................ Afrique occidentale.
* — fasciatus, *Scopol*........................ Indes orientales.
— personatus, *Gould*........................ Madagascar.
— gutturalis, *Smith*........................ Afrique méridionale.
— variegatus, *Licht*........................ —

 PRODUCTION ANIMALE ET VÉGÉTALE.

* Pterocles coronatus, *Licht*...................... Afrique septentrionale.
*   — alkata, *Lin*....................... Europe et Algérie.
*   — exustus, *Tem*....................... Afrique occidentale.
   — namaquus, *Gm*.......... .... Afrique méridionale.
*   — senegalus, *Lin*...................... Afrique orientale.
Psammænus Burnesi, *Blyth*..................... Indes orientales.
Syrrhaptes paradoxus, *Pall*.................... Asie.
   — thibetanus, *Gould*......................

LE DINDON SAUVAGE

DE L'AMÉRIQUE DU NORD

RAPPORT

Par M. J. GAYAT

Ancien interne des hôpitaux de Montpellier.

Parmi les oiseaux vivants exposés à Billancourt, durant la dernière quinzaine de juin, les visiteurs ont pu remarquer deux groupes de dindons, composés : d'un dindon mâle cuivré d'Amérique et de deux femelles de même origine, appartenant à un exposant français. Ils ont également pu voir, à l'Exposition du Champ de Mars, deux spécimens empaillés du même oiseau, appartenant l'un à la section de l'Amérique du Nord, l'autre à celle du Canada ; c'est le *Meleagris gallopavo* de Linné ; *Meleagris gallopavo primus*, pour certains naturalistes ; *Meleagris sylvestris* pour d'autres. C'est cet oiseau, vulgairement connu sous le nom de *dindon sauvage* de l'Amérique du Nord, que je me propose d'étudier au point de vue de l'acclimatation.

Les différences anatomiques qui le séparent de notre dindon domestique sont presque insignifiantes et plutôt nulles, au point que deux squelettes de ces oiseaux seraient indifféremment pris l'un pour l'autre. De légères nuances, comme la forme plus ou moins arrondie du bec, et signalées par Lecomte, ne semblent pas mériter d'être prises en considération. Mais des différences marquées se manifestent dans les formes extérieures ; il n'est pas besoin d'une bien longue attention pour remarquer que les reflets cuivrés de la robe, la longueur des plumes de la queue et des ailes, la teinte rouge-brique des écailles qui recouvrent le tarse, et chez les mâles, la présence d'une longue touffe de poils à la base du cou, d'un très-gros appendice charnu à la gorge, n'appartiennent point à notre dindon domestique ou ne lui appartiennent qu'à un degré moins prononcé.

Les nombreux traits de ressemblance qui existent entre le dindon sauvage et le dindon domestique ont été, sans nul doute, le point de départ des opinions qui divisent actuellement encore les naturalistes sur la question de l'origine du dindon d'Europe.

Voici à ce sujet l'opinion d'Audubon ; il la fait connaître au commencement du chapitre dans lequel il traite du dindon d'Amérique : « La grande taille et la beauté du dindon sauvage, sa valeur comme article de table, délicat et hautement prisé ; enfin, cette circonstance qu'il est la souche de la race domestique répandue maintenant à peu près partout dans les deux continents, nous le recommandent comme le plus intéressant parmi les oiseaux que nous pouvons appeler indigènes en Amérique. »

Jonhson, de son côté, prétend qu'il vient des Bermudes, ou de la Jamaïque. Spencer Baird, dans un des volumes publiés par la Société de Washington, ouvrage non traduit et qui a trait aux oiseaux de l'Amérique du Nord, Spencer Baird est porté à les considérer comme deux espèces distinctes ; il ne se prononce point sur l'origine de l'espèce domestique, et tout en se demandant si cette dernière ne vient pas des espèces récemment décrites par Gould, il tendrait à admettre que le *Gallopavo* indigène serait venu des îles de l'Inde, aurait été domestiqué on ne sait par qui ni à quelle époque au Mexique et dans d'autres parties de l'Amérique, d'où on l'aurait importé en Europe, vers 1520 ; que l'espèce sauvage aurait été exterminée par les naturels, comme il est arrivé au dodo et au solitaire.

De même qu'Audubon, M. Jules Verreaux regarde le sauvage comme originaire des pays qu'il habite actuellement, mais il ne se range plus à l'opinion du naturaliste anglais touchant l'origine du dindon domestique. Pour M. Verreaux comme pour le plus grand nombre des naturalistes, celui des Bermudes serait la souche de notre dindon domestique, à moins que ce ne soit, et la chose serait possible, à moins que ce ne soit celui du Mexique.

Quoi qu'il en soit de l'origine, le dindon sauvage occupe actuellement, au Canada, et d'après ce que nous en a dit le commissaire de cette province à l'Exposition, la région limitée à l'est et au sud par le lac Ontario, à l'ouest par le lac Erié et au nord par le lac Huron. Dans le reste de l'Amérique, il occupe les parties boisées que limitent au nord et au sud les mêmes cercles parallèles désignés plus haut. Les glands durant l'automne et l'hiver, les insectes et les graines le reste de l'année, sont la base de sa nourriture. Tantôt il vit par grandes bandes, tantôt et le plus souvent par groupes peu nombreux.

Pour suppléer aux renseignements insuffisants qui m'étaient four-

nis par des indigènes, j'ai dû m'adresser aux ouvrages des naturalistes voyageurs et aux naturalistes eux-mêmes. Le concours de mon
maître et ami, M. Jules Verreaux m'a été très-utile dans le contrôle
des opinions et au sujet de certains détails de mœurs. Mais j'ai surtout mis à contribution les œuvres d'Aubudon, magnifiquement
éditées en Angleterre, trop peu connues des savants eux-mêmes, eu
égard aux détails piquants et véridiques qu'elles renferment sur les
oiseaux de l'Amérique du Nord. Voyageant la plume et le pinceau
à la main, l'auteur a pris la nature sur le fait ; dans les planches de
son ouvrage, les figures de grandeur naturelle et d'un coloris
achevé, nous représentent les oiseaux chacun dans l'attitude propre
à ses mœurs, « et même avec l'encadrement harmonique du ciel, de
la terre et des eaux ». Je ne saurais mieux faire que de reproduire en
entier le travail d'Audubon ; toutefois je me bornerai à emprunter
au premier volume des *Scènes de la nature* (traduction d'Eugène
Bazin), les parties qui m'ont paru les plus intéressantes. J'aurai soin
de signaler les passages extraits et d'indiquer les retranchements
que j'ai été forcé de faire.

Le naturaliste anglais désigne comme habitée par le dindon sauvage une zone bien plus étendue que celle qui lui est attribuée plus
haut : « Les portions non encore défrichées des États de l'Ohio,
» de Kentucky, d'Illinois et d'Indiana ; une immense étendue de
» pays, au nord-ouest de ces districts, sur le Mississippi et le Missouri,
» et les vastes contrées dont les eaux viennent se déverser dans ces
» deux fleuves, depuis leur confluent jusqu'à la Louisiane, et qui
» renferment les parties boisées de l'Arkansas, du Tennessee et de
» l'Alabama, telles sont les régions où abonde ce magnifique
» oiseau. Il est moins commun en Géorgie et dans les Carolines,
» devient encore plus rare dans la Virginie et la Pensylvanie ; et
» maintenant c'est à peine si l'on en voit à l'est de ces derniers
» États. Dans tout le cours de mes excursions à travers Long-Island,
» l'État de New-York et les divers pays entourant les lacs, je n'en
» ai pas rencontré un seul ; et pourtant je savais qu'il en existait
» quelques-uns de ce côté. On en trouve encore tout le long de la
» chaîne des monts Alleghanys ; mais ils y sont devenus si farou-
» ches, qu'on ne peut les approcher qu'avec une extrême difficulté.
» Une fois, en 1829, dans la grande forêt de pins, je ramassai une
» plume tombée de la queue d'une femelle, mais je ne pus voir l'oi-
» seau. Plus loin, à l'est, je ne pense pas qu'il y en ait aujourd'hui.

» Ce que je dirai de cette espèce aura trait aux individus que j'ai
» observés dans les contrées où il s'en trouve le plus ; et comme

» j'ai longtemps habité le Kentucky et la Louisiane, c'est principa-
» lement à ceux de ces derniers États que je ferai allusion.

» Le dindon sauvage n'émigre qu'irrégulièrement, et ce n'est
» aussi qu'irrégulièrement qu'il va par troupes. Comme se rap-
» portant à la première de ces circonstances, je noterai qu'aussitôt
» que les fruits des forêts (1) deviennent plus abondants dans
» une partie de la contrée que dans une autre, on voit les dindons
» se diriger petit à petit vers ce point, en trouvant de plus en plus
» de nourriture à mesure qu'ils approchent du lieu qui en est le
» mieux pourvu ; et c'est ainsi qu'ils s'en vont, troupe après
» troupe, se suivant les uns les autres, jusqu'à ce qu'un district
» soit entièrement abandonné, tandis qu'un autre se trouve inondé
» de ces nouveaux venus. Mais comme ces migrations n'ont rien
» de périodique et couvrent une vaste étendue de pays, il devient
» indispensable d'indiquer de quelle manière elles s'accomplissent.»
J'esquisse les points principaux des pages qui suivent.

Ces oiseaux se mettent en marche vers le commencement d'octobre. Ils suivent toujours la même direction. Quand ils ont rencontré une rivière, on les voit gagner les plus hautes éminences aux
environs, et souvent demeurer là tout un jour, quelquefois deux,
comme pour délibérer. Tant que cela dure, on entend les mâles
glouglouter, appeler et faire grand bruit ; ils s'agitent, font la roue,
comme s'ils cherchaient à élever leur courage au niveau d'une si
périlleuse aventure. Les femelles et les jeunes font presque de
même ; enfin quand l'air paraît calme et que tout est tranquille, la
bande entière monte au 'sommet des plus grands arbres, et à un
signal donné par le chef de file, tous s'envolent vers la rive opposée. Les vieux et ceux qui sont en bon état l'atteignent sans peine,
dût la rivière avoir un mille de large ; les jeunes et les moins robustes tombent fréquemment à l'eau, mais avec leurs ailes et leurs
pattes, allongeant le cou à droite et à gauche, ils parviennent à se
tenir à la surface et à gagner le bord. C'est alors qu'on les voit
pendant quelque temps courir çà et là comme des perdus ; parfois
aussi, après ces longs voyages, ils deviennent si familiers qu'on en
a vu s'approcher des fermes, se réunir aux volailles domestiques,
et entrer dans les étables et les granges pour chercher leur nourriture. Ils passent ainsi l'automne et une partie de l'hiver à rôder
à travers les forêts.

(1) *The mast.* En Amérique, on entend par ce mot, non-seulement la faîne,
mais en général toute espèce de fruits des forêts, aussi bien que les diverses sortes
de baies, et même le raisin.

Vers le milieu de février, époque de l'appariage, les femelles
fuient les mâles; mais ceux-ci les poursuivent hardiment. C'est
l'occasion de nombreux combats, de luttes à outrance entre jeunes
et vieux coqs; plus d'un rival succombe à la lutte. Il faut lire dans
l'original le récit naïf et piquant de ces joutes d'amour dans lesquelles la jeunesse et la force sont les garants du succès. Que
d'heures passées au milieu des forêts désertes! Que de patience et
quel amour du vrai devait avoir celui qui nous raconte ces minutieux détails auxquels nous sommes, nous indifférents, bien que les
faits analogues se reproduisent journellement sous nos yeux!

Ces diverses circonstances amènent de grands changements dans
leur genre de vie. Vers le milieu d'avril, les poules cherchent les
places où elles déposeront leurs œufs qu'elles tâchent de dérober,
autant que possible, aux yeux de la corneille. Le nid, composé
seulement de quelques feuilles sèches, repose par terre, dans un
trou que la femelle creuse au pied d'une souche, sous un buisson
de sumac et de ronces, au bord d'un champ de cannes, mais toujours en place sèche. Les œufs, couleur de crème brouillée, pointillés
de roux, sont rarement au nombre de vingt. Il y en a plus souvent
de dix à quinze; quand la poule va pondre, elle s'approche toujours
de son nid avec une extrême précaution, et jamais par le même
chemin. En quittant ses œufs, elle les recouvre adroitement de
feuilles, de sorte qu'on peut voir l'oiseau sans mettre la main sur le
nid. Si les œufs sont détruits, la femelle appelle de nouveau un
mâle, mais, généralement, elle n'élève qu'une seule couvée par an.

Plusieurs poules s'associent quelquefois; dans ce cas, le nid des
couveuses est constamment gardé par l'une d'elles. Jamais elles ne
quittent les œufs quand ils sont près d'éclore, aucun péril ne peut
les y déterminer tant qu'il leur reste un souffle de vie.

Les jeunes dindons passent leurs premiers jours près des lieux
qui les ont vus naître; la mère craint beaucoup la pluie pour sa
jeune couvée que revêt un léger duvet d'une délicatesse extrême;
dans les saisons humides, les dindons sont rares, car une fois mouillés, ils s'élèvent difficilement; mais, en médecin habile, la mère
leur administre dans ce cas les bourgeons du faux benjoin (*Laurus
benzoin*, Linnæus). Au bout d'une quinzaine, les jeunes quittent le
sol natal; durant le jour, ils s'approchent des clairières naturelles
ou des prairies où ils trouvent abondance de fraises, de mûres sauvages et de sauterelles.

Les plus formidables ennemis du dindon sauvage, après l'homme,
sont le lynx, le hibou de neige et le grand duc de Virginie; ces

deux derniers cependant ne réussissent pas dans toutes leurs attaques.

On a déjà pu voir, par les détails qui précèdent, que ces oiseaux ne s'en tiennent pas à un seul genre de nourriture, puisqu'ils mangent de l'herbe, du blé, des fruits et des baies de toutes sortes. Audubon dit avoir souvent trouvé dans leur jabot des hannetons, des grenouilles et de petits lézards.

Aujourd'hui, ils sont devenus extrêmement sauvages, et du moment qu'ils aperçoivent un homme, qu'il soit de la race blanche ou rouge, instinctivement ils s'en éloignent. Durant les mois d'été, ils fréquentent les sentiers, les routes, aussi bien que les champs labourés, pour se rouler dans la poussière et se débarrasser des tiques dont ils sont infestés en cette saison. Les jeunes aiment aussi à se rouler dans les fourmilières abandonnées, pour débarrasser le tuyau de leurs plumes naissantes des pellicules écailleuses prêtes à se détacher et se préserver de l'attaque de tiques et autres insectes qui ne peuvent souffrir l'odeur de la terre où ont logé des fourmis.

Lorsque la neige gelée forme une croûte à la surface du sol, les dindons restent sur leurs branches pendant trois ou quatre jours, et quelquefois plus; ce qui prouve qu'ils sont capables de supporter une abstinence prolongée. Cependant, s'il y a des fermes dans le voisinage, ils quittent les arbres et se hasardent jusque dans les étables et autour des tas de blé, pour se procurer de la nourriture.

Au printemps, quand les mâles sont fatigués et amaigris, on peut les chasser; un bon chien les évente et peut assez facilement les poursuivre; mais l'oiseau, simplement désailé par un coup de feu, ne perd pas son temps à se débattre sur place, il détale avec rapidité, si bien qu'il fourvoye le chasseur et son chien. En hiver, beaucoup de chasseurs les affûtent au clair de la lune.

Au printemps, on appelle, ou, comme on dit, on appipe les dindons, en produisant un son qui ressemble à la voix de la femelle; il faut se méfier de ce moyen là, car les dindons, *à moitié civilisés* surtout, deviennent farouches et grandement soupçonneux.

La méthode la plus commune et la plus fructueuse pour se procurer des dindons est celle des cages, bâties avec de jeunes arbres fendus, et chargés de plusieurs grosses souches; elles sont entourées d'une ou de deux tranchées qui y conduisent par une pente assez abrupte; l'intérieur de la cage, la tranchée et les environs sont parsemés de blé d'Inde. De cette façon, on en prend jusqu'à quinze et dix-huit à la fois.

Ces cages sont tellement productives que plus d'une fois les propriétaires, fatigués de manger du dindon, en abandonnent la visite aux lynx ou aux loups, qui se gardent bien de l'oublier, et qui souvent y demeurent pris eux-mêmes.

La chair du dindon sauvage a une saveur caractéristique, bien différente de celle de notre dindon ; c'est un vrai goût de gibier. A la cuisson, et d'après Lecomte cité par Baird, elle est plus noire que celle du dindon domestique.

Comme la plupart des oiseaux sauvages, on le trouve rarement gras ; il a trop à souffrir pour défendre et entretenir sa vie. Les Américains du Nord, chez qui nous importons nos dindons domestiques, n'ont point songé à le domestiquer, assurés qu'ils sont de lui enlever les qualités qu'il ne peut conserver qu'à l'état sauvage.

Peut-être aussi leurs tentatives ont-elles échoué, car il est d'observation qu'une espèce sauvage est plus difficile à domestiquer dans les pays voisins de ceux qu'elle habitait naguère que dans des pays plus éloignés.

Je tiens de M. le commissaire à l'Exposition du Canada, que dans les fermes rapprochées des bois où se trouve le dindon sauvage, les dindons domestiques se font remarquer par leur bon goût ainsi que par leur volume. Comment expliquer le fait, si ce n'est par les croisements accidentels qui s'opèrent lors de la rencontre des bandes sauvages avec les bandes domestiques, ce qui arrive quand la faim conduit les sauvages jusqu'au milieu des granges et des étables.

On pourrait encore alléguer le genre de vie des troupeaux domestiques, qui, dans les localités signalées plus haut, doit sensiblement se rapprocher des conditions de l'état sauvage.

A l'appui de ces raisons, je suis heureux de pouvoir citer un passage d'Audubon à la suite duquel l'auteur des *Scènes de la nature*, raconte l'histoire d'un jeune Dindon sauvage qu'il avait élevé.

« Les dindons sauvages s'approchent souvent des dindons domes-
» tiques, s'associent ou bien se battent avec eux, les chassent et
» s'approprient leur nourriture ; quelquefois, les coqs font la cour
» aux femelles apprivoisées, et en sont généralement reçus avec
» grande faveur, aussi bien que par les propriétaires de ces der-
» nières qui connaissent parfaitement l'avantage de ces sortes
» d'unions. En effet, la race métisse qui en provient est beaucoup
» plus vigoureuse que celle des domestiqués, et, par suite, bien plus
» facile à élever.

» A Henderson, sur l'Ohio, j'avais chez moi, parmi beaucoup
» d'autres oiseaux sauvages, un superbe dindon élevé par mes soins

» dès sa première jeunesse, puisque je l'avais pris n'ayant proba-
» blement pas plus de deux ou trois jours. Il s'était rendu si fami-
» lier qu'il suivait tout le monde à la voix, et était devenu le favori
» du petit village; toutefois, il ne voulut jamais se percher avec les
» dindons domestiques, mais régulièrement se retirait à la nuit, sur
» le toit de la maison où il demeurait jusqu'à l'aurore. Quand il eut
» deux ans, il commença à voler dans les bois, y passant la plus
» grande partie du jour, pour ne revenir à l'enclos que quand la
» nuit approchait. Il continua ce genre de vie jusqu'au printemps
» suivant où je le vis plusieurs fois s'envoler de son perchoir sur la
» cime d'un grand cotonnier, au bord de l'Ohio, puis, après s'y être
» un moment reposé, reprendre son essor jusqu'à la rive opposée,
» bien que la rivière, en cet endroit, n'eût pas moins d'un demi-
» mille de large; mais toujours il revenait à la tombée de la nuit.
» Un matin, de très-bonne heure, je le vis s'envoler vers le bois,
» dans une autre direction, mais sans faire grande attention à cette
» circonstance. Cependant, plusieurs jours se passèrent, et l'oiseau
» ne reparut plus.

» Quelque temps après, j'étais à la chasse, me dirigeant vers cer-
» tains lacs, aux environs de la rivière Verte; j'avais fait à peu près
» cinq milles, lorsque j'aperçus un bel et gros dindon qui traversait
» le sentier devant moi, et s'en allait en se prélassant tout à son aise.
» C'était le moment où la chair de ces oiseaux est dans sa vraie pri-
» meur, et je lançai mon chien qui partit au galop. Il approchait
» déjà du dindon et je voyais, à ma grande surprise, que celui-ci
» n'avait pas beaucoup l'air de s'en émouvoir. Junon allait sauter
» dessus, quand soudain elle s'arrêta et tourna la tête vers moi. Je
» courus, et jugez de mon étonnement, lorsque je reconnus mon
» oiseau favori, lequel ayant lui-même reconnu le chien, n'avait pas
» voulu fuir devant lui, bien qu'assurément la vue d'un chien
» étranger n'eût pas manqué de lui faire retrouver à l'instant toutes
» ses jambes! Par hasard, un de mes amis passait par là, à la re-
» cherche d'un daim blessé; il prit l'oiseau sur sa selle, devant lui,
» et le réintégra au domicile. — Le printemps suivant, il fut tué par
» mégarde, ayant été pris pour un dindon sauvage; mais on me le
» rapporta, après qu'on l'eût reconnu au ruban rouge qu'il portait
» toujours autour du cou. »

Puis viennent quelques réflexions qui nous éloignent un peu de
la question de l'acclimatation. Je cède au désir qui me pousse à les
rappeler; l'auteur marche sur un terrain brûlant, sur lequel s'agitent

encore les savants de nos jours, mais il s'en éloigne bien vite, sans même chercher à résoudre la question :

« Maintenant, dites-moi, cher lecteur (c'est Audubon qui parle),
» quel nom donner à ce fait? Voilà un dindon qui, reconnaît mon
» chien, longtemps son compagnon dans le verger et dans les
» champs! Est-ce ici le résultat de l'instinct ou de la raison; l'effet
» purement mécanique d'une impression qui se réveille, sans que
» l'animal en ait conscience, ou bien l'acte d'un esprit intelligent? »

Bien que le naturaliste anglais parle des palatines que portent les femmes des colons et des fermiers américains, et qui sont fabriquées avec les plumes longues, et tombantes recouvrant les cuisses et le bas des flancs du dindon ; bien qu'on utilise les plumes des ailes et de la queue dans la fabrication d'articles de ménage d'un prix, d'ailleurs, très-modeste, le dindon sauvage se recommande surtout comme article de la table ; à la rigueur, il pourrait faire l'ornement des basses-cours où le paon ne se poserait pas en rival assuré du succès.

L'acclimatation du dindon sauvage, tentée en Angleterre, a dû y réussir ; des notes éparses dans les *Bulletins* de la Société d'acclimatation font mention d'éleveurs anglais qui offrent de jeunes poussins à la Société de France.

Bien que connu depuis assez longtemps par les travaux des naturalistes, le dindon sauvage figure pour la première fois, en 1855, dans les travaux de la Société. Dans le deuxième volume du *Bulletin*, se trouve une liste des *Oiseaux et Mammifères des diverses parties du monde à acclimater*, par M. Florent Prévost. A côté de nombreuses espèces acclimatées depuis lors, et d'autres qui ne le sont point encore, le modeste et savant naturaliste du Muséum a inscrit les noms du *Meleagris gallopavo* (du Canada), et du *Meleagris ocellata* (de Honduras).

L'ocellé, de Honduras, devait tout d'abord fixer l'attention de la Société. Les planches du *Synopsis avium*, de Reichenbach, bien embellies par le pinceau, laissent entrevoir un oiseau dont la robe pourrait rivaliser de richesse avec celle du paon. On songea donc à acclimater l'ocellé. En 1857, un sociétaire, M. le baron de Muller, écrit du Mexique qu'il va se procurer dans le Yucatan le *magnifique* dindon ocellé. Le Jardin d'acclimatation a dû en recevoir plusieurs couples qui n'ont rien produit. Leur prix très-élevé, vu la rareté qui persiste, même actuellement, n'a pas permis de faire d'autres tentatives.

Au *Bulletin* de l'année 1866, dans le procès-verbal d'une assemblée générale des actionnaires, en date du 3 avril, M. Jacqueson est inscrit au catalogue des dons faits à la Société comme offrant des dindons sauvages ; il n'en est plus parlé désormais.

M. Geoffroy Saint-Hilaire m'a dit avoir reçu, a plusieurs reprises, des dindons qu'il n'a pu garder, et dont il lui a été impossible de favoriser la reproduction, l'emplacement dont il pouvait disposer, au Jardin d'acclimatation, ne leur suffisant point.

Je tiens également de M. le directeur du Jardin d'acclimatation, que M. Edgard Roger, à sa maison de campagne, a vainement tenté plusieurs fois le succès ; les œufs de Dindon sauvage qu'il a fait couver par des femelles domestiques n'ayant jamais réussi.

Ces résultats, peu encourageants, et ces tentatives infructueuses des années précédentes sont bien en opposition avec ce qu'il a été permis de voir et d'entendre à Billancourt. M. Bruzeau, éleveur à Passy-Paris, a exposé les trois dindons d'Amérique déjà mentionnés, un mâle et deux femelles.

A cette époque, ils perdaient leurs plumes ; de plus, ils étaient captifs, ce qui ne les empêchait point de se faire remarquer par leurs beaux reflets métalliques, leur allure fière et réellement sauvage.

Je me suis rendu auprès de l'exposant pour en obtenir les renseignements qui suivent :

En échange de volailles de prix, un amateur anglais lui aurait donné six ou sept œufs qui, couvés par une femelle domestique, auraient produit quatre petits.

Trois femelles de cette couvée ont pondu quarante-cinq œufs. De ces quarante-cinq œufs couvés, cette fois encore, par des femelles domestiques, seraient nés trente-deux poussins. Ces derniers se sont si bien élevés qu'aucun n'est mort de la pousse du rouge ni de la clavelée. Un accident a permis à l'éleveur d'en manger deux, à chair un peu noire et sans graisse, mais tendre et de goût parfait.

La plupart ont été vendus ; il lui reste encore huit jeunes, âgés actuellement de douze semaines, et dont aucun n'est mort.

L'éleveur les a presque abandonnés dans un jardin inculte où se trouvent quelques arbres, de petits massifs, de longues herbes habitées par les insectes.

L'enclos, bien qu'assez étroit, n'en est pas moins très-convenable, vu l'éloignement de tout regard dans lequel peuvent vivre les oiseaux en question. Lors de la première couvée, l'éleveur avait remarqué qu'ils dédaignaient les abris les mieux préparés. Entre

plusieurs arbres, ils préfèrent toujours le plus élevé pour y passer
la nuit ; ils recherchent peu la pâtée, pourvu qu'ils aient des insectes. Au reste, ils prennent difficilement la graisse, leur corps
entier n'est que chair.

Les œufs sembleraient plus gros que ceux de notre dindon ; à première vue, les individus vivants paraissent également plus volumineux ; l'éleveur ne manque pas de renchérir sur la taille presque
colossale qu'ils peuvent atteindre; d'après lui, ils arriveraient au
poids fabuleux de 14 ou 15 kilogrammes. Audubon, à la vérité,
raconte avoir vu au marché de Louisville un mâle qui pesait
36 livres, et dont les appendices pectoraux mesuraient un grand
pied. Il regarde 9 livres d'une part, 15 et 18 de l'autre, comme
étant le poids ordinaire des mâles et des femelles (1).

Les femelles sont bonnes couveuses ; en leur retirant leurs œufs,
il semble qu'on peut obtenir d'elles, plus facilement que des femelles
domestiques, deux pontes par an.

Les détails précédents viennent singulièrement contredire l'assertion de Lecomte, cité par Baird, qui avance que jamais le dindon
sauvage n'a pu être domestiqué au point de se reproduire en captivité, en dépit de tentatives plusieurs fois réitérées.

Ce qui s'est passé chez nous est plus encourageant ; ce n'est pas
qu'il faille regarder la question comme définitivement jugée, puisque
les succès ont été obtenus par le même éleveur.

A priori, ces succès devraient se généraliser ; le dindon déjà
acclimaté chez nous, venant de régions plus chaudes, puisqu'il est
probablement originaire du Mexique, on est autorisé à penser que
le dindon sauvage se trouverait bien du climat de nos contrées,
climat qui se rapproche sensiblement de celui des pays qu'il habite
au delà de l'Océan.

L'expérience a, d'ailleurs, prouvé que les conditions de température sont de premier ordre et priment les conditions de régime,
quand il s'agit d'acclimater les espèces animales et en particulier
les oiseaux.

Aussitôt après la découverte de l'Amérique, l'importation de
notre dindon domestique avait si bien réussi, qu'au bout de quelques années on pouvait craindre de voir cet oiseau se substituer
entièrement aux espèces gallines de nos pays. Cette seule circon-

____

(1) Les spécimens empaillés des galeries de l'Exposition, et ceux que j'ai pu
voir tout récemment dans les magasins de M. Édouard Verreaux, sont moins volumineux que les dindons de nos basses-cours.

stance porte à croire que les importations n'ont point été réitérées depuis.

Cependant ce qui se passe chaque jour sous nos yeux, relativement aux espèces zoologiques indigènes ou importées, semble attester qu'il a dû en arriver autant pour le dindon que nous possédons depuis trois siècles et demi.

Dans une des séances de la Section des Oiseaux, M. Bourguin, frappé de la mortalité considérable des jeunes dindons, se demandait s'il n'y aurait pas lieu d'en rechercher les causes, et de remédier au mal en renouvelant les importations. Tout en tenant compte des conditions nouvelles dans lesquelles le placera la domesticité, l'importation du dindon sauvage ne répondrait-elle pas, en partie du moins, au vœu formulé par M. Bourguin?

Le besoin de raviver le sang de nos races domestiques se fait souvent sentir.

Les faits avancés par Audubon, confirmés par les renseignements que j'ai recueillis auprès des indigènes, relativement aux rapports qui ont lieu entre les troupes sauvages et domestiques, viennent parfaitement à l'appui de l'idée que j'avance. Les insuccès qui ont répondu aux premières tentatives d'acclimatation tiennent peut-être aux changements trop brusquement introduits dans les mœurs de l'animal, ou à quelque coïncidence fâcheuse, dont la cause ne saurait persister.

Pourquoi ne pas chercher à le cantonner dans quelques grandes propriétés privées, pour l'introduire plus tard dans les basses-cours?

Les essais sont faciles; le prix n'en est point trop élevé, considération qui lui assure plus de succès qu'à l'ocellé de Honduras.

LES VOLAILLES

AU POINT DE VUE DE L'ART CULINAIRE

RAPPORT

Par M. CHEVET aîné

Membre de la Société impériale d'acclimatation.

---

§ 1er. — POULETS ET DINDONS.

Nous avons remarqué, en premier lieu, parmi les volailles exposées par la ferme d'Havrincourt, le coq et les poules jaspées dites hollandaises ou de Breda.

Breda, en Hollande, a toujours été renommé pour ses excellentes volailles, qui approvisionnent en grande partie les marchés de l'Allemagne.

Les poules et coqs blancs de grosse race, ainsi que les gros coqs et poules de Cochinchine, sont d'une rare beauté. Je considère ces deux races de volailles comme de très-bonne production, surtout comme viande de boucherie; cuites en daube, en pâté, en galantine ou au consommé, elles donnent un jus excellent et une gelée qui a beaucoup de consistance à cause de la gélatine que recèlent les os. Mais leur chair rôtie laisse fort à désirer; leurs filets, piqués de lard fin et apprêtés comme les fricandeaux de veau, sont servis avec toutes les variétés de légumes, ragoûts aux truffes, champignons, purées et sauces, suivant les goûts et la saison.

A l'exposition de la faisanderie de M. Bocquet, j'ai remarqué avec plaisir une très-grande quantité de jolies petites espèces de volailles, sous différents noms; elles m'ont rappelé une variété de très-petits poulets dits *à la reine* qui n'existe plus dans le commerce à Paris. C'est pour réveiller l'attention de MM. les éleveurs de volailles de Saint-Germain et de Versailles que j'écris cette note, en les engageant à faire renaître cette jolie petite race de poulets dans l'intérêt de leur commerce et de leur industrie; ils rendaient à l'art culinaire un très-grand service. Ces jolis poulets se recommandaient par leur élégance et par la bonne qualité de leur chair, blanche, très-fine et de goût excellent ; leur grosseur, n'excédant pas celle d'un perdreau rouge, permettait d'offrir un membre entier à chaque convive ; servis entiers, il en fallait trois pour une entrée ; découpés, ils donnaient six beaux morceaux : les quatre membres, l'estomac et les reins, y compris le croupion.

On a remarqué à différentes époques, dans les vitrines de l'Exposition, des volailles mortes venues du Mans et de la Flèche, elles étaient d'une rare beauté et de bonne qualité. Malheureusement ces volailles, de forme plate et disgracieuse, ont très-peu de chair sur l'estomac ; celles de Caen, de Crèvecœur, de Houdan, de la Bresse, sont généralement recherchées pour la qualité de leur chair délicate et d'un goût franc. A Caen on élève deux races de volailles : une grosse dite *chapons* et *poulardes*, et une petite dite *poulets de bourriche* ; ils sont vendus à Paris sous ce nom et ne laissent rien à désirer par leur forme et leur charpente régulière. Les poulettes de bourriche sont rondelettes et potelées, les cochets ont la forme du corps et des membres carrées. Comme les chapons et grosses pièces, ils doivent être d'un aspect agréable et d'une couleur de blanc d'ivoire ; leur peau doit être nette de plumes et très-lisse au toucher. La poularde diffère du chapon qui est un peu plus gros ; elle doit avoir l'ergot de couleur gris rosé et de forme arrondie. A la fin de février et de mars, les poulardes et les poulettes prennent la peau de *chair de poule* ; quand le printemps est précoce et qu'elles entrent en amour, leur peau se couvre de très-petits boutons ; quoique très-grasse, leur chair perd alors de sa délicatesse et devient d'une difficile digestion. Quant aux volailles vendues pour l'approvisionnement de Paris, un grand tiers est élevé dans les environs de Saint-Germain et de Versailles ; les grosses pièces livrées sous le nom de *chapons* et de *poulardes*, de forme plate, ne laissent rien à désirer. J'en dirai autant des variétés de dindes grasses, incomparables pour la finesse, la beauté et la bonne qualité, que les éleveurs de ces localités livrent en toutes saisons ; en hiver, il en vient du Périgord, truffées et non truffées, très-grasses, d'une excellente chair, d'un goût franc, mais d'une couleur jaunâtre occasionnée par le blé de Turquie dont on les nourrit. Les dindes de la Champagne, du Berry et d'autres provenances, dites *de ferme* ou *de grains*, sont aussi fort appréciées, lorsqu'elles sont de bon choix, grasses, de bonne chair, qu'elles ont les pattes

noires, et qu'au toucher la pointe de l'os du brechet est flexible
sous la pression du doigt. Cette souplesse de l'os de l'estomac
montre que la dinde est jeune, l'os n'ayant pas acquis toute sa
consistance.

§ 2. — CANARDS.

Les meilleurs canards sont élevés aux environs de Rouen. Les
cannetons de Rouen sont prisés pour les rôtis, ceux d'Amiens et de
ses environs pour leurs foies; ils servent à la confection d'excellents pâtés; ceux de Toulouse sont estimés pour leurs foies gras,
qui sont réellement de première qualité; on en fait un énorme
commerce, soit en pâtés, soit en terrines aux truffes, et l'art culinaire les emploie sous mille noms en entrées ou hors-d'œuvre.

§ 3. — OIES DOMESTIQUES.

Les oies domestiques sont très-répandues, et l'on en fait un très-
grand commerce dans le Berry, à Toulouse, à Strasbourg; leurs
foies gras, en pâtés, en terrines aux truffes, se consomment dans
toute l'Europe. On apprête les oies de mille manières en tous pays
pour les fêtes de Noël; les filets et les muscles pectoraux, salés et
fumés, se servent en guise de jambon; les cuisses cuites, mises
dans leur graisse, font d'excellentes conserves. De leurs intestins
on fabrique des cordes à violon; on s'en sert aussi pour envelop-
per les très-petites saucisses; leur peau est utilisée en galantine de
volaille; leurs grandes pennes sont réservées aux usages de nos
bureaux, la plume du corps à nos couchers; leur duvet est utilisé
pour la confection des édredons, et quelques plumes apprêtées par
les plumassiers servent d'ornement à la toilette des dames.

§ 4. — PIGEONS.

Les pigeons, *biset*, *romain* et *de volière* sont aujourd'hui ceux qui
font l'ornement et les honneurs de nos tables; au lieu d'augmenter,
nos ressources alimentaires diminuent cependant sous ce rapport.
Nous n'avons plus le joli petit *pigeon à la Gautier*, qui était consommé comme garniture. A la vérité, c'était l'industrie d'une famille qui nourrissait ces pigeons à la bouche, et les livrait à la
consommation à peine âgés de sept à huit jours; ces pigeonneaux
étaient d'une blancheur remarquable et cuits en quelques minutes;
servis sur une sauce tomate ou aux truffes, ils faisaient un effet
admirable.

Le pigeon biset est le plus commun et le plus répandu ; le romain et celui de volière sont les plus recherchés, mais le cuisinier ne fait pas de différence entre eux : il choisit les plus gras et les plus en chair pour les préparer en rôtis ou en entrées.

§ 5. — PERDRIX GRISES.

Les perdrix grises sont un des gibiers les plus connus ; elles se cantonnent dans les provinces les plus tempérées de la France et de l'Allemagne, et se reproduisent en abondance dans les pays découverts, les plaines marnées bien cultivées en blé ou en toute autre céréale. Le nom de *perdreaux gris* est un terme adopté par le commerce et par les cuisiniers pour tous les jeunes, quel qu'en soit le sexe, durant la première année de leur âge ; on les reconnaît facilement à la couleur jaune clair de leurs pattes et aux trois dernières plumes de chaque aile qui sont pointues, et qui, en s'arrondissant au printemps suivant, marquent leur deuxième année. Ces jeunes perdreaux ont trois époques de qualité culinaire bien distinctes. Pendant les trois premiers mois, ils ne se nourrissent que d'œufs de fourmis, d'insectes et d'herbe tendre ; cette nourriture leur donne un mauvais goût ; ils ne sont mangeables qu'à la fin de juillet et meilleurs en août et septembre, époque où, ayant toutes leurs plumes et le rouge, ils ont atteint les trois quarts de leur grosseur, et se nourrissent de blé et de grains. Mais ils ne sont réellement délicieux qu'en novembre, décembre et janvier, alors qu'ils se nourrissent amplement de *blé germé* et de ses jeunes pousses ; c'est à cette époque que leur jabot est rempli outre mesure de blé en état de fermentation ; cette fermentation se continue dans leur estomac et leur donne ce fumet succulent qui leur est particulier ; leur chair est très-délicate et de facile digestion. On remarque dans leur gésier quelques parcelles de marne et de sable qu'ils avalent pour faciliter le travail de digestion.

Dans cette race de perdrix grises, il y a trois variétés : celle qui est sédentaire et s'éloigne peu du canton où elle est née ; son plumage est d'un gris clair. C'est la Beauce, la Picardie et la Champagne qui approvisionnent les marchés de Paris. La deuxième variété est une très-petite race de perdrix voyageuses ; elle va de Bourgogne en Bretagne par bandes très-nombreuses, en se posant dans les bruyères et lieux déserts ; la Bretagne en expédie beaucoup à Paris. Les chasseurs la nomment *roquette ;* son plumage est d'un gris brun, son poids est de 300 à 350 grammes au plus ; sa chair, quoiqu'un peu grise de teinte, est excellente et de bon goût. La troisième variété est la perdrix de roche, qui se tient dans les cantons rocheux et les broussailles mêlées de bruyères : c'est la moins estimée ; sa chair est maigre et sèche ; la couleur de sa plume est d'un gris roux et fauve clair. Cette perdrix ne pèse pas plus de 250 grammes.

§ 6. — BARTAVELLE OU PERDREAU ROUGE DU MONT CENIS.

La bartavelle ou perdreau rouge du mont Cenis nous est expédiée de Grenoble ou du Dauphiné ; elle est d'une taille supérieure à celle des perdreaux rouges du Mans, une des plus grosses variétés de France. Le plumage de la bartavelle diffère peu de celui de notre perdreau rouge, seulement on remarque de longues plumes placées de chaque côté de la poitrine ; ces plumes sont ornées de deux raies ou doubles chevrons de couleur rouge brun. La chair de celles que j'ai goûtées était d'un gris rosé et moins délicate que la chair de notre perdreau rouge. A la vérité, elles ne nous arrivaient que dans les saisons de frimats et de grande gelée. L'année dernière 1866, au mois d'octobre, j'en ai reçu une de Florence qui était d'une grosseur double et dont la chair était excellente ; j'ai examiné l'intérieur de son gésier : il renfermait une quantité de très-petites graines mêlées avec une décomposition d'herbes qui avaient une odeur aromatique que je n'ai pu reconnaître ; je l'ai peinte et mise dans mon cabinet de souvenirs, après l'avoir dégustée avec plaisir.

Le perdreau rouge est un de nos plus beaux et de nos meilleurs gibiers ; il se propage dans les provinces du centre de la France. Le Maine, la Bretagne, le Berry, le Poitou et la Bourgogne en approvisionnent Paris ; ces provinces boisées, accidentées et montagneuses conviennent à cet oiseau, qui recherche habituellement les solitudes et les déserts rocheux. Nous en avons une race, d'une rare beauté, qui habite les rochers de Fongaubeau, près le Blanc (Indre), et ne laisse rien à désirer pour sa bonne qualité, sa chair très-délicate et de facile digestion, surtout quand il s'y mêle le parfum de la truffe, qui double ses qualités.

Le plumage si brillant, le bec, les pattes, la peau qui entoure les yeux d'une belle couleur rouge, lui donnent un joli aspect ; on reconnaît la jeunesse de cet oiseau en regardant à l'extrémité des trois grandes plumes de chaque aile. Jeunes, ces plumes sont marquées à leur pointe d'une petite tache blanche, les pattes sont d'un rouge plus vif. Le coq est éperonné à la deuxième année, au-dessus des talons, d'un bouton de forme arrondie, qui grossit ou se double les années suivantes. Les œufs de la perdrix rouge sont très-bons, servis sur une purée de gibier.

§ 7. — Lagopède ou Perdrix blanche du mont Cenis.

Le lagopède ou perdrix blanche du mont Cenis, que nous recevions de Grenoble, est de la grosseur du perdreau de Champagne ; son plumage est d'un blanc sale, couleur de neige fondue. On le distingue à la peau rouge qui entoure les yeux et qui est bordée d'un filet de petites plumes très-noires ; sa tête est de forme intermédiaire entre celle du perdreau et du pigeon ; ses pattes, chaussées par une garniture de plumes très-fines, ont l'aspect d'une patte de lièvre ; elles sont armées d'ongles très-tranchants, ce qui dénote que cet oiseau est gratteur et qu'il a beaucoup de peine à *se pourvoir ;* aussi sa chair n'est-elle pas recherchée, étant sèche et d'un vilain aspect.

Nous en avons reçu de la Norvége et de la Suède qui avaient le même plumage, mais qui étaient beaucoup plus grosses et de meilleure qualité. Il y en a en ce moment qui sont représentées à l'Exposition. Un Norvégien porte le produit de sa chasse, c'est-à-dire un coq de bruyère, sa poule, un petit coq des bois à queue fourchue et un lagopède de Norvége. Cette espèce, qui est de très-bonne qualité, a l'avantage de pouvoir se conserver très-longtemps bonne à manger.

Nous avons acheté une très-grande cargaison de lagopèdes et de grous de Suède et de Norvége qui accompagnaient un vaisseau chargé de glace, que recevait M. Berger, marchand de glace ; ces lagopèdes et grous se sont conservés sur la glace, de quatre à cinq mois, en bon état d'être mangés jusqu'au dernier. A la vérité, on les sortait de la glace pour les plumer et les apprêter, et farcir leur corps de lard haché et pilé, assaisonné de sel et d'épices, ce qui leur donnait comme une nouvelle séve, et on les faisait rôtir à feu modéré juste au moment de les consommer ; ils étaient servis sur une croûte de pain grillée et posée au-dessous de la broche tout le temps de la cuisson, afin de recevoir le jus de ce rôti.

§ 8. — Exposition de la Suède et du Danemark.

Un chasseur suédois porte un gros coq de bruyère et sa poule, un petit coq des bois à queue fourchue, un lagopède de Suède et de race plus grosse que celui du mont Cenis. Le coq de bruyère est un des plus gros gibiers à plume de race pure sauvage; il ne peut pas vivre en état de captivité; il en vient beaucoup à Paris des iles du Rhin, des Ardennes, des Vosges et de Colmar. Le plumage du coq est gris noir vermicellé très-fin; l'oiseau est dénué d'éperons, mais ses pattes sont chaussées et armées d'ongles tranchants; il porte bien sa tête, qui est forte et belle; une peau rouge écarlate entoure ses yeux et la base de son bec, qui est assez fort et de couleur d'un gris bleu cendré; il a quelques plumes blanches aux jointures des ailes et sous la queue. La poule diffère beaucoup du coq; elle est moins forte, les couleurs brillantes de son plumage sont d'un ton jaune fauve jaspées de veines blanches, de brun roux bronzé. La chair de ces oiseaux change de goût suivant les saisons; ils se nourrissent gloutonnement de fruits, de grains, de glands, de baies de toute variété, et surtout de myrtilles. A cette époque, leur chair et leur peau sont imprégnées de cette couleur violette et même vineuse d'un aspect répugnant, mais d'un goût délicieux. En mars ils sont en amour et ne trouvent d'autre nourriture que les jeunes pousses de pin qui leur communiquent le goût de résine; aussi ne sont-ils pas mangeables.

Le petit coq des bois à queue fourchue ou coq noir d'Écosse a les mêmes habitudes; la poule est de même beaucoup plus petite que le coq, et son plumage est d'un rouge plus foncé; au printemps ils se nourrissent de jeunes pousses de bouleau et sont alors d'excellente qualité.

§ 9. — LA GRANDE OUTARDE.

La grande outarde est la race de gibier de plumes la plus grosse que j'ai vue; son plumage est chargé d'un riche mélange de couleurs : le fauve, le blanc, le roux, le brun, le vert foncé et même le bronzé ornent tout le dessus du cou, du dos et des ailes. Les plumes qui forment sa queue sont barrées de blanc et de vert bronzé; au-dessous de sa queue il y a des plumes longues chargées de duvet d'une extrême légèreté; la poitrine est couverte de plumes de couleur gris perle clair, et le dessous de ces plumes est garni d'un duvet de belle couleur rose franc.

Le coq ne diffère de sa poule que par les dimensions du corps qui est un bon tiers plus gros; il a de chaque côté de la tête deux légers épis de plumes placés au-dessus des yeux et s'inclinant en arrière, ce qui ne lui ôte pas l'aspect d'un animal timide. Son cou est long, sa poitrine très-forte, les cuisses faibles en proportion de la gros-

seur de l'oiseau ; les jambes fortes sont couvertes aux deux tiers
de leur longueur de plumes blanchâtres ; les pieds n'ont que trois
doigts et un fort talon, ce qui dénote que l'oiseau est trotteur, tout
en possédant de grandes et fortes ailes. J'ai mesuré un coq outarde
tué à une des dernières chasses de *Charles X*, à Rambouillet, en
1830 ; il mesurait du bout de l'aile à l'autre 2 mètres 60 centimètres et pesait près de 40 livres. C'est le plus gros coq outarde que
j'aie vu, car tous ceux que nous recevions de Nancy, de Châlons ou
de la Champagne, différaient beaucoup de grosseur et de poids,
depuis 10 livres jusqu'à 25 ; mais tous avaient le même plumage et
la même qualité de chair, qui est excellente et de facile digestion,
soit rôtie, soit accommodée de toute autre manière, et telle que l'on
prépare les faisans dans l'art culinaire.

§ 10. — GELINOTTE CUPIDON OU POULE DE MARAIS (1).

C'est le 6 février 1862 que j'ai reçu le premier lagopède aquatique.
Cet oiseau pesait 750 grammes ; il avait la forme et la structure d'une
cannepetière ; le plumage de son dos était rayé en cinq bandes régulières et d'égale grandeur, blanchâtres à l'extrémité, brun, jaune-
orange fauve et gris cendré.

Le devant du cou et de la poitrine était de couleur plus claire,
disposée avec la même symétrie ; le plumage, fort épais, était garni
d'un duvet gris très-soyeux. La queue avait dix-huit plumes supérieures et dix-huit plumes secondaires, toutes rayées ; les plumes
supérieures étaient de couleur plus brune et longues de 10 centimètres ; les ailes, courtes, avaient vingt-deux plumes, ce qui donne
à croire que cet oiseau est trotteur, bien que ses pattes soient garnies
de plumes jusqu'aux pieds ; ceux-ci ont quatre doigts, dont les trois
de devant sont unis par une peau membraneuse et écailleuse, au
tiers de leur longueur ; ces doigts sont armés d'ongles très-tranchants et évidés en dessous, ce qui double le tranchant.

Celui que je possède en ce moment n'a aucun signe distinctif de
son sexe ; sa tête est petite ; les plumes de couleur qui accompagnent
les yeux sont altérées ; le bec est fort et tranchant, il a l'apparence
d'un bec de tetras. J'ai plumé et vidé l'oiseau ; dans cet état, il a
toutes les formes d'une cannepetière ; la poitrine forte, ronde, riche
en filets ; le jabot était rempli de graines d'oseille sauvage à demi

______

(1) On peut voir un individu de cette espèce empaillé, dans la vitrine de la
salle VIII, Vienne (Autriche).

décomposées, de senteur aigre, mais sans mauvaise odeur. Il a été
rôti vingt minutes et servi à point. Sa chair, excellente, avait un
goût qui se rapproche de celui de la caille de vigne.

Le 12 février 1862, j'eus le plaisir de me procurer un *coq* de cette
gelinotte cupidon, qui ne diffère que très-peu de sa femelle; il ne
pesait que 820 grammes; son plumage était un peu plus foncé sur le
dos; il porte deux pinceaux de plumes de chaque côté de l'extrémité du cou, à 1 centimètre de sa petite tête, et comme une espèce
de doubles ailes de chaque côté s'écartant en arrière, et composées
chacune de huit plumes étagées; les deux principales, posées longi-
tudinalement, ont 8 centimètres, et sont d'une couleur brun-marron
rayé de jaune doré. Le reste de son plumage a la même symétrie de
dessin ; ses plumes sont bigarrées de cinq couleurs : blanc sale, jaune
fauve, brun, gris cendré et d'un roux clair; mais ce plumage d'une
épaisseur double, est posé sur un épais et soyeux duvet de couleur gris cendré foncé qui accompagne la base de chaque plume,
ce qui lui donne l'aspect d'un oiseau frileux. Les trois doigts du
devant sont réunis par une peau membraneuse à un tiers de leur
longueur, garnis d'une dentelle écailleuse et armés d'ongles très-
tranchants. La conformation des pattes me porte à croire que cet
oiseau est un métis de grous et d'oiseau d'eau.

Quant à la qualité de la chair, nous l'avons trouvée aussi bonne
et d'un excellent fumet. Dans les vitrines du cabinet d'histoire naturelle, à Édimbourg, j'ai vu ce coq, et la même poule qui figure
en ce moment sallé VIII à l'exposition de l'Autriche.

§ 11. — LES PETITS PIEDS.

J'ai reçu quelquefois des merles de Corse, fort estimés pour leur
bon goût et leur fumet qui a l'arome du myrte; leur poche, leur
gésier, sont garnis de ces baies au mois de novembre; de même, pendant les vendanges du Bordelais, les grives sont renommées pour
leur excellente qualité; les rouges-gorges de Nancy, les mûriers,
les becfigues ne sont bons que dans le moment de la récolte des
fruits; les ortolans, les cailles, les râles de genêts, recherchent les
graines oléagineuses, et ne sont bons que lorsqu'ils sont gros. C'est
en septembre qu'ils se disposent au départ.

§ 12. — LA BÉCASSE.

Cet excellent gibier est un oiseau de passage; l'été, la bécasse
habite les hautes montagnes; dans les jours sombres de septembre

et d'octobre, elle descend et s'abat par couple dans les grandes haies, les taillis, les futaies humides et marécageuses; elle recherche les bois solitaires où il y a beaucoup de terreau et de feuilles mortes; elle se tient tapie et cachée sous ces feuilles durant la journée, piette et court avec une grande vitesse pour se procurer sa nourriture, qui consiste en vers et en insectes, qu'elle trouve à l'aide de son long bec dans les terres molles, aux bords des ruisseaux et des mares, où elle a l'habitude de se laver le bec et les pattes.

On connaît plusieurs races ou variétés de bécasses, qui sont plus ou moins grosses; elles diffèrent peu pour la couleur de leur plumage, qui est plus ou moins foncé, mais toujours dans les teintes de feuilles mortes; les principales sont roux sur roux, gris sur gris, barrés et jaspés de bisque plus ou moins lavé; toutes ces couleurs couvrent le haut de la tête, le dos, la queue et le dessus des ailes; le devant du cou, la poitrine, le ventre et le dessous des ailes ont presque les mêmes couleurs, mais moins foncées et d'un gris cendré jaunâtre; les pattes, très-fines, sont couvertes d'une peau écailleuse de nuance gris-perle et douce au toucher; leur bec, de matière cornée flexible, est long de 9 à 10 centimètres.

Les plus belles variétés de bécasses nous étaient expédiées de Nancy, des Ardennes, de Bourgogne et du Berry. Pour reconnaître leur qualité, il faut examiner le ventre, qui doit être dur et rempli lorsqu'elles sont grasses; le croupion, les reins, doivent être garnis de graisse ferme et blanche; autour du cou, on voit une veine de cette même graisse, de couleur d'ivoire. Il n'y a pas de signes qui permettent de distinguer le mâle de la femelle; seulement, pour choisir les plus tendres, il faut tâter l'os à l'extrémité des filets et de l'estomac; s'il fléchit, c'est que l'oiseau est encore jeune et tendre; dans le cas contraire, il est vieux et dur, et la bécasse n'est bonne qu'à mettre en pâté ou doit être cuite braisée. Les bécasses pèsent généralement de 450 à 500 grammes.

Quant à la bécasse qui nous est envoyée de Nantes, de Rennes, de Brest et de toute la Bretagne, elle est d'un bon tiers plus petite que l'autre, et en diffère peu quant à la forme et à la couleur; elle est d'une teinte plus foncée, et rarement grasse. Elle nous est expédiée en grande abondance dans le courant d'octobre et novembre, et approvisionne tous les marchés de Paris; aussi nomme-t-on la lune de novembre, lune de bécasses. Ces deux variétés ont la propriété de se garder et de se conserver mortes, très-longtemps bonnes à manger; beaucoup de grands amateurs les préfèrent même très-faisandées.

Bien que mon métier consiste plutôt à accommoder le gibier qu'à lui sauver la vie, j'eus un jour l'occasion de protéger une couvée de trois jeunes bécasseaux, qui, accompagnés de leur mère, étaient venus nous rendre visite vers les six heures du matin jusque dans la cuisine d'un château, aux environs de Crépy, où j'étais occupé à préparer un repas de noce; ces quatre individus s'approchèrent du feu, y restèrent quelques minutes, puis s'en retournèrent comme ils étaient venus, tranquillement et pédestrement. Les trois bécasseaux étaient couverts d'un duvet irisé et long, de couleur chocolat au lait, et fauve; la mère, d'une belle grosseur, avait un plumage brillant. Il faut dire que la cuisine était au rez-de-chassée, et que le château, rarement habité par les propriétaires, était situé dans un bas-fond où coulait un fort ruisseau, et était entouré d'un bois de futaie, ce qui rendait ce lieu très-humide et solitaire.

§ 13. — LA BÉCASSINE.

La bécassine pourrait être prise pour une variété de bécasses ou pour une petite bécasse, tant par la forme de son corps que par la longueur de son bec et la couleur de son plumage, qui est à peu près le même que celui des grosses bécasses. Mais ses habitudes sont très-différentes; elle ne fréquente pas les bois et se tient toujours dans des endroits marécageux, tels que paquis, prairies, herbages aquatiques, aux bords et rives des rivières, des étangs, au pied des osiers et roseaux. Cependant elle fait son nid au milieu des plaines; elle est connue en tous pays comme un oiseau solitaire allant par couple, quelquefois par deux paires, mais jamais en troupe. Les bécassines nous sont expédiées en grand nombre de Saint-Omer; on les tue dans ses environs. Elles sont généralement très-grasses et de qualité remarquable; leur graisse est d'un goût exquis; c'est un gibier que l'on ne vide pas pour le faire cuire. Il y a plusieurs variétés de bécassines, des grosses et des petites; il y a encore le beceaux, qui a le même plumage, plus clair et jaunâtre, le bec plus court, et des culs-blancs, ou bécassines blanchâtres, aussi exquises que les précédentes. On peut joindre à ces variétés de gibier les huîtriers et les combattants, gibier des rivages de la mer, qui peuvent être mangés lorsqu'ils sont gras et dans un moment de disette de gibier, car ils conservent toujours un arrière-goût de gibier carnassier-pêcheur.

§ 14. — LES GELINOTTES DE RUSSIE.

La gelinotte de Russie est généralement plus petite que celle que nous recevons de l'Allemagne et du Rhin. On la distingue facilement à son plumage plus clair et de couleur violettée, et mouchetée régulièrement. La chair est d'une couleur rose blanc; cuite, elle devient d'une couleur mate et a un goût très-délicat. C'est celle que l'on doit préférer pour ses bonnes qualités culinaires et sa propriété de se conserver très-longtemps bonne à manger.

Les gelinottes de l'Allemagne et des îles du Rhin, celles des Vosges et des Ardennes, sont un tiers plus fortes que la gelinotte de Russie; elles ont un plumage chargé de couleurs qui rappellent les divers plumages du perdreau gris, du perdreau rouge et du faisan. Le tout forme un mélange difficile à décrire, parce qu'il ne présente ni symétrie ni ordre. Le coq est reconnaissable par une grande tache noire qu'il a au-dessous de la gorge, et qui lui forme une espèce de cravate. Le mâle et la femelle ont les pieds chaussés légèrement dans les hivers doux, et très-couverts dans les temps de grande gelée. Les doigts sont bordés d'une dentelure écailleuse très-courte, et les ongles sont tranchants. Leur chair, quoique de teinte un peu grise, est délicieuse et de facile digestion. Ces oiseaux se nourrissent de baies de toute nature, de fruits, de grains et de jeunes pousses du noisetier et du bouleau. Ils sont très-bons en tout temps.

§ 15. — LA PETITE OUTARDE, OU LA CANNEPETIÈRE.

La petite outarde a beaucoup de ressemblance avec la grosse outarde comme forme et comme couleur. Elle a la poitrine très-forte, les jambes nues, les pieds à trois doigts, le cou allongé. Le petit coq n'a pas d'épis de plumes sur la tête, mais on le distingue de sa femelle par un double collier blanc et noir. Les couleurs de son plumage ne sont pas aussi brillantes que celles de sa poule; ils ont tous deux un duvet rose, mais d'un rose violet terne. Leur chair est délicieuse. On trouve la petite outarde partout; j'en ai acheté sur les marchés de Boulogne-sur-Mer, à Saint-Omer, à Fontainebleau. On m'en apporte souvent du Berry. Toutes les personnes à qui j'ai demandé des renseignements sont d'accord que l'on ne trouve cet oiseau que dans les lieux déserts et pierreux. On a beaucoup de difficulté à les approcher.

§ 16. — LA GROUS D'ÉCOSSE.

La grous d'Écosse, que nous recevons ordinairement de l'Angleterre et de l'Écosse, a beaucoup d'analogie avec celle de la Suède et de la Norvége, quoiqu'elle soit plus petite. Son plumage, d'un brun très-foncé, est veiné de rouge brun. Le corps n'est pas plus gros que celui de nos beaux perdreaux rouges. Ces oiseaux ont autour des yeux une peau rouge bordée de très-petites plumes noires, et une petite tache blanche près des oreilles. Dans les grands froids, ils ont les jambes et les pieds chaussés. Souvent leur plumage change et prend, par places, des taches d'un blanc sale, disposées sans ordre. Leur chair, quoique de couleur grise, est excellente ; elle a un fumet très-agréablement aromatisé.

ÉTUDES

SUR LA NIDIFICATION ARTIFICIELLE DES OISEAUX

RAPPORT

Par M. MILLET

Inspecteur des forêts, vice-président de section à la Société impériale d'acclimatation.

Les insectes sont abondamment répandus dans la nature, et sous certaines influences qui leur sont favorables et qui malheureusement se reproduisent à des périodes trop fréquentes, ils se propagent dans des proportions effrayantes, au point de devenir de véritables fléaux.

Nous sommes encore sous la pénible impression des ravages exercés par les sauterelles en Algérie; et nous n'avons pas oublié que la culture de la vigne a été gravement compromise par l'invasion de la *pyrale*; que de vastes étendues de forêts ont été presque entièrement détruites par des légions d'insectes (les *xylophages*, mangeurs de bois); que, depuis quelques années, la culture de la betterave est sérieusement menacée par la *noctuelle des moissons*; et qu'en 1854 et les années suivantes, les larves de la *cécydomie*, qui se logent dans les épis de blé, avaient notablement réduit la récolte du froment en France et en Angleterre.

On pourra se faire une idée de la gravité de ces ravages quand on saura qu'en France seulement la production est, année moyenne, de 48 millions d'hectolitres de vin, de 95 millions d'hectolitres de blé, de 32 millions de quintaux de betterave, et que cette production représente une valeur de plus de 3 milliards.

Dans les conditions ordinaires, l'insecte est incommode, quelquefois même dangereux (1) pour l'homme et pour les animaux domestiques; et, chaque année, il cause aux cultures de toute nature des

---

(1) On a reconnu que certaines mouches, ayant sucé les chairs de cadavres abandonnés dans les campagnes, peuvent devenir venimeuses, et, par leur piqûre, donner le *charbon*, maladie souvent mortelle en quelques heures.

dommages considérables qui représentent une valeur de plus de 100 millions.

A cet égard, je ne puis mieux faire que de citer un passage du remarquable rapport fait au Sénat, le 27 juin 1861, par M. le président Bonjean, relativement à la conservation des oiseaux utiles à l'agriculture :

« D'en haut, d'en bas, à droite, à gauche, dit M. Bonjean, leurs » innombrables légions se succèdent, se relayent, sans trève ni re- » pos. Dans cette indestructible armée, qui marche à la conquête de » l'œuvre de l'homme, chacun a son mois, son jour, sa saison, son » arbre, sa plante; chacun connaît son poste de combat, et nul ne » s'y trompe jamais... Devant ces myriades d'insectes qui, de tous » les points de l'horizon, viennent s'abattre sur ses champs cultivés » avec tant de sueurs, la force de l'homme n'est que faiblesse. Son » œil n'est pas assez perçant pour apercevoir seulement la plupart » d'entre eux, sa main est trop lente pour les frapper, et d'ail- » leurs, quand il les écraserait par milliers, ils renaissent par » milliards. »

Ces paroles sont d'une vérité saisissante; en effet, quand on voit l'insecte et tous ses ravages, on peut dire que le plus petit des animaux est le plus grand ennemi de l'homme; on peut dire aussi qu'entre l'insecte et l'homme, la lutte est inégale.

Mais la Providence nous a donné un auxiliaire puissant, et à la fois gracieux et charmant.

Cet auxiliaire, c'est l'oiseau; gracieux par la forme, le plumage et les mouvements, charmant par la voix, et surtout puissant par son organisation; l'oiseau, en effet, a l'œil conformé pour voir aussi bien de loin que de près; il a des griffes et un bec pour rechercher et saisir l'insecte sous toutes ses formes; il a des ailes pour poursuivre et atteindre l'insecte ailé.

Eh bien! cet auxiliaire, vous savez comment l'homme le traite; il le détruit par le fusil et par toute sorte d'engins, même par le poison (1)! Et pourquoi, pour le manger, et trop souvent pour le seul plaisir de détruire, car il lui prend ses œufs et même ses petits à peine couverts de plumes!

L'homme devient ainsi, par un étrange aveuglement, le plus cruel

______

(1) Du Midi, du Languedoc et de la Brie, on expédie à Paris des quantités considérables de petits oiseaux qui ne sont plus pris avec les engins ordinaires qu'on ne trouve pas assez expéditifs, mais empoisonnés avec la *noix vomique* et même la *strychnine !*

ennemi de ces douces et utiles créatures, comme s'il voulait justifier, une fois de plus, cette apostrophe du fabuliste :

> « ..... trouve bon qu'avec franchise,
> En mourant, au moins, je te dise
> Que le symbole des ingrats,
> Ce n'est pas le serpent, c'est l'homme. »

Le législateur, il est vrai, est venu au secours de l'oiseau, mais
d'une manière bien incomplète encore ; car il laisse aux préfets le
soin de prendre ou de ne pas prendre des arrêtés prévenant sa destruction ; d'ailleurs, ces arrêtés n'ont d'effet utile qu'autant qu'ils
sont scrupuleusement exécutés ; et l'on sait toute la négligence et
toute l'insouciance de la plupart des agents subalternes chargés d'en
appliquer les dispositions en ce qui concerne les oiseaux (1).

Il faut aussi reconnaître que ces pauvres petits êtres, quand ils
appartiennent à des espèces bonnes à manger, ont, de tout temps,
été sacrifiés aux sensualités des gourmets ; je n'en citerai qu'un
exemple entre mille.

Dernièrement, dans un dîner d'apparat, plusieurs convives érudits passaient en revue les plats les plus fins de la vieille cuisine
française, et s'étonnaient de ne plus en voir bon nombre figurer sur
les tables des grandes maisons. L'un d'eux, exhumant un souvenir
des *Mémoires de la marquise de Créqui,* vantait *les esculences* du
pâté de rouges-gorges si complétement tombé en oubli de nos jours ;
il rappela alors que le cardinal de Grèves avait une prédilection
marquée pour ce mets, et qu'il se mettait rarement en route sans
qu'un de ces pâtés ne figurât dans son bagage au nombre de ses plus
précieux colis.

Un jour, Son Éminence, s'en retournant à Beauvais, fit la rencontre de la bande de Cartouche qui la dévalisa ; de compte fait cependant, on ne lui avait pris que sa croix pectorale et son anneau pon-
tifical, dix louis qu'elle avait dans sa bourse, deux flacons de vin de
Tokay, et le pâté de rouges-gorges, son fidèle compagnon de route,
son *comes jucundus in viâ.*

(1) *Un arrêté récent de M. le préfet de la Haute-Saône décide qu'il sera accordé une prime de 5 francs aux gardes champêtres pour chacun des procès-
verbaux suivis de condamnations qu'ils rédigeront, à propos de contraventions à
l'arrêté qui défend de détruire les nids d'oiseaux et de prendre les œufs et les couvées.* On ne saurait trop applaudir à cette mesure et en demander l'application dans
tous les départements.

Les bandits ne voulurent rien prendre à l'abbé Ceruti, secrétaire du cardinal, disant qu'il était trop gentil garçon pour le voler, que ce serait conscience et qu'ils n'en auraient pas le courage. « Puisque vous avez tant d'égards et de si bons procédés pour mon secrétaire, leur dit Son Éminence, vous devriez bien nous laisser au moins la moitié du pâté de rouges-gorge avec un flacon de ce vin de Hongrie. —Ah ! mon Dieu, répondit Cartouche, qu'à cela ne tienne, si vous voulez partager avec nous, vous n'avez qu'à parler. » Le cardinal hésita, hésita même beaucoup, enfin il refusa. Mais quand l'heure du déjeuner fut venue, que de regrets, de reproches et de récriminations. Son Éminence avait fait un bien grand sacrifice !

Frappés de ces détails, les convives dont je parlais tout à l'heure voulurent expérimenter par eux-mêmes la valeur de ce pâté; ils s'adressèrent dans ce but à l'un des maîtres de la pâtisserie des temps modernes qui mit toute sa science pratique à leur disposition. On sacrifia plusieurs centaines de rouges-gorges, et le succès fut complet.

En France, dans plusieurs régions, notamment en Lorraine, on prenait, il y a peu d'années encore, des becs-fins par centaines de mille; M. Chevet nous disait dernièrement que, pendant les mois de juillet, août et septembre, il en recevait de Nancy au moins quatre mille chaque année, et qu'aux mois d'octobre, novembre et décembre, on lui expédiait de Toulouse, de Bruxelles, d'Angoulème et de Douai plus de cinq mille ortolans.

C'est en Italie surtout que ces destructions s'opèrent sur une vaste échelle à l'époque du passage des oiseaux migrateurs; elles suffiraient à elles seules pour expliquer la diminution du nombre de ces précieuses espèces.

Toutefois, d'autres causes concourent puissamment à hâter cette diminution. Les progrès de l'agriculture et de la sylviculture font disparaître la plus grande partie des haies, des buissons, des hoqueteaux et des vieux arbres qui étaient d'excellents abris pour les oiseaux, et qui lui fournissaient les meilleures conditions possibles pour nicher (1).

Assurément, nous ne regrettons pas ces progrès, et nous ne vou-

---

(1) Dans le département du Nord, la culture de la betterave occupe plus de 25 000 hectares qui forment de vastes champs complétement dépourvus d'arbres, de buissons et de haies où la *noctuelle des moissons* (*Noctua segetum*) peut impunément se développer et exercer d'affreux dégàts; car il n'y existe plus un seul oiseau.

lons pas les entraver pour protéger les petits oiseaux ; mais puisqu'il y a progrès dans les causes de destruction, il faut qu'il y ait aussi progrès dans les moyens de conservation.

Avant d'indiquer ces moyens, il convient de faire remarquer que la plupart des petits et des moyens oiseaux se nourrissent d'insectes, et que les granivores mêmes deviennent réellement insectivores à l'époque des nichées. Les études de notre savant confrère M. Florent Prévost et les recherches spéciales que je fais depuis plus de trente ans sur le régime alimentaire des oiseaux ne laissent aucun doute à cet égard.

Parmi les espèces qui se nourrissent essentiellement et habituellement d'insectes, on constate que le plus grand nombre *s'abrite et niche dans les trous et cavités des arbres et des murailles.*

De ce nombre sont la *mésange*, le *sansonnet* ou *étourneau*, le *pic*, le *grimpereau*, la *sitelle*, etc.

Aux abris et aux nids naturels qui leur manquent, il faut en substituer d'autres. Voilà le progrès dans les moyens de conservation. Ici, en effet, la main de l'homme peut intervenir d'une manière très-efficace.

Non-seulement on doit s'abstenir de détruire les petits oiseaux, et notamment ceux qui, dans aucun cas, ne peuvent servir d'aliments, mais on doit, par tous les moyens possibles, favoriser leur propagation.

Ce dernier but est facilement atteint par l'emploi des *nids artificiels.*

Ces nids doivent remplir trois conditions essentielles :

Il faut qu'ils soient construits et placés de manière : 1° à tenir les oiseaux et surtout leurs nichées à l'abri des influences atmosphériques nuisibles, telles que la pluie, le vent, l'excès de la chaleur et du froid ; 2° à les mettre hors des atteintes de leurs ennemis, tels que les oiseaux rapaces, les chats, les enfants, etc.; enfin, il faut que leur prix de revient soit assez modique pour qu'on puisse les vulgariser sur une très-grande échelle.

L'Exposition de 1867 nous offre des types ou modèles de nids artificiels dans le pavillon industriel de la Suisse, dans celui de la Société protectrice des animaux, et dans l'île de Billancourt.

Les exposants appartiennent à la Suisse, à l'Allemagne et à la France.

Je ne parlerai ici que des modèles qui m'ont paru remplir de bonnes conditions pour atteindre le but auquel ils sont destinés, ou de ceux dont l'utilité a déjà été sanctionnée par l'expérience.

Ces modèles peuvent être ramenés à trois types principaux, savoir : 1° tuyaux de bois; 2° boîtes ou petites caisses de bois; et 3° cylindres et pots de terre cuite.

TUYAUX DE BOIS.

En Suisse, les premiers nids établis à Vevey étaient de bois dur, formés de simples tuyaux, tels que les fontainiers en emploient, coupés sur environ 40 centimètres de longueur, fermés aux deux extrémités par des plaques de tôle mince, et présentant, sur le côté, un trou de 5 à 6 centimètres de diamètre. Ces nids étaient promptement détériorés; en se fendant, ils donnaient passage à l'eau de pluie; l'humidité qui en résultait n'empêchait pas les oiseaux de s'y établir, mais elle pourrissait, durant l'hiver, les matériaux qu'ils y avaient apportés; au printemps suivant les oiseaux, ne pouvant sortir les détritus, s'établissaient en avant du nid de l'année précédente, trop près de l'ouverture. Les nichées devenaient alors, trop souvent, la proie des chats, des corbeaux et des pies. M. Burnat a vu fréquemment ces dernières détruire plusieurs nichées. Enfin, au bout de trois à quatre ans, les appareils devenaient inhabitables. Dans le but de parer à ces graves inconvénients, on avait pris le parti de vider, durant l'hiver, tous les tuyaux; mais on comprend combien cette précaution était assujettissante et souvent même dispendieuse.

Cependant M. Davall, inspecteur forestier de l'État de Vaud, en résidence à Vevey, emploie aussi avec succès ces appareils. Le nid consiste en un bout de tuyau de bois muni de son écorce, coupé obliquement à l'une de ses extrémités et fermé aux deux bouts par de petites planches. Celle qui ferme l'extrémité oblique est plus longue que l'autre; on la cloue contre un tronc d'arbre vertical, de façon à simuler une branche morte. L'ouverture se trouve à l'extrémité supérieure, un peu sur le côté, pour que la pluie ne puisse y pénétrer; il faut toujours la placer du côté du levant. A cet égard, on a remarqué que les nids convenablement disposés sont plus promptement occupés que les autres.

M. Davall emploie encore les tuyaux de bois sous une autre forme. Le tuyau est placé verticalement et recouvert d'un toit de tôle; l'ouverture est pratiquée un peu au-dessous de la saillie de ce toit. L'appareil se fixe à l'arbre comme le précédent. D'après M. Davall, cette disposition présenterait à la fois l'avantage de ne pas laisser pénétrer l'eau de pluie, et de faciliter la pose contre les troncs d'arbres. Je ferai remarquer, à l'égard du toit de tôle, que la pluie et la grêle surtout, en tombant sur le métal, font beaucoup de bruit et effrayent souvent les oiseaux.

Les nids adoptés par la Société d'Yverdon pour la protection des oiseaux sont à peu de chose près le premier modèle de M. Davall; ils consistent, en effet, en bouts de tuyaux de sapin de 30 à 40 centimètres de longueur et percés à 10 ou 12 centimètres de vide; l'extrémité postérieure, qui doit servir de fond, est clouée à une planchette qu'on fixe par des clous au tronc de l'arbre, du côté du levant, et à 4 ou 5 mètres au-dessus du sol. Depuis quelques années, on en a placé un grand nombre dans les forêts du canton de Vaud, dans les campagnes, les jardins et jusque dans les cours; ils ont presque tous été occupés, et il en est sorti de nombreuses nichées. Un fait très-important à constater, c'est qu'ils ont servi de refuge aux oiseaux durant l'hiver. En 1862, on a placé deux cents nids dans les forêts de la commune; au printemps de 1863, on en a placé cent autres dans les promenades et aux abords de la ville; ils ont été occupés presque tous par des rossignols de muraille, des étourneaux, des rouges-queues et quelques mésanges; pour ces dernières, il suffit d'un trou dans lequel on puisse passer le doigt.

Il convient de faire-observer qu'il n'est pas indifférent de placer les appareils dans une position, soit horizontale, soit inclinée. En effet, les nids horizontaux sont recherchés par la plupart des espèces; mais, près des habitations, ils sont presque toujours envahis par les moineaux, qui en chassent les mésanges et les becs-fins; les nids obliques, au contraire, ne sont pas habités par les moineaux, et sont très-recherchés par les mésanges, les pics, le grimpereau et la sitelle; ils réalisent mieux les conditions naturelles. Ceux de petit calibre et à entrée étroite sont particulièrement destinés aux petites mésanges (la petite charbonnière, la bleue et la nonnette).

BOITES OU CAISSES DE BOIS.

Pour éviter les inconvénients que présentaient les tuyaux de bois, M. Burnat a remplacé ces appareils par de petites caisses de bois ayant 45 centimètres de long et $0^m,12$ sur $0^m,09$ à l'intérieur; une toiture de zinc fait saillie de chaque côté sur $0^m,06$ environ. Mais par suite du jeu éprouvé par les planches, ces caisses n'ont pas réalisé tous les avantages qu'on en attendait; d'ailleurs, le prix de revient était un obstacle sérieux à leur vulgarisation.

Cependant M. Davall a fait établir un appareil analogue. Cet appareil affecte la forme d'une maisonnette ou même d'une petite niche

à chien de 25 à 30 centimètres de longueur; il se compose d'une
boîte faite de planches de sapin de 1 centimètre d'épaisseur, assem-
blées par des clous, avec toit à deux pans. Ce toit est un couvercle
mobile que l'on enlève pour nettoyer l'intérieur à la fin de la saison;
il est fixé à la boîte au moyen de deux clous. — L'une des faces
présente un trou rond : à côté se trouve un petit perchoir de bois.
On fixe cette caisse à l'arbre au moyen d'un anneau de fil de fer
tressé passant à travers la cloison postérieure. Deux pointes de fer,
enfoncées plus ou moins au-dessous de l'anneau, maintiennent la
cage horizontale, lorsqu'on a enfilé l'anneau dans un crochet planté
dans le tronc de l'arbre. Les planches qui forment les faces latérales
de la caisse sont disposées dans le bas de façon à faciliter l'écoulement de l'eau le long des parois du nid.

En Bohême, il n'y a qu'un seul type de nids artificiels qui soit
très-répandu, surtout dans les montagnes; il est spécialement destiné
à l'étourneau; il consiste en une caisse de bois à toit incliné faisant
saillie : on le fixe, à l'aide d'un crochet, aux arbres des jardins, dans
le voisinage des habitations.

APPAREILS DE TERRE CUITE.

M. Burnat, ainsi qu'on l'a vu précédemment, a trouvé de graves
inconvénients dans l'emploi des tuyaux et des caisses de bois tels
qu'il les avait établis; il a été ainsi amené à se servir de tuyaux ou
cylindres de terre cuite, fermés aux deux bouts, et présentant une
petite ouverture latérale vers l'un de ses bouts. M. Burnat n'hésite pas à donner la préférence à cet appareil, qui, d'après lui, est
seul pratique; une fois en place, il n'y a plus à s'en occuper. Le
cylindre étant verni extérieurement, l'intérieur est constamment sec,
et l'oiseau peut enlever aisément tout ou partie des résidus des anciens
nids. On dirige l'ouverture autant que possible du côté du levant
ou du midi, et on la place vers l'extrémité la plus élevée. Des saillies
ou bourrelets sont ménagés à la surface du cylindre, et sont destinés à empêcher le glissement des fils de fer qui fixent la pièce à une
latte de chêne; cette latte repose sur les grosses branches ou les
premiers rameaux de l'arbre, de manière à éviter le balance-
ment par le vent. Il faut, d'ailleurs, choisir l'emplacement de façon
que, dans le voisinage de l'ouverture, il ne se trouve pas de
branches pouvant servir d'embuscade aux chats et autres ennemis.
En 1864, deux de ces appareils ont été occupés, l'un par des mésanges, l'autre par des rossignols de muraille; en 1865, six ont été

occupés, l'un par des étourneaux qui ont élevé deux nichées durant l'été, deux par des mésanges, un par des rossignols de muraille, et le sixième par des moineaux, parce qu'il se trouvait placé près des écuries.

Ce modèle de nids de terre cuite n'est pas non plus exempt d'inconvénients; car, lorsqu'on veut en faire des applications sur une grande échelle, on a souvent beaucoup de difficultés à trouver des branches convenablement disposées pour recevoir la latte et l'appareil qu'elle soutient. D'un autre côté, la Société d'Yverdon n'hésite pas à préférer les appareils de bois à ceux de terre, parce qu'ils sont à la fois moins chauds par le soleil et moins froids la nuit, et parce qu'ils imitent mieux les troncs d'arbres. J'ai pu, d'ailleurs, constater que les pics n'allaient jamais dans les appareils de terre suspendus aux arbres ou aux murailles.

On se sert aussi, dans quelques localités, de pots de terre ou de plâtre dont l'ouverture est appliquée sur une planche que l'on cloue aux arbres; généralement on se borne à placer ce système de nid contre les murailles ou les troncs d'arbres, en le fixant à un crochet qui entre dans un petit trou pratiqué à 1 ou 2 centimètres du bord de l'ouverture.

RÉSULTATS OBTENUS.

Il n'est pas sans intérêt d'indiquer sommairement ici les résultats obtenus par l'emploi de ces divers appareils.

Dans le canton d'Argovie (Suisse), l'étourneau est, d'après le docteur Lenz, plus facile à multiplier que tout autre oiseau. Sur un grand nombre qui nichaient devant ses fenêtres dans 42 nids artificiels, il a remarqué un couple et ses dix petits dévorant par jour 364 limaçons ou l'équivalent en scarabées, chenilles, phalènes du chêne, du pin, etc. Les nids sont, d'ailleurs, occupés par diverses espèces, tels que moineau, bergeronnette, rouge-queue, trois espèces de mésanges, des pics, grimpereaux et sitelles, oiseaux qui nettoient parfaitement le sol et les arbres du jardin de toutes espèces d'animaux nuisibles. Autrefois les vers de terre, les limaçons, dévastaient ses légumes, les chenilles dévoraient son potager ainsi que les fleurs de ses pommiers, poiriers et pruniers, à ce point qu'il n'obtenait de fruits qu'après les hivers rigoureux qui détruisaient les insectes ou leurs œufs.

M. Burnat a 80 nids de bois et 6 de terre dans sa propriété, d'une étendue de 3 hectares environ. A l'aide des nids de bois, il a pu fixer, dans la partie la plus éloignée de son habitation, 4 couples de pics et de grimpereaux, oiseaux qui ne vivent habituellement que dans des lieux éloignés des villes et des villages. D'un autre côté, à l'aide de 2 nids de bois placés dans un jardin situé à peu près dans l'intérieur de la ville, il a fait nicher, dans l'un, des rossignols de muraille, et, dans l'autre, des étourneaux. Ces derniers ne sont pas sédentaires à Vevey ni dans les environs, et ils n'y établissent leurs nids que depuis qu'on leur prépare des abris artificiels.

Dans le duché de Saxe-Gotha, un forestier de Freidrichsrade a, par l'emploi des nids artificiels, si prodigieusement multiplié cet oiseau qui avait à peu près disparu de la contrée depuis un demi-siècle, qu'on en évalue actuellement le nombre à plus de 200 000.

On a souvent reproché aux étourneaux de manger des cerises tendres et des raisins mûrs; mais ils sont faciles à écarter par des épouvantails; ils ne font, dans tous les cas, qu'un prélèvement bien minime sur les fruits qu'ils ont mission de protéger : car il y a peu de contrées qui livrent un produit aussi considérable en fruits que la principauté d'Altenbourg, et l'on n'hésite pas à en attribuer la cause aux nids artificiels que l'on y établit pour les étourneaux.

L'inspecteur général des forêts, M. Dietrich, à Grünheim (Saxe), rapporte que, dans les années 1852 à 1857, deux espèces de charançons ont exercé de grands ravages sur les forêts de sapin de son district. On employa, dans ce laps de temps, une somme de 4 000 fr. pour détruire ces insectes, et, malgré tous les efforts, le mal persista. Alors on y remédia au moyen des étourneaux. L'inspecteur fit placer 121 nids artificiels dans le voisinage des plantations résineuses; le succès fut complet. A la fin de mai, on examina quelques jeunes étourneaux à peine ailés, et l'on trouva leur estomac rempli de charançons dont la trompe avait été soigneusement brisée par les parents.

De ces tentatives faites depuis de longues années en Allemagne et en Suisse, on est autorisé à conclure : 1° que les nids artificiels rendent des services réels à l'agriculture, à l'horticulture et à la sylviculture; 2° qu'il est parfaitement acquis qu'un grand nombre d'oiseaux peuvent être attirés dans ces nids; et 3° qu'il existe, parmi les différents modes usités jusqu'ici, des dispositions qui remplissent suffisamment le but proposé.

Il me reste à indiquer sommairement les moyens que j'emploie, depuis plus de trente ans, soit dans diverses régions boisées, soit dans les propriétés de ma famille, où, depuis cette époque, on n'a jamais eu à souffrir des ravages ou des dégâts des insectes, des limaces et autres petits animaux nuisibles.

NIDS DANS LES ARBRES.

I. *Cavités naturelles.* — Dans les vergers, les jardins, les parcs et les forêts, on trouve quelquefois des arbres qui ont des trous ou des cavités naturelles que l'on peut utiliser en les appropriant, même dans l'intérêt de la conservation de l'arbre, pour y faire nicher les oiseaux.

1° On racle et l'on enlève la partie altérée ou pourrie en agrandissant, au besoin, la cavité de manière à la rendre habitable pour les grands pics. L'ouverture donne généralement accès à la pluie, qui, en s'infiltrant dans le tissu ligneux, pourrit tout l'intérieur du tronc ; on modifie cette ouverture par un petit tuyau de bois ou de terre cuite, qui fait une légère saillie au dehors, ou bien on l'abrite par une espèce de petit toit formé, soit d'un morceau d'écorce convexe, soit d'un morceau de zinc ou de carton bitumé que l'on fixe sur le bord supérieur de l'ouverture.

2° Souvent l'intérieur de ces cavités naturelles est délaissé ou abandonné par l'oiseau, parce qu'il est humide ou à l'état de terreau. Il faut alors enlever la partie humide ou pourrie, puis carboniser les parois intérieures, ou les imprégner d'une solution de sulfate de cuivre (15 à 20 grammes de sulfate par litre d'eau). On arrête ainsi les progrès de la pourriture, et l'on assainit l'intérieur. Quelquefois aussi, on remplace le terreau par du gravier ou des débris d'écorces bien secs. Quand la cavité est trop profonde ou trop spacieuse, on la remplit en partie et on la rétrécit au besoin, soit avec des pierrailles et du mortier, soit avec des débris de tuiles, de briques, etc., imprégnés de bitume ou de goudron. On approprie ensuite l'ouverture, comme je l'ai indiqué précédemment.

3° Dans les cavités spacieuses, on peut aussi y enchâsser des appareils de bois ou de terre dont il sera question tout à l'heure; on bouche ensuite la grande ouverture, soit avec du mortier, soit avec un ciment imitant la couleur de l'arbre.

II. *Cavités artificielles.* — Quand les arbres ne présentent pas de trous ou cavités naturelles, il est toujours facile d'en faire artificiellement.

1° Dans les arbres de fortes dimensions et qui ne sont pas destinés au service ou à l'industrie, et surtout dans ceux qui sont dépérissants, on creuse, aux points et aux expositions favorables, des trous avec une tarière ou une cuillère de charpentier ou de sabotier. Au bout de deux à trois ans, l'écorce fait bourrelet autour de l'ouverture, et simule parfaitement un trou naturel. On peut aussi y placer un bout de tuyau faisant une légère saillie au dehors.

2° On trouve quelquefois des arbres secs ou demi-secs qui ne peuvent plus rien produire. Sur ces corps morts, on peut tailler, creuser, fouiller sans aucun danger, de manière à créer des trous qui deviennent d'excellents abris.

III. *Arbres artificiels.* — Dans les localités qui n'ont pas d'arbres à cavités naturelles, ou qui n'ont que des arbres jeunes ou des sujets qu'il serait dangereux de creuser, on y plante de grosses perches dont on a préalablement carbonisé le pied pour le garantir de la pourriture ; on peut même y planter des arbres d'assez fortes dimensions dont la tige a été découpée par tronçons pour en rendre le maniement et le transport plus faciles. On garnit les arbres artificiels de plantes grimpantes, notamment de lierre. Avant de les mettre en place, on les creuse pour y faire des abris, ou bien on les prépare à recevoir des nids de bois ou de terre.

NIDS DANS LES MURS.

Quelques espèces d'oiseaux, particulièrement le *martinet*, les *moineaux*, les *mésanges* et les *oiseaux de proie nocturnes* aiment à nicher dans les trous et les fentes des murs ou des murailles. Quand ces abris manquent ou sont insuffisants, on y supplée en enchâssant dans le mur, et dans une position horizontale, des pots à large goulot ou des cornues de terre dont le col a une ouverture subordonnée à la grosseur de l'oiseau que l'on veut propager. Enfin, on approprie des trous et des cavités dans la muraille même, et l'on ferme l'ouverture, soit par une demi-brique creuse, soit par un bout de tuyau de drainage, rond ou aplati de manière à simuler une fente naturelle.

NIDS EXTÉRIEURS.

J'ai obtenu d'excellents résultats avec des appareils de terre ou de bois analogues à ceux dont j'ai déjà parlé et dont on fait usage en Suisse et en Allemagne, en les plaçant, soit sur les arbres, soit contre des murailles. Je signalerai particulièrement : 1° de petites caisses ou boîtes bien jointes et bien clouées, ayant 25 à 30 centimètres de côté, avec un toit incliné faisant saillie pour l'écoulement de l'eau ; et 2° des rondins ou bûches de bois de la grosseur du bras ou de la cuisse, dont on enlève l'intérieur en ne laissant qu'une épaisseur de 2 à 3 centimètres de bois sous l'écorce.

Je ne saurais trop recommander l'emploi d'un appareil qu'on trouve partout et à bas prix, je veux parler des pots de fleurs. On agrandit le trou de la base de manière à faciliter l'entrée de l'oiseau. Pour fixer le pot contre un mur ou un tronc d'arbre, on perce un petit trou autour de l'anneau et on l'accroche à un crampon. Il convient, dans la plupart des cas, d'entamer la muraille ou la grosse écorce pour mieux fixer le nid, et ne pas laisser passage à la lumière. En général, on doit s'abstenir de prendre des pots vernis, parce qu'ils retiennent toujours en grande partie l'humidité qui s'exhale de l'oiseau, soit pendant la couvaison, soit durant la présence des jeunes dans le nid. J'ai pu presque toujours me procurer, chez les jardiniers et les horticulteurs, des pots ordinaires ayant déjà servi ; ces appareils très-simples sont donc à la portée de tout le monde ; on en a placé deux modèles, encore garnis du nid de l'oiseau, dans le pavillon de la Société protectrice des animaux.

Nids d'hirondelles. — En Amérique où les services que rendent les hirondelles sont justement appréciés, l'homme les invite à venir habiter près de lui, en très-grand nombre, en édifiant des *hirondellières*, semblables à nos pigeonniers élevés sur des poteaux. Dans les provinces du centre, on voit toujours, au-dessus de l'enseigne de chaque hôtellerie, la *boîte aux hirondelles ;* c'est sous ce petit portique que l'oiseau vient nicher au retour du printemps. Charmante allégorie qui semble dire à l'homme voyageur comme à l'oiseau migrateur : « Arrête-toi ici ; tu y trouveras bon gîte et bon logis. »

En Europe, on détruit souvent les nids de l'hirondelle de fenêtre, par mesure de propreté. Mais il suffit de mettre, sous le nid, une planchette destinée à le soutenir, et, en même temps, à recevoir la fiente qui, souvent, salit les croisés et les pans de murailles.

Au retour du printemps, pour retenir les hirondelles et leur épargner un travail souvent fort pénible par les temps secs où elles trouvent difficilement de la boue, j'ai fait des nids artificiels de plâtre, et surtout de ciment en les modelant sur les nids naturels. Après le départ des hirondelles, on peut y mettre un bouchon pour empêcher l'invasion des moineaux, ou même les retirer. On les fixe, soit avec du plâtre ou de la terre glaise, soit avec des clous ; au-dessous, on place une planchette, comme je l'ai indiqué précédemment, quand on veut éviter les inconvénients de la fiente.

On procède de même pour les hirondelles de cheminée ou d'écurie.

Par ces moyens, on assure de bons nids à ces précieux et charmants oiseaux ; on arrive même à les retenir et à les fixer là où ils n'ont pas l'habitude de séjourner.

CONCLUSION.

On a souvent reproché aux oiseaux dits *becs-fins* de faire quelques dégâts sur les raisins, les groseilliers et dans les plans de fraises, de framboises, de mûriers, etc.

Il est à remarquer que ces déprédations ne sont qu'accidentelles, et qu'il est toujours facile de les éviter, soit en effrayant les oiseaux, soit en leur procurant sur les haies, dans les bois ou dans les parcs, des baies de fruits sauvages, notamment de sureau.

En tous cas, ce prélèvement sur les productions horticoles est amplement et largement compensé par la destruction d'insectes très-nuisibles dont les dégâts eussent été bien plus considérables que ceux des oiseaux.

Enfin, il ne faut pas perdre de vue que tout animal utile fait payer ses services, et que dès lors il doit être protégé suivant que les avantages qu'il procure l'emportent sur ses inconvénients.

En résumé, après une expérience de plus de trente années, je reste convaincu que l'on ne saurait trop encourager et vulgariser l'établissement des nids artificiels.

Que l'on permette, à cet égard, une dernière observation.

Au lieu de trouver les modèles de ces nids relégués dans un coin où ils échappent presque toujours aux yeux des visiteurs, je voudrais les voir figurer, d'une manière bien apparente, comme l'a fait la Société protectrice des animaux, dans les plus belles galeries de l'agriculture. Car je les considère comme le complément nécessaire et indispensable des instruments agricoles, puisqu'ils sont destinés à protéger les récoltes préparées par ces instruments.

Je voudrais aussi voir les administrations de l'agriculture et des forêts recommander et même prescrire l'emploi de ces appareils. Je voudrais surtout voir les Sociétés d'agriculture et les comices agricoles affecter des encouragements ou des récompenses à leur vulgarisation.

Je voudrais enfin voir ces nids établis en très-grand nombre dans toutes les régions de l'Europe. J'exprime ce vœu, parce que je ne connais rien en agriculture ou en sylviculture qui donne d'aussi importants résultats avec une aussi minime dépense.

Si l'on considère, en effet, l'incalculable destruction d'insectes nuisibles qui serait la conséquence immédiate de cette mesure de protection internationale, on aura une idée exacte des immenses services que les nids artificiels peuvent rendre à l'agriculture, à l'horticulture et à la sylviculture.

La protection des petits oiseaux deviendra alors un article de foi, et tout le monde reconnaîtra que, dans cette circonstance comme dans beaucoup d'autres,

On a souvent besoin d'un plus petit que soi.

LES FOURS A COUVER

RAPPORT

Par M. GASTINEL

Directeur du Jardin d'acclimatation du Caire,
Membre de la Commission vice-royale d'Égypte à l'Exposition universelle
et de la Société impériale d'acclimatation de France, etc.

L'art de faire éclore artificiellement les poulets en très-grand
nombre remonte en Égypte à une époque très-reculée. Nous n'avons
pas à tracer ici l'historique de cette curieuse industrie qui, dans ce
pays, s'est transmise d'âge en âge jusqu'à la génération actuelle.
Nous décrirons seulement les établissements que nous avons visités
et les procédés qu'on y emploie pour obtenir, à l'aide de l'incubation
artificielle, des myriades de poulets qui approvisionnent de volailles
tous les marchés.

L'Exposition vice-royale d'Égypte devait présenter un modèle de
four à couver. Cette exhibition eût sans doute vivement excité la
curiosité des visiteurs qui auraient pu suivre les diverses phases de
l'incubation et de l'éclosion des œufs. Le manque de temps n'a
point permis de réaliser ce projet. Le Comité d'études de la Société
d'acclimatation a bien voulu nous confier les plans et la description
des fours égyptiens que M. Charles Edmond, commissaire général
de l'Exposition égyptienne lui a communiqués. Bien que les indications que renferment ces documents nous soient bien connues, nous
n'adressons pas moins tous nos remercîments au Comité d'études
ainsi qu'à M. le Commissaire général égyptien.

Les poules en Égypte, plus petites que celles d'Europe, couvent
tout aussi bien que ces dernières, car dans beaucoup de maisons du
Caire et surtout dans les villages, l'incubation naturelle par les poules
est mise en pratique; mais les jeunes poulets entrant pour une bonne
part dans l'alimentation publique, on comprend bien la grande utilité d'établissements qui fournissent abondamment une nourriture
saine et agréable.

Les établissements où se pratique l'incubation artificielle présentent tous deux parties distinctes, l'une dans laquelle se produit l'éclosion des œufs sous l'influence d'une température de 35 à 40 degrés centigrades, et que nous appellerons *couvoir*; l'autre placée immédiatement au-dessus, est celle où l'on entretient cette température par le moyen du feu, et à laquelle nous donnerons le nom de *four* pour la distinguer de la précédente.

Ces établissements portent en langue arabe le nom de *mahmal el faroug* ou *mahmal el katakit*, qui signifient l'un et l'autre *fabrique à poulets*. Un des plus importants parmi les établissements que nous avons visités au Caire, se trouve dans les faubourgs au nord-est de la ville, et consiste en un bâtiment rectangulaire en briques crues reliées par de l'argile grasse mêlée à de la paille hâchée. Ce bâtiment est divisé, dans le sens de sa longueur, en deux parties par un corridor voûté et éclairé par le haut à l'aide de quelques petites ouvertures, et qui se trouve ainsi entre deux rangées de petites pièces ou cellules dont chacune est divisée en deux parties par un plancher, et se compose dès lors d'une pièce inférieure et d'une pièce supérieure communiquant l'une avec l'autre par une ouverture d'environ 50 centimètres de diamètre, c'est-à-dire assez grande pour qu'un homme puisse y passer librement, et munie d'un rebord de quelques centimètres pour garantir les œufs placés au-dessous, de la chute des cendres ou de matières enflammées.

La pièce inférieure a environ 2^m,50 de long sur 2 mètres de large et sur environ 1 mètre de hauteur. Elle présente sur le corridor une petite porte d'environ 60 centimètres de haut. Cette pièce constitue le couvoir proprement dit, parce que c'est là que l'on met les œufs destinés à l'éclosion.

La pièce supérieure a les mêmes dimensions que la précédente, seulement elle est voûtée et présente assez bien la forme d'un four dont la paroi supérieure présente une ouverture d'environ 15 centimètres de diamètre. Cette pièce a aussi une petite porte s'ouvrant sur le long corridor de même que celle du compartiment inférieur, et latéralement deux ouvertures communiquant avec les fours voisins pour que la chaleur s'établisse d'une manière uniforme dans tous les fours placés d'un même côté du corridor.

Près de l'ouverture qui établit la communication entre les deux pièces, c'est-à-dire entre le couvoir et le four, se trouvent deux larges rigoles opposées, destinées à recevoir la braise allumée ou le combustible que l'on brûle et dont la chaleur pénètre par l'ouverture dans le couvoir, et dont la fumée s'échappe au dehors par un trou pratiqué au sommet de la voûte et que l'on ferme à volonté.

Pour chauffer les fours, on allume d'abord un grand feu dans une partie du corridor affectée à cette destination avec des tiges de fèves ou de maïs desséchées, ou avec de la fiente d'écuries pétrie sous forme de galettes et desséchée. Cette dernière surtout une fois embrasée reste incandescente pendant plusieurs heures, ce qui permet de renouveler moins souvent le feu dans les fours.

Une fois qu'on a obtenu une quantité suffisante de braise, on porte celle-ci dans le compartiment supérieur, c'est-à-dire dans le four dont on a fermé l'ouverture, et on la dispose avec soin dans les rigoles pratiquées près de la grande ouverture, de manière à ne laisser tomber ni feu ni cendre dans le compartiment inférieur, c'est-à-dire dans le couvoir. Le chauffage a pour but non-seulement d'élever la température des deux compartiments, mais encore de chasser une partie de l'humidité ambiante. Il est toujours entretenu en allumant des tiges de fèves ou de maïs plusieurs fois dans les vingt-quatre heures, ou au moyen de nouvelle braise, opération qui dure ordinairement huit jours, au bout desquels un ouvrier entre tout nu dans le couvoir pour en apprécier la température. S'il la supporte bien, il introduit les œufs ; s'il la trouve trop élevée, il laisse pénétrer l'air extérieur en ouvrant le trou pratiqué à la voûte du four jusqu'à ce qu'il puisse supporter la chaleur du couvoir. C'est alors seulement qu'il introduit les œufs dont la ponte ne doit pas remonter au delà de huit jours, et il les place sur une natte reposant sur un lit de cendres. Cette natte porte une légère couche de son et ses bords sont relevés contre les murs. D'autres fois les œufs sont disposés sur un lit formé de paille et d'étoupe hâchées ensemble. L'ouvrier forme ordinairement trois couches d'œufs superposées dont le nombre total est de cinq à six mille qui occupent la presque totalité du sol du couvoir, en réservant vers le centre un espace libre assez grand pour lui permettre de s'y placer afin d'examiner les œufs et les changer de place.

La chaleur est toujours entretenue par l'addition fréquente d'un peu de braise sur le compartiment supérieur, ou bien en y brûlant un peu de paille. Mais dans ce cas on ouvre un instant le trou de la voûte pour donner issue à la fumée, ainsi que la petite porte du couvoir pour en renouveler l'air. Chaque jour les œufs sont retournés de manière à placer au-dessus ceux qui étaient au-dessous et *vice versâ*, dans le but de répartir également la chaleur dans toute la masse, ce dont l'ouvrier s'assure en portant plusieurs œufs de chaque couche sur sa paupière.

Après six jours d'incubation, il visite tous les œufs pour séparer ceux qui sont fécondés de ceux qui ne le sont point. Il fait cette opération en approchant de la lumière d'une lampe chaque œuf tenu entre deux doigts. Il reconnaît comme bons ceux qui sont opaques et qui présentent intérieurement un point noirâtre qu'il considère comme étant la tête du jeune poussin, tandis que ceux qui sont clairs et dans lesquels l'évolution, par conséquent, n'a pas eu lieu, sont rejetés.

Le travail du chauffage et du changement de place des œufs est continué jusqu'au dixième jour, en prenant toujours la précaution de donner issue à la fumée qui se produit lorsqu'on brûle de la paille dans le four.

Dans un établissement bien organisé, on n'emploie jamais que la moitié des couvoirs et des fours pour la même opération. Ainsi dans un de ceux que nous avons visités et où se trouvent six couvoirs avec leurs fours de chaque côté du corridor, on met d'abord les œufs dans le premier, dans le troisième et dans le cinquième couvoir sur lesquels on inscrit le jour où commence l'opération, et de manière qu'il y en ait un vide entre deux pleins.

Ce n'est qu'au onzième jour que l'on dispose une nouvelle couvée en utilisant alors les couvoirs restés inactifs, et en employant les mêmes soins que dans la première opération.

Mais du moment où l'on a mis du feu dans les fours de la seconde couvée, on cesse d'en mettre dans ceux de la première qui sont alors assez chauffés par la chaleur des fours voisins. Dès le lendemain la moitié des œufs de la première catégorie est portée sur le sol de leurs fours respectifs afin d'avoir plus de facilité pour les retourner, les changer de place, les visiter, et enfin séparer ceux qui se seraient gâtés ou brisés.

Le vingtième jour, l'éclosion commence à avoir lieu, mais c'est le vingt et unième qu'elle est le plus nombreuse. On conserve encore un ou deux jours dans les couvoirs les œufs non éclos qui peuvent donner plus tard des poulets. On facilite même quelquefois la sortie de ceux qui ne peuvent briser entièrement leur coquille. On met les plus faibles dans le corridor qui sépare les deux rangées de couvoirs et dans lequel ils trouvaient une température suffisamment élevée pour n'être point influencés par le nouveau milieu où ils se trouvent. Les plus forts sont placés pendant un ou deux jours dans une chambre particulière où ils sont nourris, de même que les précédents, avec un mélange de mie de pain et de farine de maïs. Au bout de ce temps ils sont envoyés dans les différents marchés pour être vendus, ou bien ils sont remis à ceux qui ont fourni les œufs pour les faire éclore. Dans ce cas, on leur donne cinquante poulets pour chaque centaine d'œufs qu'ils ont apportés. Le reste appartient au propriétaire de l'établissement et constitue son bénéfice. Si l'opération a été bien conduite, le déchet ne dépasse pas un cinquième.

Dès que la première couvée est sortie, on s'empresse d'en préparer une troisième, en mettant des œufs dans les couvoirs devenus libres et en employant les mêmes soins que pour les opérations précédentes.

On pratique pour la seconde couvée, pendant les dix derniers jours, les mêmes manœuvres que celles employées dans la première, et l'on continue ainsi pour toutes les couvées qui se succèdent de dix en dix jours pendant quatre mois, de janvier à la fin d'avril.

L'expérience a démontré qu'à cette époque de l'année seulement la température est assez favorable aux poulets naissants pour qu'ils puissent vivre sans des soins particuliers. Plus tard, les chaleurs de l'été leur sont nuisibles.

Dans les établissements dont nous venons de parler, l'incubation artificielle ne se pratique pas seulement sur les œufs de poule, mais encore sur ceux de dinde dont l'éclosion n'a lieu, en général, que vers le trentième jour.

Bien que les ouvriers égyptiens ne connaissent pas le thermomètre, ils ont acquis par une longue pratique un tact très-sûr pour deviner le degré de chaleur nécessaire. Cependant il est bien évident que s'ils connaissaient cet instrument, ils trouveraient assurément bien plus de facilités pour la conduite de leurs opérations. Aussi, avons-nous l'intention de mettre à leur disposition une série de thermomètres dont nous leur ferons connaître le fonctionnement. Les fours à poulets sont nombreux en Égypte, ce qui indique que cette industrie est rémunératrice.

Dans la construction des fours égyptiens, une disposition excellente est à remarquer ; c'est la communication, à l'aide d'une large ouverture, de la pièce inférieure ou couvoir avec la pièce supérieure ou four. A l'aide du chauffage pratiqué dans cette dernière pièce, l'air qu'elle contient se dilate, s'échappe en partie et se trouve remplacé peu à peu par de l'air qui monte de la pièce inférieure, ce qui détermine une sorte d'appel et par suite un renouvellement d'air dans le couvoir. Les ouvertures extérieures étant bien fermées, l'équilibre de température ne tarde point à s'établir dans les deux pièces. C'est à ne point dépasser les limites de la chaleur nécessaire à l'incubation que s'attache l'ouvrier, et qui peuvent être comprises entre 35 et 40 degrés.

L'industrie des fours à poulets, telle qu'elle se pratique en Égypte,
présente, comme toutes celles qui se rattachent à l'alimentation de
l'homme, un très-grand intérêt et mérite de fixer l'attention sérieuse
des hommes éclairés et dévoués au progrès. Il serait vivement à
désirer de voir cette industrie se propager dans toute l'Europe. C'est
à nos confrères de la Société impériale d'acclimatation, placés dans
les conditions favorables, qu'appartient le soin de reprendre en sous-
œuvre les travaux entrepris pour développer cette industrie en
France. La solution d'un pareil problème serait un grand progrès
et un grand bienfait.

DE L'INDUSTRIE DES PÊCHES

RAPPORT

Par M. MILLET

Inspecteur des forêts, vice-président de section de la Société impériale d'acclimatation.

Au milieu de toutes ses merveilles, l'Exposition de 1867 nous révèle deux faits qui, dans l'ordre de nos travaux, ont une très-grande importance. Elle nous montre, en effet, que sur la surface du globe, de tout temps, même aux époques antéhistoriques de l'âge de pierre, les animaux aquatiques ont servi, dans une large proportion, à la nourriture de l'homme ; elle nous apprend aussi que tous les gouvernements font aujourd'hui les plus louables efforts pour encourager et développer l'aquiculture. A cet égard, je suis heureux de pouvoir constater ici que, dans cette initiative de salutaire progrès, la France occupe, avec l'Angleterre et la Norvége, l'une des premières places.

Quand on parcourt les galeries de l'*Histoire du travail*, notamment celle où la Suisse exhibe les vestiges des habitations lacustres, ce n'est pas sans étonnement que, parmi ces attestations authentiques de l'industrie de l'homme aux premiers âges du monde, on trouve des débris de filets et même des hameçons. La pêche et la chasse ont toujours été la première et pour ainsi dire la principale ressource de l'homme primitif et sauvage.

Dans le magnifique pavillon où le vice-roi d'Égypte a fait reproduire quelques-uns des souvenirs les plus lointains de cette merveilleuse contrée, on voit un pêcheur tirant de l'eau une corde au bout de laquelle un poisson est accroché ; puis, un groupe de pêcheurs relevant des nasses pleines de poissons ; un autre groupe tirant, par les deux bouts, un long filet, ou seine, rempli de poissons.

Notre savant et dévoué confrère, M. Bourguin, vous dira beaucoup mieux que moi l'histoire de ces premiers âges.

Je me bornerai donc ici, en restant dans les limites très-restreintes commandées par nos nombreux travaux, à faire l'exposé de l'industrie des pêches, d'après les documents qui nous sont fournis par l'Exposition universelle, en signalant l'influence qu'elle a exercée sur la prospérité des nations (1) et celle qu'elle exerce encore aujourd'hui sur l'alimentation des peuples.

La pêche du hareng est celle qui a eu le plus d'influence sur la prospérité des nations ; elle est encore aujourd'hui, avec celle de la morue, la plus importante de toutes les branches de cette industrie ; elle est aussi l'une des plus anciennes qu'on ait pratiquées dans le nord de l'Europe. Elle était la seule que les peuples de cette partie du monde fissent en grand à une époque où la pêche de la baleine était limitée à quelques rivages, où le banc de Terre-Neuve n'était pas encore découvert, où la capture des autres poissons, ne s'exerçant que sur les côtes, n'avait aucune influence sur la marine des nations qui s'en occupaient.

Sur la fin du IXe siècle (888), la pêche du hareng était en pleine activité sur les côtes de Norvége ; en 960, elle sauva cette contrée d'une grande famine ; vers la fin du Xe siècle, elle prit une nouvelle extension par suite de la conversion des peuples du Nord au christianisme. Elle s'étendit alors sur tous les rivages où l'Évangile avait été prêché, et, dès le commencement du XIe siècle, elle devenait une industrie importante dans le Sund, et donna naissance à plusieurs grandes villes, notamment aux villes hanséatiques.

Les Norvégiens et les Danois ne bornèrent pas l'exploitation de cette mine féconde aux seules eaux qui baignent leurs côtes ; ils se portèrent sur celles de Poméranie et de l'île de Rugen. L'auteur de la *Vie de saint Otton* rapporte qu'en 1124 le hareng fut pêché en si grande abondance, qu'on donnait pour six centimes (*un ore de denier*) la charge d'une voiture de ce poisson.

Les règlements publiés pour cette pêche, par le roi de Danemark, sont les plus anciens que l'on connaisse, et c'est sous la protection de ces lois que se répandit dans tout le royaume une opulence et un luxe jusqu'alors inconnus des peuples du Nord.

La Norvége, qui n'était pas encore réunie au Danemark, et l'Islande, qui fut indépendante jusqu'en 1264, se livrèrent avec autant d'ardeur que de succès à la pêche du hareng dans les eaux de leurs

(1) On trouve, sur cet intéressant sujet, des documents du plus haut intérêt dans l'ouvrage de M. Noël de la Morinière sur l'*Histoire des pêches anciennes et du moyen âge*, dans le *Dictionnaire des pêches* de Baudrillart, publié en 1827, et dans le livre de M. Blanchard, *Les Poissons des eaux douces de la France*.

golfes, qui ne le cédaient point à celles du Sund pour l'abondance de ce poisson. Bergen était considéré comme le principal marché de toute la Norvége ; il y avait des pêches réglées, des foires annuelles où se rendaient les étrangers.

D'après un rapport, adressé par Philippe de Maizières à Charles VI, roi de France, le hareng arrivait en telle quantité, aux mois de septembre et octobre, dans le bras de mer qui sépare l'île et le royaume de Norwége de la terre ferme et du royaume de Danemark, qu'en plusieurs endroits de ce bras, qui a quinze lieues de long, on pouvait le *tailler avec l'épée*.

Les Suédois furent les derniers à prendre une part active dans les entreprises industrieuses de leurs voisins et dans les guerres souvent répétées qu'ils se firent à l'occasion de ces entreprises. Ce n'est, en effet, qu'en 1284, plus de deux cents ans après les premières pêches réglées du hareng, qu'une escadre suédoise vint dans le Sund pour y protéger les pêcheurs de cette nation. A cette époque, ils pêchaient néanmoins sur leurs propres côtes, puisque, dès l'année 1297, la dîme du hareng fut accordée aux évêques de la province d'Helsingie.

Les documents historiques établissent, d'une manière incontestable, que l'art de saler les harengs était connu et pratiqué à cette époque mémorable de la pêche de ce poisson, et, par conséquent, bien longtemps avant Vilhem Beuckelz, né à Biervleit en Brabant, en 1397, et auquel les Hollandais attribuent l'honneur de cette découverte. Beuckelz perfectionna cet art, en introduisant la méthode de *caquer* le poisson, opération qui consiste à lui enlever lés branchies et les intestins avant de le soumettre à l'action du sel.

La situation de la Hollande et de la Zélande en particulier nous montre, dans la pêche, l'origine de leur commerce comme elle le fut de leur navigation. En effet, il est évident que les pêches, surtout celle du hareng, provoquèrent des relations commerciales et des voyages de long cours, et développèrent par degrés, dans la patrie des anciens Bataves, cette aptitude aux entreprises maritimes qui distingue si éminemment la nation hollandaise. Boxhornius regarde avec raison la pêche du hareng comme la première source de la richesse de son pays.

Amsterdam, qui devait figurer un jour au nombre des grandes places de commerce de l'Europe, était déjà une ville importante lorsqu'elle fut admise dans la ligue hanséatique. Sa richesse et sa réputation s'accrurent très-rapidement. La Hollande vit constamment prospérer sa pêche. Elle en fut redevable à la protection spéciale dont les comtes, ses souverains, ne cessèrent de l'environner, à l'admission de ses villes dans les pêches de Scanie, aux priviléges que les rois de Danemark accordèrent à ses ports; et surtout à la nécessité dans laquelle se trouvait la politique danoise d'établir une sorte de rivalité entre ce que l'on appelait alors la Hanse teutonique et la Hanse batave, qui se portaient réciproquement ombrage, quoiqu'elles fissent partie de la même confédération.

L'industrie de la pêche du hareng n'a pas eu une moindre influence sur la Flandre. En 814, Ostende n'était qu'un village ; il devint bourg en 1072, et n'était habité que par des pêcheurs de hareng. Nieuport doit à la pêche son origine et ses premiers développements, comme la plupart des villes maritimes du Nord ; il fut détruit plusieurs fois, et ne trouva que dans sa pêche les moyens de réparer ses pertes. Sur la même côte, Dunkerque n'était encore qu'un hameau habité aussi par des pêcheurs. Gravelines ne fut bâtie que vers 1160. — Telles sont les villes où se firent d'abord la pêche et le commerce du hareng. Constamment favorisée par la bienveillance des souverains, la pêche de Nieuport prospéra au point qu'outre l'agrandissement de la ville, on y fonda et l'on y bâtit, avec le produit seulement de la *dîme du hareng*, les églises, les hôpitaux, les écoles des pauvres. Cette ville devint bientôt le chef-lieu des pêches de la Flandre, et le principal marché de poisson pour les villes et les provinces voisines.

En Angleterre, la pêche du hareng est très-ancienne, si l'on en juge par plusieurs actes antérieurs à la conquête. La ville de Norwich était l'estaple de la pêche sous Alfred et Canut, rois d'Angleterre ; elle jouit de ce privilége jusqu'au temps de la conquête, époque où se formèrent, à l'embouchure de l'Yare, les bancs de sable sur lesquels fut établie depuis la ville d'Yarmouth. C'était déjà, sous Guillaume et même sous le règne de Canut, le point de réunion de tous les pêcheurs des côtes voisines, et d'une partie de la France et de la basse Allemagne. On y élevait des tentes pour chaque saison de pêche, et cet état de choses dura de 1040 à 1108, où Yarmouth fut érigé en bourg et obtint des priviléges de Henri Ier.

En France, la date la plus reculée que l'on puisse assigner à cette industrie est celle de 1030. Sorti des forêts de la Germanie, le peuple franc n'était pas un peuple pêcheur, et, pendant longtemps, les rois de France n'apprécièrent pas l'utilité des hommes de mer. La charte de fondation de l'abbaye de Sainte-Catherine, près de Rouen, donne la preuve qu'il y avait, dans la vallée de Dieppe, cinq salines. dont la redevance annuelle était de cinq milliers de harengs. En

1070, une donation de ces poissons fut faite à l'abbaye de Saint-Amand de Rouen. En 1170, la pêche du hareng avait lieu à Calais, ainsi que le prouvent plusieurs bulles du pape Alexandre III. Par l'une de ces bulles, il accordait à l'abbaye Saint-Bertin la dîme du hareng sur toute la côte du Calaisis, charge qui révolta tous les pêcheurs et qui donna lieu à de vives contestations dans lesquelles les pêcheurs finirent par succomber. Il paraît bien certain que, dans le moyen âge, la pêche française du hareng se faisait sur toutes les côtes de la Manche. La principale cause de la grande consommation de ce poisson, et en général de tout poisson de mer, était la sévère abstinence qu'observaient, à cette époque, toutes les classes de citoyens, et même les armées, pendant le carême et dans les jours maigres, et aussi la règle de la plupart des monastères, qui avait admis l'usage de la chair de poisson comme substance mieux appropriée que la viande aux besoins des personnes des deux sexes qui, par piété, se consacraient au célibat.

Aujourd'hui les Hollandais, les Anglais, les Français, les Danois, les Suédois, les Norwégiens, les Prussiens et les Américains des États-Unis, se disputent l'honneur de faire la pêche la plus abondante du hareng, et cette industrie est toujours, pour ces différents peuples, une mine inépuisable.

MORUE.

Les actes les plus anciens qui se rapportent à la pêche de la morue remontent à la fin du IXᵉ siècle.

En 888 on pêchait ce poisson dans les eaux de l'île de Helgeland; on en exportait même une certaine quantité pour l'Angleterre. La pêche s'en faisait en pleine mer, loin des côtes.

Eystein, prince pacifique et bienfaisant, fit bâtir, en 1120, une église à Vaagen, avec des cabanes pour les pauvres qui se livraient à la pêche. Ce prince, forcé dans une assemblée publique d'exposer ce qu'il avait fait de remarquable et d'utile depuis qu'il était sur le trône, ne manqua pas de citer l'établissement de Vaagen.

Le Lofoden, où se réunissaient, à la fin de l'hiver, les pêcheurs de toutes les côtes de la Norvége, est un espace de mer qui s'étend depuis Moskœnoes jusqu'à Vaagen, dans le nord-ouest; il a environ 9 milles de long sur quelques milles de large; c'est là que se rendent tous les ans, dans le mois de février, des millions de morues; cette pêcherie, qui ne le cède pas à celle du banc de Terre-Neuve, est encore aujourd'hui la plus renommée de tout le Nord. Depuis neuf cents ans qu'elle est fréquentée par les pêcheurs, les morues n'ont jamais manqué de s'y rendre; elles y viennent frayer sur des fonds sablonneux très-favorables à leur capture.

La pêche de ce poisson et des autres espèces de la même famille susceptibles d'êtres salées ou séchées acquit une grande importance quand les Norvégiens eurent peuplé l'Islande, conquis les îles Orknez, les Hébrides, l'île de Man et la partie septentrionale de l'Irlande.

La consommation augmenta de plus en plus quand les Slaves furent convertis au christianisme et eurent adopté l'usage du poisson dans les jours d'abstinence, et quand les croisades, dirigées par l'ordre Teutonique, en 1225, eurent étendu et propagé la religion chrétienne en Pologne. La Baltique offrit de si grands débouchés dans sa partie orientale, que la pêche du Nord put à peine y suffire.

Cette industrie ne florissait pas moins en Islande; car en 1412 on compte déjà 30 gros bâtiments étrangers qui y faisaient la pêche.

Depuis longtemps, l'Écosse occidentale et les Hébrides se livraient avec succès à la même pêche : elle s'y pratiquait sur les bancs de Bavra et sur plusieurs autres, entre les Hébrides et l'Irlande, dont les fonds sont très-poissonneux.

La morue préparée en sec, en Angleterre, s'appelait déjà *Stockfisch* dans le XIVe siècle; en 1306, elle est citée sous ce nom dans les droits de partage de Londres, sous Édouard Ier.

La Hollande faisait aussi cette pêche; on voit par une charte de Guillaume, comte de Hainaut, donnée en 1333, que la morue était au nombre des poissons de mer dont on usait le plus communément.

Dans ces temps éloignés, la pêche de la morue et des autres espèces de gades n'était pas inconnue en France. La morue et les églefins sont les poissons qu'il faut entendre par *piscis pendiculis*, poisson qu'on suspend pour le faire sécher, dont il est fait mention dans une charte de Thuini, comte de Flandre, en 1143.

Mais c'est surtout depuis la découverte du grand banc de Terre-Neuve que les Français se sont occupés de cette pêche: en 1536, ils y envoyèrent le premier vaisseau destiné à la pêche de la morue; et dès l'année 1578, il s'y trouva 150 vaisseaux français, 100 vaisseaux espagnols, 50 vaisseaux portugais et 30 vaisseaux anglais.

Ce banc, qui est aujourd'hui le principal rendez-vous des pêcheurs français, anglais, hollandais, espagnols et américains, fournit environ 40 millions de morues qui, après avoir été séchées ou salées,

deviennent l'objet d'un commerce qui se répand dans toutes les
parties du monde.

BALEINE (1).

Dans les annales de certains peuples, la pêche de la baleine figure
avec non moins d'éclat que les faits politiques et militaires les plus
vantés ; elle a exercé sur les destinées de ces peuples une influence
comparable à celle des conquêtes les plus importantes accomplies
par l'homme sur la nature. On conçoit, en effet, que si la pêche
d'un petit poisson tel que le hareng a pu devenir pour ceux qui la
pratiquaient sur une grande échelle, une mine d'or, celle des grands
cétacés ait dû être une source de richesse bien autrement productive. Enfin, les pêcheurs de baleine ont rendu à la science, à la
civilisation, à l'humanité, des services d'une haute portée, dont on a
à tort attribué tout le mérite aux navigateurs, qui, pourtant, n'ont
atteint le but qu'en suivant les chemins déjà frayés par leurs devan-
ciers inconnus. A tous égards, l'histoire de cette grande industrie
maritime est digne de la plus sérieuse attention.

D'après les auteurs anciens, la pêche de la baleine était pratiquée
par les Tyriens, les Grecs, les Romains, et les peuples habitant le
littoral du golfe Arabique. Elle était en honneur chez les Chinois
dès les temps les plus reculés, et formait au ixe siècle un des principaux objets de leurs opérations maritimes.

A la même époque, les peuples du nord de l'Europe s'y livraient
avec succès sur les côtes de la presqu'île Scandinave, de la Finlande,
de la Germanie, du Jutland et de la Grande-Bretagne. Mais les Basques l'emportèrent sur eux tous en adresse, en courage et en activité.
D'abord ces intrépides marins se bornèrent à chasser les baleines
dans le golfe de Gascogne, où elles étaient alors très-nombreuses ;
mais peu à peu il leur fallut poursuivre ces cétacés qui, fuyant devant leurs attaques répétées, se retiraient du côté du pôle. Chaque
année, leurs navires s'avançaient davantage vers le nord-ouest, jusqu'à ce qu'enfin au xve siècle ils pénétrèrent dans les régions glacées
du cercle polaire, et là, cherchant une terre où l'on pût relâcher, ils
abordèrent au Groënland, à Terre-Neuve, au Labrador. Ainsi, tandis que les érudits d'Europe discutaient l'existence hypothétique
d'un autre hémisphère habitable, et que les navigateurs hésitaient
encore à l'aller chercher, les baleiniers, ces pêcheurs ignorants,

(1) *Les mystères de l'Océan*, par A. Mangin.

l'avaient déjà trouvé. Tant il est vrai que l'audace tient quelquefois lieu de génie.

Pendant longtemps les marins de l'Aunis, de la Guienne, de la Bretagne et de la Normandie partagèrent avec les Basques les profits considérables que procurait la pêche de la baleine. Ils partaient au printemps avec 50 à 60 navires, qu'ils ramenaient à la fin de l'été chargés d'huile. Eux seuls fournissaient à toute l'Europe cette précieuse marchandise. Mais, au commencement du XVIIe siècle, ils se trouvèrent avec étonnement en face de concurrents redoutables : les marins néerlandais et britanniques venaient d'entrer dans la lice.

En 1612, deux navires hollandais parurent près des côtes du Spitzberg; ils y avaient été devancés par les Anglais.

Les armements prirent bientôt une grande extension, car le nombre des navires baleiniers qui chaque année sortaient des ports néerlandais s'éleva jusqu'à 230. Les marins qui les montaient acquirent une adresse et une intrépidité qui firent oublier les Biscayens; les produits réalisés devinrent fabuleux. Un seul navire pouvait, en faisant deux voyages dans la même saison, rapporter 200 barils d'huile.

Pendant ce temps, les Anglais ne demeuraient pas inactifs; leurs armements s'accroissaient dans des proportions analogues.

Des navires norvégiens, danois, russes, français, vinrent aussi prendre leur part de l'immense butin; puis les colonies de l'Amérique du Nord se mirent de la partie : si bien qu'en peu d'années les baleines disparurent de toutes les vastes mers situées au nord de l'Europe, et qu'on dut les poursuivre à l'ouest jusque dans la mer de Baffin, au delà du détroit de Davis.

La décadence de la pêche commençait; elle s'est depuis précipitée avec une désastreuse rapidité.

C'est ainsi qu'insatiable de lucre, aveuglé à la fois par la cupidité et par cette fièvre de carnage qu'allume en lui toute guerre, l'homme a transformé en une œuvre de destruction ce qui fut dans l'origine une entreprise grandiose, et qui eût dû demeurer une industrie féconde et durable.

La famille entière des cétacés est déjà presque éteinte. On semble n'avoir point songé que ces grands animaux n'ont qu'une fécondité très-limitée, et ne se reproduisent qu'avec une extrême lenteur. Loin de leur en laisser le temps, on ne s'est fait aucun scrupule de tuer les femelles pleines et les jeunes individus.

Enfin, ce qui se comprend moins, les gouvernements, loin de

chercher à ralentir cette manie d'extermination, ne s'en occupent que pour l'encourager, en accordant aux pêcheurs de baleine et de cachalots des primes qui vont en augmentant à mesure que la pêche se ralentit!

Espérons que ces gouvernements, plus prévoyants ou mieux éclairés, entreront dans une meilleure voie par une convention internationale qui aurait pour résultat la conservation et la protection des cétacés pendant une période de temps nécessaire à leur multiplication.

Il me reste maintenant à donner un aperçu très-succinct de l'industrie actuelle des pêches, en ce qui touche les ressources qu'elle offre à l'alimentation des peuples de quelques contrées.

GRANDE-BRETAGNE. — Dans les pêcheries fluviales, l'industrie ne porte que sur la truite et notamment le saumon; ces deux espèces fournissent un revenu brut d'environ 18 millions de francs.

Quant à l'évaluation annuelle des produits de la pêche sur les côtes, il est impossible d'obtenir des chiffres même approximatifs. On n'a de renseignements que pour les quantités de poissons transportées en 1864 de la côte sur les marchés par quelques compagnies importantes de chemins de fer, et sur celles fournies, dans la même année, par la majeure partie des côtes est, sud et ouest de l'Angleterre; ces quantités donnent ensemble plus de 162 millions de kilogrammes; dans ce chiffre, ne sont pas comprises les masses incalculables de harengs capturés sur les côtes par des flottes entières de bateaux de pêche qui sortent de tous les ports pour aller à la rencontre des bancs dès qu'ils sont signalés.

ÉTATS-UNIS. — Dans ces dernières années, le produit annuel moyen de la pêche s'est élevé à 68 millions de francs environ; savoir : cétacés, 38 747 000 francs; morue, hareng et maquereau, 20 917 000 francs; huîtres, 3 782 000 francs; alose, saumon et poissons des lacs, 4 183 000 francs. De plus, la quantité de *clams* apportés à New-York, pour les fabriques de conserves et l'exportation seulement, comprend 200 millions d'individus; à l'état frais, la consommation est énorme; on en mange dans les plus petits restaurants

FRANCE. — Le produit de la pêche sur les cours d'eau, les canaux, les lacs et les étangs est, année moyenne, d'environ 20 millions de francs.

En 1866, la pêche maritime a occupé 17 020 bateaux montés

par 72 912 hommes et a produit 58 266 890 francs. Dans cette valeur totale, les produits de la pêche du *hareng* figurent pour 6 078 100 francs, et ceux de la *morue* pour 14 352 267 francs.

Italie. — En 1864, la pêche en mer a été faite par 10 269 bâtiments jaugeant 36 703 tonneaux.

La pêche du thon a produit, sur les côtes de Toscane seulement, 267 470 kilogrammes, et la Sardaigne a exporté 992 000 kilogrammes de ce poisson capturé sur ses côtes.

La pêche des sardines et anchois, sur le littoral de l'Italie centrale, a donné 750 000 kilogrammes.

Norvége. — Le produit total des pêches est, année moyenne, d'environ 50 millions de francs ; dans ce chiffre, la pêche des eaux douces ne figure que pour 1 500 000 francs à 2 millions au plus.

Ces pêches occupent 100 000 individus au moins.

L'exportation représente une valeur de 38 millions.

Pays-Bas. — Depuis trois siècles, l'industrie de la pêche du hareng a été, en Hollande, l'objet constant de la sollicitude du gouvernement.

En 1864, on a capturé 33 535 000 harengs, et la quantité totale de stucks de harengs préparés pour l'exportation était de 42 698 000.

Confiante dans sa grande et séculaire renommée, la Hollande n'a exposé, de l'industrie de ses pêches, que quelques spécimens consistant en morues sèches, en huiles de foie de morue et en harengs et anguilles conservés dans des bocaux.

Je regrette que ce peuple calme, prudent, persévérant, honnête et bon par excellence, n'ait pas exhibé, comme l'a fait la Norvége, une série de produits et d'engins pour faire voir au monde entier, qui a ses représentants à l'Exposition universelle, ce que peuvent, chez les nations comme chez les individus, le travail, la persévérance et l'honnêteté.

Russie. — Le produit de la pêche est de 102 millions.

La nature des lieux et le climat font de cette industrie l'occupation principale d'une partie considérable de la population, de sorte qu'il y a des districts entiers où le poisson constitue la seule nourriture des habitants.

Les rites de la religion grecque, observés strictement par le peuple, défendent l'emploi de la viande pendant quatre mois de l'année, et occasionnent une consommation de poisson beaucoup plus considérable que dans d'autres pays.

La pêche porte principalement sur l'esturgeon ; elle donne naissance à plusieurs autres branches d'industrie qui jouent un rôle assez important. On fabrique du *caviar* (rogues d'esturgeon salées) pour 10 millions de francs environ, et de l'*ichthyocolle* pour 500 000 francs au moins.

RÉSUMÉ.

Le rôle important réservé au poisson dans les ressources offertes à l'alimentation publique ressort clairement de la comparaison entre les approvisionnements de bœuf et de poisson consommés à Londres pendant une année. Bien qu'il soit difficile d'obtenir à cet égard des informations d'une rigoureuse exactitude, on estime généralement à 300 000 têtes de bétail la consommation annuelle de la ville de Londres, ce qui, en prenant pour poids moyen de chaque tête le chiffre de 300 kilogrammes, donne un total de 90 millions de kilogrammes de bœuf. En ce moment, 850 à 900 bateaux chalutiers pêchent pour le marché de la capitale ; chacun d'eux prend en moyenne 90 000 kilogrammes de poisson par an. La quantité totale de poisson pêché au chalut, vendue annuellement à Londres, s'élève donc à environ 80 millions de kilogrammes. Dans ce chiffre ne sont pas comprises les quantités considérables de harengs frais, de petits poissons, de crustacés, de mollusques, etc., pêchés à l'aide d'engins autres que le chalut ; de sorte que l'on peut porter à 90 millions de kilogrammes la quantité totale de ces diverses pêches réunies, et l'on arrive ainsi à reconnaître que l'on consomme à Londres un poids à peu près égal de bœuf et d'animaux aquatiques de diverses espèces ; mais *les prix sont très-différents*, puisque le *poisson* vaut 0 fr. 18 c., et le *bœuf* 1 fr. 85 c. le kilogramme.

En présence de la rareté et de la cherté toujours croissantes de la viande de boucherie, on ne peut pas douter qu'un vaste champ d'entreprise ne soit ouvert au développement de la pêche et de l'aquiculture, soit sur les cours d'eau, soit sur les côtes de l'Océan et de la Méditerranée ; mais il ne faut pas, à l'égard de la pêche fluviale, se créer, notamment en France, de trompeuses illusions.

Sur nos cours d'eau, en effet, les produits de la pêche seront toujours très-limités, et, quoi que l'on fasse, l'aquiculture y sera tou-

jours, et avec raison, sacrifiée aux immenses intérêts qui se rattachent, soit à la navigation et au flottage, soit aux industries qui ont
besoin d'une force motrice économique.

Dans la mer, au contraire, la production est pour ainsi dire illimitée, et l'aquiculture n'y éprouve d'autres entraves que celles qui,
sur des étendues assez restreintes, résultent des besoins de la navigation et de la défense des côtes.

L'histoire bien abrégée que je viens de tracer de l'industrie des
pêches prouve cependant qu'à l'exception des grands mammifères
aquatiques, la mer présente des ressources inépuisables. Elle peut
d'ailleurs être mise en culture sur une vaste étendue de rivages qu'il
est facile de transformer en champs producteurs de zoophytes et de
coquillages; elle offre, de plus, à l'intérieur des terres, un grand
nombre de baies qui, fermées ou endiguées, deviendraient des
viviers ou parcs de réserve pour les zoophytes, les mollusques, les
crustacés et les poissons.

C'est donc sur l'exploitation de la mer principalement que doivent
converger les efforts des aquiculteurs, parce que là le champ de
production est bien plus vaste, l'accroissement beaucoup plus rapide et les produits plus variés et de meilleure qualité que dans les
eaux douces.

L'Exposition universelle nous offre, à cet égard, des spécimens
nombreux et importants qui seront l'objet d'études spéciales.

LES

ÉCHELLES A SAUMONS

RAPPORT

Par M. MILLET

Inspecteur des forêts, Vice-Président de section à la Société impériale d'acclimatation.

Les fleuves et les rivières sont peuplés de poissons *sédentaires* et de poissons *voyageurs* ou *migrateurs*.

Au point de vue de l'industrie de la pêche, ces cours d'eau ne donnent que des produits très-limités et n'ont, en général, d'autre avantage que de procurer aux riverains du poisson frais, et de tenir ce poisson presque toujours à leur disposition. Ils n'alimentent la consommation générale d'une manière un peu sensible que quand ils sont fréquentés par des troupes de poissons voyageurs, tels que *saumon, alose, esturgeon, anguille, lamproie*, etc.

Les efforts des aquiculteurs, dans les fleuves et les rivières convenablement disposés, doivent donc tendre particulièrement à la propagation de ces précieuses espèces, notamment du saumon qui, chaque année, revient dans les eaux douces après s'être engraissé à la mer. Ces cours d'eau deviennent ainsi les chemins d'exploitation de la mer.

Dans un travail que j'ai adressé à l'Académie des sciences, le 26 décembre 1853, j'ai donné, de la manière suivante, l'explication de ces voyages périodiques :

« Avant l'époque de la ponte, le saumon et la truite quittant
» leurs cantonnements ou lieux ordinaires d'habitation, remontent
» les cours d'eau pour trouver les conditions les plus favorables à
» l'acte de la reproduction. Le saumon, la truite saumonée de mer,
» la lamproie, l'alose, etc., *quittent la mer*, les eaux salées et même
» les eaux saumâtres, et gagnent les eaux douces. En recherchant
» les *causes de cette émigration*, j'ai été conduit tout naturellement
» à étudier l'action que l'eau salée ou saumâtre exerce sur les œufs

» de ces poissons. J'ai trouvé que la présence du sel, même en pro-
» portion très-minime, portait dans l'œuf une perturbation telle,
» que l'acte de la reproduction ne pouvait pas s'accomplir dans les
» eaux même très-peu saumâtres. L'action de l'eau salée est très-
» facile à reconnaître, même à l'œil nu, sur les œufs de saumon et
» de truite ; les gouttes huileuses se groupent et se tassent à la
» partie supérieure ; tout le système qui forme, dans cette région
» de l'œuf, une tache ou un bouton blanchâtre, subit une contrac-
» tion et une révolution qui détruisent toute l'harmonie de ce sys-
» tème ; le globe de l'œuf se déforme, conserve une teinte jaunâtre
» et devient d'une transparence légèrement opaline. Dans l'œuf
» fécondé où les premiers éléments d'organisation se sont déjà ma-
» nifestés, toute l'harmonie de cette organisation est promptement
» détruite. » (*Extrait des Comptes rendus de l'Académie des sciences*,
tome XXXVII, séance du 26 décembre 1853.)

En remontant les cours d'eau, ces poissons rencontrent souvent
des obstacles *naturels* ou *artificiels* qu'ils ne pourraient pas toujours
franchir, si la main de l'homme ne leur venait en aide.

Les obstacles naturels, ce sont : les cascades et les chutes qu'on
trouve fréquemment dans les pays de montagnes ; les obstacles
artificiels, ce sont les nombreux barrages que nécessitent les besoins
de l'industrie, de la navigation et de l'agriculture.

Cette situation ne pouvait échapper à l'incessante sollicitude de
la Société d'acclimatation, en ce qui concerne le dépeuplement des
cours d'eau.

Dans la séance du 28 mars 1856, la Société adoptait les conclusions de mon rapport fait au nom d'une commission spéciale, sur
les mesures à prendre pour assurer le repeuplement des eaux douces.
Voici ce que je disais à l'égard des établissements qui empêchent la
circulation du poisson :

« Sur un grand nombre de cours d'eau, on construit, soit des
usines, soit des barrages, écluses, etc., qui ne permettent pas au
poisson de *circuler librement*, et surtout *d'aller froyer dans des
endroits convenables*. Il en résulte nécessairement que la reproduction de plusieurs espèces devient impossible ou du moins insuffisante, et que, par suite, le dépeuplement des eaux s'opère très-rapidement.

» Sans porter aucune entrave au service régulier des usines, de
la navigation et du flottage, on peut facilement concilier les exigences de ce service avec celles de la reproduction naturelle du
poisson.

» Il suffirait, en effet, d'établir, sur les points où la libre circulation, et surtout la remonte du poisson, sont devenues impossibles, soit des *passages libres* toujours faciles à franchir par la truite et par les migrateurs, tels que saumon, alose, lamproie, etc., soit des *plans inclinés* avec barrages discontinus qui feraient l'office de déversoirs ou qui serviraient à l'écoulement des eaux surabondantes, soit enfin des *écluses* que l'on tiendraient ouvertes à l'époque de la remonte ou de la descente.

» L'organisation de ces passages naturels ou artificiels devrait être rendue *obligatoire* : 1° pour l'avenir, à l'égard des constructions, barrages, écluses, etc., qui seraient établis sur les cours d'eau, et qui, par leur situation, pourraient empêcher ou entraver la libre circulation, et notamment la remonte et la descente du poisson ; 2° dès à présent, à l'égard des établissements de cette nature qui existent sur les cours d'eau dont l'entretien est à la charge de l'État (1). »

J'ai reproduit ces mêmes considérations dans un second rapport, en date du 21 avril 1865, sur les mesures relatives à la conservation et à la police de la pêche (2).

En adoptant les conclusions de ces deux rapports, la Société décida que des exemplaires en seraient adressés aux ministres, aux préfets et aux autres fonctionnaires dans les attributions desquels sont placés les cours d'eau et les canaux.

D'autre part, dans la deuxième édition (année 1861) de son rapport relatif à son voyage d'exploration sur le littoral de la France et de l'Italie, M. le professeur Coste, membre de la Société d'acclimatation, a fait connaître les moyens employés, dans la Grande-Bretagne, pour permettre au saumon de franchir les barrages naturels ou artificiels.

Enfin M. Coumes, ingénieur en chef des ponts et chaussées, a, dans un rapport, publié en 1863, sur la pisciculture et la pêche fluviale de la Grande-Bretagne, décrit les divers systèmes d'échelles à saumons établis en Angleterre, en Écosse et en Irlande.

Le vœu émis par la Société d'acclimatation a été entendu ; car la loi du 31 mai 1866 relative à la pêche contient les dispositions suivantes :

« Art. 1ᵉʳ. — Des décrets rendus en Conseil d'État, après avis des
» Conseils généraux de département, déterminent les parties des

(1) *Bulletin*, 1ʳᵉ série, t. III, p. 223.
(2) *Bulletin*, 2ᵉ série, t. II, p. 263.

» fleuves, rivières, canaux et cours d'eau dans les barrages desquelles
» il pourra être établi, après enquête, un passage appelé *échelle*,
» destinée à assurer la *libre circulation du poisson*. »

Ces dispositions très-sages ont été puisées dans les rapports de
1857 et de 1865 que je viens de rappeler ; nous devons tous nous
féliciter que le gouvernement ait pris en très-sérieuse considération
les vœux que la Société avait émis une première fois, il y a neuf
ans, sur cette importante question.

Enfin, dans la séance du 18 mai 1866, M. le professeur Duméril,
en présentant à la Société d'acclimatation son intéressant mémoire
sur les poissons *anadromes* ou voyageurs, exprimait le regret que
les échelles à saumons ne fussent pas plus communes en France. En
effet, disait-il, comme ces poissons reviennent toujours dans les
mêmes rivières, la dépense d'une échelle à saumons ne peut entrer
en ligne de compte avec le bénéfice que l'on retire de son installation (1).

Il n'est pas sans intérêt, dès lors, de faire connaître ici le système
des échelles à saumons, d'après les modèles qui figurent à l'Exposition universelle, et ceux qui sont décrits par M. Coumes.

L'invention des échelles à poissons paraît être de date assez récente. En 1834 M. Smith, propriétaire d'usines en Écosse, désirant
s'affranchir des pertes d'eau considérables que causait l'ouverture
des vannes pour le passage du poisson, imagina d'établir un plan
incliné sur lequel s'étendait une nappe d'eau peu épaisse. Ce plan
était muni de cloisons transversales interrompues à l'une de leurs
extrémités, de manière à laisser une ouverture alternant avec celle
de la cloison qui précède et celle de la cloison qui suit. Par cette
disposition, le courant, forcé de faire le lacet, était ralenti et ne
causait qu'une faible dépense d'eau. Le plan incliné formait donc
une sorte d'escalier ou d'*échelle* mettant deux biefs en communication.

L'expérience ne tarda pas à montrer que le poisson n'hésite pas à
s'introduire dans ces passages, et qu'il les franchit si les dispositions en sont bien calculées.

L'inclinaison des plans doit être modérée ; celle qui paraît la plus
favorable est celle du huitième, c'est-à-dire que la base du plan
doit être huit fois plus grande que la hauteur à franchir ; pourtant
l'inclinaison peut être portée jusqu'au cinquième sans inconvénient.

Les plans inclinés peuvent être construits en bois ; mais ce genre

____

(1) *Bulletin*, 2ᵉ série, t. III, p. 293.

de construction a si peu de durée qu'on a préféré les construire en maçonnerie. Il faut que les pierres soient jointes par un bon ciment hydraulique, mais il n'est pas nécessaire qu'elles présentent des surfaces bien taillées ; les moellons grossiers suffisent.

Les cloisons transversales sont faites en dalles enchâssées dans la maçonnerie ; elles doivent avoir environ 30 centimètres d'élévation au-dessus du plan incliné.

La largeur des échelles doit être de $1^m,50$, l'intervalle des cloisons de $1^m,20$ à $1^m,50$, et l'ouverture de ces cloisons de 30 centimètres.

La prise d'eau doit correspondre au thalweg du bief supérieur ; elle doit être garnie de plusieurs vannes, pour qu'on puisse régler l'écoulement de l'eau suivant les besoins, et laisser complétement ouverte, à l'époque du passage, l'une de ces vannes ayant $0^m,30$ de largeur.

La direction du plan incliné peut varier selon les exigences des localités : il peut être droit, oblique, replié comme un escalier, pourvu ou privé de paliers aux tournants ; mais il est indispensablement nécessaire que son ouverture inférieure soit placée au point où l'eau tourbillonne et où elle a le plus de profondeur. Cette condition est de la plus rigoureuse nécessité. Sur la rivière de Ballysadare, une échelle avait été faite en ligne droite, et son entrée inférieure se trouvait à 80 mètres de la chute ; aucun poisson n'y pénétra. On en changea la disposition, de manière à ramener son entrée près du point où la cascade tombait sur les rochers, et ce changement eut les meilleurs résultats.

Il est facile de donner l'explication de ces faits : les saumons, dans leur ascension périodique, choisissent les eaux qui leur conviennent le mieux ; mais si dans les rivières qu'ils ont suivies ils rencontrent un obstacle, ils ne rétrogradent pas pour pénétrer dans un autre cours d'eau. Ils stationnent devant l'obstacle, en se plaçant au point où l'eau est la plus agitée et la plus profonde, où s'ouvrent les vannes, où se précipitent les courants. Leur instinct semble les avertir que c'est là que se présentera un passage libre ; que c'est là, s'il survient une crue, qu'ils trouveront une nappe assez puissante pour qu'ils puissent s'y engager, et ils attendent.

Si leur attente est déçue, ils s'épuisent souvent en efforts impuissants, jusqu'au moment où, ne pouvant résister aux lois de l'organisation, les femelles déposent leurs œufs dans des conditions qui en compromettent l'existence. Mais si dans les lieux où ils s'arrêtent et qu'ils explorent, les poissons trouvent une issue, ils s'y engagent sans hésiter et arrivent rapidement dans les biefs qu'ils veulent atteindre.

A l'origine, on crut utile de creuser d'espace en espace, sur le plan incliné, des excavations en forme d'auges, que l'eau remplissait et où le poisson pouvait séjourner. On a reconnu que cette disposition était inutile. Le saumon franchit avec une grande rapidité les échelles ; il semble qu'il ne se sente pas en sûreté dans les défilés, et il ne s'y arrête pas.

La nappe d'eau qui descend sur le plan incliné ne doit pas être fort épaisse ; on a vu remonter des poissons dont une partie du dos était hors de l'eau.

Le courant peut être interrompu : quand les vannes sont fermées, le poisson stationne pour saisir une occasion favorable ; il reprend son voyage quand l'ouverture des passages le lui permet.

Quelque rapide que soit son ascension, il ne passe pas cependant avec une telle vitesse qu'on ne puisse l'apercevoir ; on peut compter ceux qui suivent le chemin qu'on leur a ouvert, et savoir conséquemment, à l'avance, si la reproduction sera abondante et la pêche fructueuse. Ainsi, à Collooney, en un jour de novembre, on a noté qu'en une heure 267 poissons avaient remonté l'échelle. On a voulu quelquefois, en certains lieux, constater rigoureusement le nombre des poissons franchissant ensemble les échelles : à un moment donné, on fermait les vannes ; on a pris, en une seule fois, 27 saumons, et une autre fois 81 au mois de décembre.

Il n'est donc pas permis de douter de l'efficacité des échelles pour assurer la remonte des saumons vers les frayères naturelles ; les résultats sont acquis.

On s'empressa de tirer parti de l'invention de M. Smith ; des échelles ont été établies sur plusieurs rivières de l'Écosse. Mais c'est surtout en Irlande que le système a été employé avec le plus de succès. On peut citer particulièrement la pêcherie de Galway dans laquelle une échelle permet aux poissons de la baie de ce nom d'arriver dans le lac Corrib, en surmontant un barrage de $1^m,35$ de hauteur ; une autre échelle lui permet ensuite de passer du lac Corrib dans celui de Mask, dont le niveau est à 12 mètres au-dessus du premier. La pêcherie de Ballysadare a deux échelles : l'une, franchit une cascade de 9 mètres ; l'autre, une cascade de $4^m,50$. Elles conduisent le saumon de la baie de Ballysadare dans la rivière formée par la réunion de l'Arrow et de l'Owenmore ; une troisième échelle franchit une cascade de $5^m,50$. (Rapport de M. Lestiboudois.)

Les modèles de l'Irlande ont été importés au Canada, et appliqués sur plusieurs rivières où les barrages construits pour des scieries avaient fait disparaître le saumon. Aussitôt après l'établissement des échelles, le poisson a de nouveau pénétré dans les cours d'eau qu'il avait été forcé d'abandonner.

Voici quelques-uns des résultats obtenus en Irlande :

La pêcherie de Ballysadare, située au nord de l'Irlande, appartient à M. Cooper, ancien membre du parlement britannique, et mérite de fixer l'attention, tant à cause des difficultés vaincues que des résultats obtenus.

Avant 1837, le produit consistait dans la prise des saumons et autres poissons entrant dans la baie de Ballysadare, d'une longueur d'environ 12 kilomètres jusqu'au pied d'une cascade de 9 mètres de chute verticale limitant la marée, à l'embouchure de la Ballysadare.

Lors des hautes marées, quelques saumons parvenaient quelquefois à surmonter cet obstacle; mais, à 400 mètres en amont, ils en trouvaient un second d'une hauteur de $4^m,20$, puis un troisième de $5^m,50$ de hauteur dans l'Owenmore, l'un des affluents. La nature du fond rocheux et la rapidité du courant sont, dans ces stations, des obstacles à la ponte.

M. Cooper fit établir trois échelles afin de permettre au saumon d'aller frayer sur des points convenables dans les parties élevées des affluents de la Ballysadare, l'Arrow et l'Owenmore.

Les passages étant devenus libres en 1855 avant la saison de la fraie, on y vit monter des saumons.

Dès le mois d'avril 1856 et les années suivantes, les rivières étaient remplies de jeunes saumoneaux. Plusieurs furent pris, marqués par le retranchement de la nageoire adipeuse et remis à l'eau.

Ces jeunes poissons effectuaient à chaque printemps leur descente à la mer, et on les capturait à la remonte.

Voici les résultats constatés de la manière la plus positive :

En 1854, le produit brut de la pêche était de 300 saumons au plus, pesant 1500 livres anglaises d'une valeur de 1050 francs.

Dès l'année 1858 (deux ans et demi après l'établissement des échelles), le produit brut fut de 1457 saumons pesant 5828 livres d'une valeur de 4080 francs.

En 1862, ce produit fut de 4382 saumons, pesant 26 891 livres d'une valeur de 18 824 francs, c'est-à-dire dix-neuf fois plus fort qu'en 1854.

D'où il résulte qu'au bout de six à sept ans, le rendement est devenu dix-neuf fois plus considérable par le fait seul de l'établissement des échelles.

Rien n'est plus significatif que ces chiffres. Ils suffiraient à eux seuls pour justifier l'utilité des échelles.

Les nombreuses chutes d'eau que présentent presque tous les cours d'eau en Norvége ont quelquefois une hauteur trop considérable pour que les saumons puissent les franchir, et, d'autre part, dans quelques localités, on a établi, pour les besoins des scieries, des barrages qui interdisent à ces poissons l'accès des parties hautes.

Pour obvier à ces inconvénients, on a étudié des projets d'échelles à saumons qui, faites avec le bois si commun dans le pays, n'auront pas le luxe et la solidité des établissement de la Grande-Bretagne, mais qui n'en rendront pas de moins bons services.

Ces appareils, d'après les modèles exposés, sont : 1° des plans inclinés à cloisons transversales, et 2° des caisses de bois de $2^m,60$ de long sur $1^m,95$ de large et $1^m,60$ de profondeur, communiquant par des canaux également de bois, de $0^m,95$ carrés, disposés de façon à ne pas être placés vis-à-vis l'un de l'autre pour rompre la puissance du courant.

Pendant l'hiver, on empêchera l'eau d'y passer, et cette précaution augmentera de beaucoup la durée des appareils.

En France, on a établi des échelles à poissons sur le Blavet, sur le Tarn, sur la Dordogne au barrage de Mauzac, et sur la rivière de Vienne à Chatellerault.

Je donne la description de cette dernière, d'après le modèle en relief exposé par le service des ponts et chaussées, et les notices sur les modèles, cartes et dessins relatifs aux travaux publics.

Emplacement et dispositions générales. — L'échelle est construite à 25 mètres de la berge droite de la rivière, dans le barrage en maçonnerie de la manufacture impériale d'armes de Châtellerault.

Ce barrage, dont la crête est à $2^m,50$ au-dessus de l'étiage d'aval, est perpendiculaire à l'axe de la Vienne; il a 112 mètres de longueur entre les rives : l'épaisseur au couronnement est de $4^m,50$ et le mur de chute est vertical sur toute sa hauteur.

Le système adopté pour l'échelle est celui à gradins et compartiments successifs, avec ouvertures contrariées. L'ouvrage est en maçonnerie et se compose d'un radier, de deux bajoyers verticaux parallèles à l'axe, de deux murs de tête faisant suite, en amont, à ces bajoyers et se recourbant l'un vers l'autre en forme d'avant-bec, d'un mur de pied en retour d'équerre sur les bajoyers, et de six

échelons parallèles au mur de pied. La longueur totale, depuis l'orifice de la prise d'eau entre les deux murs de tête, jusqu'à celui de
sortie dans le mur de pied, est de 10 mètres ; la longueur hors
d'œuvre est de 5 mètres.

L'axe de l'échelle est perpendiculaire à la direction du barrage.

Utilité de l'échelle. — Les poissons voyageurs qui, chaque année,
remontent de la mer dans la Loire, et de là dans la Vienne, pour
frayer vers les sources et dans les affluents de cette rivière aux eaux
vives et pures, se trouvaient brusquement arrêtés par le barrage de
la manufacture d'armes. C'était un spectacle curieux que celui des
efforts faits par les saumons pour sauter dans le bief supérieur ; on
les voyait s'élever, d'un coup, à 1 mètre, 1ᵐ,50, et quelquefois davantage au-dessus de l'eau, puis retomber à demi-brisés, autant par
la dépense de force musculaire que par la hauteur de leur chute. Il
était extrêmement rare, si ce n'est au moment d'une crue, que le
poisson pût franchir la crète du barrage. Aussi, depuis la construction,
c'est-à-dire depuis plus de quarante ans, le saumon, très-abondant
dans la Vienne en aval de Châtellerault, avait disparu en amont, au
détriment des populations riveraines.

Le barrage était bien, d'ailleurs, le principal ou, pour mieux
dire, le seul obstacle à la remonte, puisque aucun des ouvrages analogues servant aux usines, dans le surplus du cours de la rivière,
n'a une hauteur infranchissable pour les poissons voyageurs. La solution du problème à résoudre pour faciliter la remonte était donc
naturellement indiquée.

Résultats obtenus. — A peine l'échelle était-elle terminée, qu'à la
première remonte les saumons en franchissaient les gradins ; on en
prenait d'une taille considérable dans un filet d'expérience tendu à
l'orifice d'amont ; on en constatait la présence, non-seulement dans
le bief de la manufacture, mais encore en divers points du cours
supérieur de la rivière et même au-dessus de Limoges. Une fois
frayé, le passage de l'échelle a été, depuis lors, fréquenté par un
nombre toujours croissant de poissons voyageurs : saumons, aloses,
lamproies ; en sorte que le repeuplement de la Vienne, dans toute
sa partie en amont de Châtellerault, semble désormais assuré.

Ce succès paraît devoir être attribué à certaines dispositions d'emplacement et de construction prises à l'échelle de Châtellerault.

Ainsi, au lieu de l'établir à l'extrémité du barrage, en l'accolant
à la berge même, dans un endroit peu profond, on a eu soin de la
placer à 25 mètres de distance du bord, en pleine rivière, et d'en
faire déboucher l'orifice d'aval dans un courant rapide, où la profon-

deur de l'eau est de 3 mètres et plus. On a, en effet, observé que le saumon, lorsqu'il cherche à remonter, se tient de préférence éloigné des berges ; on le voit sauter constamment dans les parties centrales de la rivière, soit parce que l'eau y est plus profonde, soit parce qu'il se sent plus en sûreté loin des bords.

RÉSUMÉ.

Les travaux exécutés en Angleterre, en Écosse, en Irlande et en France constituent aujourd'hui des modèles applicables à toutes les situations, et l'on ne peut que former le vœu que ces applications soient faites sur tous les cours d'eau qui présentent des obstacles à la libre circulation des poissons migrateurs.

Ces espèces, en effet, formeront toujours le contingent le plus considérable de la pêche dans les eaux douces. Il ne faut pas, d'ailleurs, perdre de vue que leur accroissement et leur engraissement s'effectuant en mer, ces poissons ne prélèvent, pendant leur court séjour en eau douce, rien ou presque rien sur les matières alimentaires des espèces sédentaires.

LES VIVIERS A POISSONS

RAPPORT

Par M. MILLET

Inspecteur des forêts, Vice-Président de section à la Société impériale d'acclimatation.

Les poissons d'eau douce s'élèvent avec la plus grande facilité dans des étangs et même des viviers où ils se développent et s'engraissent, et où ils se trouvent constamment à la disposition de l'homme.

Dans ces dernières années, on s'est beaucoup préoccupé de la question de savoir si cette éducation en captivité ou cette domestication du poisson était applicable aux espèces marines, et s'il y avait des avantages réels à la pratiquer, soit sur le littoral, soit à l'intérieur des terres, dans les parties qui sont en communication avec la mer.

Sans se préoccuper de ce qui aurait pu être fait, à cet égard, dans les temps anciens et modernes, les incrédules et les contradicteurs n'hésitaient pas à trancher la question dans un sens complétement négatif, et prétendaient même que la chose était impraticable, parce que le poisson de mer, organisé pour vivre dans un milieu fortement agité et aéré, et dans des étendues d'eau vastes et profondes, ne pourrait jamais s'accommoder des conditions tout exceptionnelles de ces viviers où l'eau est dormante, presque stagnante, où elle n'est pas épurée et aérée par le mouvement des vagues.

Eh bien! les incrédules étaient dans une grande erreur, car ils ne soupçonnaient même pas que ce qu'ils regardaient comme impossible, impraticable, se faisait depuis longtemps, en France même, aux portes de l'une de nos plus grandes et plus riches cités, et que les espérances des pisciculteurs étaient déjà des réalités sanctionnées par une longue expérience.

L'Exposition universelle a donné l'occasion, à l'un de nos confrères, de mettre cette vérité en relief et de la rendre palpable à tous les yeux. La Société d'acclimatation ne peut, à cet égard, qu'applaudir au zèle et au désintéressement de M. Douillard de Mahaudière, qui n'a reculé devant aucun sacrifice de temps et d'argent pour venir exposer les plans et les produits de ses viviers de la Gironde, ainsi que les appareils d'exploitation auxquels il a joint une notice explicative, pour en faire connaître l'organisation et le mécanisme.

D'un autre côté, M. le chevalier d'Erco a exposé les plans de vastes viviers de poissons de mer, situés à Prado, près Trieste.

Les viviers de la Gironde, ainsi que le plan de M. Douillard l'indique, sont établis sur le littoral du bassin d'Arcachon, qui est en communication directe avec l'Océan (1).

Il serait difficile de préciser l'époque de leur création, et de faire connaître le nom de l'inventeur; on sait, toutefois, que le marquis de Civrac, captal de Certes, eut le premier l'idée d'enlever à la stérilité les vastes terrains d'alluvions que contenait sa seigneurie, et qu'il les entoura de digues pour y établir des marais salants. Le temps et le hasard, peut-être, firent le reste; les sauniers ne manquèrent pas de s'apercevoir qu'avec l'eau de mer destinée à alimenter leurs conches arrivait aussi l'alevin de quelques-unes des espèces de poissons vivant dans le bassin; ils le virent grandir et prospérer; la pêche, d'abord consacrée aux besoins de la famille, devint bientôt un commerce qui s'étendit du village au bourg et du bourg à la ville. La fabrication du sel, toujours subordonnée aux intempéries des saisons, fut abandonnée sur certains points pour faire place à la nouvelle industrie qui était plus lucrative, et l'on s'appliqua alors à améliorer les engins qui devaient en assurer la prospérité. C'est ainsi que chaque année a réalisé son progrès, et que les réservoirs, grâce aux travaux intelligents de nos confrères, MM. Douillard et de Boissière, sont arrivés à un état qui, sans être la dernière étape des perfectionnements dont ils sont susceptibles, permet cependant de signaler leur organisation comme modèle aux personnes qui, dans des conditions semblables ou analogues voudraient se livrer à la pisciculture marine. C'est là un résultat fort important sur lequel on ne saurait trop appeler l'attention des aquiculteurs; car, en sui-

(1) Les principaux de ces viviers sont : en allant du nord au sud, ceux de M. Javal, sur les communes d'Arés et Andernos; de M. le vice-amiral Larrieu, sur la commune de Lanton; de MM. de Boissière, Douillard et de Lescalopier, sur la commune d'Audenge; de M. Douillard, à Malprat; et de M. Festugières, sur la commune de Teich.

vant la voie tracée, ils ne seront pas exposés à des mécomptes qui portent souvent de graves atteintes à la fortune privée, et qui ont presque toujours pour effet de faire abandonner des tentatives qui, bien conduites, présenteraient de très-grands avantages.

La plupart des viviers actuels sont d'anciens marais salants; on les reconnaît encore, sur le plan, à leur aménagement, composé de vastes surfaces d'eau séparées entre elles par d'autres surfaces consacrées à la culture ordinaire.

Nous avons vu précédemment que M. Douillard a exposé un modèle d'écluse.

Cet appareil mérite une mention toute particulière, et ne saurait être décrit avec trop de détails et de clarté, car il est à la fois un instrument de culture et un instrument de récolte, puisqu'il sert à renouveler l'eau, à introduire l'alevin, à donner des aliments aux poissons, et enfin à faire la pêche d'une partie des produits.

Les écluses sont établies dans les digues qui séparent les viviers d'avec le bassin d'Arcachon. Leur nombre est subordonné à la configuration et à l'étendue du vivier.

Chacune d'elles a la forme d'un corridor de 1^m,10 de large, dont le fond ou radier, bien dressé, horizontal tranversalement, a une inclinaison de 10 centimètres de la vanne vers la mer et de 5 centimètres de la vanne vers le vivier. Le radier s'établit de 1 mètre à 1^m,50 au-dessus du niveau d'été des eaux de ce vivier; la partie supérieure des revêtements des côtés suit le profil de la digue. Dans ces revêtements sont ménagées des coulisses pour : 1° la vanne, vis-à-vis l'arête supérieure interne de la digue; 2° la manche à 2^m,70 de celle-ci à l'intérieur; 3° le cadre à pêcher à 6 mètres de la vanne à l'intérieur. — Aux deux bouts de l'écluse, on peut établir des coulisses pour palots.

La manche est un filet en cône tronqué de 7 mètres de longueur; son ouverture est subordonnée à celle du cadre sur lequel elle est fixée; toutefois, elle doit avoir 550 à 600 mailles de 11 millimètres de côté. La petite ouverture a environ 60 centimètres de tour. La grande ouverture est fixée sur un cadre de bois, soit par des clous, soit par une corde enfilée dans des trous percés sur le cadre.

Voici maintenant l'emploi de cet ingénieux appareil pour les opérations les plus essentielles de l'industrie des viviers, celles du *boire* et du *déboire.*

I. — Boire.

On fait boire (c'est-à-dire on introduit l'eau de mer dans les viviers) pour renouveler l'eau, pour donner des aliments naturels au poisson et pour introduire le fretin.

On ne fait boire qu'à partir du 15 mars jusqu'au 1er novembre, en général; ces époques sont subordonnées à la température de la saison et aux exigences commerciales, c'est-à-dire à celles de la vente du poisson. — Pâques est une époque assez habituelle pour commencer à faire boire.

On ne procède à cette opération que pendant dix jours par mois, deux fois par jour (matin et soir); à moins de rares exceptions, on n'y procède pas quand la marée est faible. Ces dix jours se divisent en deux périodes de cinq jours chacune, c'est-à-dire que l'on fait boire pendant cinq jours à chaque marée des syzygies (nouvelle et pleine lune); ces marées sont toujours les plus fortes.

Pour faire entrer le fretin, on descend d'abord le cadre avec sa manche qui empêche le poisson de sortir du vivier; puis, deux heures avant que la mer ne soit au niveau de l'eau du vivier, on lève la vanne à une hauteur de 3 à 6 centimètres environ pour établir, du réservoir dans la mer, un petit courant destiné à attirer les jeunes poissons vers l'écluse; ces artifices résultent de ce fait d'observation à peu près générale, à savoir que le fretin cherche toujours à remonter les courants, notamment les petites nappes d'eau dont le volume et la vitesse ne sont pas un obstacle à ses facultés de natation. Au fur et à mesure que la marée monte, on lève la vanne de quelques centimètres pour activer le courant. Quand le niveau est établi entre la mer et le vivier, on lève complétement cette vanne; il s'établit alors un courant, en sens contraire, de la mer dans le réservoir; plus la marée monte, plus le courant est fort. Mais alors il faut avoir la précaution de baisser la vanne pour modérer l'irruption des eaux dont la violence pourrait briser la manche. Quand le courant est à son maximum, on baisse la vanne de manière à ne laisser, dans le bas, qu'un espace libre de $0^m,25$ à $0^m,30$. Il y a ici un fait d'appréciation qui constitue l'art ou l'habileté du pêcheur affecté à ce service.

Le petit poisson est ainsi entraîné dans la manche et de là dans le vivier.

Il y a quelques précautions à prendre dans l'emploi de ce mode.

Quand le courant venant de la mer est encore faible, on tient la manche fermée par le petit bout ; on ne l'ouvre que lorsque le courant devient fort, c'est-à-dire quand le niveau de la mer, élevé par la marée, est de plusieurs centimètres supérieur à celui de l'eau du vivier, parce que, dans ces conditions, le poisson de l'intérieur ne peut plus remonter ce courant et s'échapper.

Quelques pêcheurs ferment la manche et l'ouvrent de temps en temps pour faire entrer dans le vivier les jeunes poissons qui n'ont pas passé par les mailles ; mais ce mode a l'inconvénient d'entasser une grande quantité de crabes avec le fretin dont une bonne partie est dévorée par ce crustacé.

Quand la marée est peu forte et qu'elle ne peut pas atteindre le niveau de l'eau du vivier, on emploie, au lieu du cadre à manche, un palot (petite vanne) que l'on ferme ; on ouvre la vanne de l'écluse ; le palot, qui est assez mal jointé, laisse passer une certaine quantité d'eau qui établit un petit courant capable d'attirer le fretin. Quand on en voit un assez grand nombre, ou quand on pense que l'écluse en contient une certaine quantité, on ferme la vanne, on lève le palot, et alors le fretin entre dans le vivier. On n'emploie ce mode que quatre ou cinq fois par mois.

Espèces qui entrent par les écluses. — Les espèces de poissons qui, à l'aide de ces artifices, passent dans les viviers, sont :

1° Les *muges* (mules noir, blanc, caborgne, sauteur du pays) ; le noir est beaucoup plus abondant que les autres ;

2° Le *bar* (brigne) ; il n'entre qu'en petite quantité ;

3° Quelquefois, le *carrelet* et la *dorade ;* quand le fretin de dorade est abondant, il entre en grande quantité. J'ai vu, dans le chenal de Certes,.de petits carrelets qui avaient, au mois de septembre, la dimension d'une grande pièce de cinq francs ;

4° La *sole* entre très-peu, par hasard ; le *rouget*, le *turbot*, etc., n'entrent jamais dans les viviers ;

5° La *montée d'anguilles* entre en abondance au printemps, quand on commence à ouvrir.

Époques des entrées. — En avril, l'entrée du fretin est très-abondante ; elle l'est moins en septembre. Le fretin n'entre que quand il a atteint la grosseur d'un tuyau de plume ; celui d'avril est plus fort que celui de septembre.

II. — Déboire.

On entend par faire *déboire*, à Arcachon, faire écouler dans le bassin une portion de l'eau du vivier. Il est indispensable de renouveler en grande partie l'eau qui a séjourné dans ce vivier où elle deviendrait insalubre au contact des vases, des limons et des détritus des poissons et des végétaux.

Pour cela, quand la *marée est basse*, on descend le cadre avec sa manche, et on lève la vanne de l'écluse à la hauteur de 3 à 6 centimètres; il s'établit alors dans le bassin d'Arcachon un léger écoulement qui n'a pas assez de force pour entraîner l'alevin du vivier; d'ailleurs, si cet alevin se présente vers la manche, à travers les mailles de laquelle il pourrait passer, on ferme la vanne et l'on cesse de faire déboire.

J'arrive maintenant à la partie réellement industrielle, celle qui concerne la conservation, le développement et l'engraissement du fretin.

Quand le fretin est entré dans les viviers, il faut l'y tenir dans les meilleures conditions possibles de *conservation*, de *développement* et d'*engraissement*.

Conservation. — Les influences atmosphériques jouent un rôle très-important sur la conservation des poissons, notamment pour les espèces retenues en captivité. Les vents froids, par exemple, font souvent périr un grand nombre de muges. J'ai pu constater que les vents nord, est, sud-est, sont très-nuisibles, que le nord-ouest ne fait jamais de mal, et que le sud et le sud-ouest sont très-bons; un abaissement considérable de température, la gelée même, est moins funeste que les mauvais vents. Par conséquent, dans l'organisation d'un vivier, on doit prendre les dispositions nécessaires pour ne pas laisser le poisson exposé à ces funestes influences; en cas d'insuffisance d'abris naturels, on en crée d'artificiels.

Développement et engraissement. — Dans un vivier, les abris ont surtout pour objet la conservation du poisson; mais ces abris ne rempliraient pas le but essentiel de l'élevage pour le rapide développement du fretin et l'engraissement du poisson adulte, chez les espèces *herbivores* telles que le muge.

Pour remplir ces conditions d'élevage, on organise des *pacages*, c'est-à-dire des portions peu profondes où croissent des herbes destinées à la nourriture du poisson; ces pacages, ainsi que l'indique le plan, occupent ordinairement de vastes étendues où le poisson va se reposer et manger, où il peut participer plus directement aux influences de l'air, de la lumière et du soleil. Le sol du pacage se déprime peu à peu vers les bords du vivier où l'on a eu le soin de pratiquer, aux bonnes expositions, des creusements ou autres abris.

J'ai pu constater que les meilleurs pacages sont ceux qui sont *étendus, peu profonds* et *peu herbeux*.

La végétation des pacages et, en général, celle d'un vivier, a une très-grande importance pour l'élevage.

En effet, les plantes aquatiques donnent au poisson, non-seulement un *abri*, mais aussi des *aliments* à l'état vivant ou à l'état de détritus ; elles concourent encore indirectement à son alimentation, en servant d'abri et de nourriture à une très-grande quantité d'animaux aquatiques, notamment aux *larves* et aux *coquillages* dont certaines espèces de poissons sont très-avides.

Pour l'élevage du muge, et particulièrement pour son engraissement, j'ai reconnu que la *rapelle* (*Ruppia spiralis, R. rostellata*) était la plante la plus importante à conserver ou à propager dans les viviers du bassin d'Arcachon ; car, lorsqu'on observe les allures du muge sur les pacages, et qu'on examine ses intestins, on reconnaît que ce poisson mange une grande quantité de *Ruppia* et un grand nombre de coquillages souvent microscopiques adhérents à cette plante. Ces aliments donnent à la chair du muge de la plupart des viviers une saveur toute particulière qui est bien caractérisée quand on a le soin d'en conserver les détritus dans le corps du poisson.

PÊCHE ET PRODUITS DES VIVIERS

I. — Pêche.

Pêche à l'écluse. — On la pratique quand le niveau de la mer est plus élevé que celui de l'eau du vivier ; on place dans une coulisse ménagée à 6 mètres de la vanne vers la mer, et à 4 mètres de l'extrémité de l'écluse, un cadre de fils métalliques à mailles de 11 millimètres, et on lève ensuite complétement la vanne.

L'eau de mer se précipite dans l'écluse et établit un courant ; alors le poisson du vivier qui est appelé vers l'écluse par le mouvement et la fraîcheur de l'eau, et qui recherche toujours *un courant pour le remonter*, entre dans l'écluse. Quand le poisson s'y trouve en suffisante quantité, on descend brusquement la vanne pour l'empêcher de rentrer dans le vivier. On peut alors le prendre dans l'eau avec un filet, ou bien attendre que la mer se soit retirée pour enlever le poisson à sec sur le plancher de l'écluse. On rejette dans l'eau le poisson de moyenne dimension quand il n'est pas gravement endommagé.

Pêche à l'aumaillade ou au petit trémail. — On se sert d'un trémail ordinaire garni de plomb et de liége ; les pêcheurs en bateau le tendent en formant des contours ou labyrinthes, et font du bruit pour effrayer le poisson qui va s'enlacer dans les mailles du filet.

On pêche ainsi, en raison de l'ouverture de la maille, des poissons de diverses dimensions, gros et moyens. Quand le muge s'est pris dans la maille, il se fatigue, perd des écailles, et n'est plus bon à être rejeté dans l'eau. Ce mode a donc l'inconvénient de faire pêcher des poissons qui n'ont pas encore atteint les dimensions convenables pour être avantageusement livrés au commerce, et qui surtout se trouvaient dans de bonnes conditions pour prendre un rapide accroissement.

- On n'emploie ce mode que pendant la durée du jour, depuis la fin d'août jusqu'à Pâques.

On ne pêche le muge des viviers qu'*à partir de la fin d'août,* par les motifs suivants :

C'est pendant les chaleurs que le poisson prend le plus d'accroissement ; si on le pêchait dans cette période de l'année, on éprouverait une perte notable, non-seulement en poids, mais aussi en qualité ; car, par les chaleurs, le poisson transporté s'altère souvent, perd beaucoup de sa fraîcheur et se vend moins avantageusement.

Pêche à la fouâne ou foène. — On emploie ce mode pour toute espèce d'anguilles (pour ce poisson seulement), à partir du mois de février jusqu'à Pâques. En voici le motif : pour foèner avantageusement, il faut que les eaux des viviers soient *très-basses,* afin de réunir les anguilles en groupes plus ou moins nombreux ; mais on ne doit les baisser ainsi que lorsqu'on n'a plus de grands froids à craindre ; car, sous leur influence, la foène, en troublant l'eau, augmenterait encore les chances de mortalité pour le muge.

On pique la vase dans tous les sens avec une fourche à cinq dents, et on enlève ainsi les anguilles traversées de part en part. Cette pêche exige une main-d'œuvre assez coûteuse, et ne donne que des anguilles meurtries ou déchirées qui, en cet état, perdent de leur valeur à la vente, et ne peuvent pas, d'ailleurs, être conservées à l'état vivant.

Pêche au stouyère. — (Le stouyère est un filet simple à larges mailles dont on se sert dans la Garonne pour pêcher l'alose). Ce mode consiste à tendre le soir un filet *dormant* ou fixe qu'on lève

le lendemain matin ; il est spécialement employé pour pêcher le
poisson plat (carrelet, sole, etc.) qui voyage pendant la nuit.

II. — Produits.

Dans son état actuel, l'exploitation des viviers ne porte que sur
les *anguilles* et sur les *muges* connus dans le pays sous le nom de
mules ; ces derniers forment la partie la plus importante de la
pêche.

Le *muge noir* ou *à grosses lèvres* est en proportion beaucoup plus
considérable que les autres ; il entre en très-grande quantité par
les écluses, et profite beaucoup mieux dans les viviers que le muge
blanc et le muge sauteur ; son grossissement est en général supérieur d'un tiers à celui de ces deux espèces, notamment du muge
blanc.

Le produit annuel de la pêche des muges et des anguilles peut
être évalué en moyenne à 300 kilogrammes par hectare.

Les viviers de M. de Boissière, l'un de nos confrères, dont l'étendue est d'environ 100 hectares, fournissent annuellement à la consommation plus de 30000 kilogrammes de poissons, et n'exigent
qu'un personnel composé de quatre pêcheurs ; le chef reçoit un
traitement annuel de 460 fr., et doit tout son temps à l'exploitation ; les trois autres sont sauniers (fabricants de sel) et ne reçoivent
qu'un traitement de 350 fr. ; les frais de matériel peuvent être évalués à 2500 fr. pour filets, embarcations et transport du poisson à
la station du chemin de fer de la Teste ; dans les frais, ne sont pas
compris ceux des grosses réparations d'écluses qui peuvent s'élever
annuellement à 800 fr.

L'établissement de ces viviers offre donc des avantages réels,
non-seulement en ce qui concerne l'alimentation publique, mais
aussi en ce qui touche à l'exploitation du sol ; car, dans la région,
le rendement à l'hectare est de : 100 fr. pour les terres en culture
(froment, fève) ; 120 fr. pour les prairies non arrosées ; 150 fr. pour
les marais salants ; 250 fr. pour les prairies arrosées d'eau douce ;
300 fr. au moins pour les viviers convenablement exploités.

Il importe de rappeler ici que ce produit est obtenu d'une manière régulière, sans aucune nourriture artificielle. Le poisson, en
effet, est abandonné à lui-même dans les viviers où la présence de
la *rapelle* qui y croît spontanément suffit, en grande partie, à son
alimentation.

Les poissons de ces viviers, à l'exception d'une faible portion consommée sur place, sont vendus sur le marché de Bordeaux et deviennent, par leur quantité et leur nature, *l'une des branches principales de l'alimentation de cette grande cité;* en effet, c'est par les viviers seuls que le marché de Bordeaux est approvisionné de poissons aux époques où les mauvais temps qui règnent si fréquemment sur les côtes de la Gironde, pendant l'hiver, rendent la pêche en mer sinon impossible, du moins tout à fait insuffisante pour les besoins de la consommation.

On ne peut, d'ailleurs, méconnaître que les viviers ou réservoirs établis sur le littoral de nos mers ont pour effet utile de soustraire à une destruction certaine des myriades de jeunes poissons qui, abandonnés à eux-mêmes, sont en grande partie la proie d'animaux voraces dont le plus grand nombre n'offre souvent que des produits inférieurs ou peu recherchés par la consommation.

Le fretin de muge se développe, pendant le premier âge, dans le bassin d'Arcachon; dès que les gelées se font sentir, il quitte ces eaux pour gagner les stations bien abritées ou la haute mer. L'émigration commence au mois de novembre; et c'est précisément à partir de cette époque que l'on rencontre un nombre considérable de poissons voraces, notamment de merlus, que leur instinct amène à l'entrée même du bassin où ils trouvent habituellement une immense quantité de fretin, notamment de jeunes muges. Les merlus y deviennent tellement abondants que, dans certaines années, dix-huit équipages de pêche ont pris chacun 350 à 400 de ces poissons par jour pendant plus de deux mois. Quand on ouvre ces merlus, on les trouve remplis de jeunes fretins, particulièrement de petits muges, qui ont de 4 à 7 centimètres environ de longueur. Avant l'émigration des muges, les merlus étaient maigres; au bout de quelques semaines, notamment en décembre, ils sont devenus très-gras.

Les viviers en recueillant et en abritant le fretin lui ménagent, dans leur intérieur, toutes les conditions les plus favorables à sa conservation et à son développement. Ils présentent ainsi des avantages incontestables qu'on ne saurait trop signaler, soit à l'attention de l'administration de la marine, soit à celle des riverains qui seraient disposés à se livrer à des opérations de pisciculture marine.

En effet, en tenant compte des conditions d'accroissement des espèces voraces sur le littoral, et des muges dans les viviers, on arrive au résultat suivant : un millier de jeunes muges abandonnés dans le bassin et ensuite dévorés, à l'état de fretin, par un poisson dont la chair peut même être utilisée, ne produit pas pour la consommation *un demi-kilogramme* de poisson comestible ; tandis que la même quantité de fretin introduite et élevée dans un vivier produit, pour la consommation, plus de 1000 *kilogrammes d'excellents aliments.*

D'autre part, il convient de faire remarquer que l'exploitation des viviers du bassin d'Arcachon, qui n'a pris une assez grande extension que depuis une vingtaine d'années, n'a porté aucun préjudice à la pêche maritime, c'est-à-dire à l'industrie des pêcheurs inscrits ; car, depuis cette époque, les produits de cette pêche ont plus que doublé.

Dans ces conditions, et en présence du renchérissement toujours croissant des denrées alimentaires, notamment en matières animales, on ne peut que favoriser l'exploitation et le développement de ces viviers ; car, s'ils n'existaient pas, il faudrait les créer.

Leur extension sur le littoral de l'Océan et leur organisation, avec quelques modifications, sur celui de la Méditerranée, auraient d'immenses résultats pour l'alimentation publique, en fournissant, d'une manière régulière et à des prix très-modérés, une masse considérable de poissons comestibles.

Il ne faut pas perdre de vue, en effet, que l'établissement de ces viviers est facile et peu coûteux ; car on trouve, sur le littoral de nos mers, de vastes étendues de terrains à peu près improductives qui pourraient être avantageusement transformées en piscines à l'aide de quelques digues formées avec les terres de creusement ; les écluses sont de construction facile, et suffisent à l'approvisionnement de l'eau et de l'alevin ; le développement et l'engraissement du poisson ne coûtent rien, puisqu'ils s'effectuent à l'aide des ressources alimentaires que le poisson rencontre naturellement dans le milieu où il est enfermé ; la pêche enfin n'est ni difficile, ni périlleuse, ni dispendieuse, puisqu'elle s'exerce dans des espaces très-circonscrits et abondamment pourvus de poissons.

Ces avantages que ne peut offrir aucun autre mode de culture ne sauraient être trop vulgarisés ; car l'industrie qui les réalise dans le bassin d'Arcachon est restée fort longtemps ignorée, même dans les départements les plus rapprochés de la Gironde ; et ce n'est que depuis les communications dont elle a été l'objet, en 1856, à la Société d'acclimatation, que l'on a pensé à en faire l'application sur le littoral de l'Océan et sur celui de la Méditerranée.

L'un de nos confrères, M. Chauvin, étudie depuis plusieurs années cette importante question dans le département des Côtes-du-Nord, et l'exécution de ses projets n'est aujourd'hui subordonnée qu'à des formalités inhérentes aux règlements concernant le domaine maritime.

A l'étranger, de semblables projets sont à l'étude. M. le chevalier d'Erco a exposé, dans l'aquarium marin, un plan-projet d'un établissement de réservoirs de poissons à Prado, près Trieste, d'une étendue de 112 hectares.

Sur le littoral de la Méditerranée, l'un de nos plus zélés confrères, M. Léon Vidal, s'est mis résolûment à l'œuvre, et a pu, dégagé de toute entrave, créer la ferme aquicole de Port-de-Bouc dans laquelle il élève des muges et des bars à l'état de stabulation ; M. Vidal nous a fait connaître, en décembre et mars derniers (1), les résultats de ses tentatives qui déjà, à ces époques, étaient très-satisfaisants. Notre dévoué confrère est sous tous les rapports dans d'excellentes conditions pour donner à cette partie importante de l'industrie des eaux une active et intelligente impulsion. Ses tentatives, dirigées par une saine et judicieuse observation des lois naturelles, ne peuvent manquer de réussir et de propager les bonnes méthodes sur le littoral méditerranéen.

Les essais qui pourraient être faits ne seront point d'ailleurs livrés au hasard ; car, le 24 mai dernier, M. le lieutenant de vaisseau, Trotabas, a déposé, sur le bureau de la Société, un mémoire dans lequel il fait connaître les criques, anses, étangs salés, et généralement les fonds qui se trouvent dans de bonnes conditions pour des exploitations industrielles d'aquiculture marine (2).

L'exemple donné dans le bassin d'Arcachon par MM. de Boissière, Douillard de Mahaudière, Festugières, Javal, vice-amiral Larrieu et de Lescalopier, ne peut donc tarder à porter ses fruits ; et l'on peut, sans crainte d'être taxé d'exagération, entrevoir dans un avenir peu éloigné la mise en valeur, sur notre littoral, de 100 000 hectares au moins, aujourd'hui délaissés ou à peu près improductifs, qui pourraient fournir annuellement à la consommation plus de 30 millions de kilogrammes d'excellents poissons.

Je dis que cette appréciation ne peut être taxée d'exagération ; car les documents statistiques publiés par le gouvernement italien à l'occasion de l'Exposition universelle constatent qu'en 1865, la lagune de Comacchio qui est, comme les viviers d'Arcachon, essentiellement peuplée de muges et d'anguilles, a produit 494 652 kilogrammes de poissons d'une valeur de 331 524 francs.

(1) *Bulletin*, 2ᵉ série, t. III, n° 12, décembre 1866, p. 637. — *Bulletin*, 2ᵉ série, t. IV, n° 5, mai 1867, p. 190.

(2) *Bulletin*, 2ᵉ série, n° 7, juillet 1867, p. 358.

ENGINS ET FILETS DE MER

RAPPORT

Par M. HENNEQUIN

Trésorier général des Invalides de la marine, membre de la Société impériale d'acclimatation,

ET M. MILLET

Inspecteur des forêts, Vice-Président de section à la Société impériale d'acclimatation.

Les pêches maritimes se divisent en grande pêche et pêches dites côtières. La grande pêche comprend la capture de la baleine et de la morue. Les pêches côtières sont celles du hareng et du maquereau avec ou sans salaison, ainsi que de tous autres poissons frais, et celles des coquillages et des crustacés.

L'industrie de la pêche si intéressante au point de vue de l'alimentation publique, du commerce et du développement des populations maritimes, a en France une importance qui pourrait s'accroître considérablement si les capitaux se portaient davantage vers elle, sans imposer des exigences trop onéreuses aux ouvriers de la mer.

Cette importance va être établie ici par des chiffres puisés aux meilleures sources.

Pêche de la baleine. — Malgré tous les encouragements qui lui ont été prodigués, notamment sous forme de primes, la pêche de la baleine a cessé d'être exercée par la France depuis 1862. En 1817 nous avions 6 navires baleiniers, 28 en 1820, 6 en 1827, 29 en 1847 et 1 en 1861. Ce n'est point ici le lieu de rechercher les causes de l'abandon d'une industrie que les Américains continuent de pratiquer. Les produits de la pêche de la baleine sont d'ailleurs beaucoup moins précieux que par le passé pour le commerce ; l'acier remplace presque partout les fanons, et l'huile de spermacéti n'est plus employée comme précédemment.

Pêche de la morue. — En 1847 la France occupait 392 bâtiments à la pêche de la morue, et 12 668 hommes ; le produit était de

13 349 495 francs. En 1857, 506 bâtiments, 17 251 hommes donnaient 17 975 635 francs. Enfin, en 1866, nous avions encore 450 bâtiments montés par 11 855 hommes, et le poisson représentait une valeur de 14 352 267 francs. La diminution de 1857 à 1866 est assez notable, comme on le voit; elle tient à diverses causes. La pêche aux côtes de Terre-Neuve s'amoindrit, la vente des produits est moins facile, moins grande. Le poisson frais en pénétrant de plus en plus dans les centres de consommation enlève au poisson salé des chances d'écoulement.

Pêche du hareng. — On sait que les armements pour la pêche du hareng ont pour but la capture de ce poisson avec salaison à bord ou son apport à l'état frais sur nos marchés. Ces deux genres d'opérations réunies ont donné lieu, en 1857, à l'expédition de 339 bateaux montés par 3381 hommes; les produits évalués en argent représentaient 4 882 514 francs. En 1862, 260 bateaux et 3546 hommes; produits 5 294 397 francs. Enfin, en 1866, 346 bateaux et 3365 hommes, produits 6 078 100 francs. Cette industrie se soutient, comme on le voit, mais elle ne se développe guère. Les conditions économiques si avantageuses dans lesquelles se trouvent l'Angleterre pour la pêche du hareng lui assurent le monopole presque exclusif des marchés étrangers, sur lesquels nous ne pouvons songer à lui faire concurrence.

Pêche du maquereau. — De même que pour le hareng, les produits de cette pêche comprennent le poisson frais et le poisson salé à bord. En 1857, 54 bateaux montés par 1445 hommes rapportèrent pour 605 139 francs de produits. En 1862, 49 bateaux et 971 hommes; produits : 663 984 francs. En 1866, 54 bateaux, 1176 hommes et 846 845 francs de produits. État stationnaire comme on le voit.

La pêche côtière est en voie de développement soutenu et, grâce à la facilité des communications, qui devient chaque jour plus grande, on peut espérer que ce développement continuera; en 1847 elle n'employait que 10 776 bateaux et 45 392 hommes; ses produits s'élevaient seulement à 25 716 658 francs. En 1857 on trouve 13 645 bateaux, 51 607 hommes et 34 428 913 francs de produits. En 1866 le nombre des bateaux s'est élevé à 16 570, celui des hommes à 61 057, et le total des produits à 43 908 623 francs.

Nous avons maintenant à indiquer ce que l'Exposition universelle de 1867 présente aux visiteurs en ce qui se rapporte aux pêches maritimes. Comme on pouvait le présumer, d'après l'exposition internationale de produits et engins de pêche qui a eu lieu à Bergen, en 1865, et sur laquelle un rapport important a été fait à la Société d'acclimatation par son délégué, M. Soubeiran (1), la Norvége offre l'ensemble le plus complet que l'on puisse désirer. Tout se trouve réuni en effet dans l'espace qu'elle occupe : modèles de bateaux, filets, engins, poissons conservés, etc., etc. Le musée de Bergen, qui a constitué cette remarquable exposition, a été mis hors concours.

Les filets norvégiens qui avaient déjà fixé avec raison l'attention lors de la première des expositions ayant pour but le progrès des pêches maritimes et fluviales organisée à Amsterdam en 1861, puis à l'exposition de Bergen, sont à la fois fins, résistants et confectionnés avec un soin tout particulier. Les pêcheurs du pays ne se préoccupent d'ailleurs que très-secondairement de la durée des filets et de leurs prix. Ils veulent avant tout que l'engin procure une pêche aussi abondante que possible et disent : « Une bonne journée de pêche paye le filet (2). »

Hâtons-nous d'ajouter que les filets norvégiens ne sauraient convenir aux pêcheurs français. Les conditions d'exploitation de la pêche sont en effet très-différentes dans les deux pays. En Norvége cette industrie se pratique avec de petits bateaux, près des côtes, dans les fiords et dans les lacs où les eaux sont tranquilles et d'une transparence extrême. Les filets sont mis à terre ou à bord de *bateaux-auberges*, chaque soir, et séchés. En France, nos bateaux, d'un tonnage assez élevé, sont obligés d'aller au large et souvent loin ; il leur faut donc des filets très-forts et que l'on puisse se dispenser de faire sécher fréquemment. Cependant il y aurait à rechercher si la grosseur des fils employés pour les filets dont nos marins font usage ne pourrait pas être diminuée, car il est généralement reconnu que les filets fins sont plus propres à la capture du poisson.

Au lieu des barils appelés quarts à poche ou des morceaux de liége qui servent, en France, à faire flotter les filets, les Norvégiens emploient généralement des flottes de verre, de forme sphérique et garnies d'un filet qui les garantit contre les chocs. Pour couler les filets et les maintenir à fond, ils se servent de boules de terre cuite, qui présentent, sur les pierres et les plombs, l'avantage considérable de ne pas déchirer les engins. On voit aussi, ainsi que dans

____

(1) Deux autres publications concernant cette exposition méritent d'être signalées ici ; ce sont : 1° le Rapport de la commission envoyée à Bergen par le ministre de la marine, et qui a été inséré dans le numéro de la *Revue maritime et coloniale* du mois de décembre 1865 ; 2° le Rapport des délégués de la Chambre de commerce de Boulogne-sur-mer, MM. Jules Lebeau et Lonquéty aîné.

(2) Rapport de M. Soubeiran, p. 95. — Rapport de MM. Lebeau et Lonquéty, p. 49.

les expositions de la Suède et du Danemark, employer dans le même but des cailloux roulés, plus ou moins arrondis, enveloppés dans des morceaux d'écorce de bouleau.

Les filets de coton, très-préconisés il y a quelques années et que l'on supposait, après l'exposition d'Amsterdam de 1861, devoir être généralement adoptés par les pêcheurs de harengs, n'ont pas obtenu la faveur présumée. Peut-être l'élévation du prix de la matière première dans ces dernières années entre-t-elle pour une bonne part dans ce résultat. Les Anglais, qui ont fait un grand usage de ces filets, prétendent qu'ils sont beaucoup plus *péchants* que les autres et qu'ils durent presque aussi longtemps que ceux de chanvre ; mais les filets de coton, dont plusieurs de nos ports ont essayé, présentent des inconvénients graves pour les pêcheurs français obligés, comme nous l'avons déjà dit, de conserver leurs engins à bord pendant d'assez longues périodes. Ces inconvénients consistent principalement dans l'échauffement, d'où résulte parfois une combustion spontanée.

En Norvége on préfère les filets lacés à la main, confectionnés avec beaucoup de soin par les pêcheurs et leurs familles, aux filets fabriqués à la mécanique, qui tendent, depuis quelques années, à se propager. Le très-bas prix de la main-d'œuvre dans ce pays est une des causes principales qui empêchent l'usage de ces derniers filets de se répandre en Norvége. L'emploi de la mécanique permet de confectionner des filets de chanvre très-fins, très-souples lorsqu'ils sont mouillés. De beaux spécimens de ce genre de filets ont été exposés par MM. Broquant et comp., de Dunkerque, qui sont à la tête de la fabrique la plus importante que nous ayons en France pour les engins de cette espèce. Le jury des récompenses a décerné à ces industriels une médaille d'argent, et S. M. l'Empereur, lors de son récent voyage à Dunkerque, a nommé M. Broquant chevalier de l'ordre impérial de la Légion d'honneur.

M. Jou annin, de Paris, a exposé une machine à fabriquer les filets, pour laquelle il a obtenu aussi une médaille d'argent.

Une autre fabrication de filets très-digne d'intérêt, surtout par le but philanthropique qui l'a fait créer, est celle de l'atelier-école de Dieppe, dont la classe 49 contient des produits. Fondé en 1859 et placé sous la direction des religieuses de la Providence, comme la manufacture de dentelles de cette ville, dans une dépendance de laquelle il est établi, l'atelier-école de filets, administré par un comité d'armateurs et d'anciens patrons de pêche, a pour but d'apprendre aux filles de marins à confectionner et à raccommoder les filets, en même temps qu'à lire et à écrire. Objet de subventions annuelles du ministère de la marine et du département de la Seine-Inférieure, cet établissement a obtenu du Jury une mention honorable.

Après nous être étendu comme nous l'avons fait sur l'exposition norvégienne et sur les filets, nous allons passer rapidement en revue les autres objets qui se rapportent à la pêche maritime.

Dans la galerie des machines, en face des bois de l'Algérie, section des colonies françaises, on voit le modèle d'une des goëlettes armées aux îles Saint-Pierre et Miquelon pour la pêche de la morue. Cette goëlette est mouillée sur le banc de Terre-Neuve, ses lignes tendues ; au bout de ces lignes sont des flotteurs de liége et des signaux de couleur.

M. le docteur Légal, de Dieppe, indépendamment de diverses publications relatives aux pêches maritimes, a exposé le plan d'un appareil pour le tannage des filets. Il a obtenu du Jury une mention honorable.

En outre du modèle de goëlette cité plus haut, notre colonie de Saint-Pierre et Miquelon a envoyé de nombreux spécimens de filets en usage pour les pêches de la morue, du hareng et du capelan, qui, comme on le sait, est l'un des principaux appâts pour la morue.

On voit aussi dans cette exposition un grand filet dit chalut monté sans fer.

Enfin la même colonie a produit une collection de tous les instruments autres que les filets employés, soit pour la pêche, soit pour trancher et habiller le poisson avant de le soumettre aux opérations de salaison et de séchage.

A l'exposition italienne, dans le parc, la sous-commission de Cagliari a exposé un modèle de madrague, pour la pêche du thon, qui lui a valu une médaille de bronze. Cette même commission a envoyé aussi des filets à sardine parfaitement conditionnés.

Dans la galerie de l'agriculture, près des échelles à saumons, usitées en Écosse et en Irlande, l'Angleterre a de grands filets ; et l'un de ses fabricants, M. Stuard, a exposé des engins de même espèce pour lesquels une médaille d'argent lui a été décernée.

Pour la Suède, l'institution des pêches de ce pays a exposé une collection de filets ainsi que des modèles de bateaux et des instruments. Hors concours.

Le Danemark présente une collection de filets, de nasses, de tambours où les plombs sont remplacés par des cailloux. Dans la même exposition, M. Andersen a des filets qui lui ont valu une médaille d'argent. M. Fiedler, à Stevrede, a obtenu une médaille de bronze pour des filets et des appareils de pêche.

Le ministère des domaines de Russie a exposé un ouvrage et un album très-remarquables sur les pêches. Hors concours.

MM. Sidoroff, frères, et Kojevnikoff, de ce pays, ont obtenu une médaille d'argent pour l'importance de leur pêche de l'esturgeon.

Indépendamment des personnes déjà citées, nous trouvons dans l'exposition de la Grande-Bretagne MM. Kirby, Beard et comp., qui, pour des hameçons exposés, ont reçu la médaille d'argent. MM. Milward et fils, Barteleet et fils, médaille de bronze pour des hameçons. M. Buchanan, à Glasgow, aussi pour des hameçons, a obtenu une mention honorable.

En Espagne, M. Fabra, à Barcelone, a exposé des filets qui lui ont valu une médaille d'argent.

En Italie, M. Mezzano a reçu la médaille de bronze, également pour des filets.

En Norvége, M. Dahl, à Austadfjord, a exposé des filets et des lignes, médaille de bronze. M. Kleyberg, à Staranger, pour un filet destiné à la pêche du hareng, et M. Johannesen, à Christiania, pour des lignes de mer et d'eau douce, ont obtenu chacun une mention honorable.

Nous terminons ce qui se rapporte aux pêches maritimes par l'indication des récompenses accordées à quelques exposants français que nous n'avons pas eu l'occasion de citer dans le cours de ce travail. Ce sont :

MM. Ouizille et comp., à Lorient; chaudière pour la cuisson des sardines, médaille de bronze.

Enfin, M. J. L. Soubeiran a obtenu une mention honorable pour ses ouvrages sur la pisciculture.

LES

HUILES DE POISSON

RAPPORT

Par M. LE Dʳ J. L. SOUBEIRAN

Professeur agrégé à l'École de pharmacie de Paris, Secrétaire délégué de la Société impériale
zoologique d'acclimatation.

Bien que l'étude des huiles extraites des poissons et de celles, si analogues par leurs propriétés à celles fournies par les mammifères marins, ne se rattache pas d'une manière directe à l'acclimatation, il nous a paru qu'elle devait être présentée à la Société en raison même de son importance et de ses rapports immédiats avec la pêche qui, depuis longtemps, est l'objet de l'intérêt et de la sollicitude de notre Société.

Les huiles de poisson sont, dans quelques cas, extraites des corps entiers des poissons [les harengs du Volga (*Clupea pontica*, Eich.) et quelques cyprinoïdes usités par les Russes (1)]; mais ce mode est regrettable, en raison des quantités énormes de matière alibile qui sont détruites pour obtenir des proportions relativement minimes d'une huile qui ne peut guère être employée que dans des opérations industrielles pour lesquelles il serait facile de la remplacer. D'autres fois on extrait l'huile d'organes spéciaux des poissons : c'est ainsi que la graisse, qui se trouve autour des intestins des esturgeons (*Acipenser huso*, L., *Guldenscadtii*, Brandt, *Schipia*, Guld., *stellatus*, Pall.) et des sandres (*Lucioperca sandra*) est recueillie avec soin, lavée et fondue au bain-marie par les Russes qui la réservent pour l'usage alimentaire. L'huile extraite des foies (morues, squales, raies) est plus ordinairement appliquée aux usages médicaux et industriels, suivant son degré plus ou moins grand de pureté qui tient le plus souvent à son mode de fabrication.

Pour obtenir l'huile des poissons entiers, on les met dans des tonneaux ouverts par le haut, qui en contiennent un millier environ, et l'on verse dessus de l'eau bouillante en brassant la masse. Au bout de quelques jours le poisson entre en décomposition pu-

(1) C. Danilewski, *Coup d'œil sur les pêcheries en Russie.* 1867.

tride et se transforme en une pâte demi-liquide, rougeâtre, infecte, sur laquelle l'huile surnage bientôt : on la puise à mesure qu'elle se sépare, et on laisse écouler à terre ou dans quelque ruisseau la masse putrilagineuse inférieure (Danilewski).

Les huiles extraites des foies ont été, jusqu'à ces dernières années, fabriquées par fermentation, c'est-à-dire que les foies entiers ou découpés par tranches étaient empilés dans des barils ou autres vases et abandonnés à eux-mêmes, et que l'on recueillait l'huile dès qu'elle venait surnager la masse; dans quelques pays on faisait écouler le liquide aqueux par un robinet placé à la partie inférieure du tonneau. Ce procédé primitif était celui des Islandais et des Normands qui faisaient la pêche à Terre-Neuve. Un peu plus tard on eut l'idée de chauffer les foies pour obtenir plus rapidement la séparation de l'huile, et, comme on le fait encore dans quelques petites usines du Nordland (Norvége), on fit arriver directement la vapeur d'eau sur les foies contenus dans des vases de bois : on fait écouler l'huile au fur et à mesure de sa formation par des robinets placés à diverses hauteurs. Comme on reproche à ce mode de fabrication de donner une huile beaucoup moins riche en principe iodurés et bromurés, parce que ceux-ci se seraient dissous dans l'eau introduite au milieu des foies, on a aujourd'hui, dans presque toutes les fabriques de Norvége, d'Angleterre et de Terre-Neuve, le soin de chauffer les foies dans des vases à double fond, qui reçoivent de la vapeur d'eau et dans lesquels la filtration s'opère également sous l'influence de la chaleur. L'initiative de cette innovation paraît due à M. Peter Möller, pharmacien à Christiania. Nous croyons devoir donner une mention spéciale à un appareil imaginé par un de nos compatriotes, M. Bouilly, et qui nous a paru le plus simple et le plus commode de tous. Cet appareil consiste en une chaudière de tôle, qui fournit la vapeur à quatre grands récipients à double fond, et au centre de laquelle se trouve placé le foyer (1).

Les Danois (2) font quelquefois usage d'un appareil, tantôt de

---

(1) Herman Baars, *Les pêches de la Norvége*, p. 25. 1867. — J. L. Soubeiran, *Fabrication de l'huile de foie de morue en Norvége (Journ. de pharm. et de chim.,* mars, 1866). — *Rapport sur l'Exposition internationale de produits et engins de pêche à Bergen*, p. 57. 1866.

(2) Winckler, *Over de Kabuljaauwrangst met den Hoet; Het maken van Levertraan verchljin.* Leyden, 1861. — J. L. Soubeiran, *Fabrication de l'huile de foie de morue en Danemark (Journ. de pharm. et de chim.,* novembre 1866).

verre, tantôt de fonte,. qui consiste en un grand vase cylindrique dans lequel est suspendu un second vase plus petit et de forme également cylindrique, de telle sorte que leurs axes se confondent et qu'il y a un espace libre entre les parois intérieures du grand vase et les parois extérieures du petit vase. La paroi du petit vase est percée de trous par chacun desquels passe un petit tuyau de fer qui vient s'engager dans le goulot de cornues dans lesquelles l'huile se réunit après sa séparation des foies, et coule tout d'abord dans les cornues supérieures qu'elle remplit. A la partie inférieure du grand vase sont des bouilloires chauffées au moyen de lampes à esprit-de-vin ; on obtient ainsi de la vapeur d'eau qui se répand entre les parois des deux vases, élève légèrement la température des foies et facilite l'exsudation de l'huile : la température la plus favorable est d'environ 40 degrés centigrades, et il est facile de l'obtenir par l'action séparée ou simultanée des bouilloires.

Nous trouvons encore dans une brochure sur l'exposition de la Nouvelle-Écosse (1) la description suivante d'un appareil à huile de foie de morue, imaginé par la Commission spéciale d'exploitation des pêcheries du Canada. Les foies placés dans une boîte de bois, doublée d'étain, reçoivent la vapeur d'eau d'un vase qui communique avec la boîte par un conduit de bois et de plomb : dès que l'huile se sépare elle s'écoule dans un baril par une ouverture *ad hoc*. Quand l'opération a duré deux ou trois heures, on retire les foies de la boîte pour les remplacer par de nouveaux, et l'on obtient ainsi une huile blanche et douce : on purifie l'huile du baril en y mettant un peu de sel qui précipite les matières organiques en suspension. Les foies qui ont subi cette première opération sont alors exposés au soleil et deviennent ainsi propres à servir à la fabrication de savons.

Dans le but de prévenir l'action de l'air sur les corps gras qui exsudent des foies, le docteur Delattre a eu recours à un appareil composé de grands ballons de verre que traverse un courant d'acide carbonique qui remplace l'air atmosphérique, et ce n'est que lorsque l'air a été entièrement expulsé que le chauffage commence.

Pour obtenir une huile de belle qualité, il est essentiel d'agir sur des foies très-frais et privés de leur vésicule biliaire, l'expérience ayant démontré qu'après dix-huit et vingt-quatre heures les produits commencent à offrir un goût âcre et un arrière-goût rance, qui

(1) Thom. F. Knight, *Descriptive Catalogue of the Fishes of Nova Scotia*, p. 103. 1866.

se développent d'autant plus que l'extraction a été longtemps retardée. Les Danois forment trois catégories de foies : dans la première ils mettent les foies blancs arrondis qu'ils retirent des poissons sains et qui donnent en général une forte proportion d'huile blanche de première qualité : ils réservent pour la seconde catégorie les foies grisâtres, allongés et anguleux provenant de poissons moins bien développés et qui donnent de l'huile de seconde qualité, plus foncée : ces foies sont moins riches que ceux de la première catégorie. Dans la troisième catégorie, les pêcheurs mettent tous les fois provenant de poissons plus ou moins malades et par suite ulcérés ou tachés de rouge et de vert : on extrait de ces foies, qui sont de tous les moins riches, une huile de très-médiocre qualité et de très-mauvaise odeur. L'huile obtenue durant les premières heures des foies de la première qualité est d'un jaune très-pâle et usitée exclusivement en thérapeutique. Celle qui s'écoule dans les douze heures suivantes est plus colorée et quelquefois aussi employée en pharmacie : on aide son écoulement par la chaleur du soleil, ou, à son défaut, par une chaleur artificielle modérée. Plus tard on obtient l'huile brune qu'on mélange à l'huile des foies de seconde qualité pour l'usage de la corroierie. L'industrie emploie également, bien qu'elle soit inférieure, l'huile brun verdâtre, fétide, provenant des foies de troisième qualité. Quant aux résidus des foies, on en fait un engrais fertilisant de très-bonne qualité en les mêlant à une certaine quantité de chaux vive (Winckler). Une précaution à signaler, c'est que les Danois ont soin de déposer les foies destinés à fournir les produits spéciaux à la pharmacie dans des tonnes de verre suffisamment renforcées, et conservent l'huile dans des vases de verre où elle ne prend pas le goût de rance, et qui permettent d'éviter la coloration des huiles que le contact de vases de bois ne manquerait pas de donner.

En Norvége, l'huile est recueillie au fur et à mesure de sa formation, mise à refroidir dans de grands bassins où elle se clarifie en donnant un dépôt assez abondant : on la décante alors et on la filtre à plusieurs reprises pour en séparer la stéarine et la margarine, ce qui donne plus d'onctuosité à l'huile, que l'on conserve alors dans des vases de fer-blanc pour éviter qu'elle ne se colore. Quand les foies ne donnent plus d'huile blanche dans les chaudières à double fond, on les verse dans une chaudière de fonte chauffée à nu, à feu doux, et l'on a soin d'agiter la masse tant qu'il se produit de l'huile blonde qui est très-employée par les Norvégiens pour l'éclairage. On pousse ensuite le chauffage, pendant une heure environ, pour obtenir l'huile brune employée surtout par l'industrie. Quant au résidu, qui a l'aspect d'une résine, on s'en sert comme engrais en arrosant les prairies avec le liquide dans lequel on l'a dissous (1).

Les huiles norvégiennes, le plus souvent expédiées dans des barils de fer-blanc, et quelquefois dans des barils de chêne, sont partagées en assortiment, qui sont : 1° la *blanche médicinale*, liquéfiée à la vapeur, d'une couleur estimée très-pâle, ayant odeur de poisson frais, saveur franche, douce, sans arrière-goût; 2° la *blanche supérieure naturelle* (2), transparente, couleur de paille, qui souvent laisse un dépôt de stéarine, surtout si elle n'a pas été suffisamment filtrée; sa saveur et son odeur sont douces, sans aucun arrière-goût;

- (1) Les débris nombreux des poissons, qui ont été longtemps abandonnés et perdus, avaient l'inconvénient d'infecter l'air si on les laissait à terre, de porter préjudice aux poissons si on les jetait à la mer. C'est à peine si dans les régions du Nord une portion était utilisée à servir de nourriture aux bestiaux. Depuis on a eu l'idée de convertir ces débris composés de têtes, de viscères et vertèbres en engrais qui, d'après le docteur Stöckhardt, de Tharand (Saxe), pourrait remplacer le guano du Pérou, car il a donné à peu près les mêmes résultats dans des expériences comparatives. Les analyses de MM. Stöckhardt (1860), Œrsted et Groth (1861) et Ditten (1861) ont démontré que ces guanos sont riches non-seulement en principes organiques, mais aussi en phosphates. Cet engrais qui se présente sous la forme d'une poudre grise, ténue, légère, peu odorante, facile à transporter, se prépare en général de la manière suivante : on dépose dans une fosse à fond imperméable des lits successifs de poissons et de chaux (l'épaisseur de ces lits est de 15 à 20 centimètres environ), et l'on couvre le tout de terre. Après cinq ou six mois de contact on retire l'engrais, qui est moulu et grossièrement pulvérisé pour être répandu facilement sur le sol.

M. Rohart a eu l'idée d'établir à Christiansund d'abord, aux Löffoten (Norvége) ensuite, une fabrication d'*engrais poisson*, qui se présente sous forme d'une poudre grossière jaunâtre, très-sèche, assez peu odorante, se gonflant dans l'eau et y devenant en partie soluble. Examiné de près, on voit que ses éléments se composent de fragments à peu près uniformes de volume, jaunes, translucides comme de la gomme, noirs comme du sang desséché, et de nature osseuse et cartilagineuse. Les analyses de MM. J. Girardin, Malaguti, Bobierre et Isid. Pierre, ont démontré que cet engrais, très-analogue par sa composition avec le guano du Pérou, était très-riche en matières azotées et en phosphates terreux.

Depuis plusieurs années déjà, les Danois ont pris soin également de convertir en engrais les poissons non susceptibles d'être employés pour l'alimentation de l'homme, et tirent ainsi un judicieux parti de produits de pêche qui, jusqu'alors, avaient été recueillis en pure perte par les pêcheurs.

(2) L'exposition à la lumière aide la décoloration des huiles, comme on peut s'en assurer en examinant de l'huile qu'on vient de tirer du tonneau et celle qui a été conservée quelque temps dans des vases de verre.

3° la *blanche ordinaire*, limpide, couleur de madère, plus odorante et plus sapide; 4° la *brune claire*, limpide, de couleur rougeàtre, ayant une odeur de poisson très-marquée et une saveur âcre très-prononcée; 5° la *noire* (cuite), brun verdâtre, non transparente, assez consistante, d'une odeur et d'une saveur très-àcres et nauséabondes; elle est réservée pour la corroierie. Au moment de l'embarquement des huiles, un agent, nommé *rebuteur public*, extrait de chaque baril le résidu qui peut s'y être déposé, et marque, au moyen d'une roulette, chaque enveloppe d'un signe distinct pour chaque qualité (H. Baars).

Nous avons trouvé à l'Exposition de nombreux spécimens d'huile de foie de morue provenant du Canada, de Terre-Neuve, de l'Islande, de la Norvége, et en particulier nous avons remarqué dans la portion réservée à nos colonies françaises les huiles provenant des îles Saint-Pierre et Miquelon, et qui sont fabriquées dans des usines fondées vers 1850, et donnent aujourd'hui des produits qui peuvent rivaliser avec les produits anglais et norvégiens. Notons l'observation faite par le docteur Fleury, que l'huile faite à Saint-Pierre et à Miquelon jusqu'au 10 juin paraît la meilleure pour les usages thérapeutiques.

La Norvége, outre une riche collection fournie par le *Gadus Morrhua*, L. (1), nous montre des spécimens intéressants du *Gadus Æglefinus*, L., remarquable par sa finesse; du *Gadus Callarias*, L., qui passe pour moins agréable au goût et moins efficace; du *Gadus Carbonarius*, L., moins bonne, quoique plus claire dans ses variétés pâles, plus foncée dans ses variétés brunes, qui déposent lentement les matières en suspension, et facile à figer par le moindre abaissement de température; du *Brosmius vulgaris*, Cav., et du *Molva vulgaris*, Nillss., moins fluides que celle du *Gadus Morrhua*, mais qui sont bien près d'offrir des qualités égales. Quant à l'huile du *Gadus Pollachius*, L., son odeur, trop désagréable pour qu'on cherche son emploi alimentaire ou médical, tient à la difficulté de la séparation des foies, qui doivent subir une putréfaction très-avancée.

L'Exposition renferme encore quelques spécimens d'huile de foie de requin et de raie provenant de Norvége, de l'Inde et de Saint-

---

(1) L'huile de *Gadus Morrhua*, provenant des îles Löffoten, passe pour la plus agréable au goût et la plus efficace. Quant à celle qui est recueillie plus tard dans l'année sur la côte du Finmark, elle a un goût très-différent, assez désagréable, qui paraît dû à l'*Osmerus arcticus*, dont la morue se nourrit. Le goût de ce poisson est rebutant, et l'on pense qu'il s'imprègne dans la chair et le foie de la morue et, par conséquent, se communique à l'huile produite de ce foie (Peter Möller).

Pierre-Miquelon. Les foies des requins, dont le volume est très-différent, suivant les individus capturés, sont mis à bord dans de grandes barriques ou dans des bacs pour être fondus au moment du retour ou des relâches. Les Islandais retirent en moyenne deux barils d'huile pour trois foies du *Scymnus borealis*, mais on comprend que le rendement doit être très-variable, puisque les diverses espèces ont des dimensions très-différentes, et d'autre part que dans une même espèce il y a des variations de taille telles que la quantité de foies nécessaires pour donner un baril d'huile peut varier de un à six ou huit (1). L'huile extraite par la vapeur, en Norvége, des foies de requin, est considérée comme supérieure à celle de foie de morue pour l'éclairage. Les parties qui ne se liquéfient pas à la vapeur et les foies qui n'arrivent pas frais à terre sont cuits et donnent de l'huile brune pour la corroierie.

On trouve dans l'exposition de la Guyane anglaise un spécimen d'une huile assez limpide tirée des foies du *Pristis pectinatus*, Lath., et qui sert à l'éclairage; les Indiens l'emploient aussi pour oindre leur corps. Le seul renseignement qui accompagne cette huile est qu'un foie peut donner de quinze à vingt gallons d'huile.

Au milieu des produits de nos colonies françaises sont des huiles fournies par un poisson de Cambodge, nommé *tussoc*, et qui sont très-remarquables par la quantité de dépôt stéarineux qu'elles présentent et qui sans doute les fera très-rechercher de notre industrie.

Les huiles de foies de morues ont été, comme toutes les substances commerciales, l'objet de falsifications nombreuses, et en particulier on a eu recours au blanchiment pour substituer les huiles brunes à celles de première formation, qui sont plus claires. Aujourd'hui, le peu de différence de prix des huiles brunes et blanches fait que cette opération ne se fait plus. On substitue encore quelquefois à l'huile de foie de morue de l'huile de phoque blanchie, mais cette falsification est facile à reconnaître à l'aspect laiteux et louche de l'huile, à sa densité, qui est 9,150, et par l'emploi de l'acide sulfurique, qui y détermine une couleur jaune bistre passant au gris sale. L'huile de cachalot, que l'on a quelquefois substituée, a une âcreté et une odeur caractéristiques, et d'autre part donne une tache rouge foncée terne; sa densité est 9,240.

L'étude de la densité peut donner des renseignements utiles; en

(1) Il y a des squales dont les foies ne pèsent que 12 à 15 kilogrammes ; les foies de certains autres s'élèvent à 100 et 200 kilogrammes.

effet, il résulte des observations du docteur Cazin que la densité de l'huile de foie de morue vierge est de 9,250 pour les huiles claires, de 9,260 pour les huiles brunes, et quelquefois de 9,280 pour certaines huiles noires.

L'étude de la congélation donne aussi de bonnes indications, car l'huile de foie de morue ne se solidifie entièrement qu'à — 3°, l'huile de *Gadus Molva* avant zéro, celle de *Gadus Carbonarius* avant zéro, celle de raie à — 5°, et celle de baleine à — 4° (Cazin).

Non-seulement les poissons fournissent de l'huile pour les besoins de l'industrie, mais aussi un certain nombre de mammifères dont les produits se trouvent au palais de l'Exposition. C'est ainsi que nous avons examiné de l'huile de phoque provenant de Saint-Pierre et Miquelon, qui avait été obtenue par la fermentation au soleil, et que nous avons trouvé dans la partie russe de l'Exposition toutes les phases de la chasse de ces précieux animaux. Sans entrer dans les détails des divers modes employés par les Russes (1), nous nous contenterons de faire connaître le moyen d'extraction de la matière grasse : On coupe les têtes des animaux tués dans une seule chasse, et le nombre en est quelquefois considérable (en 1846, en une seule nuit, on tua 1300 phoques dans l'île Péchnoï, près de l'embouchure de l'Oural); on enlève les peaux avec la couche de graisse adhérente, et on les roule en paquets de forme à peu près cylindrique. Pour obtenir la graisse, on enlève la couche qui adhère à la peau et on l'expose dans des tonneaux ou dans des chaudrons à l'action du soleil, qui en fait découler une huile de première qualité; on fond le résidu dans des chaudières après y avoir ajouté un peu d'eau, pour éviter l'inflammation de la graisse. Il existe en Russie une seule fabrique où la préparation de l'huile se fait à la vapeur. L'huile qui y est obtenue donne trois qualités : 1° celle qui découle spontanément par le seul effet de la pression des couches supérieures des peaux entassées; 2° celle qu'on obtient par l'action de la vapeur d'eau sur la graisse contenue dans des vases; 3° celle obtenue par une forte pression exercée sur les résidus. Dans la saison chaude, on est obligé de saler les peaux pour les conserver quelque temps jusqu'au moment de la mise en exploitation, ce qui est inutile pendant l'hiver (Danilewski). On calcule, en général, qu'il faut une centaine d'animaux pour obtenir un baril d'huile, qui est excellente pour le corroyage, l'éclairage et le graissage des machines.

(1) Les Russes chassent pour leur graisse et pour leur peau les *Phoca caspica*, Nillss; *groenlandica*, Müll. ; *barbata*, Fabr., et *annelata*, Nillss.

Le morse (*Trichecus marinus*) fournit une huile de même qualité que les phoques.

Le *Delphinapterus leucas*, Pallas, est aussi l'objet d'une chasse importante dans la mer Blanche pour la graisse qu'il fournit. Les Norvégiens, qui le prennent au harpon, ne fondent en général la graisse et ne la mettent en barriques qu'au retour ou pendant les relâches.

Quelques spécimens d'huile de baleine et de *spermaceti* provenant du cap Vert, du Brésil et de la Nouvelle-Calédonie, figurent aussi à l'Exposition.

Nous aurions pu ajouter à cette énumération plusieurs huiles et graisses tirées de divers animaux et auxquelles on accorde des vertus médicinales variées, mais ce sont là ce que nous pourrions appeler des *médicaments locaux*, et nous n'avons pas assez de données pour nous étendre sur les graisses du Brésil qui sont fournies par les tortues, les tapirs, les caïmans, les crotales, les boas, les onces, etc.

L'utilisation de la chair des poissons pour en faire une farine facile à transporter, et qu'on peut employer sans être obligé de la laisser plusieurs jours dans l'eau, a été tentée par une Société norvégienne (*Det norske Fiskeguano selskab*), et nous paraît devoir être indiquée ici en annexe à notre étude sur l'huile de poisson. Les premiers essais donnaient une poudre possédant au plus haut degré l'odeur et la saveur âcres et désagréables du poisson sec, ce qui ne permettait pas de l'offrir à la consommation. Depuis, M. le professeur Rösing, d'Aas, a pu faire disparaître cet inconvénient en soumettant pendant quelques heures la farine de poisson à une température un peu moindre que $+100°$. Cette farine se présente sous la forme d'une poudre assez fine, grenue, blanc grisâtre, qui, mise dans la bouche, développe après quelques instants une saveur de poisson qui n'a rien de désagréable; elle est tirée des *Gadus Morrhua* et *Carbonarius* (ce dernier donne une poudre un peu moins blanche), et le plus ordinairement est vendue à l'état de mélange. Sans croire, comme les Norvégiens, qu'elle renferme quatre fois autant de matière nutritive que la viande de bœuf, quatre fois et demie autant que la morue fraîche, seize fois autant que le lait et le pain de seigle, nous devons constater que son usage s'est assez répandu dans le Nord, et nous avons reconnu, lors d'essais faits à bord de la frégate française *la Pandore*, qui était mouillée à Bergen pendant notre séjour, que des aliments préparés avec cette farine, sans être très-délicats, pourraient rendre des services; nous pensons que, dans des circonstances spéciales, la farine de poisson pourrait être employée avec avantage en raison de la forte proportion de phosphates qu'elle renferme.

Nous avons également trouvé au Brésil une farine de poisson très-usitée surtout dans les provinces du Nord. Cette farine est extraite d'un poisson nommé *pirá-cuhi*, qu'on fait rôtir, dont on extrait les arêtes et qu'on pile dans un mortier : la pâte est mise ensuite à sécher dans des écuelles de terre cuite, et est susceptible de se conserver pendant un temps très-long.

DE L'AQUICULTURE MARINE

MOLLUSQUES (HUITRES.—MOULES)

RAPPORT

Par M. HENNEQUIN

Trésorier général des Invalides de la marine, membre de la Société impériale d'acclimatation.

ET M. MILLET

Inspecteur des forêts, Vice-Président de section à la Société impériale d'acclimatation.

HUÎTRES. — L'huître, comme on le sait, est hermaphrodite, c'est-à-dire qu'elle réunit les deux sexes sur le même individu; elle est douée d'une fécondité prodigieuse, car elle peut donner annuellement un à deux millions d'œufs. La fraie a lieu ordinairement du mois de juin au mois d'octobre; durant cette période, l'huître pond des œufs de couleur jaunâtre qu'elle garde en incubation pendant plusieurs semaines dans les plis de son manteau, au milieu d'une liqueur nécessaire à leur développement, et, comme cette accumulation d'œufs ressemble à une crème épaisse, on dit alors que l'huître est *laiteuse*. Durant le cours de leur évolution, les œufs, passent de la couleur jaunâtre, au gris brun et gris violacé. Les jeunes qui en sortent n'ont pas la forme de l'adulte; ce ne sont encore que des larves d'une petitesse extrême, car elles ont à peine 1/5 de millimètre. C'est dans cet état que l'huître mère les répand autour d'elle, protégés par une coquille et munis d'un appareil de natation. Ces larves, qui forment un véritable essaim, se disséminent et vivent libres au sein des eaux jusqu'au moment de leur métamorphose. Avant d'accomplir cette métamorphose, elles sont soumises à bien des dangers; d'une part, leur appareil locomoteur n'est pas assez puissant pour leur permettre de lutter contre des courants violents qui les entraînent au large, où elles ont peu de chances de vivre; d'autre part, elles deviennent la proie de myriades de poissons, de mollusques, de crustacés, etc., qui en détruisent des quantités innombrables; celles qui échappent à la voracité de tous ces ennemis en rencontrent de nouveaux et plus nombreux encore sur les coquilles, les pierres, les rochers, qui sont, presque partout, recouverts de serpules, de balanes, de polypes, dont les cirres toujours agités, les tentacules toujours tendus, saisissent ces embryons lorsqu'ils ne font même que les effleurer.

Après la métamorphose, les dangers ne sont pas moindres. En effet, pour que le *naissain* ou l'huître jeune puisse vivre et se développer, il faut qu'il rencontre un corps solide sur lequel il se fixe convenablement. Or, les fonds et les pierres couvertes de vase ne peuvent lui convenir; sur les sables ou les galets mobiles, il ne résiste pas, soit au frottement, soit à l'écrasement; sur les plantes qui offrent peu de résistance, il périt avec elles ou bien se trouve étouffé par leurs détritus ou leurs agglomérations. Enfin, lorsque les petites huîtres ont trouvé un point suffisamment résistant et que leurs valves ont acquis une consistance capable de les protéger, il est encore d'autres ennemis, comme les crabes et les astéries, qui les surprennent dans leur coquille entr'ouverte, ou comme les bigorneaux qui perforent cette coquille pour les dévorer.

A toutes ces causes de destruction, il faut ajouter celle qui est le fait de pêcheurs avides et imprévoyants qui, à l'aide d'engins puissants et multipliés, ravagent les fonds où reposent les jeunes générations.

Heureusement, la nature a accumulé dans une seule huître, ainsi qu'on l'a vu précédemment, un nombre considérable d'œufs et a, d'ailleurs, donné aux jeunes embryons la faculté de s'accroître rapidement. Une huître, placée dans des conditions ordinaires, peut, en effet, être livrée à la consommation à l'âge de trois ans ou être déposée dans les parcs de conservation et d'engraissement.

La diminution considérable des huîtres, rendue plus sensible encore par une consommation toujours croissante, a fait rechercher depuis quelques années les moyens de les multiplier, en offrant au *naissain* des facilités nouvelles pour se fixer et se développer. Des tentatives nombreuses ont été faites dans ce but sur différents points des côtes de France. La baie de Saint-Brieuc, jadis féconde en bancs d'huîtres, a été l'un des principaux théâtres des essais entrepris; et des sommes relativement importantes, indépendamment du concours de bâtiments spéciaux de la marine impériale, ont été consacrées par le gouvernement à l'ensemencement de cette baie et au placement de fascines destinées à recueillir le *naissain* des quelques millions d'huîtres adultes qui avaient été répandues sur les fonds. Malheureusement les résultats ont été absolument nuls et il a fallu renoncer à poursuivre l'œuvre entreprise. On était arrivé à recueillir du naissain sur les fascines; mais ces collecteurs n'ont pu résister à l'action si énergique de la mer et des courants, et les jeunes huîtres ont disparu avec les fascines elles-mêmes avant d'être parvenues à maturité. Les bancs que l'on avait cru pouvoir repeupler ne se sont pas reconstitués, et la baie de Saint-Brieuc est aujourd'hui absolument dépourvue d'huîtres, comme ne tarderont pas à l'être, on peut le craindre, les bancs jadis si riches, si productifs, de Granville et de Cancale.

Dans la Méditerranée, les tentatives de repeuplement ou d'établissement de bancs n'ont pas été couronnées de plus de succès qu'à Saint-Brieuc. Dans une étude toute récente (1866) de notre confrère, M. Léon Vidal, sur le littoral français de la Méditerranée, il est dit que non-seulement les huîtres adultes semées sur divers points, tels que Villefranche, les environs de Saint-Tropez, la rade de Toulon, l'anse de Portmion, près de Cassis, les golfes de Marseille et de Fos, le port de Bouc, l'étang de Thau, n'ont pas prospéré, mais encore que sur plusieurs de ces points leur mortalité à peu près complète a été constatée. A Toulon, la reproduction, qui s'était d'abord manifestée abondamment, a décrû de plus en plus, sans que les causes de ce fait aient pu être déterminées. Dans l'étang de Thau, on n'a pas obtenu de reproduction, mais les huîtres paraissent y croître et y engraisser rapidement.

Les opérations entreprises par l'État dans le bassin d'Arcachon ont, au contraire, produit d'importants résultats, qui permettent d'en espérer de plus considérables encore. Ce bassin forme une sorte de petite mer intérieure fermée, d'environ 100 kilomètres de circonférence et de 1500 kilomètres carrés de surface; il est, par le seul fait de sa configuration, admirablement préparé pour devenir un immense centre huîtrier. Dans un intéressant rapport sur l'ostréiculture à Arcachon de M. le docteur Soubeiran, inséré au numéro de janvier 1866 du *Bulletin de la Société d'acclimatation*, notre confrère a qualifié ce bassin d'*Eldorado des huîtres*. Deux sortes de fonds y existent, ce sont les *crassats* ou terrains émergents, et les *chenaux* qui ne découvrent jamais. Des pêches très-abondantes se pratiquaient jadis dans le bassin d'Arcachon, mais là, comme ailleurs, une exploitation abusive avait fini par tarir cette riche mine.

Sous la direction de M. Coste, des travaux tendant à rendre au bassin d'Arcachon son ancienne fertilité ont été entrepris au commencement de 1860 et poursuivis assidûment.

Nous allons donner ici quelques détails succincts sur ces opérations et sur leurs résultats :

Deux parcs, dits impériaux, désignés sous les noms de *Grand-*

Cès et de *Crastorbe*, ont d'abord été établis sur des crassats où se trouvaient déjà des huîtres. Leur contenance totale est de 22 hectares. Deux ans plus tard, un autre parc, appelé *Lahillon*, a été créé également sur un crassat; sa superficie est d'environ 4 hectares. Au Grand-Cès et à Crastorbe, on avait trouvé une certaine quantité d'huîtres généralement petites; on n'en découvrit aucune à Lahillon. Après le nettoyage des fonds vaseux, des huîtres mères furent jetées sur l'espace affecté à ces parcs, puis on y plaça des collecteurs de naissain (coquilles d'huîtres, de sourdon, planches garnies de fascines, tuiles).

D'un autre côté, 116 concessions de parcs ou d'étalages (lieux de dépôt) ont été faites jusqu'à présent. Voici maintemant l'indication des résultats obtenus jusqu'ici.

Les parcs du Grand-Cès et de Crastorbe ont livré pour diverses destinations (mer Méditerranée, La Tremblade, concessionnaires de parcs du bassin d'Arcachon) dans la période d'avril 1862 à avril 1866, 7 948 102 huîtres. Au mois de mars 1867, malgré la faible reproduction de l'année dernière, on estimait pouvoir disposer de 1 500 000 huîtres mères de quatre à cinq ans, et d'un autre million d'huîtres plus jeunes, mais n'ayant pas cependant moins de 5 centimètres de diamètre.

Au 1ᵉʳ janvier 1867, la quantité d'huîtres qui se trouvaient sur les trois parcs était évaluée au minimum à 34 millions, dont 15 millions pour celui du Grand-Cès, 10 pour Crastorbe et 9 pour Lahillon. Dans ce dernier chiffre, on ne comprenait pas 500 000 huîtres mères jetées sur ledit parc, dont la production deviendra marchande dans un an.

Enfin, on a donné en avril et mai 1867 aux pêcheurs du bassin d'Arcachon 900 000 huîtres extraites du parc impérial de Lahillon, afin de leur permettre de fonder des parcs particuliers, à la seule condition qu'ils feront sur ces parcs, en vue d'amener la reproduction des huîtres, des travaux semblables à ceux qui s'effectuent dans le même but sur les parcs impériaux.

Quant à la pêche à la drague et à la main dans les chenaux, et sur les crassats du bassin, là où ne se trouvent point les parcs impériaux ou particuliers, elle a produit dans la campagne de 1864-1865 environ 2 500 000 huîtres vendues 56 600 francs; celle de 1865-1866 (année mauvaise) n'a donné que 2 000 000 huîtres d'une valeur de 48 000 francs. Enfin, dans la campagne de 1866-1867, on a récolté 3 216 000 huîtres, valant 46 à 47 000 francs.

Durant la même campagne 1866-1867, les concessionnaires des

parcs d'Arcachon et les détenteurs d'étalages ou lieux de dépôt ont introduit dans leurs établissements 3 266 732 huîtres provenant dé de la pêche locale et 4 millions d'huîtres venant de Lisbonne. Ces 7 266 732 huîtres leur ont coûté 125 333 francs. Ils ont vendu pendant la même période 4 921 218 huîtres représentant 194 178 francs. On ne saurait d'ailleurs déterminer la proportion pour laquelle les huîtres provenant de reproduction obtenue au moyen des collecteurs entrent dans ces ventes.

D'après un document récent qui a passé sous nos yeux, les concessions de parcs, malgré les soins nombreux qu'elles exigent pour prospérer, donneraient au minimum un bénéfice net de 1000 à 1500 francs par hectare.

Les détails qui précèdent, puisés aux meilleures sources, conduisent naturellement à reconnaître, avec les personnes dont ils émanent, que l'industrie de l'ostréiculture est aujourd'hui fondée dans le bassin d'Arcachon et qu'elle est en voie de prospérer, si le concours de l'État en matériel, en hommes et en argent, est continué aussi longtemps qu'il sera nécessaire.

La situation n'est malheureusement pas la même partout. Sur bien des points, les espérances conçues d'abord ne se sont point réalisées. Ainsi, à l'île de Ré, où l'ostréiculture avait d'abord donné des résultats très-satisfaisants, que notre confrère, M. Gillet de Grandmont, a constatés dans un travail inséré au Bulletin de la Société (2ᵉ série, t. 1, p. 180), on n'a vendu en 1866-1867 que pour 24 000 francs environ d'huîtres, provenant, à la vérité, de reproduction obtenue dans les parcs au moyen de collecteurs sur lesquels se fixe le naissain venant, soit des bancs du large, soit des huîtres mères placées dans les parcs eux-mêmes. Beaucoup de ces parcs sont, à ce qu'il paraît, envahis par la vase à tel point que l'on ne peut plus les utiliser pour les opérations en vue desquelles la concession en avait été demandée, et les détenteurs ne les conserveraient que dans le but d'en tirer parti en les convertissant en pêcherie à varech ou goëmon.

On doit souhaiter d'autant plus vivement voir l'ostréiculture se développer assez pour fournir largement aux besoins de la consommation que l'appauvrissement des bancs naturels est plus grand. Il suffira, pour faire apprécier toute la gravité de cet appauvrissement, de dire ici que les baies de Granville et de Cancale, qui ont si longtemps défrayé le marché de Paris et d'autres villes, en alimentant les nombreux parcs d'amélioration du coquillage établis à Saint-Vaast-La-Hougue, à Courseulles et ailleurs, n'ont donné, dans la campagne de pêche 1865-1866, que 3 à 4 millions d'huîtres, vendues 30 francs le mille, tandis qu'elles en avaient fourni en 1851 plus de 130 millions au prix de 7 à 8 francs le mille !

. La décroissance des produits date de 1852 et elle a fait, comme on le voit, d'effroyables progrès dans l'espace de treize ans. Cette décroissance peut être attribuée en grande partie à une mauvaise exploitation, à l'absence de l'interdiction de draguer à certaines époques sur tels ou tels points des bancs, mais d'autres causes naturelles, qui ont échappé jusqu'ici à l'appréciation de l'homme, ont évidemment concouru à ce fâcheux résultat.

Une enquête sur l'industrie huîtrière en Angleterre, qui a fait l'objet d'une intéressante et très-complète publication dans le numéro de la *Revue maritime et coloniale d'avril* 1866 (1), a constaté que l'approvisionnement des huîtres avait aussi considérablement diminué chez nos voisins, depuis trois ou quatre ans. Suivant cette enquête, la diminution signalée n'aurait pas été amenée par des exploitations abusives ou par des causes sur lesquelles l'homme peut exercer une action directe ; on l'attribue au manque de naissain, qui semble avoir été détruit durant ces années peu de temps après sa production. D'après cette enquête, une rareté pareille de naissain a eu lieu à des époques antérieures, et il faut considérer comme vraisemblable qu'elle se renouvellera plus tard. La commission d'enquête a émis l'avis, dans ses conclusions, que le meilleur moyen de combattre les effets de disettes périodiques du frai de l'huître est de faciliter les entreprises des individus ou compagnies qui désirent acquérir des fonds maritimes favorablement situés pour *cultiver l'huître*. La commission n'entend pas d'ailleurs par la *culture de l'huître* les méthodes de reproduction artificielle du genre de celles dont on fait usage pour la multiplication du saumon, mais l'enlèvement du *brood* (jeune huître du diamètre de 30 à 40 millimètres) et son dépôt sur des lieux où il serait conservé à l'aide de soins convenables, comme ressources pour les années mauvaises de pêche. Cette opération, dit-elle, est pratiquée par les pêcheurs anglais de temps immémorial. Enfin, suivant la même commission, qui termine d'ailleurs son travail par diverses recommandations, les règles et restrictions concernant la pêche des huîtres, sauf celles capables de faciliter le genre d'opération ci-dessus indiqué, n'ont eu et n'auront vraisemblablement aucun effet sur la reproduction.

. Le draguage des jeunes huîtres, en vue de leur dépôt dans les

(1) Challamel aîné, libraire, rue des Boulangers, 30, Paris.

parcs, où elles se développent et engraissent incontestablement
beaucoup plus rapidement que sur les bancs, grâce aux travaux
dont le coquillage est l'objet de la part des détenteurs des parcs,
était naguère interdit, en France, par les règlements. Ce draguage
est aujourd'hui autorisé partout, sous la seule réserve que les
huîtres ne seront vendues pour l'alimentation publique que
quand elles seront devenues marchandes. Comme si tout devait
être controversé dans cette question si ardue, si complexe de l'industrie huîtrière, on s'est élevé, sur certains points de nos côtes,
contre cette mesure, préconisée, ainsi qu'on l'a vu ci-dessus, par
les Anglais. Les adversaires de la disposition adoptée prétendent que,
par suite du draguage des jeunes huîtres, il ne restera plus sur les
fonds une quantité de coquillage suffisante pour assurer leur repeuplement.

MOULES. — L'industrie moulière n'est point, tant s'en faut, dans
la situation regrettable où se trouve l'industrie huîtrière.

Nous ne parlerons pas ici des moulières naturelles (bancs de
moules ou rochers garnis de moules et découvrant à basse mer)
exploitées à l'aide de bateaux et au moyen de dragues de plus petite dimension que celles employées pour les huîtres, ou à pied
avec des couteaux.

L'élevage des moules, qui rentre plutôt dans notre sujet, tend à
prendre une grande extension. C'est le département de la Charente-
Inférieure qui monopolise en quelque sorte ce genre d'opérations,
et la baie de l'Aiguillon en est le centre. Il existe sur ce point environ 1600 bouchots dont le rendement certain est inconnu. On
croit cependant pouvoir assurer que l'ensemble du commerce des
moules dans le ressort du quartier maritime de La Rochelle, d'où
dépend l'Aiguillon, est d'une importance d'à peu près 800 000 fr.

Les bouchots peuvent être formés de deux ailes ou pannes qui
se réunissent vers la mer en traçant un angle au sommet duquel
doit être pratiquée une ouverture d'au moins 1^m,20 de largeur, que
les règlements maritimes prescrivent de laisser constamment libre,
afin qu'ils ne servent pas en même temps à la capture du poisson.
Ces établissements peuvent aussi être installés avec une seule aile
ou panne perpendiculaire ou oblique à la côte ; ce dernier mode de
construction est généralement adopté aujourd'hui ; ces derniers
bouchots n'ont donc pas comme les autres l'apparence d'un V, lettre
initiale de Walton, qui fonda la culture des moules dans la baie de
l'Aiguillon il y a près de six siècles.

OBJETS EXPOSÉS. — Les principaux objets exposés qui se rapportent à l'industrie huîtrière et moulière sont, dans les galeries :

1° Les travaux d'ostréiculture de M. le docteur Kemmerer, à Saint-Martin de Ré, auquel une médaille de bronze a été décernée par le Jury. (Classe 49.)

2° Un modèle de tuiles cimentées, à rainures, pour la récolte du naissain de l'huître, exposé par M. le chevalier d'Erco, qui a également produit un plan de l'établissement d'ostréiculture qu'il dirige à Prado, près Trieste, et dont la surface en exploitation est de 16 000 mètres carrés.

Dans l'aquarium marin, on voit :

Des huîtres, des paniers et collecteurs (tuiles et pierres), ainsi qu'une caisse collecteur de M. Charles, négociant à Lorient.

Des tuiles et pierres collecteurs provenant du bassin d'Arcachon, de La Rochelle, d'Auray, de Pénerf, du Croisic, et extraites de parcs établis par les soins de l'État, en vue du repeuplement de nos côtes. Des huîtres des parcs appartenant à l'Etat et situés dans la rivière du Trieux et à Noirmoutiers figurent aussi à l'aquarium, où l'on trouve encore des huîtres de M. Battandier, de Marennes ; des tuiles et pierres collecteurs de M. Phélippot, de l'île de Ré ; des pieux de bouchots, des collecteurs, des huîtres vertes et blanches de la Vendée et de la Charente-Inférieure exposés par M. René Caillaud ; des tuiles, pierres et huîtres de tous âges, de M. Brizard ; enfin un panier, tuiles et pierres, de M. Wempert, de Rochefort.

M. Douillard de la Mahaudière, d'Audenge (Gironde), a exposé des collecteurs garnis d'huîtres de divers âges et provenant de son parc du bassin d'Arcachon.

COLLECTIONS D'HISTOIRE NATURELLE. — On remarque particulièrement les mollusques qui figurent dans la belle et riche exposition de M. Cailliaud, conservateur au Musée de Nantes; plusieurs coquilles offrent des coupes transversales et longitudinales. — On remarque aussi, dans le pavillon de l'Espagne (Parc), une belle collection de mollusques recueillis à l'île de Cuba par M. le docteur Gundlach.

ÉTUDE

SUR LES MOLLUSQUES

RAPPORT

Par M. CHARLES BRETAGNE

Membre du Conseil de la Société d'archéologie parisienne,
Membre de la Société impériale d'acclimatation.

Chargé de l'étude des mollusques à l'Exposition universelle, notre mission eût été bien mesquine si nous n'avions considéré ce magnifique jubilé de l'industrie qu'au point de vue actuel sans tenir compte des promesses d'un riche avenir.

Il ne nous appartient pas de faire l'histoire des expositions, de rappeler leurs faibles commencements ; mais en tenant compte de la loi de progression calculée d'après le temps écoulé et les faits accomplis, la nature de notre travail nous autorise à dire que l'Exposition de 1867 est le signe précurseur, l'aurore des progrès gigantesques que feront désormais les rapports internationaux et la civilisation universelle.

Par la force même des choses notre tâche se trouve donc divisée en trois parties, et nous aurons à apprécier à notre point de vue spécial.

1° Ce que nous avons vu de mollusques à l'Exposition universelle ;

2° Ce qui n'y était pas mais aurait pu s'y trouver d'après l'état actuel du commerce et de l'industrie ;

3° Ce que l'on peut espérer des expositions futures.

Occupé exclusivement du but utilitaire de notre Société, je n'ai pas à faire la description des milliers d'espèces de mollusques classés et définis par les conchyliologistes, je me borne à dire que l'on entend par mollusques des animaux d'un ordre inférieur, mis partout à profusion par la Providence sur terre et sur mer, dans les eaux douces et salées ; que la chair de quelques-uns concourt à l'alimentation de l'homme, leur coquille à sa parure, à l'embellissement de ses demeures, remplacent sa monnaie dans certains pays, et qu'au besoin même, ainsi que l'a prouvé une récente publication, ils peuvent figurer dans une œuvre littéraire : tels sont les huîtres, les moules, les escargots, la pentadine, la mulette, les poulpes et tant d'autres plus ou moins connus.

L'homme primitif que je soupçonne fort d'avoir fait sa première apparition sur les bords de la mer eut bien souvent recours à cette ressource pour son alimentation et même pour sa parure ; on en trouve les débris dans les traces contemporaines de l'âge de pierre qu'il a laissées de son séjour sur le littoral et même à une certaine distance de la mer. Les vitrines de l'histoire du travail ne laissent aucun doute à cet égard. M. de Vibraye, du département de la Dordogne, M. Victor Brun, de Toulouse, nous montrent des troques et des cardites de cette époque ; le docteur Marchand a un collier très-curieux, mi-parti d'opercules de murex et de petites valves d'autres coquilles déjà fossilifiées. M. le duc de Luynes, dans ses recherches aux environs d'Hyères, a trouvé de nombreux débris de coquilles avec des vestiges de foyer et d'habitation se rapportant à la même époque ; les cités lacustres en ont aussi donné.

En usant de cet aliment plus ou moins facilement assimilable, même à l'état cru, réparateur et légèrement excitant, les premiers hommes suivaient les intentions bien visibles du Créateur, car il l'a prodigué et mis d'abord à portée dans les lieux où l'eau douce se mêle à l'eau salée, à l'embouchure des fleuves et rivières, endroits fortifiés par la nature elle-même et que la tribu naissante choisissait toujours de préférence, car elle y trouvait tout à la fois sa nourriture et sa défense.

Prenant ensuite possession plus complète de son domaine, l'homme s'écarta du littoral et s'avança dans l'intérieur des terres ; il dut forcément alors chercher d'autres ressources pour son alimentation ; il les trouva dans la récolte des fruits sauvages, la poursuite du gibier, la pêche du poisson d'eau douce, enfin la première de toutes, l'agriculture, qui lui était indispensable pour croître, multiplier et accomplir ses destinées ici-bas, mais jamais, quand il le put, il n'oublia complétement, ainsi qu'on va le voir, les aliments de ses premières années.

Au point de vue alimentaire, les mollusques ne sont pas grandement représentés à l'Exposition de 1867.

A la classe des conserves françaises, MM. Pignolet et Aumont, de Grandville, ont exposé de beaux spécimens d'huîtres marinées, celles dites pied-de-cheval, qui, étant moins recherchées que les autres à l'état cru, doivent être naturellement réservées pour le marinage ; ils ont eu l'heureuse idée de les mettre dans des bocaux de verre blanc, ce qui permet de voir la marchandise ; cet examen est tout à l'avantage de ces honorables industriels.

La maison Chaillet et Sarah Félix, a aussi exposé des conserves d'huîtres, mais elles sont dans des vases de terre cuite, par conséquent il ne nous a pas été possible, même sur les apparences, de porter un jugement sur le contenu ; en revanche, cette maison devait exposer près de l'aquarium marin un spécimen réduit de son huîtrière de Regneville ; il est même indiqué sur le programme, mais jusqu'à présent cette intéressante exhibition n'a pas eu lieu.

Ainsi, l'industrie huîtrière française, si importante et si digne d'intérêt, est faiblement représentée à l'Exposition ; il ne faut ni s'en affliger ni s'en étonner ; un parc à huîtres qui couvre plusieurs hectares ne peut pas être exhibé plus qu'une ferme modèle. Quant aux produits dont la condition strictement obligatoire est une fraîcheur tout exceptionnelle, leur place n'est pas dans une vitrine, c'est à la halle et surtout à table qu'ils peuvent être appréciés ; malheureusement le prix de cette denrée hygiénique et savoureuse tend toujours à augmenter. On nous demande de dire un mot des efforts tentés pour combattre cette fâcheuse tendance ; nous déférons très-volontiers à cette observation, et il nous est particulièrement agréable de rendre justice à ceux qui dévouent leurs lumières et leur zèle aux soins de l'alimentation publique. Fidèle à sa mission tutélaire, le gouvernement a fait appel aux personnes les plus éminentes et les plus autorisées dans cette partie ; il fait les sacrifices nécessaires pour obtenir de bons résultats. Notre Société a aussi payé sa dette ; elle a joint ses efforts à ceux de l'État. La pisciculture honorée et encouragée partout se développe sur presque tous les points du littoral ; digne de marcher auprès de sa sœur aînée l'agriculture, elle donnera, nous l'espérons, de bons résultats, et mettra ses produits à la portée de toutes les bourses. Mais il faut observer d'une part que la consommation est augmentée dans la proportion de l'aisance publique, c'est-à-dire de beaucoup ; d'un autre côté, que l'ostréiculture est une science nouvelle qui a nécessairement ses épreuves à subir, ses obstacles à surmonter ; qu'il faut trois ans au moins pour qu'une huître soit adulte et comestible ; que par conséquent les parcs créés de main d'homme, pour suppléer ou remplacer les bancs naturels détruits ou insuffisants, ne peuvent du jour au lendemain modifier sensiblement l'état du marché ; que leur bienfaisante influence ne se fera sentir que lorsqu'ils seront établis sur une grande échelle. Il faut pour cela que cette industrie devienne populaire ; le rôle de l'État étant seulement de donner un salutaire exemple, il faut que les plus humbles habitants du littoral se familiarisent avec l'industrie huîtrière et y prennent confiance pour eux et leurs modestes capitaux, en un mot comme pour toute chose durable et solide, il faut le temps ; l'aquiculture ne peut se soustraire à la loi commune. Nous citerons un exemple palpable de ses bienfaits : la Moule, cette huître du peuple, si savoureuse et si abondante, est dure et coriace quand elle est abandonnée à elle-même. Il y a plusieurs siècles qu'un pauvre exilé irlandais, nommé Walton, jeté sur les côtes de l'Aunis, apprit aux habitants à la multiplier et surtout à développer ses qualités alibiles ; aujourd'hui elle donne lieu à un trafic de plus d'un million, rien que dans une portion de la vasière de la petite baie de l'Aiguillon. Ce chiffre et l'abondante récolte dont il est le produit donnent une idée des ressources alimentaires et des bénéfices considérables qu'il y aurait à tirer de cette industrie, si, au lieu de la restreindre dans la petite localité où elle est née et où il n'y a plus d'homme valide qui soit pauvre, on l'importait partout où elle peut être pratiquée avec succès.

Nous empruntons ces intéressants détails au *Voyage d'exploration sur le littoral de la France*, de M. Coste ; nous engageons les personnes qui voudraient approfondir ces questions si essentielles, à lire cet ouvrage et ceux qu'a publiés ce savant célèbre dont le nom fait autorité en pisciculture ; nous avons l'espoir fondé que sous ses auspices l'huître elle-même deviendra un jour aussi l'huître de tout le monde. Les questions alimentaires ont pris aujourd'hui le rang qui leur est dû ; elles ne sont plus abandonnées au hasard et n'attendent pas pour être fécondées l'épave d'un pauvre exilé, le monde savant et officiel les a prises en main et se fait un devoir de les protéger ; nous verrons se développer successivement les fruits de ce glorieux patronage.

Revenons à notre exposition.

L'Amérique nous a envoyé aussi des conserves d'huîtres, mais ce que j'ai remarqué avec plaisir, ce sont des boîtes de *clams*, espèce de *Venus* fort justement estimée ; on en a tenté, dit-on, sans succès l'acclimatation en France ; nous dirons pourquoi nous sommes satisfaits de les voir arriver sous forme de conserves.

Les mollusques alimentaires conservés de la Norvége sont représentés par un poulpe assez appétissant, l'*Octopus brevipes* de d'Or-·bigny, de belles cardites et de belles vénus ; nous avons surtout remarqué des moules et des *Cyprinæ* triples des nôtres comme grosseur, heureux résultats de la prudence d'un peuple prévoyant qui sait attendre la maturité des choses avant d'en jouir.

Pour l'ameublement et la parure, c'est autre chose; les spécimens sont nombreux. Le faubourg Saint-Antoine tire un excellent parti de la nacre et du burgau, et l'incruste dans des meubles de laque avec une grâce et une délicatesse tout à fait parisiennes. La marqueterie, les éventaillistes, se servent aussi avec avantage de ces brillantes coquilles. Nous voudrions voir la fabrique de meubles proprement dite en faire usage à son tour. Le chêne sculpté est fait pour la bibliothèque et la salle à manger; le boudoir et le salon demandent la recherche et l'élégance la plus exquise. Nous avons, pour ce service, des meubles d'une coquetterie charmante. Nos ouvriers tirent un excellent parti des bois de couleur naturelle teints ou bien ombrés au feu. Nous leur conseillons de faire un pas de plus et d'imiter les ébénistes allemands et italiens des xvie et xviie siècle; qu'ils fassent avec la nacre et le burgau ce que Boule faisait avec l'écaille, qu'ils marient aux bois précieux, au cuivre et à l'étain, les plaques nacrées, bleues, irisées, rouges, mordorées de diverses coquilles, dont les reflets chatoyants rappellent les faïences italiennes à l'aspect métallique, aux couleurs brillantes et émaillées obtenues avec des sels d'or, et qui se payent aujourd'hui au poids du même métal; ils créeraient ainsi des meubles splendides, admirables, qui ajouteraient encore à la juste renommée de l'industrie parisienne.

Nous avons dit qu'en ce qui concerne la parure, les mollusques étaient suffisamment représentés à l'Exposition universelle. A l'occasion des perles orientales, je citerai un article fort intéressant sur les bancs artificiels d'huîtres perlières de Tinnevelly, publié dans notre dernier *Bulletin*, par MM. J. L. Soubeiran et A. Delondre; il contient beaucoup de choses excellentes. Je m'associe surtout à eux lorsqu'ils recommandent la prohibition du gaspillage à l'égal de la création artificielle; on peut du reste se fier aux instincts de coquetterie et à l'intérêt privé pour être certain que cette industrie ne court pas le risque de rester en souffrance; je m'arrêterai seulement à un article de parure aujourd'hui fort en vogue, et qui mérite une mention spéciale à cause de son côté artistique; je veux parler des camées de coquillage.

Paris et Gênes en fournissent des spécimens très-remarquables. Tirant parti de la couche calcaire qui recouvre la coquille proprement dite, dont la translucidité fauve rappelle assez bien les anciens onyx, les artistes reproduisent les plus beaux types des vieux camées, non-seulement des têtes fines et suaves, mais en outre des sujets complets aussi bien exécutés que la célèbre apothéose d'Auguste.

Ce n'est pas cependant sans arrière-pensée que nous avons admiré ces gracieuses bagatelles; elles sont d'un faux luxe et nées d'une contrefaçon. Les premiers camées en coquilles ont été faits pour tromper l'acheteur et pour imiter les vieux et véritables camées en pierre dure, |magnifiques bijoux tirés d'une matière inaltérable, qui sont tout à la fois une parure, un objet d'art et un monument retraçant les traits des personnages célèbres de l'antiquité et les événements de l'histoire. Je donnerais bien volontiers aux artistes qui les contrefont aujourd'hui sur de frêles coquilles le conseil opposé à celui que j'ai donné à nos ouvriers en meubles, et les engagerais de bon cœur à abandonner le coquillage pour revenir à la pierre dure; ils fabriqueraient moins, mais ils vendraient plus cher; ils aideraient à l'histoire de notre époque, et rehausseraient la dignité de l'art; leurs fragiles fantaisies sont sans valeur intrinsèque, sans éclat et sans garantie de durée.

Voyons maintenant comment, dans l'état actuel du commerce et de l'industrie, les mollusques auraient pu être représentés à l'Exposition universelle, et comptons les absents.

Nous nous placerons seulement au point de vue alimentaire; car, ainsi, que nous l'avons dit, il n'y a que trop d'absences à regretter, sous les autres rapports.

Les conchyliologistes ont classé et défini des milliers de mollusques tant fossiles que vivants. A notre connaissance, et parmi ces derniers, quarante-huit seulement sont utilisés par l'homme pour sa nourriture, dix parmi les céphalopodes, quinze parmi les gastéropodes et vingt-trois parmi les acéphales. Nous en épargnerons l'aride nomenclature à nos lecteurs; nous parlerons seulement des plus intéressants.

Dans les mers de l'Archipel, les Grecs pêchent une grande quantité de poulpes qu'ils salent et mangent dans les jours d'abstinence très-fréquents chez eux; nous avons aussi beaucoup de poulpes; on en fait usage sur nos côtes; ils servent d'aliment anx pêcheurs et d'appât pour le poisson, mais c'est un mets qui n'est pas exquis, et l'aspect repoussant de l'animal l'a jusqu'à présent fait rejeter de nos tables, comme la sèche, dont nous parlerons tout à l'heure. Au Japon, les poulpes sont l'objet d'un commerce considérable, mais qui ne vient pas encore jusqu'à nous. Les bonnes relations nouées et encouragées avec le taïcoun, sous les auspices de notre cher et honoré président, alors ministre des affaires étrangères, développeront sans aucun doute notre trafic dans l'extrême Orient ; les produits du Japon ne sont déjà plus aussi rares ici ; suivant la marche ordinaire des choses, les denrées alimentaires auront le même sort que les porcelaines, elles arriveront plus abondantes et à meilleur marché. J'espère qu'il en sera de même pour la Chine, où l'on mange le fangsiao, petit poulpe de 20 centimètres, d'une chair blanche que l'on fait bouillir ; elle est composée de grains qui ont l'apparence du riz cuit à la vapeur d'eau, de là son nom de *fangsiao*, siao à riz.

En Sicile, en Sardaigne et sur les côtes de la Méditerranée, les pêcheurs mangent l'éledon musqué, mais c'est un mauvais aliment.

La sèche est un céphalopode que l'on consomme dans beaucoup de localités et sur nos côtes, tant de l'Océan que de la Méditerranée. Quoique très-abondant dans nos ports de mer, il est à regretter qu'il ne vienne pas jusqu'à Paris. Son aspect peu séduisant seulement à l'état cru l'a jusqu'à présent fait éloigner de nos tables, qui acceptent cependant la grenouille ; il faudrait déguiser l'apparence de la sèche, qui est un aliment assez agréable et même très-bon, suivant la manière dont il est préparé ; j'ai tenu à faire des essais dans ce genre, et j'en ai fait mariner quelques-unes, après les avoir fait blanchir à l'eau bouillante, pour hors-d'œuvre ; mes convives en ont été satisfaits.

Un céphalopode très-rare, qui serait d'une bien grande ressource s'il entrait dans le commerce à titre de conserve alimentaire, c'est l'*Ommastrephes giganteus* de d'Orbigny. Cet animal atteint la taille de 1 mètre 10 centimètres, et le poids de 75 kilogrammes ; il se pêche sur les côtes du Chili ; sa chair est délicate et très-recherchée.

Les gastéropodes fournissent beaucoup à l'alimentation de l'homme ; je ne parlerai pas des escargots, que tout le monde connaît et qui ne figurent pas à l'Exposition. Quant aux gastéropodes marins, il y en a bien peu, et cependant nos rivages en sont peuplés ; les patelles, les troques, le bigorneau, les buccins, etc., etc., s'ils ne figurent pas aux conserves alimentaires, ce qui se conçoit, puisqu'ils ne sont guères connus que sur le littoral et consommés par ses habitants, auraient dû au moins figurer en plus grand nombre dans l'aquarium marin. Nous n'avons vu jusqu'à présent que quelques buccins et tritons ; parmi les acéphales, quelques huîtres adultes, deux ou trois tuiles couvertes de naissain et quelques moules. Si quelque raison empêche une plus riche exhibition que je sollicite des gastéropodes vivants, il serait du moins bien facile d'en exposer les coquilles; les roches artificielles de ce bel établissement sont faites pour les recevoir ; je voudrais les y voir accolées non-seulement à l'état brut, mais aussi, pour l'agrément et l'instruction du public, polies et préparées comme elles le sont dans les collections de nos conchyliologistes.

Les acéphales ne sont pas bien nombreux non plus; nous avons expliqué et justifié ce fait plus haut à propos des conserves alimentaires de la France, de la Norvége et de l'Amérique; l'aquarium marin aurait pu cependant recevoir quelques anomies, quelques pectens, des vénus; nous y aurions vu avec plaisir quelques blocs habités par les pholades ou dails, dits dattes de la mer, et au sujet desquelles notre collègue, M. Caillaud, a publié un excellent article dans notre *Bulletin*.

On ne s'étonnera pas de me voir réclamer ici plus particulièrement en faveur de la praire double (*Venus verrucosa*); il y a bien long-temps que je sollicite une place plus large dans l'alimentation publique pour ce coquillage exceptionnel, blanc, savoureux, appétissant, hygiénique, obéissant doucement à la mastication, moins large, mais plus épais que l'huître, et contenant en somme autant de substance qu'elle. Je n'ai pas la prétention qu'il détrône jamais cette reine des mollusques alimentaires, mais je cherche, en suivant de loin les traces des grands pisciculteurs auxquels j'ai rendu hommage, à atteindre le même but qu'eux par un sentier modeste et détourné. Si, sans cesser de régner sur nos marchés, l'huître avait à côté d'elle une sœur aussi méritante, son prix deviendrait nécessairement plus accessible; notre praire double, notre *Venus verrucosa* a toutes les qualités nécessaires pour remplir ce beau rôle, la nature le lui a visiblement destiné. Elle ne veut pas la roche comme l'huître, la vase comme la moule, elle n'empiète le domaine de personne et vit dans le sable fin. Toulon et ses environs en font leurs délices, Alger et les îles Baléares la recherchent beaucoup. Pour la voir arriver jusqu'à nous, pour qu'elle devienne abondante et à la portée de toutes les bourses, nous ne demandons ni sacrifices financiers ni essais coûteux et incertains. Qu'on exécute seulement les lois et règlements destinés à empêcher le gaspillage du littoral, qu'on protége le coquillage pendant sa fécondation, qu'on prohibe en tout temps la vente des individus par trop petits, sa prodigieuse fécondité fera le reste. On peut consulter à ce sujet la notice que nous avons publiée dans notre *Bulletin* d'avril 1863. Nous travaillons à une publication qui aura pour titre : *les Auxiliaires de l'huître;* nous la recommandons dès à présent à la bienveillante attention des amis du bien public.

L'absence probablement momentanée de la praire double ne nous
empêchera pas de rendre justice à l'aquarium marin, ce palais de
roche et de cristal où elle eût figuré si utilement; nous n'entrepren-
drons pas d'en faire la description, tout ce que l'on peut dire sur un
semblable sujet l'a été parfaitement dans la notice que notre savant
pisciculteur M. Millet a publiée au sujet de l'aquarium du boulevard Montmartre. A notre point de vue, cependant, nous ne
pouvons passer sous silence la salle sous-marine; la création de
cette véritable cloche à plongeur mise à la disposition d'un public
tout entier qui peut, chose inouïe, voir le poisson vivant par-dessous,
est un trait d'audace et de génie; la voûte plate et les parois sont
de vastes bassins de glace remplis d'eau; un véritable miracle a été
accompli; désormais la mer n'aura plus de mystère pour nous, ses
ressources seront encore étudiées avec plus de fruit, Quant à l'aquarium d'eau douce, nous n'avons pas de conseils à mêler à nos
éloges, qui doivent être complets et sans la moindre restriction. Nous
ne pouvons trop louer le premier bassin à droite, il est doublement
éclairé et contient, soit en pleine eau, soit dans un agencement de
rochers artificiels équivalant à une rive peu profonde, la plupart des
coquilles de l'eau douce, celles des rivières, des étangs et des marais; dans un autre bassin se trouve la mulette sinueuse, celle qui
donne la nacre. Enfin, c'est avec une véritable joie que nous avons
vu l'*Unio margaritifera*, la moule perlière garnie de la perle
exposée par M. Gielen, membre de la Société de botanique de Belgique. Elle a été anciennement introduite dans le ruisseau d'Orval à
20 kilomètres de Montmédy par les moines du couvent célèbre qui
avait été construit dans cette localité et qu'on nommait le monastère
d'Orval.

Essayons maintenant de soulever le voile qui cache l'avenir et
d'entrevoir dans notre spécialité ce que l'on peut espérer des Expositions futures.

Au point de vue artistique et pour l'ameublement, nous n'avons
rien à dire, outre que jusqu'à présent les mollusques jouent un rôle
assez important dans cette partie; il est impossible de prévoir quel
sera un jour le goût dominant et les caprices de la mode, l'activité
humaine n'a nul besoin d'être stimulée dans cette voie.

Nous en dirons autant de la parure des dames, de la joaillerie, des
perles fines; signalons pour ce dernier objet, cependant, une espérance brillante, et rendons justice à un homme intelligent qui veut
nous affranchir du tribut que nous payons à l'Orient. M. Lefèvre-
Duruflé fait faire des essais de production artificielle par la moule

margaritifère de l'eau douce, dans sa propriété de Pierrefonds, près Compiègne; c'est d'un bon exemple. Une grande fortune si bien employée doit donner d'heureux résultats; si ces essais sont couronnés de succès, si d'autres industriels entrent dans cette voie, on peut espérer voir à une prochaine Exposition des vitrines portant ces mots : Perles fines naturelles de France. Nous avons vu que l'on a retrouvé la moule des moines d'Orval; d'autres ruisseaux de la France en possèdent également, la Suède en a; la Russie en a envoyé qui viennent de ses possessions sibériennes, entre autres la merveille des merveilles, la rarissime perle rose. Les perles d'eau douce actuelles ne sont plus, comme celles d'autrefois, égales en mérite à celles des mers orientales.

Au point de vue médical, nous avons aussi de grandes espérances à concevoir. Une étude plus approfondie des mollusques permettra de les utiliser comme médicaments. Déjà on est sur cette voie; on cherche si en en tenant certains dans un milieu particulier, dans des eaux saturées de substances minérales, en en nourrissant d'autres d'herbes médicinales, on ne leur communiquerait pas les qualités de ces plantes ou de ces eaux pour le traitement de quelques maladies.

Peut-être un jour, la chimie, l'art culinaire, perfectionneront les moyens de conservation, saumure, salaison, saurissage, boucanage, et permettront de conserver certains mollusques; on trouvera moyen de faire perdre aux moules d'eau douce le détestable goût de vase qui ne permet pas de les manger, la domestication de quelques mollusques sera un fait accompli, et avec la domestication viendra le perfectionnement. Ce n'est pas trop présumer de l'avenir de dire qu'il égalera au moins un passé déjà bien ancien. Les Romains engraissaient les hélices; Fulvius Hirpinus, à force de soins, parvint à leur faire acquérir un volume considérable; il inventa pour nourrir les escargots une pâte faite de vin cuit, de farine de blé et autres ingrédients. Les patriciens ne voulaient plus manger que des escargots domestiques (Pline, liv. IX, chap. LVI). Avis aux éleveurs d'escargots, nous en recevons souvent qui sont coriaces et peu digestifs.

Quand les mollusques terrestres et du littoral ne suffiront plus, il faudra bien avoir recours aux pélasgiens et fouiller au large pour trouver des trésors plus précieux que ceux des navires submergés. La haute mer, les forêts et les plaines sous-marines sont peuplés d'innombrables mollusques dont quelques-uns atteignent des proportions énormes. Nous avons déjà parlé de l'*Ommastrephes gigan-*

teus de d'Orbigny, que l'on pêche au Chili, et de ses bonnes qualités nutritives ; des faits particuliers révèlent à chaque instant l'existence d'animaux encore plus gros. Un plongeur était occupé à repêcher les boulets du vaisseau-école des matelots canonniers à la presqu'île de Gien, entre Hyères et Toulon. Un jour il remonta épouvanté et refusa de continuer ce métier qui le faisait vivre assez à l'aise, il s'était trouvé en présence d'un poulpe énorme dont les yeux, gros comme des œufs, ne lui présageait rien de bon ; il est à ma connaissance que les plongeurs chargés, sur d'autres points, du sauvetage de navires naufragés ne pénètrent jamais dans l'intérieur, car ils seraient assaillis et noyés par les poulpes énormes qui l'habitent, ils s'en tirent comme ils peuvent en attaquant les mâts et le bordage par le dehors. Tout récemment les journaux ont répété le malheur de ce baigneur qui, dans la mer de Gênes, fut noyé sous les yeux de ses compagnons sans que personne ait osé ou pu le secourir ; faut-il rappeler ce poulpe énorme, au corps gros comme un tonneau, rencontré par la corvette à vapeur de guerre *l'Alecton*, près de Madère, au mois de novembre 1861. Le commandant du navire, M. Bouyer, lieutenant de vaisseau, ne voulut pas le faire accoster par une embarcation, on finit par l'amarrer et on chercha à le hisser à bord, on ne put amener qu'un bras du terrible octopode, il était gros comme la cuisse et avait trois mètres de long. Le rapport que M. Sabin Berthelot, consul de France aux Canaries, a envoyé à l'Académie des sciences, évalue le poids total à 2000 kilogrammes ; le dessin qui accompagne le rapport indique que c'était probablement un calmar qui, selon la supposition de MM. Crosse et Fischer, avait perdu ses deux grands bras dans une lutte antérieure.

Telles sont les masses, les carnes, comme disent les matelots, que la mer recèle dans ses profondeurs, pourra-t-on les utiliser un jour ? nous l'espérons fermement. S'il y a des propriétés toxiques, s'il y a des odeurs ou des goûts repoussants, il serait possible que la chimie organique parvînt à les modifier.

Nous n'avons pas la folle prétention de voir les productions de l'univers venir se multiplier en France, ce serait méconnaître la loi du travail, qui veut qu'on n'ait rien sans peine ; dans cet ordre d'idées, notre zèle doit être tempéré par le discernement : chaque climat enfante des choses qui lui sont propres ; une autre loi, celle de la paix et de l'harmonie veut qu'on les obtienne par voie d'échange après que l'industrie en a multiplié le nombre et perfectionné les types, c'est ainsi que non-seulement les richesses dont nous venons de tracer la rapide esquisse, mais aussi tous les biens de la terre seront mis un jour à la portée de l'homme lorsqu'il se contentera de les obtenir par les moyens que commandent la logique et la probité, et surtout consentira à ne plus gaspiller aveuglément ceux qui naissent sous ses pas.

Nous ne terminerons pas cette étude sans rappeler un fait accompli sous nos yeux. Il y a quatre ans que notre Jardin d'acclimatation nous dotait d'un aquarium, deux ans après l'industrie privée s'empare de cette idée féconde, et nous voyons naître celui du boulevard Montmartre, déjà bien riche et bien puissant; enfin, 1867 nous donne celui de l'Exposition universelle, avec les grottes rocheuses qui rappellent celles des nymphes mythologiques, et les merveilles que nous avons décrites plus haut. Qui peut douter, après cela, de la marche rapide des faits industriels. Ces splendeurs ne nous empêcheront pas de rendre à l'aquarium du Jardin d'acclimatation la justice qui lui est due. Il a d'abord le mérite d'être venu le premier en France et d'avoir ouvert la voie. Ensuite, correct et sobre comme la science, pourvu d'une lumière naturelle, abondante et parfaitement distribuée, assuré d'une durée permanente, il est le plus convenable pour les études sérieuses du naturaliste, c'est lui que nous préférerons pour aller dans le calme méditer les moyens d'atteindre le mieux possible le but final et désiré de notre chère Société, le bien-être universel de l'humanité entière !

LES ZOOPHYTES

RAPPORT

Par M. C. MILLET

Inspecteur des forêts, Vice-Président de section à la Société impériale d'acclimatation.

I. — LES ÉPONGES.

On trouve des éponges dans les eaux douces et dans la mer.

Les éponges fluviatiles ou *spongilles* forment généralement des masses irrégulières et friables appliquées sur les végétaux aquatiques ou sur les corps solides immergés; elles ne sont d'aucun usage.

Je n'aurai dès-lors à m'occuper ici que des éponges marines ou usuelles qui, d'ailleurs, sont seules représentées à l'Exposition universelle.

Ces éponges se trouvent dans presque toutes les mers ; et comme elles affectionnent les eaux chaudes et tranquilles, on les rencontre principalement dans la Méditerranée, la mer Rouge et le golfe du Mexique; elles s'y présentent sous la forme d'une masse de tissu léger, élastique, de couleur roussâtre ou noirâtre; elles sont toujours adhérentes à des corps étrangers, et se trouvent dans les fonds de cinq à vingt brasses (8 à 32 mètres).

On a longtemps discuté sur la nature de l'éponge ; parmi les anciens, les uns la regardaient comme une plante, les autres comme un animal; aujourd'hui, l'animalité de l'éponge est admise par tous les savants. A l'état vivant, les polypes qui l'habitent sont des espèces de tubes transparents, susceptibles de contraction et d'extension ; ils forment une matière gluante qui s'écoule quand on retire l'éponge de l'eau.

Ces polypes font des œufs; de ces œufs, naissent des embryons ou larves qui, d'abord mobiles, se fixent bientôt sur des corps solides où elles se développent. D'après les observations et les expériences que j'ai faites, l'accroissement des éponges est rapide ; car, j'ai pu constater que, placées dans des conditions favorables, elles peuvent être livrées à la consommation à l'âge de deux ans et demi à trois ans.

On en connaît plus de 300 espèces qui se distinguent en plusieurs sortes, suivant leur forme, leur qualité et surtout leur origine. Les plus estimées proviennent des côtes de Syrie, de l'Archipel et du littoral barbaresque ; celles des eaux françaises n'ont point de bonnes qualités.

L'Exposition offre de nombreux et beaux spécimens d'éponges dans les vitrines de MM. Aublé frères, Coulombel frères et Devismes, J. Haymann et Rennes, négociants à Paris, qui ont eu l'heureuse idée de mettre sous les yeux du public des échantillons encore adhérents aux objets sur lesquels ils se sont développés, tels que roches, fragments de vases et d'amphores. Les autres exposants sont le Comité de surveillance de Bahamas (colonies françaises), la commune de Pyrgos (Grèce), le gouvernement ottoman et l'Égypte qui a exhibé des éponges de la mer Rouge, du golfe de Suez et des environs de Massouah.

La pêche de ce précieux zoophyte est principalement exploitée par les Syriens et les Grecs, depuis Beyrouth jusqu'à Alexandrie. A l'époque de la pêche, vers le mois de mai, les Grecs débarquent à Seyda, à Beyrouth, à Lataquié et autres parties de la Syrie, désarment leurs embarcations et louent aux habitants du pays des barques de pêche ; sur chacune d'elles quatre ou cinq hommes vont explorer les côtes et plongent souvent à de grandes profondeurs. Chaque plongeur est armé d'un couteau pour détacher du rocher les éponges qui y adhèrent.

Les Grecs de la Morée font la pêche avec un trident à lames tranchantes recourbées et garni d'une poche en filet. Lorsque la mer est très-calme, les pêcheurs aperçoivent au fond les éponges, sur lesquelles ils dirigent leur drague. Ce mode de pêche a le grave inconvénient de déchirer les masses spongieuses ; aussi se vendent-elles 30 pour 100 de moins que les éponges dites *plongées*.

Cette récolte se fait sur divers points de la Méditerranée, sans direction intelligente et sans prévoyance préservatrice. D'un autre côté, la consommation des éponges va toujours en augmentant ; par ces deux raisons, l'exploitation arrivera nécessairement à appauvrir les champs marins peuplés de ces zoophytes, et, dans un avenir plus ou moins éloigné, la reproduction ne sera plus en rapport avec la demande.

Il y aurait donc utilité réelle à prévenir ce résultat fâcheux, soit en employant des appareils plongeurs qui protégeraient d'une part la récolte des éponges, et d'autre part, la santé et la vie des marins, soit en naturalisant, sur les côtes de France et d'Algérie, les plus belles espèces.

C'est dans ce but très-louable que la Société d'acclimatation, à la suite de rapports favorables de MM. Focillon et Soubeiran (*Bulletins*, mai 1857 et septembre 1861), décida, le 4 avril 1862, qu'une expérience serait faite, à ses frais, pour s'assurer des moyens d'obtenir la *reproduction et la culture des éponges du Levant sur les côtes méditerranéennes de la France.*

L'expérience eut lieu dans le courant même de l'année 1862, mais n'a pas réussi. Toutefois, cette première tentative faite, du reste, dans des conditions peu favorables, n'a pas été infructueuse dans ses conséquences, car, à partir du jour où la Société d'acclimatation reconnaissait que la culture de l'éponge était possible, qu'elle devait même avoir des résultats avantageux, l'industrie privée ne pouvait manquer de se préoccuper des moyens de la mettre en pratique. Des essais ont été faits, et l'Exposition universelle nous en fournit une preuve irrécusable. M. le chevalier d'Erco, de Trieste, vient, en effet, d'exhiber un grand nombre d'éponges provenant des côtes de Dalmatie, près du port de Lesina, où des tentatives de naturalisation ont été effectuées par M. Oscar Schmidt, professeur à l'Université de Graz. D'après une note de M. d'Erco que M. de Dax, l'habile et dévoué directeur de l'Aquarium marin, a bien voulu me communiquer, il résulte que, cette année même, 1800 pièces découpées sont en voie de développement.

L'exhibition de M. d'Erco comprend : 1° des bocaux contenant diverses éponges de l'Adriatique à l'état naturel, et divers morceaux plantés ; et 2° des éponges sauvages et des éponges blanchies.

La Société d'acclimatation ne peut que se féliciter d'avoir pris l'initiative dans l'intéressante et importante question de la naturalisation des éponges. Les travaux qui se poursuivent en ce moment sur les côtes de Dalmatie, pour arriver à une solution pratique, font bien augurer de l'avenir, et permettent d'espérer que la *Spongiculture* pourra être prochainement classée parmi les industries de la mer.

COLLECTION D'HISTOIRE NATURELLE. — On voit l'éponge, sous ses formes les plus variées et les plus curieuses, dans la riche et belle collection faite à l'île de Cuba (pavillon espagnol du parc) par M. le docteur Gundlach.

II. — LE CORAIL (1).

L'Exposition universelle offre des spécimens nombreux et curieux de corail, soit à l'état naturel, soit sous les formes très-variées que l'art sait lui donner; elle nous offre aussi des modèles d'appareils et d'engins destinés à la pêche de ce précieux zoophyte.

Au point de vue spécial de nos études, c'est sous son état naturel ou brut, que le corail a un intérêt tout particulier. On en voit des échantillons très-remarquables dans les vitrines de M. Haymann, M. Rennes, MM. Aublé, frères, négociants à Paris, de MM. Laonarie et Onetto de Mers-el-Kébir (Algérie), et de M. Sarfieri de Cagliari (Italie) qui a exposé un rameau de corail sur son rocher d'une valeur estimative de 960 francs.

Le corail, en latin *corallium*, est une substance pierreuse de couleur blanche, noire, rouge ou rose, qui a été de tout temps recherchée comme objet de luxe et de parure; toutefois, dans la bijouterie on n'utilise pas le corail blanc; les variétés rouge et surtout rose sont les plus estimées.

Tout le monde connaît le corail ; mais tout le monde ne sait pas comment il se produit; on a même généralement, à cet égard, une opinion complétement erronée.

Quand on voit, dans les vitrines de l'Exposition, ces jolies branches rougeâtres se ramifier comme un petit arbuste dépouillé de ses feuilles, et partir d'un tronc dont le pied repose sur un morceau de rocher, on est naturellement porté à croire que l'on a sous les yeux un végétal dont les racines retiennent une partie de la roche sur laquelle il s'est développé.

Cette erreur, il faut en convenir, est non-seulement bien naturelle, mais elle est même bien excusable, car elle a été partagée et professée par des hommes très-érudits, par des naturalistes très-distingués.

Pendant longtemps, en effet, on a considéré le corail comme une plante marine que les anciens Grecs appelaient Κοραλλιον, *fille de la*

____

(1) On trouvera des documents importants sur cette intéressante question : 1° dans les *Bulletins de la Société d'acclimatation*, avril 1855 et mai 1856 ; 2° dans le *Rapport de* 1863, de M. Forcade la Roquette, sur le commerce et la navigation de l'Algérie ; et 3° dans l'ouvrage de M. Lacaze-Duthiers, ainsi que dans la *Notice* de M. le professeur Gervais, au mot CORAIL, de la 2ᵉ édition du *Dictionnaire universel d'histoire naturelle*. Paris, 1867.

mer (1). Cette opinion fut reproduite en 1700, par l'illustre botaniste Tournefort ; et Réaumur, le savant académicien, alla plus loin
en déclarant que les coraux n'étaient que des pierres produites par
des plantes marines.

Plus tard, le comte de Marsigli, naturaliste d'une grande réputation et membre de l'Académie, confirma l'opinion des anciens
Grecs, en annonçant qu'il avait vu les *fleurs du corail*, il donna
même le dessin de ces fleurs dans un livre qui a pour titre : *Physique de la mer*. Le doute n'était plus possible ; aussi la prétendue découverte fut admise sans contrôle, sans discussion, et Réaumur
lui-même l'accepta avec enthousiasme.

Elle ne rencontra qu'un seul contradicteur.

Ce contradicteur était un élève même de Marsigli ; c'était le docteur Jean André de Peyssonnel, qui fut chargé par l'Académie des
sciences de faire des études sur le corail de la Méditerranée ; il les
commença en 1723, à l'âge de vingt-neuf ans, et les continua sur
le littoral de l'Afrique septentrionale, où il remplissait une mission du gouvernement.

A la suite d'observations et d'expériences minutieuses et délicates,
le jeune docteur put acquérir la certitude que le corail n'était pas
un *végétal*, et que ces prétendues fleurs n'étaient que des *animaux*.
Il annonça alors sa découverte dans les termes suivants :

« Je fis fleurir le corail dans des vases pleins d'eau de mer, et
j'observai que ce que nous croyons être la fleur de cette prétendue
plante, n'était au vrai qu'un insecte, semblable à une petite ortie,
ou poulpe. J'avais le plaisir de voir remuer les pattes ou pieds de cette
ortie, et ayant mis le vase plein d'eau, où le corail était à une douce
chaleur, auprès du feu, tous les petits insectes s'épanouirent. L'ortie
sortie étend les pieds et forme ce que M. de Marsigli et moi avions
pris pour les pétales de la fleur. Le calice de cette prétendue fleur
est le corps même de l'animal avancé et sorti hors de la cellule. »

Cette communication ne fut accueillie qu'avec une dédaigneuse
incrédulité ; sans vouloir même vérifier les faits nettement précisés
par le jeune naturaliste, on repoussa systématiquement ses assertions. Bernard de Jussieu, l'illustre botaniste, ne les trouvait pas
suffisamment probantes ; quant à Réaumur, il les combattit avec
tout le succès que lui assurait sa haute position, et fit à Peyssonnel
une réponse empreinte d'une amère ironie.

Profondément attristé et découragé, de Peyssonnel renonça à ses

____

(1) Κορη, fille ; αλός, de la mer.

beaux et chers travaux et ne voulut pas engager une lutte inégale ; il abandonna tout et alla vieillir obscurément aux Antilles, où il exerça les modestes fonctions de chirurgien de marine.

Dans cet exil, volontaire il est vrai, mais qui ne fut qu'une longue agonie pour un noble cœur, que de souffrances morales dut éprouver l'homme qui avait tout sacrifié à la science, qui lui avait consacré les plus belles années de sa jeunesse !

Plus tard, il est vrai, on rendit pleine et entière justice à la belle découverte de Peyssonnel ; et Réaumur lui-même, son plus ardent adversaire, accepta et introduisit dans la science les vues mêmes qu'il n'avait cessé de combattre. Le triomphe de Peyssonnel était complet, mais stérile pour lui.

Depuis lors, l'*animalité* du corail a été admise par tous les naturalistes ; et, en 1785, un savant italien, Cavolini, a publié à Naples un mémoire dans lequel il décrit les œufs et le mode de bourgeonnement de ce zoophyte.

Dans ces dernières années, l'œuvre de Peyssonnel et de Cavolini a été complétée par un travail très-remarquable de M. Lacaze-Duthiers, l'un de nos confrères et l'un de nos plus éminents naturalistes, qui fut chargé, en 1860, par le gouvernement français de faire des recherches sur l'histoire naturelle du corail en vue d'en réglementer la pêche, et qui, pour se livrer à cette étude, a passé deux années sur les côtes d'Afrique.

Il n'est pas sans intérêt de donner ici quelques notions précises, résultant des recherches de notre savant confrère, sur l'organisation et le genre de vie de ces ouvriers du monde sous-marin (1).

La connaissance de ces faits est le préliminaire indispensable de toute étude sur le mode de culture, l'acclimatation et la pêche de ces zoophytes.

Le corail vivant est formé de deux parties distinctes : l'une extérieure, molle, charnue, et semblable à une écorce tendre, c'est la couche vivante ou l'enveloppe dans laquelle sont logés les polypes; l'autre centrale, dure et de nature pierreuse, c'est l'axe ou la couche solide qui est à la fois le produit et le support des polypes ; c'est celle que la bijouterie utilise.

Le corail est, par conséquent, une colonie de polypes qui, par leurs agrégations, composent un polypier.

L'un des plus brillants et des plus renommés parmi ces polypiers,

(1) *Histoire naturelle du Corail*, par le docteur Lacaze-Duthiers. Paris, librairie Baillière, 1864.

c'est le corail rouge (*Corallium rubrum*) qui, dans la Méditerranée, forme des buissons, des taillis, souvent même de petites forêts d'une belle couleur purpurine suspendues aux roches les plus accidentées. Chaque pied de corail ressemble à un joli petit arbrisseau rouge, dépourvu de feuilles, et portant de délicates fleurs étoilées à rayons blancs, comme ces arbres qui, au premier printemps, ont des fleurs avant les feuilles.

Chacun de ces arbrisseaux a pour point de départ un œuf ; car, les polypes du corail font des œufs ; ces œufs subissent leur incubation à l'intérieur même du polype où ils deviennent des larves semblables à de petits vers blancs, qui, au bout d'un certain temps, s'échappent ou sont rejetées par la bouche de leur mère, et qui, munies de cils vibratiles, nagent à reculons en se heurtant contre les obstacles ; elles se fixent enfin et commencent une série de métamorphoses qui ont été parfaitement étudiées par M. Lacaze-Duthiers.

Quand la larve a perdu sa forme de ver et pris celle d'un disque lenticulaire, elle devient un jeune corail qui ne tarde pas à passer du blanc au rose, puis au rouge vif. Il n'a pas encore d'axe, et sa partie solide est représentée seulement par des corpuscules. Rien ne saurait rendre l'élégance et la délicatesse de ce petit être d'un demi-millimètre au plus de diamètre, lorsqu'il étale sa couronne de tentacules blancs, dont les fines découpures se détachent sur un mamelon rose ressemblant quelquefois à une petite urne.

Cet état de simplicité ne dure pas longtemps. L'animal a la propriété de reproduire, par voie de bourgeonnement, des êtres en tout semblables à lui, absolument comme un végétal produit des branches. Chacun de ces polypes devient à son tour un centre de bourgeonnement ; le nombre des habitants augmente, les limites du polypier s'étendent. Si l'activité du bourgeonnement est plus grande dans telle ou telle partie, l'allongement sera plus considérable de ce côté, et c'est à ces inégalités d'accroissement que les rameaux et les branches doivent leur naissance.

Ce mode de reproduction et de multiplication donne l'explication de la formation de ces immenses polypiers, qui, dans les mers chaudes, forment des récifs redoutés des navigateurs.

Le corail habite surtout dans la Méditerranée et dans la mer Rouge ; on le trouve à diverses profondeurs, jamais à moins de 3 mètres ni à plus de 300 mètres.

On le pêche principalement à l'entrée de la mer Adriatique, aux environs de Bone et de la Calle, et dans le détroit de Bonifacio ; on le pêche aussi sur les côtes de France, dans le golfe du Lion; le corail de cette dernière provenance passe pour avoir la couleur la plus vive et la plus éclatante; et celui de Cassis, près de Marseille, est très-estimé.

Les galeries de l'Exposition présentent des engins et des modèles d'appareils destinés à cette pêche, savoir : 1° M. Aquilina, de la province de Constantine (Algérie), a exposé un engin composé d'une croix de bois avec câble et filets; 2° M. Costa, de la province d'Oran, a exposé des filets; et 3° la sous-Commission de Cagliari (Italie) a exposé des modèles d'objets et de bateaux servant à la pêche du corail sur les côtes occidentales de la Sardaigne.

PÊCHE DU CORAIL.

La pêche du corail est toute spéciale; elle n'a d'analogie avec aucune autre pêche dans nos mers d'Europe. Cela tient à la nature même du produit qu'elle fournit.

Il est des personnes qui pensent, et cela se trouve dans quelques ouvrages, que des plongeurs descendent au fond de la mer pour faire la cueillette du corail. Quelquefois, il est vrai, celui-ci se développe très-près des côtes, à de faibles profondeurs; et alors il est possible que des pêcheurs puissent aller le détacher dans ces stations. Mais dans les parages de la Calle, de Bizerte, de Bône et de la Galita, il n'existe pas un plongeur. Comment en serait-il différemment quand les filets ne descendent pas à moins de 40, 50 et 60 brasses, et que même autour de l'île de la Galita on pêche ordinairement à 80, 100 brasses et même au delà.

Tous les pêcheurs de la Méditerranée agissent absolument de même. Ils promènent au fond de la mer, sur les bancs, des filets offrant pour condition essentielle de pouvoir s'accrocher aux aspérités. Il n'y a de différence que dans les détails de leurs mouvements, la grandeur du filet et la façon de le composer.

La pêche, telle qu'elle est faite aujourd'hui, étant assez mal connue, il n'est pas sans intérêt de la décrire avec quelques détails.

Les embarcations viennent presque toutes d'Italie, il n'en a été construit jusqu'ici que très-peu en Algérie. Leur forme est identiquement la même, elles jaugent environ de 6 à 14 et 16 tonneaux; bien taillées pour la marche et très-solides, elles peuvent tenir assez longtemps la mer. Leur voilure est considérable; elle consiste en une grande voile latine, et un foc; quelquefois, mais rarement, on

la modifie en augmentant ou diminuant le nombre des voiles secondaires.

Voici les mesures les plus ordinaires de la coque d'une grande
Coraline : longueur 13 mètres 20, largeur 3 mètres 25, profondeur
1 mètre 40.

Ces Coralines complétement armées en pêche sont habituellement
approvisionnées pour un mois.

On donne le nom d'*Engin* à l'ensemble des filets, des pièces de
bois ou de fer employés pour la pêche.

Au fond, les engins se ressemblent tous.

La prise du Corail s'effectue par l'entortillement, autour de ses
rameaux, des fibres peu tordues de la corde de chanvre ayant servi
à faire le filet. Lorsque, par les manœuvres ou par l'action directe
des courants, les rameaux ont été bien enlacés, ils sont cassés par
des efforts répétés de traction. On le voit donc, le but de la pêche
consiste à avoir des engins composés de telle sorte qu'ils s'accro-
chent très-facilement à tous les objets, et surtout à les manœuvrer
de façon à produire l'accrochement le plus complet qu'il soit possible.

Invariablement, l'engin est composé d'une croix de bois formée
par deux barres solidement amarrées au milieu de leur longueur,
au-dessus d'une grosse pierre servant de lest et d'un nombre variable de paquets de filets.

La longueur des bras de la croix varie, du reste, avec la grandeur
des bateaux. Les petites embarcations ont des croix fort petites, ordinairement de 1 mètre; les grands bateaux les ont bien plus grandes, ordinairement de 3 à 4 mètres de longueur.

Sur les petits bateaux, pour rendre leur engin plus dégagé et plus
maniable, les pêcheurs le lestent, non pas avec une pierre, mais
avec un lingot de plomb carré, percé de 4 trous, dans lesquels ils
fixent les bras de leur petite croix.

Les filets sont toujours disposés à peu près de même.

Ils sont d'abord faits en pièces longues de plusieurs brasses et
large de 1 mètre à 1 mètre 50, avec une ficelle grosse tout au plus
comme le petit doigt et à peine tordue.

Les mailles sont grandes, au moins 10 centimètres de côté, et lâ-
chement nouées. Une corde passée dans celles de l'un des côtés de
la pièce, et serrée ensuite, fronce ce filet et en forme une rosette autour du centre représenté par le nœud. Le paquet ainsi fait rappelle
l'objet que les marins emploient pour nettoyer le pont du bâtiment,
et qu'ils nomment *faubert ;* c'est sous ce nom que M. Lacaze-Duthiers
le désigne.

On attache ces fauberts aux extrémités des bras de la croix, et sous ces bras, puis sous.la pierre servant de lest, au nombre total de 34 à 38.

Cet engin est ensuite fixé à l'extrémité d'un câble gros et très-solide.

Celui des petits bateaux a un certain nombre de fauberts formés avec de vieux filets ayant déjà servi à la pêche de la sardine ; ils ramassent le corail cassé beaucoup mieux que ceux à larges mailles.

Nous avons vu que le corail se fixe et se développe au-dessous des rochers.

On sait de plus que le corail s'attache à tout ce qui est résistant et solide. C'est donc au milieu des rochers qu'il faut le chercher ; sur les fonds sablonneux ou vaseux on n'en trouverait pas.

On nomme *bancs* l'ensemble des rochers sur lesquels croît le corail.

La première chose à faire est évidemment de rechercher les bancs.

Lorsque le patron juge qu'il est sur un banc, il fait lancer l'engin à la mer.

Quand la roche est bien accrochée, vient la manœuvre du cabestan destinée à décrocher et à ramener l'engin.

Que par la pensée on se reporte au fond de la mer, là où un banc présente ses innombrables inégalités, et l'on verra les 34 faubert d'un grand bateau éparpillant leurs mailles dans tous les sens e s'attachant à tout. Quels efforts ne faudra-t-il pas pour les déga ger et les ramener ?

C'est en cela cependant que consiste la pêche : accrocher et dé crocher les filets.

Opérations qui, dans leurs détails et leur ensemble, constitue u travail très-rude, et qui a paru à nos marins insuffisamment rémune rateur; car ils ont abandonné et délaissé la pêche du corail qui à l'origine, était toute française.

Cette situation a éveillé l'attention du gouvernement et a mêm été l'objet d'études sérieuses de la part de la Société d'acclimatatio Voici dans quelles circonstances.

Par lettre du 22 janvier 1855, notre illustre et regretté présiden M. Geoffroy Saint-Hilaire, informait M. le maréchal Vaillant, alo ministre de la guerre, que la Société zoologique d'acclimatatio avait constitué une commission chargée d'étudier les productio de l'Algérie, et que cette commission voulait bien se mettre à la di position du département de la guerre pour l'examen des questio de sa compétence qui peuvent intéresser le commerce et l'industrie de nos possessions d'Afrique.

M. le maréchal Vaillant s'empressa de mettre à profit les bonnes intentions de la Société en soumettant à ses études, le 23 février suivant, une question qui depuis longtemps a fixé l'attention du département de la guerre, et qui n'a pu obtenir encore une solution pratique. Cette question touche aux intérêts de la pêche du corail en Algérie.

En traçant l'historique de l'industrie du corail avec cette lucidité et ce sens pratique qui caractérisent les écrits de l'illustre maréchal, Son Excellence fait connaître que, dès le commencement du xvie siècle, époque où l'usage du corail se répandit à la cour de François Ier, la France tourna son attention vers ce précieux produit de la mer, qui abondait sur les côtes de l'Afrique septentrionale, et que sous Charles IX, deux négociants de Marseille, Thomas Linches et Carlin Didier, posèrent à trois lieues de la Calle les premiers fondements de l'établissement connu depuis sous le nom de *Bastion de France*.

En 1794, la Convention supprima l'établissement pour détruire ce qu'elle appellait un monopole, et invita les étrangers à concourir à la pêche du corail. En 1805, les corailleurs napolitains et génois qui, dix ans auparavant, avaient pris le chemin de la Calle, recommencent la pêche sur les côtes de la régence ; six Français seulement y prennent part.

Après la conquête d'Alger, les droits à payer par les corailleurs étrangers furent fixés à 216 piastres fortes pour la saison d'été, et à 98 piastres pour la saison d'hiver ; soit à 1695 fr. 60 c. pour l'année entière. Les corailleurs français demeurèrent exempts de tous droits. Enfin, par le traité du 24 octobre 1832, le gouvernement obtenait de la régence de Tunis, moyennant une redevance de 13 500 piastres, la ferme de la pêche du corail dans toutes les eaux du littoral de la régence. L'étendue des eaux livrées à cette industrie se trouva donc considérablement agrandie.

On espérait, au moyen de ces dispositions, ramener, soit en Corse, soit à Marseille, et même en Algérie, l'industrie de la pêche, et, par suite, la fabrication du corail ; mais ce fut en vain. Les corailleurs sardes, génois, napolitains, parurent seuls sur la côte algérienne, et la pêche devint presque exclusivement étrangère ; il en fut de même de la fabrication du corail, qui, à Marseille, où elle avait fleuri autrefois, ne fit que languir et s'amoindrir de plus en plus.

En présence de ce résultat qui prive la France d'une industrie dont l'importance peut être évaluée, pour le bassin de la Méditerranée, à 10 millions de francs environ, M. le maréchal Vaillant soumet aux études de la Société d'acclimatation les deux questions suivantes : 1° Par quels moyens pourrait-on déterminer nos armateurs et nos marins, en France et en Algérie, à se livrer à la pêche du corail ? 2° Comment raviver en France la fabrication du corail et assurer à ce produit des débouchés au dehors? ·

La commission de la Société d'acclimatation a étudié ces deux questions sous toutes leurs faces, et dans un remarquable rapport, du 9 mai 1856, fait au nom de la commission, M. Focillon expose que, dans l'état actuel des choses, tout moyen purement administratif ne paraît pas devoir faire atteindre le but que le gouvernement a en vue ; que la création d'une marine indigène pour la pêche du corail, et d'une industrie également indigène suscitée par l'Etat et protégée par lui, aurait sans aucun doute la plus heureuse influence; mais qu'il conviendrait, avant tout, de faire étudier, au point de vue pratique, en Italie et en Algérie, l'histoire naturelle du corail et l'exploitation de cette matière précieuse. En résumé, dans l'opinion de la commission, le préliminaire indispensable de toute mesure concernant ces importantes questions serait la réunion de tous les documents zoologiques et autres propres à remplir le cadre d'un ouvrage qui manque entièrement : l'*Histoire scientifique et industrielle du corail rouge*.

Nous avons vu précédemment que cette lacune est aujourd'hui comblée, grâce aux beaux travaux de l'un de nos confrères, M. Lacaze-Duthiers.

En prenant ces travaux pour point de départ, et sans sortir du cercle habituel de nos études, on ne peut méconnaître qu'en dehors de l'heureuse influence qu'avaient certaines mesures administratives, les moyens les plus efficaces pour ramener dans des mains françaises la pêche et l'industrie du corail seraient incontestablement tous ceux qui rendraient la pêche moins pénible et plus lucrative ; car, je suis parfaitement convaincu que nos marins ont abandonné la pêche du corail, parce qu'elle exige un travail très-dur, et parce qu'ils gagnent plus à faire un autre métier. Par conséquent, pour les ramener à cette pêche, il faut la rendre plus lucrative et moins pénible.

Mais avons-nous les moyens d'atteindre ce but si désirable ? Oui, asssurément, et je signalerai particulièrement : 1° l'exploitation méthodique ou l'aménagement des bancs naturels ; et 2° la création de bancs artificiels dans des conditions favorables à leur exploitation ultérieure.

Les appareils plongeurs nous semblent appelés à résoudre mieux qu'aucun autre procédé ce double problème. A cet égard, la commission de l'Algérie s'est prononcée d'une manière très-favorable par l'organe de M. Focillon, dans le rapport lu à la Société d'acclimatation le 15 mai 1857 et relatif au bateau sous-marin inventé par MM. Payerne et Lamiral.

Les avantages des appareils plongeurs paraissent en effet considérables si l'on songe qu'ils peuvent nous permettre à nous, possesseurs des côtes algériennes, de faire la pêche sûrement, avec une supériorité évidente et sans ravager nos bancs coralliens. A l'emploi de la croix et des filets qui brisent, arrachent et ramènent incomplétement les débris qu'ils ont faits, ces appareils substitueront une cueillette à la main, où chaque morceau pourra être choisi, où l'état des bancs pourra être constaté chaque saison, où les jeunes pousses des coraux pourront être épargnées, tandis qu'on enlevera, sans préjudice pour les bancs, et avec un grand profit pour la bijouterie, les vieux troncs que l'engin dragueur abandonne trop souvent.

La pêche pourra ainsi devenir aussi productive qu'une récolte à la surface du sol.

Il est dès lors fort probable que l'on trouvera, dans ces appareils d'exploration sous-marine, les moyens les plus efficaces de rapatrier cette pêche, jadis toute française; et l'on ne peut guère prévoir comment les moyens grossiers d'exploitation actuels pourraient soutenir la concurrence avec une compagnie qui, récoltant aussi complétement le corail propre à l'industrie, livrerait sans peine sur nos marchés algériens une marchandise abondante et mieux choisie.

Les essais faits au cap Couronne, dans des profondeurs ne dépassant pas 20 à 25 mètres, ont donné de bons résultats.

L'emploi des appareils-plongeurs semble donc devoir nous rendre, par la supériorité des procédés, le monopole d'une exploitation qui nous a échappé et qui nous appartient légitimement; il paraît en outre nous assurer les moyens de ménager et d'accroître ces gisements coralliens qui ne connaissent pas de rivaux et qui devraient être une des richesses de notre colonie et de nos départements méditerranéens.

Par toutes ces considérations, il est très-important que le gouvernement encourage et favorise les tentatives faites pour faciliter les travaux et les recherches sous-marines. Car le bateau de MM. Payerne et Lamiral, sur lequel on fondait de grandes espérances, n'est plus employé aujourd'hui; et les scaphandres de notre confrère M. Cabirol, et ceux de MM. Rouquayrol et Denayrouze qui figurent à l'Exposition universelle ont, il est vrai, réalisé un grand progrès, mais ne remplissent pas encore toutes les conditions voulues pour la pêche et la culture du corail sur les bancs situés à de grandes profondeurs.

Le scaphandre est incontestablement un appareil très-bon, très-utile et qui rend les plus grands services dans certaines conditions.

On sait qu'il se compose d'un vêtement complet de tissu imperméable pour le corps, et d'un immense casque de bronze pour la tête, avec des glaces pour permettre de voir et des soupapes, ingénieusement disposées, pour laisser l'air se renouveler et répondre aux besoins de la respiration. La soupape est en communication avec une pompe foulante qui le remplit constamment d'un air frais et nouveau.

L'homme est emboîté et vissé dans cet appareil, et sa vie est à la merci des mouvements de la corde des signaux et de ceux qui manœuvrent la pompe.

Le jeu de cette pompe doit être très-régulier, sans cela le travailleur éprouve beaucoup de peine. Peut-on espérer d'obtenir cette condition à bord d'un bateau sur une mer souvent houleuse? Quand le roulis et le tangage sont forts, les signes que le plongeur peut faire avec une corde sont bien incertains?

Mais il y a, d'après M. Lacaze-Duthiers, des objections plus sérieuses encore :

A une profondeur de 20 mètres seulement, dans les ports, les travailleurs sont vite fatigués, parce que la pression est déjà considérable. Est-il possible, avec les appareils tels qu'ils sont encore aujourd'hui, de descendre à 60, 80, 100 brasses, c'est-à-dire à plus de 90, 120, 150 mètres de profondeur, dans les stations où se trouvent les grands bancs coralliens?

La résistance que l'air devrait vaincre pour soulever les soupapes lui ferait acquérir une tension évidemment bien dangereuse, et probablement incompatible avec la délicatesse des organes de la respiration et les conditions de la circulation du sang chez l'homme.

.En supposant qu'on puisse arriver à fournir de l'air dans de bonnes conditions, comme l'espèrent MM. Rouquayrol et Denayrouze, il faudrait encore cuirasser certaines parties du corps, les mettre dans un vêtement de fer, afin de les soustraire aux douleurs violentes qu'elles éprouvent par suite de la pression de l'eau.

Le poids de cette eau sur les parties génitales est des plus pénibles; il faut placer un bouclier de métal au devant du bas-ventre, ainsi que sur les jambes des plongeurs; et malgré ces précautions, souvent très-difficiles à réaliser, on se trouve encore sous des influences de pression qui sont très-douloureuses et quelquefois même très-dangereuses; j'ai éprouvé quelques-unes de ces influences dans mes explorations sous-marines, et je n'hésite pas à déclarer qu'elles sont souvent intolérables.

Je dois, au reste, rapporter ici un fait très-important et qui, je crois, est peu connu.

A une certaine profondeur, la pression de l'eau sur la poitrine de l'homme lui cause une sorte de léthargie; une grande somnolence le gagne, il s'affaisse sur lui-même ou s'assied, et meurt là quelquefois au milieu de ce monde étrange qui remue et glisse autour de lui comme les monstres que nous apercevons dans nos rêves. Un pêcheur de corail qui racontait dernièrement les impressions qu'il avait éprouvées, disait : « A ces grandes profondeurs, quand le sommeil vous domine, on est comme un homme qui éprouve une certaine volupté à reposer ses membres brisés par une grande fatigue. On s'endort lentement et paisiblement; il faut faire de grands efforts sur soi-même pour se lever, pour donner un signal quelconque, tant le bien-être qu'on éprouve vous attache et vous paralyse. » En 1865, à Cassis, un plongeur a péri de cette manière; il était dans un fond de 30 mètres environ; les hommes de la barque, voyant que la corde des signaux ne remuait plus depuis quelque temps, remontèrent le plongeur à la hâte; il n'était pas mort encore, mais il expira quelques heures après.

Par toutes ces raisons, il me semble difficile, dans l'état actuel des choses, de pêcher avec le scaphandre *au large et par de grandes profondeurs*, sans compromettre la santé et souvent même la vie des plongeurs.

Quant à l'acclimatation ou à la propagation du corail de la plus belle espèce sur divers points de notre littoral méditerranéen, elle me paraît pouvoir être tentée avec des chances certaines de succès à des profondeurs qui ne dépasseraient pas 25 à 30 mètres.

Les polypes du corail rouge, en effet, ornent assez rapidement de leurs rameaux écarlates les rochers de la mer situés à ces profondeurs, et les objets submergés, quelle que soit leur nature, reçoivent également cette substance animale, et servent, quand ils sont solides et résistants, de support au précieux polypier. Sa croissance, d'ailleurs, est rapide, son développement est facile et s'accommode de circonstances très-variées; les fragments détachés du buisson principal ont même une vitalité énergique, et se soudent volontiers sur quelques corps fixes pour y continuer leur développement et constituer de nouveaux troncs; enfin, les objets plongés dans la mer au voisinage des bancs coralliens s'y couvrent immanquablement de coraux en quelques mois.

Cavolini rapporte (*Mémoire pour servir à l'histoire des polypiers marins*, Naples, 1785) que les pêcheurs sur la barque desquels il avait institué ses observations avaient souvent pêché, sur les côtes de Sardaigne, des poteries submergées depuis quelque temps, des armes, de petites ancres, des pierres, sur lesquelles s'était développé du corail; il ajoute qu'un savant du pays, pour obtenir une récolte de ce genre, fit jeter à la mer des vases de porcelaine, parce qu'il savait qu'au bout de quelque temps ils seraient naturellement couverts de corail, et qu'il voulait en avoir des échantillons pour les galeries du musée.

Tous ces faits ont une valeur considérable et paraissent de nature à encourager des expériences ayant pour but la production du corail dans des conditions favorables à la récolte et dans des lieux plus propices à nos compatriotes d'Algérie ou des départements méditerranéens, que ceux où le caprice des faits naturels a établi les corallines actuelles.

Dès aujourd'hui il est permis d'entrevoir les tentatives qui seraient de nature à réussir.

Il faudrait, ainsi que je l'ai déjà dit, se proposer un double but : 1° exploiter méthodiquement les bancs naturels de la côte d'Afrique, en explorant ceux qui sont accessibles aux scaphandres; 2° créer, dans des circonstances favorables à l'exploitation, des bancs artificiels que l'on repeuplerait et que l'on aménagerait régulièrement.

Quant à la création de bancs artificiels, tous les faits que j'ai pu constater dans mes nombreuses explorations, ceux même que rapportent soit les auteurs anciens, soit les observateurs récents, légitiment parfaitement l'espoir de les faire prospérer dans des conditions favorables à la pêche. M. le baron de Montgandry, l'un de nos plus regrettés confrères, affirmait même que, sur les côtes de Sardaigne, un ensemencement du corail, à main d'homme, se fait traditionnellement et réussit avec promptitude et facilité. Cavolini, Marsigli, rapportent des faits non moins concluants et qui ont, dès l'abord, fait naître l'idée d'une véritable *coralliculture*.

LES INSECTES UTILES

RAPPORT

Par M. MAURICE GIRARD

Président de la Société entomologique de France, membre de la Société impériale d'acclimatation.

I. — VERS A SOIE.

Les insectes les plus utiles à l'homme sont ceux qui font de la soie, source d'une industrie de premier ordre; les produits des Abeilles n'ont plus qu'une importance secondaire depuis l'extraction du sucre cristallisable et la fabrication de l'acide stéarique. Les producteurs de soie compteront toujours au premier rang le ver à soie ordinaire ou *Sericaria mori*, auquel on doit adjoindre des espèces auxiliaires dont la nécessité se fait sentir de plus en plus. Pour l'étude de ces insectes à l'Exposition, je dois regretter profondément que les occupations de M. de Quatrefages et de M. Guérin-Méneville viennent priver le comité d'études de leur inappréciable concours. Les remplacer, c'est assumer une responsabilité redoutable et dont je connais tous les périls; cette déclaration rend ma tâche plus aisée.

L'épizootie terrible dont le terme semble reculer de plus en plus et se dérober à nos espérances explique pourquoi l'Exposition nous offre à peine de spécimens de magnaneries. La grande culture de la soie disparaît pour faire place à de petites éducations n'engageant que les plus faibles capitaux, et les personnes les plus expérimentées se bornent à des tentatives de grainage très-lucratives pour elles, quand leur localité se trouve dans de bonnes conditions hygiéniques, mais qui profitent malheureusement bien moins à l'intérêt général, car les meilleures graines ne tardent pas à donner une descendance infectée quand on les transporte.

La France occupe nécessairement le premier rang dans tout examen méthodique de l'Exposition de 1867, puisqu'elle présente le

plus grand nombre d'exposants et rend dès lors les points de com
paraison plus faciles et plus multipliés quand on passe aux pays
étrangers.

Les produits de la sériciculture française se trouvent surtout ras-
semblés dans la classe XLIII, galerie 5 du palais. Le plus simple sentiment de justice m'amène à parler d'abord d'une exposition de
types d'insectes séricigènes, faite au point de vue de l'étude pratique, par M. Guérin-Méneville, que sa position mettait hors de concours. On peut suivre dans une série de cadres les spécimens de
tous les producteurs de soie dont l'introduction en France a été
tentée avec des succès variables par M. Guérin-Méneville, ou à
laquelle il a contribué pour sa part. On passe successivement en
revue, dans cette collection, les Attacides suivants : *Attacus cecropia*,
de l'Amérique du Nord, cocon ouvert, nourri de prunier, succès
médiocre; *A. polyphemus*, à beau cocon fermé, dévidable en soie
grége, élevé depuis quatre ans en grand à Boston par M. Trouvelot;
A. Roylei, de l'Himalaya, envoyé par M. Hutton, essayé en 1864
sur le chêne, à cocon anguleux à plusieurs enveloppes, insuccès;
A. mylitta, avec cocon de soie *tussah* obtenus en France, élevé plusieurs fois sur le chêne, ne s'accouplant pas; le même fait s'est reproduit cette année même à la magnanerie du bois de Boulogne;
A. yama-maï, introduit dès 1861, et dont nous aurons à reparler en
détail, succès partiels; M. de Bretton, en Autriche, a obtenu près
de 300 000 œufs de cette espèce en 1866, et il a dû faire en 1867, sur
une grande échelle, trois éducations en Moravie, en Autriche, en
Esclavonie; *A. hesperus*, de la Guyane, apporté par M. Micheli, à
cocon ouvert dévidé par M. Forgemol, espèce à exploiter sur place
et dont l'acclimatation n'est pas à tenter, car elle est originaire d'un
climat trop chaud; même remarque pour *A. Bauhiniæ*, du Sénégal,
envoyé par M. le général Faidherbe, à cocon fermé, dévidé par
M. Forgemol; *A. atlas*, immense papillon de l'Himalaya, nourri
sur l'épine-vinette, à cocons envoyés par M. Hutton, de Musorée,
avec éclosions en France, non suivies de reproduction. On doit
citer surtout M. Guérin-Méneville pour les deux espèces auxiliaires
asiatiques du type *cynthia*, qui figurent dans son exposition. L'une
est l'*A. arrindia* ou du ricin, élevée en 1854 pour la première fois par
M. Milne Edwards, et dont la propagation fut aussitôt entreprise par
la Société d'acclimatation fondée la même année; elle a peu d'intérêt
pour nous, en raison de la faiblesse en soie du cocon, et surtout à
cause de l'impossibilité de nourrir la chenille en hiver dans nos climats. Cependant M. Vallée, au Muséum, élève toujours une race pro-

venant de métis et presque entièrement revenue au type *arrindia* pur, avec ce fait intéressant qu'il est parvenu à obtenir des chrysalides passant l'hiver. Au contraire, la seconde espèce ou race l'*A. cynthia vera*, ou de l'ailante, soit pure, soit hybridée avec l'autre, a pour nous une grande importance; ces métis sont élevés sur le ricin au Paraguay et dans la Confédération argentine. Envoyée d'Italie à M. Guérin-Méneville, l'espèce fut introduite par lui en France en 1858, et élevée immédiatement avec succès par plusieurs personnes, notamment par madame Drouyn de Lhuys. Aujourd'hui, c'est-à-dire en moins de dix ans, l'espèce est non-seulement acclimatée, mais naturalisée à l'égal des insectes indigènes; elle devra figurer dans les catalogues de Lépidoptères français, comme la *Chariclea delphinii*, noctuelle introduite d'Orient depuis longtemps avec le pied d'alouette des jardins. Ainsi, pour ne citer qu'un exemple personnel, j'ai reçu cette année des papillons très-vigoureux de cette espèce, provenant des ailantes de jardins, pris rue de Vaugirard et rue des Postes. Je suis persuadé que ce succès complet de l'acclimatation doit ramener l'attention sur cet insecte, puisqu'on peut en faire l'éducation à l'air libre et sans frais. On ne saurait nier que son cocon ouvert ne soit médiocrement soyeux, mais M. Aubenas, de Loriol, a prouvé qu'on peut le dévider en grand en soie grége, et n'attend pour lui livrer sa filature que le jour où les producteurs le lui fourniront d'une manière assurée en quantité considérable.

Il faut entreprendre les éducations du ver de l'ailante dans des conditions spéciales qu'on ne doit pas omettre si l'on veut attendre un produit rémunérateur. On fera bien de s'en abstenir dans le centre et le nord de la France, où le climat rend incertain la réussite de la seconde génération de l'année; il n'en est pas de même dans les localités arides du midi, dont on pourra planter en ailante les coteaux presque incultes; on sera assuré de deux récoltes, on ne craindra pas les oiseaux pour la première, vu le manque d'eau, ni les guêpes pour la seconde, si l'on opère assez loin des villes.

En reprenant, après cette digression inspirée par un sujet qui rentre si complétement dans les attributions de notre Société, l'exposition de M. Guérin-Méneville, nous aurons à indiquer un dernier cadre destiné à montrer la grande extension géographique qu'a reçue l'espèce du ver à soie ordinaire. On y trouve associés des cocons blancs, de Cayenne, de l'éducation de M. Micheli; des cocons jaunes, effilés, pointus, assez médiocres, du cap de Bonne-Espérance, par M. Hiddingh; de beaux cocons blancs et nankins, de Quito, dont la graine se trouve chez M. Antony Gelot; enfin une éducation faite en Pologne par MM. Kurtz et Hignet, ayant donné de très-gros cocons, les uns blancs, les autres d'un jaune soufré.

Dans la même salle, une grande vitrine montre au public les résultats obtenus par M. Chabod fils, de Lyon, des exemplaires tirés de la magnanerie et non triés, ce qui est le mieux quand on expose. Les éducations Chabod se font sur branchages, et les papillons éclos pondent sur toile. On pouvait voir ces éclosions dans la première quinzaine de juillet; les rameaux, pleins de cocons, offraient des Japonais blancs de 1866, et une seconde éclosion de race du même pays, en août 1866; des cocons d'un jaune nankin, d'un grain un peu gros, mais bien fournis; des cocons jaunes de graine du pays, éducation de 1866; d'énormes cocons blancs, de race perse, dont une première éducation a été faite à Lyon; mais les grosses femelles à ventre graisseux et dénudé qui se traînaient à Paris sur la vitrine n'indiquaient que trop la dégénérescence, et ne devaient donner qu'une mauvaise graine; c'est là le triste résultat que présentent aujourd'hui presque toutes les graines introduites en France; succès d'abord, puis générations infectées. Un carton de cocons indique des races diverses qui ont été élevées par la maison Chabod; ce sont : Perse, blancs, déjà cités; Macédoine, cocons jaunes et blancs, médiocres de forme, un peu pointus; Nouka et Bucharest, gros cocons d'un jaune nankin pâle; deux beaux lots de cocons français, blancs et nankins, gros, bien faits, fournis; deux lots japonais blancs et verts (c'est-à-dire d'un jaune verdâtre), petits, très-bien faits, comme le sont d'habitude les japonais, bien étranglés au milieu et arrondis aux bouts. Un autre cadre offre des cocons choisis, mais sans indication de dates pour l'éducation, d'un grand intérêt comme types de belles races : 1° Balkans (Russie asiatique), d'un jaune vif, gros, un peu longs; 2° Perse, blancs et nankins, énormes cocons longs et larges; 3° Bulgarie et Valachie, blancs et jaunes-verts, gros cocons un peu pointus; 4° Nouka (Caucase, Russie d'Asie), cocons longs, de divers jaunes; 5° Bucharest, cocons pointus, nankins et jaunes vifs; 6° Philippopolis (Levant), cocons blancs, assez gros, médiocrement faits; 7° Macédoine, jaunes vifs, jaunes vert pâle, blancs, cocons très-pointus; les races macédoine m'ont partout paru médiocres; 8° Chine, blancs et jaunes, cocons moyens, bien faits; 9° Japonais, blancs et verts, petits, très-bien faits; 10° Français, les uns ovales et d'un jaune nankin, les autres ovales et blancs, d'autres, enfin, jaunes nankins, oblongs, à bouts ronds. Ces trois dernières séries sont magnifiques; ces cocons français sont un peu moins gros que ceux de Perse, d'un grain plus régulier, moins bosselés. Malheureusement, ces cadres ne nous disent pas si les graines de ces belles races existent encore saines, et ce serait l'important.

M. Chabod fils s'est aussi occupé des espèces auxiliaires, et c'est ce qui rend son exposition de grainage la plus complète parmi les exposants français. On y trouve, parmi les cocons fermés, des cocons de l'*A. mylitta*, les uns de l'Inde, les autres de *Schangaï*, avec échantillons des soies que donnent les diverses robes du cocon; l'*A. Pernyi* (ver à soie du chêne de Mantchourie), qui a été élevé autrefois à Lyon; l'*A. yama-maï* du Japon, avec des échantillons de soie filée; dans les cocons ouverts sont ceux des *A. arrindia* et *cynthia vera*, qui sont très-ordinaires comme qualité, et de grands cocons gris, pédonculés, à cordon d'attache plat, analogues de forme et de couleur à ceux du ver à soie de l'ailante, sans étiquette nominale. Ce sont des cocons de l'*A. aurota*, espèce commune au Brésil. Cette espèce a pour les membres de la Société un intérêt tout actuel. Un grand nombre de ces cocons a été remis à la magnanerie du bois de Boulogne par M. Dionisio Martins, commissaire du Brésil à l'Exposition universelle, et on a pu voir pendant le mois de juillet les magnifiques papillons, aux ailes marquées de grandes taches nacrées trigones et veinées de pourpre; pour la première fois, cette espèce s'est reproduite en France, et, après des essais variés et infructueux, on a reconnu que les petites chenilles mangent la feuille de fusain avec laquelle M. J. Pinçon procède en ce moment à leur éducation. Il faut faire cette remarque que c'est là une exhibition de curiosité scientifique, car l'*A. aurota* appartient à un pays trop chaud pour que son acclimatation soit appropriée à notre climat; seulement l'attention se trouve appelée sur une espèce dont on pourra tirer parti au Brésil pour l'usage local et pour l'exportation.

La sincérité la plus complète a présidé à l'exposition séricicole de mademoiselle C. Dagincourt, à Saint-Amand (Cher) (médaille de bronze); pas d'artifice destiné à attirer l'œil, les cocons sur la bruyère, les cocons attachés pour l'éclosion sont disposés sans ordre, les papillons courent et pondent partout; on est bien certain d'avoir sous les yeux le résultat d'éducations récentes, et on peut voir l'état des reproducteurs destinés au grainage. Mademoiselle Dagincourt a très-bien réussi pour une race à gros cocons blancs indiquée comme sina, et paraissant être un croisement de race sina et de race perse, avec un blanc plus beau que celui des races perses pures, et des œufs qui ne tiennent qu'à moitié sur la toile; les races perses pures ont une graine sans enduit, ne tenant pas, et qu'on récolte en pliant la toile; de même les races de Grèce. En 1866, mademoiselle Dagincourt a élevé ces sinas et des moricauds aussi à gros cocons blancs, et d'autres moricauds devenus bivoltins; on sait que les vers moricauds, c'est-à-dire à peau brunâtre, constituent en général des races robustes. En 1867, les éducations nous offrent ces mêmes moricauds, des moricauds-japonais croisés blancs, des japonais blancs bivoltins, de peu d'intérêt pour nous parce que notre climat ne comporte bien que l'éducation de printemps. Il est intéressant encore d'examiner les éducations faites à Saint-Amand en 1866, avec de la graine pondue à Quito en novembre 1865, et donnant des cocons jaunes, et une autre race provenant de graines de Montevideo (Uruguay), et de novembre 1865. Ces graines saines des exportations américaines servent aujourd'hui par réciprocité à nos graineurs dans leurs tentatives pour refaire nos races industrielles, et se trouvent en dépôt chez M. A. Gelot.

Un joli bouquet de fleurs artificielles distrait la vue au milieu des cocons et des insectes de mademoiselle Dagincourt; la matière première est formée de cocons découpés. Enfin les vers auxiliaires ont aussi fait partie des éducations de Saint-Amand, et en 1866 et 1867 ont été obtenus de très-beaux cocons de ver de l'ailante, d'un gris jaunâtre, clair, bien faits, aussi riches en soie que le comporte l'espèce; avec cela des échantillons de bourre ou soie de l'ailante cardée, et des papillons éclosant sous la vitrine, robustes, bien colorés.

A côté de l'exposition précédente se trouvent les soies et cocons de race bronski (médaille de bronze); cette race, formée et élevée depuis 1847 au château de Saint-Selve (Gironde) par mademoiselle Christine de Bronno-Bronski, présente de très-beaux cocons blancs, gros, allongés, de forme un peu variable; on admire l'éclat immaculé des soies gréges habilement disposées sur un fond d'un bleu vif; mais pourquoi seulement des cocons triés, choisis, sans date d'éducation? J'aurais bien préféré des bruyères ou des claies à cocons permettant d'apprécier le plus ou moins d'égalité dans le produit et les proportions relatives des cocons de divers choix.

Les autres exposants ne présentent en général aussi que des cocons pris dans le premier choix. Il faut en excepter les religieuses ursulines de Montigny de Vingeanne (Côte-d'Or). Ces dames élèvent, depuis dix ans avec succès et en plein air, une race bourguignonne améliorée, et ont envoyé, filés sur ramuscules de colza, d'énormes et magnifiques cocons blancs, non étranglés, ovoïdes, dont quatre cents pèsent un kilogramme. Citons encore, dans la classe XLIII, madame Estève, pour un très-beau succès d'une race mixte, sina et perse, élevée à Lignières (Cher) en 1867; madame veuve Durival, de Romorantin (Loir-et-Cher), dont les éducations sont exemptes de maladies. Les femmes, avec leurs habitudes de soins délicats et minutieux, font à merveille ces petites éducations saines destinées au grainage, et qui sont le seul profit de la sériciculture indigène actuelle. J'ai regretté de n'avoir pas vu figurer à l'Exposition quelque envoi de mademoiselle de Lavergne, de Brives (Corrèze); on ne peut rien trouver de plus parfait que les cocons de nos anciennes races milanaise et sina, qu'elle a obtenus en 1866 et 1867, au milieu d'éducations atteintes d'épidémie. J'ai noté encore des cocons portugais, milanais et japonais, de M. de Laverrie, canton de Saint-Cyprien (Dordogne); de beaux cocons milanais d'un jaune pâle, de M. Costes, à Ambert (Puy-de-Dôme); un essai d'amateur, de M. Fumet, à Dombine, près Cluny (Saône-et-Loire), sur une belle race blanche de Chine à sa troisième éducation, de beaux cocons nankins et de la graine, obtenus en 1866 et 1867 à Solenzara (Corse) par M. F. Jacquinot. Le défaut de place a obligé de renvoyer à la classe XXXI, celle des soieries, une remarquable collection qui appartient réellement à la classe XLIII. Elle est plutôt scientifique qu'industrielle, et se compose de cocons de toutes les provenances, dont bien des races ont disparu depuis l'épidémie des vers à soie; elle appartient à M. Duseigneur Kléber, filateur de soie, membre de la Chambre de commerce de Lyon, et contient les types de l'ouvrage qu'il a publié sous le nom d'*Histoire des transformations du cocon du ver à soie du* XVIe *au* XIXe *siècle.*

Dans la classe XLIII se trouve enfin une exposition consacrée uniquement aux vers à soie auxiliaires, celle de M. C. Personnat. On y voit de beaux cocons de l'*A. cynthia vera*, sa soie cardée, sa soie dévidée, des échantillons·d'étoffe; ce sont surtout les nombreux cocons de l'*A. yama-maï*, ou ver à soie du chêne du Japon, qui méritent d'arrêter notre attention. En effet, parmi les insectes auxiliaires, c'est la seule espèce dont la soie se rapproche notablement de celle du *S. mori*, et qui pourrait la remplacer en partie. Sa nourriture permettrait d'utiliser une masse énorme de matière végétale perdue dans toute la partie tempérée et méridionale de l'Europe, la feuille de chêne, en la transformant en matière textile par l'intermédiaire d'un être vivant. L'éducation peut se faire en plein air, sur des chênes en taillis protégés par des filets contre les oiseaux, et la génération annuelle de l'*A. yama-maï* est trop printanière pour craindre les guêpes, si avides de la chair des jeunes chenilles. L'immense intérêt pratique de cette acclimatation a engagé

M. Personnat à y consacrer ses soins presque exclusifs. Une petite magnanerie de vers à soie du chêne a été installée près de la porte en regard de l'École militaire. Elle se compose d'un hangar couvert, mais largement aéré par les côtés, qui contient des baquets d'eau où plongent des branches de chêne sur lesquelles vivaient les chenilles; puis, afin de montrer un élevage libre en même temps que l'élevage au rameau, à la suite existe un petit enclos où sont plantés des chênes de diverses espèces. Les petites chenilles furent nourries selon les deux procédés. Il en est resté peu sur les chênes de l'enclos, car le terrain a été livré à M. Personnat beaucoup trop tard; les chênes ont mal repris, de sorte que les petites chenilles n'avaient qu'une nourriture et surtout un abri insuffisants; en outre, comme elles se cachent avec soin sous les feuilles, beaucoup de personnes ne sachant pas les apercevoir ont cru à un insuccès complet. Dans ma visite intérieure, faite le 8 août, j'ai trouvé des cocons attachés aux feuilles dans l'enclos. L'élevage au rameau, sous le hangar, a lieu au moyen de branches de chêne cueillies tous les jours au bois de Boulogne. Les premiers vers exposés ont bien marché; ceux qui ont été retardés à dessein par M. Personnat, afin de pouvoir laisser les belles chenilles vertes à taches d'argent de cette espèce, plus longtemps sous les regards du public, ont offert un certain nombre de sujets malades et tombant des feuilles. Beaucoup de personnes ont cru à un échec en voyant les chênes de l'enclos morts en partie par la raison que nous avons donnée, et surtout à l'aspect des rameaux flétris sous le hangar, qui firent croire à un abandon. C'était tout simplement que, l'accroissement terminé, on avait laissé ces branchages destinés au coconnage des chenilles. Au commencement d'août, de beaux cocons d'un vert jaunâtre, pleins de chrysalides vivantes, durs, à bouts fermes et bien arrondis, les garnissaient. L'éclosion des papillons et la ponte constitueront la dernière phase de cette exposition.

Les éducations de M. Personnat ont lieu en France et avec succès, à Laval, en plein air, par les soins du directeur et des élèves de l'École normale primaire, et à Niort, partie en plein air, partie au rameau (1). M. Personnat se dit en mesure de pouvoir disposer d'un kilogramme de graine bien saine à 10 francs le gramme. L'éducation, dont un petit spécimen a eu lieu sous les yeux du public à l'Exposition universelle, est à sa cinquième génération en

----

(1) Consulter : *Le ver à soie du chêne*, par C. Personnat, 3ᵉ édition, Paris, librairie de la Maison rustique, 26, rue Jacob.

France, et provient d'un faible lot des graines envoyées par M. Pompe van Meerdervoort, et remis à M. Personnat par la Société d'acclimatation. Ce résultat, et d'autres succès partiels, sont de nature à nous permettre d'espérer l'introduction définitive de cette précieuse espèce en Europe, bien qu'aussi de nombreux insuccès, en plusieurs localités, nous avertissent combien les années calamiteuses que nous traversons sont peu favorables aux tentatives d'introduction de nouveaux insectes séricigènes. On ne saurait trop recommander pour l'*A. yama-maï* toute l'importance de la première partie de l'éducation. Il faut renouveler très-fréquemment l'eau des rameaux sur lesquels on porte les chenilles sorties de l'œuf, et surtout les placer en plein air, car les chenilles en chambre close sont atteintes de la pébrine.

J'ai regretté beaucoup de ne pas voir à l'Exposition des magnaneries qui avaient été annoncées pour la France, notamment celle de madame la baronne de Pages, née de Corneillan, et celle de M. Givelet, spéciale à l'*Attacus cynthia vera*, et qui formait la partie la plus originale et la mieux réussie de l'exposition des insectes en 1865.

Dans le parc, on trouve encore quelques lots de cocons français. Le bâtiment annexe, placé près de l'École-Militaire, et contenant l'exposition collective agricole du département du Bas-Rhin, à la suite de celle du Nord, offre de beaux cocons blancs jaunâtres, de M. A. Cornil de Lavergne, au Sandhof, près Bischwiller, diverses races, surtout japonaises, une dite jaune d'Alsace, de MM. Schaaff et Lauth, de Strasbourg, et des cocons du ver de l'ailante, très-bien fournis, de la magnanerie expérimentale de M. E. Heyler. Dans le même bâtiment, on voit aussi des cocons blancs, jaunes et d'un nankin blanchâtre, récoltés en 1865 et 1866 aux Anges, en Sologne, sans maladie, montés sur bruyère. La qualité des cocons est médiocre pour les jaunes, qui sont peu fournis; meilleure pour les autres.

A côté de cette annexe, un petit pavillon est destiné à l'École d'agriculture de Grignon, dirigée actuellement par M. Bella. La sériciculture y est dignement représentée. On remarque des cocons et des soies de deux races blanche et jaune du Japon, de première éducation à Grignon ; des cocons jaunes de race de Russie, de quatrième éducation ; des cocons de Grèce, d'un jaune blanchâtre, beaux et serrés pour cette race ; des cocons et des soies de race de Turquie, de même couleur, plus renflés : ces deux races aussi à leur quatrième éducation à l'École. L'intérêt capital est celui offert par des cocons et des soies de notre ancienne race sina, que son admirable blancheur faisait réserver pour les tulles et blondes de soie sans teinture. Ces vers, fournissant des cocons admirablement faits, d'un grain si fin et serré, se reproduisent à l'École depuis trente et un ans, et la race a été envoyée au directeur par M. C. Beauvais, provenant des éducations faites aux bergeries de Senars. Les cocons exposés sont de l'éducation de 1866. Il est malheureusement bien à craindre qu'on ne perde cette belle race, non par la pébrine, mais par la maladie des *morts-flats*, qui a tué le tiers des vers en 1866, et beaucoup plus en 1867. La magnanerie de Grignon est donc sous l'empire des mêmes causes délétères que celle du bois de Boulogne, dans laquelle toutes les races autres que les japonais de provenance directe ont péri cette année par les *morts-flats*, les *arpians*, etc.

Nous voyons enfin dans l'exposition des colonies françaises figurer de nouveau quelques-uns des insectes déjà indiqués par M. Guérin-Méneville, et en plus l'*Attacus selene* de l'Inde, propres à l'Inde, au Sénégal, à la Guyane ; des échantillons de dévidage en soie grège de M. le docteur Forgemol, lauréat hors classe de notre Société, d'après le procédé spécial décrit par lui dans notre *Bulletin*, 1864 ; ces soies proviennent de cocons doubles du *S. mori*, de cocons percés par la sortie du papillon du *S. mori*, des *A. yama-maï, mylitta, Pernyi*, enfin des cocons naturellement ouverts des *A. cynthia vera, arrindia, Bauhiniæ, hesperus, cecropia*. Madame la baronne de Pages (de Corneillan) a présenté des échantillons de cocons, de soies filées et tissées des diverses races de *Sericaria mori*, élevées par elle, et des *Attacus cynthia, arrindia, mylitta, Pernyi, yama-maï, Bauhiniæ, cecropia*. De la Guyane viennent des cocons de ver à soie du mûrier, d'un blanc jaunâtre, de M. Micheli, et de l'île de la Réunion, de beaux cocons blancs et jaunes (MM. Orré, de Ménardière) ; malheureusement dans nos colonies de la zone torride les pluies torrentielles de la saison humide nuisent beaucoup aux éducations du *S. mori* et compensent l'avantage d'un climat permettant d'élever des vers polyvoltins. L'Inde française a des cocons de l'*A. mylitta* (soie tussah) et, ce qui est intéressant, des cocons et de la soie filée de l'*A. selene*, espèce à longue queue aux ailes inférieures, envoyés par M. Perrottet. La Cochinchine offre des cocons jaunes, très-pauvres en soie, indiqués d'une espèce annamite, vivant sur le mûrier, et succédanée de notre ver à soie. De la côte d'Afrique sont des soies grèges de Porto-Novo, apportées par M. le baron Didelot, des cocons de l'*A. Bauhiniæ* du Sénégal, de la soie et des cocons d'un nouveau bombycien du Sénégal, encore inédit, du genre *La-*

siocampa, envoyés par M. Parcevaux (médaille de bronze). Ces cocons, d'un gris brunâtre, sont.associés, comme ceux de nos processionnaires du chêne et du pin, et malheureusement mêlés des poils épineux provenant des chenilles elles-mêmes.

L'Italie est le seul pays qui nous offre à l'Exposition universelle une magnanerie de vers à soie ordinaire. Elle est destinée à appeler l'attention publique sur un système spécial dont l'inventeur est M. le docteur Delprino (1), et son exposition à Paris a reçu l'appui du conseil provincial d'Alexandrie et des chambres de commerce d'Alexandrie et de Cuneo. L'appareil est appelé *cellulaire-isolateur* parce qu'il est destiné à permettre à chaque ver, au moment de donner son cocon, de venir se placer, isolé des autres, dans une petite case où il filera un cocon unique, attaché par la bave aux parois de la cellule. En outre, l'appareil ou château peut être placé au milieu d'une salle, sans endommager les parois, et en permettant de circuler tout autour. On peut voir ces châteaux dans la galerie des machines, à l'annexe italienne, et enfin, en plus grande quantité, à Billancourt, sous le hangar A. M. Delprino avait eu l'heureuse idée de garnir ces appareils de diverses races de vers à soie qui ont été élevées en 1867 dans l'Italie septentrionale, ce qui a permis d'y montrer des cocons de toutes les grosseurs. On y trouvait surtout des japonais annuels, blancs et verts, d'origine nouvelle, et qui ont donné en Italie une bonne récolte ordinaire, tandis que les anciens japonais, devenus italiens, n'ont fait que demi-récolte, et les portugais des quarts de récolte. La race corse a donné une récolte entière, mais elle était rare, et les milanais n'ont pas réussi. J'ai vu dans les cases Delprino de très-beaux milanais jaunes, pareils à ceux qu'élève à Brives mademoiselle de Lavergne, une race de macédoine jaune, médiocre, et enfin des trivoltins, objet de curiosité, inutiles.

L'appareil soumis à l'examen des sériciculteurs de toutes nations se compose de deux parties, la cabane ou caisse et l'armature. La première est formée de montants verticaux soutenant de légers planchers mobiles ayant environ 1 mètre de long sur 50 centimètres de large. Sur chacun on place les vers, et un système de coulisses permet de retirer horizontalement chaque tablette séparée

---

(1) Consultez, sur ce sujet, les brochures suivantes de M. Delprino : *La nouvelle sériciculture*, avec planches, Acqui, 1867. — *Résultat du nouveau système de l'éducation des vers à soie*, Acqui, 1867. — *Perte dans le produit de la soie par les systèmes actuels*, Acqui, 1867.

pour donner la feuille, etc. L'armature, qui constitue l'invention capitale de M. Delprino, consiste en claies verticales disposées sur les côtés des tablettes et constituées par deux séries perpendiculaires de petites planchettes de bois de mûrier ou de peuplier, ayant environ 3 centimètres de large, et formant ainsi les petites cases cubiques dans chacune desquelles doit se loger un cocon. En outre, des claies sont disposées obliquement au-dessus du château et aux extrémités des tablettes, afin que tous les vers trouvent à se loger. Il est évident pour moi qu'il y a là une modification plus parfaite, mais aussi plus compliquée, de la claie coconnière Davril (celle qui est employée à la magnanerie du bois de Boulogne), invention tombée dans le domaine public et imaginée pour parer aux nombreux inconvénients des bruyères ou branchages, inutiles à rappeler ici. La coconnière Davril se compose de tasseaux parallèles, laissant entre eux l'intervalle d'un cocon, disposés sur les bords et au-dessus des planchettes à vers, en forme d'échelons. Le système Delprino, au lieu de laisser libre dans un sens l'espace destiné aux cocons, le ferme dans les deux.

Nous allons exposer et discuter en même temps l'appareil. Il peut être placé au milieu d'un appartement, sans appui sur les murs et par suite sans les endommager ; mais ceci n'est pas spécial au système. M. Delprino insiste beaucoup sur ce fait que, si le ver à soie ne trouve pas, lors de la montée, à se loger tout de suite pour filer, la soie des glandes sérifiques (glandes salivaires modifiées) se résorbe peu à peu, au point qu'au bout d'un certain temps la chrysalide se forme sans cocon. Avec son appareil le ver ne tarde pas à trouver une case vide. Voilà, il faut le dire, un inconvénient que toutes les méthodes peuvent offrir et auquel elles peuvent remédier, du moment qu'on n'entasse pas trop les vers et qu'on leur donne un enramage proportionné à leur nombre. On évite, avec les cases Delprino, les taches que les cocons morts font au-dessous d'eux sur les cocons sains ; c'est là un mérite spécial à cet appareil. On diminue beaucoup le nombre des cocons doubles, rejetés à la filature. D'après M. Delprino on a, sous ce double rapport, 15 pour 100 d'avantage avec ses cellules pour les races indigènes, et 25 pour 100 pour celles du Portugal ou du Japon qui produisent plus de doubles et de cocons tachés par des déjections caustiques. Il faut remarquer que les doubles existent encore avec les cases Delprino comme avec les coconnières Davril, mais bien diminués dans les deux méthodes. J'ai vu à Billancourt quelques cocons doubles, surtout dans les blancs, et il y en a eu quelques doubles dans l'essai, fait sur une très-petite

échelle, des coconnières à cellules à la magnanerie du bois de Boulogne. Avec les coconnières Davril, en 1849, M. J. Pinçon obtint
dans sa magnanerie dix quintaux de cocons milanais avec si peu de
doubles que, les ayant vendus d'abord 6 fr. 50 c. le kilogramme,
il reçut du filateur un supplément de prix de 50 centimes par kilogramme. Les coconnières Davril offrent un déramage plus facile
que les cases Delprino, qui exigent pour décoconner rapidement un
appareil supplémentaire, de manœuvre assez délicate et demandant
de l'attention.

C'est avec les coconnières Davril qu'il faudra comparer, par une
observation de détail, et en notant soigneusement les frais respectifs,
les châteaux isolateurs de M. Delprino. Le prix de revient de
ceux-ci est, d'après lui, pour cinq rayons suffisants pour l'enramage
de 30 grammes de graine, produisant 50 kilogrammes de cocons,
de 125 francs, brevet compris.

J'ai été frappé d'abord d'un défaut grave, selon moi, dans les
appareils exposés. Les planches à vers ne sont qu'à 25 centimètres
de distance l'une de l'autre, et je crois qu'il est nécessaire de mettre
le double, soit 50 centimètres, si l'on veut un aérage suffisant. Il
faut bien remarquer, et c'est la conséquence reconnue par tout le
monde et qui résulte du beau travail de M. de Quatrefages sur la
maladie actuelle du Ver à soie, qu'on ne parviendra à mettre fin à
l'épidémie qu'en rapprochant le plus possible les vers à soie des
conditions naturelles; il est nécessaire avant tout d'aérer et de ne
pas trop élever la température. Le défaut habituel des éducateurs
italiens est de trop entasser les vers.

Pour les éducations les plus nombreuses en France, celles des
paysans du Midi, les appareils de toute nature ont peu de chance
d'être accueillis. Ils ne veulent faire aucune autre dépense première
que celle absolument indispensable; chacun dispose des vers dans sa
maison sur tous les supports possibles. Lors de la montée, on se
procure à la hâte les branchages que le pays fournit, et, le déco-
connage fait, on les jette ou on les brûle. Les coconnières, soit Davril, soit Delprino, devraient être nettoyées et serrées avec précaution
en lieu sec pour l'année suivante. Il faut de la place et des soins;
c'est beaucoup trop pour nos paysans. L'appareil Delprino, au contraire, pourra convenir pour les éducations des graineurs, car il
laisse au ver qui file un bien meilleur aérage que les bruyères, en
attendant que les grandes magnaneries puissent se rétablir; mais
qui oserait aujourd'hui faire ces frais préliminaires des immenses
éducations d'autrefois? c'est toujours une heureuse pensée qu'a eue

M. Delprino d'offrir son système à l'examen et à la critique; il y a là d'excellentes choses pour un avenir plus heureux.

La collection des matières premières d'Italie (palais) présente des cocons jaunes et nankins de la Société économique agricole de Pérouse, très-riches en soie (médaille de bronze). Dans l'annexe italienne, il n'y a pas autre chose concernant la sériciculture que l'appareil Delprino. On trouve à la classe XXXI, dans l'Exposition du palais, de belles soies grèges à divers filateurs.

Le Portugal, où la sériciculture a reçu un grand développement, a beaucoup moins apporté de produit de ce genre à l'Exposition qu'on aurait pu le supposer, et l'intérêt de ce pays y eût cependant beaucoup gagné, car les graineurs aux abois recherchent maintenant les cocons portugais, se portant toujours de préférence sur les pays où la maladie sévit moins intense. M. José Marçal Brandao, de Porto (mention honorable), expose de superbes cocons, gros, d'une soie fine et serrée, d'une couleur nankin terne, et une autre race de petits cocons d'un blanc jaunâtre un peu trop tachés de déjections, probablement d'origine japonaise. De l'orphelinat du baron de Nova Cintra, à Porto (médailles d'argent et de bronze), proviennent plusieurs races de cocons nankin et des cocons placés dans une soucoupe de verre, attirant les regards par leur couleur d'un jaune brillant; ils sont d'une finesse et d'un grain incomparables. La commission du district de Bragance a envoyé des rameaux de genêt chargés de cocons d'un jaune nankin, d'origine japonaise, à bouts bien faits et durs, des japonais blancs, des cocons verts et de gros cocons d'un jaune terne, pareils à ceux de M. de Brandao. Il y a encore une quinzaine de bocaux de cocons portugais placés maladroitement à une telle hauteur qu'ils sont complétement perdus pour le public.

Je n'ai trouvé pour l'Espagne qu'un coffret contenant des cocons d'un jaune pâle, de grosseur moyenne, semblant d'origine japonaise par la forme, fermes et bien faits, provenant de Lérida et exposés par D. José Moles, et un lot de soies filées, les unes jaunes, les autres blanches, celles-ci d'origine japonaise, de D. Salvador Gonzalez, de Valence (médaille de bronze).

L'Autriche est un pays très-propice à la sériciculture, surtout dans sa partie méridionale, dans l'Esclavonie, dans l'Istrie, etc. On remarque les cocons de divers producteurs de l'Istrie, notamment de beaux cocons jaunes, de race milanaise, de M. F. Sotto Corona. La Société hongroise pour l'introduction des vers à soie a centralisé les envois de plusieurs exposants, ainsi de beaux et gros cocons

blancs et blancs verdâtres, de races paraissant persanes, et de petits cocons verts japonais, par M. F. Brezino, instituteur à Prague;
des cocons blancs, sina et japonais, de M. Franz Steyrer à Prague,
des graines sur papier et des cocons japonais verts et nankins, de
M. Antonio Wukassinoviz, inspecteur royal de la sériciculture à
Essek (Esclavonie), etc.

Les envois étrangers surtout manquent complétement des dates
qui, dans ce moment d'épidémie croissante, sont d'une grande importance et auraient un intérêt commercial si direct pour les exposants, en raison des demandes du grainage.

La Turquie compte un grand nombre d'exposants. La sériculi-
ture y est représentée par de très-beaux cocons (médaille d'or) envoyés par M. Louis Brotte, filateur à Brousse (Anatolie). Ils offrent
les types des belles races de ces régions privilégiées et notamment
de très-belles races persanes pures. On y doit signaler d'abord trois
races de cocons blancs originaires d'Anatolie : 1° oblongs, gros,
graine Lefkey; 2° étranglés, gros, graine Songourlouk; 3° longs,
étranglés, pointus, graine Méhémet Effendi de Mohalitz; 4° nankins,
gros et longs, graine de Roumélie, reproduite deux années en Anatolie; 5° gros cocons d'un jaune vif, graine de la mer Caspienne;
6° énormes cocons, des plus gros qui existent, nankins, graine des
environs de Dailliat; 7° gros, verts, graine du Caucase; 8° jaunes,
moyens, graine de Roumélie. Ces quatre derniers lots sont de première éducation en Anatolie. Viennent ensuite des soies gréges d'un
blanc pur, d'un blanc nankin, jaunes et vertes. La maison d'exportation de produits turcs de A. Ovaness Dédeyan expose, avec d'autres
objets, de beaux cocons d'un blanc nankin, de Smyrne.

En Roumanie, dans les matières premières rangées contre le mur
extérieur de la galerie des machines, on remarque trois bocaux de
cocons de trois races, d'un blanc pur et d'un blanc nankin, bien faits,
un peu étranglés au bout, envoyés par la Société d'agriculture
de Pantélimon, près de Bucharest, et une vitrine sans étiquette contenant des japonais blancs et verts, reproduits, et des cocons d'un
jaune nankin, de race analogue aux milanais.

L'exposition de Grèce contient des cocons blancs récoltés à l'école
d'agriculture de Nauplie, puis des cocons provenant de divers arrondissements, entre autres des cocons japonais verts et blancs
(petites races) et de grosses races jaunes des arrondissements de
Calamata et de Sparte; en outre, deux vitrines sans étiquettes pleines
de cocons de diverses races, surtout de gros cocons d'un jaune nankin pâle, un peu mous.

La Russie dans ses provinces caucasiennes du S.-E. produit beaucoup de soie, et les graines de Nouka et du Caucase ont eu pendant plusieurs années la préférence pour le grainage dans l'Europe occidentale, jusqu'à ce que l'épidémie, marchant peu à peu vers l'Orient, eût atteint ces régions. On trouve dans l'exposition russe quelques lots de très-beaux cocons, notamment dans la Tauride une race de petits cocons blancs oblongs, étranglés au milieu, arrondis aux deux bouts, d'une magnifique soie fine et serrée.

L'exposition du Japon, parvenue à Paris après un assez long retard, se trouve en partie à son rang dans le palais et en partie contre le mur extérieur de la galerie des machines attenant à la rue d'Afrique. On y revoit ces petits cocons blancs et verts qui remplissent les marchés européens depuis plusieurs années, médiocrement prisés des filateurs. Dans certains lots, j'ai remarqué des cocons jaunes verts plus beaux que les japonais d'Europe et surtout des cocons blancs plus gros que ceux que la graine importée du Japon nous donne d'habitude, d'un grain admirable. Il est certain que les Japonais ne livrent pas à l'exportation leurs meilleures races. Ces cocons sont, en plus beau, à peu près pareils à des cocons blancs que m'a montrés M. Guérin-Méneville, et qui proviennent de sa tournée dans l'Isère, cocons très-bien faits, un peu étranglés, bien arrondis et fermes aux deux pôles. Ils proviennent de la récolte de 1866 et d'une graine dite des cartons de l'Empereur, distribués sur son ordre et provenant d'un don fait à Sa Majesté par le gouvernement du Japon. La graine n'en fut pas recueillie, à cause de la certitude où l'on était de son infection. On voit encore, parmi les cadres d'insectes japonais, un cadre contenant toutes les phases de la vie de l'*A. yama-maï*. Les papillons sont exactement pareils à ceux que nous obtenons en France, et ont comme eux des types à fond jaune vif, gris jaunâtre et lie de vin. Les cocons, d'un vert pomme vif pour la plupart à la couche externe, adhèrent aux feuilles sèches d'une espèce de chêne, le *Quercus serrata*, Thunberg (1), dont la feuille allongée et dentelée ressemble à s'y méprendre à celle du châtaignier. Dans l'intérieur du palais, on remarque des bocaux de cocons verts et blancs, du ver du mûrier, d'un très-joli grain, provenant du gouvernement du Taïshiou de Satsouma.

Dans l'exposition de la Perse figurent quelques chapelets de cocons blancs et jaunes des grosses races du pays, sans aucune indication.

(1) *Quercus echinacea*, syn. Torr, c'est le chêne qui, au dire des Japonais, convient le mieux à la nourriture du ver *yama-maï*.

La Prusse enfin, bien que son climat soit peu favorable à la séciculture, a cependant quelques exposants. Il faut chercher leurs envois dans les produits placés contre le mur extérieur de la galerie des machines. Le principal sériciculteur prussien est M. Heese, de Berlin. Il s'occupe à la fois des éducations de diverses races du *Sericaria mori* et de plusieurs attacides auxiliaires. On voit dans sa vitrine des cocons japonais blancs et verts, des cocons chinois jaunes, milanais nankins et un croisement, d'un jaune vif, de milanais jaunes et de japonais verts; en outre, des échantillons de cocons des *Attacus cynthia, arrindia, yamamaï, Pernyi, Cecropia, ceanothi*, cette dernière espèce n'ayant encore été élevée qu'à Berlin et non en France. A côté sont des rameaux de bouleau, chargés de cocons japonais blancs et verts, de M. Bratke, à Osterwiek, et un lot de très-beaux cocons blancs, japonais ou peut-être sina, obtenus dans une région bien septentrionale, par M. Lellis, instituteur primaire à Marienbourg, gouvernement de Dantzig. Ces cocons sont très-durs et d'une soie bien serrée. Ce sont là des conquêtes accidentelles et forcées sur un climat incertain, souvent rebelle, et ces victoires prussiennes ne doivent pas nous porter ombrage.

La colonie anglaise de Port-Natal (Afrique australe) a envoyé quelques échantillons de soies gréges et des cocons jaunes, médiocres, pointus, à bouts peu soyeux, provenant, d'après le catalogue, de neuf exposants. C'est une tentative qui est bonne à citer au point de vue géographique. A nos antipodes, la Nouvelle-Zélande a maintenant, dit-on, des éducations prospères du ver à soie du mûrier, mais je ne sache pas qu'on ait encore adressé en Europe des échantillons de leur produit.

La nouvelle colonie australienne de Victoria offre aussi, parmi les matières premières, des cocons très-défectueux, sans étiquette ni indication au catalogue.

Une seule des machines de l'industrie séricicole doit être signalée dans mon rapport, où je n'ai pas à m'occuper de l'industrie de la filature de la soie; c'est un appareil à étouffer les chrysalides des cocons au moyen de l'air chaud, et qui peut aussi servir à sécher les conserves et à enfumer les salaisons. C'est une série de cadres étagés, en treillis de toile, chaque cadre pouvant s'enlever horizontalement à volonté, en glissant sur des galets roulants. La machine du prix de 2400 francs, construite par M. Fontaine, d'Avignon (Vaucluse), se trouve à Billancourt, sous le hangar B.

II. — ABEILLES.

Les exposants de l'apiculture, en y comprenant ceux qui n'ont envoyé que des miels et des cires, sont plus nombreux que pour la soie naturelle ; cela ne s'explique que trop par les désastres dont on ne prévoit pas le terme et qui accablent en Europe l'industrie séricicole.

Je laisserai complétement de côté les envois composés seulement de miel en pots, cires jaune et blanche, bougies de cire et cierges, car une Société zoologique comme la nôtre doit s'occuper surtout des produits naturels, sans préparation, et des instruments destinés directement à leur récolte. Il me reste donc à rendre compte, à la Société, des ruches de toutes formes et en très-grand nombre que nous trouvons à l'Exposition, dans le parc et dans les divers pavillons annexes qu'il renferme, très-peu dans le Palais, et la majeure partie à Billancourt où le compartiment Z leur a été affecté ; elles y sont placées sous un léger abri de planches.

Par une sage mesure de prudence, en raison du grand nombre de ces ruches, la commission impériale a dû proscrire les abeilles au cruel aiguillon et ne laisser que des ruches vides ; quelques essaims d'abeilles, indispensables pour faire comprendre le mécanisme des ruches d'observation, ont été tolérés dans le parc.

Avant de présenter l'examen des ruches, donnons quelques indications générales.

La ruche ordinaire est une cloche habituellement en paille, où les abeilles suspendent leurs gâteaux, toujours en commençant par le haut. Pour récolter le miel, il faut la déplacer et démolir l'intérieur et pour cela transvaser les abeilles, sinon les étouffer, méthode barbare contre laquelle protestent tous les apiculteurs intelligents.

On a imaginé alors d'ajouter à la ruche, par-dessus, un chapiteau ou capuchon, auquel la partie inférieure communique par un trou. On place cette calotte au printemps, alors que commencent à paraître les fleurs à miel, et on l'enlève, à époque variable selon les pays, ne laissant pour l'hiver que le corps de ruche avec le miel qui nourrira les abeilles.

Il est souvent besoin de réunir des colonies trop faibles pour subsister seules, et c'est à quoi servent les ruches à hausses qui permettent également le renouvellement des rayons, les récoltes partielles de miel et l'essaimage artificiel par division. Elles sont formées de plusieurs cases ou hausses de mêmes dimensions, ayant chacune un plancher à claire-voie. On les grandit par le bas d'autant de hausses qu'il en est besoin, en même temps que par le haut on opère une récolte plus ou moins complète.

Dans les ruches précédentes, quelques baguettes disposées çà et là servent aux industrieux insectes à suspendre les gâteaux ; il faut alors récolter tout ou une partie déterminée à l'avance ; si l'on ne veut prendre qu'une portion, on brise l'édifice et on porte le trouble chez ses habitants irascibles. Il fallait remédier à cet inconvénient. C'est à quoi servent les ruches soit à feuillets, soit à cadres mobiles, soit à rayons, permettant d'enlever un ou plusieurs gâteaux, sans endommager les autres et sans déranger sensiblement les abeilles. Dans la ruche à rayons, on dispose verticalement des planchettes vers le haut de la ruche, d'ailleurs, de forme diversifiée ; à chacune les abeilles attachent des gâteaux. On en met un nombre variable et on restreint la capacité totale de la ruche à volonté par un plancher vertical ; l'expression dernière de ce système est la ruche Dzierzon, si en faveur en Allemagne. La ruche à feuillets, inventée par le célèbre Huber pour ses observations, est formée de châssis verticaux mobiles s'emboîtant ou se déboîtant à volonté, et dont on augmente ou diminue le nombre en raison du développement de la population ailée dont elle abrite le travail, en permettant facilement les manipulations et les récoltes. Comme cette ruche, ordinairement en bois, était peu avantageuse en hiver où les Abeilles n'étaient pas assez garanties contre le froid, on a eu l'idée de renfermer, dans un corps de ruche ordinairement prismatique, une série de cadres mobiles verticaux, dans lesquels les abeilles incrustent leurs gâteaux ; en enlevant la cloison antérieure, on retire ou l'on ajoute à volonté des rayons. Nous trouvons, comme expressions perfectionnées de ce système, les ruches Prokopovich, Debeauvoys, Langstroth. Enfin, les ruches mixtes réunissent et combinent les divers systèmes précédents. Telles sont les ruches usitées soit pour la pratique villageoise, soit pour la grande industrie agricole.

Une autre classe de ruches comprend les ruches d'observation. Il est difficile, pour la plupart des personnes de manier facilement la ruche à feuillets d'Huber, primitivement inventée dans ce but.

On a disposé autour de toute la ruche, ou autour d'une portion isolée des autres, des parties vitrées, ou simplement des regards en certains points, permettant de suivre, sans danger pour l'observateur et sans trouble pour les abeilles, leur curieux travail, et aussi de connaître au juste le moment des essaimages, les opérations intérieures à effectuer, l'état et la quantité du produit, l'affaiblissement maladif, l'entrée des ennemis. J'avoue toute ma prédilection pour la ruche d'observation.

Les précédentes sont les ruches du villageois ou du grand propriétaire ; celle-là est la ruche de la bourgeoisie, du jardin d'agrément, de la maison de campagne où l'homme intelligent vient chercher le repos. Son prix plus élevé ne permet pas d'autre emploi ; je voudrais en voir quelques-unes dans chaque villa, de la plus modeste à la plus riche. Elles fournissent le miel et la cire nécessaires à la maison. En outre, elles sont un sujet plein d'intérêt, de continuelles distractions. Il y a toujours beaucoup à apprendre sur les abeilles, et nous n'avons même pas la clef de certaines assertions d'Aristote.

Les vers à soie sont des animaux complétement abrutis par une domestication profonde, des espèces de créatures factices, chez lesquelles la domination pesante de l'homme a presque anéanti l'instinct même, et qui, incapables de se tenir sur les feuilles, sauraient à peine vivre en liberté. Au contraire, les abeilles ont une incontestable intelligence qu'elles nous manifestent par les combinaisons les plus imprévues. Rien de plus curieux que de suivre les travaux de ces serviteurs à demi-sauvages, imposant toujours à leur maître une sorte de crainte respectueuse.

Que d'idées fausses les ruches d'observation vont détruire ! L'homme a la manie de voir partout des sujets de comparaison avec lui-même, son pauvre orgueil admet avec peine la variété indéfinie des œuvres du Créateur.

Il se figure chez les abeilles une reine, une monarchie, une république présidée, que sais-je ? Qu'il se procure une ruche d'observation et il verra que la colonie qui l'occupe réalise une toute autre idée, une conception nouvelle, inattendue : dans les règnes organiques, tout est subordonné à la formation de reproduction. Chez les abeilles, au lieu d'exiger deux espèces d'individus, elle en demande trois.

La mère ne sait que pondre, d'autres mères imparfaites sont les nourrices et les architectes des berceaux et des armoires aux provisions. Aucune suprématie ; chacun remplit son rôle prédestiné, sachant modifier au besoin les formes ordinaires si le grand intérêt de la reproduction l'exige. Où la révolte est impossible la subordination est inutile.

Singulière souveraine que cette mère timide, tellement paralysée par la peur, quand on la saisit, qu'elle ne sait plus se servir de son redoutable aiguillon, fuyant au moindre danger dans les parties les plus reculées de la ruche, alors qu'un intrépide bataillon de neutres se précipite en bourdonnant sur l'agresseur : retenue captive par ses compagnes dans la ruche et même dans sa cellule, nourrie par elles, dirigée, au besoin, par la force, vers les alvéoles qui doivent recevoir sa ponte !

On comprendrait mal sans ces explications préliminaires l'étude des ruches de l'Exposition et on n'y verrait plus qu'une nomenclature à peine compréhensible.

En commençant notre examen par le parc, nous trouvons dans l'avenue de Saxe, contre le petit pavillon de l'école de Grignon, le rucher de la Société centrale d'apiculture, dont une partie des ruches sont habitées. Les abeilles sont bien nourries et ont en conséquence donné des mâles au-delà de l'époque ordinaire à Paris ; ce ne sont pas seulement les fleurs qui les alimentent, elles ont fureté par toute l'Exposition et dévoré le miel des diverses nations quand les fermetures étaient insuffisantes, et en outre le sucre sous ses formes multiples ; aussi sont-elles maudites par ces marchandes de bonbons qui vendent aux promeneurs les mêmes produits, mais sous des costumes de tous pays.

Le rucher, construit par la Société *la Ménagère*, contient d'abord les ruches que M. Hamet cherche à propager de préférence, au point de vue de l'économie et de la conduite la plus facile. Aussi, tant au rucher du parc qu'à Billancourt, M. Hamet nous présente un grand nombre de ruches rustiques, à chapiteau ou à hausses en paille ou en bois. Ce sont, dans les premières : une ruche à chapiteau ou cabochon, façon des Vosges, employée dans une partie de la France orientale et de la Suisse, et qui convient à d'autres régions en modifiant la grandeur du chapiteau et du corps de ruche ; une ruche normande à chapiteau, qui est usitée notamment dans le Calvados, dont la flore mellifère est bien fournie au printemps ; le corps de ruche, qui a une issue par le haut comme le précédent, est un peu bombé au lieu d'être plat, son chapiteau est aussi en dôme ; une ruche, dite Lombard-Radouan, dont le chapiteau en cloche, exactement de même diamètre que la ruche cylindrique, semble faire partie de celle-ci. L'exposant a régularisé le plancher à claire-voie de cette ruche qui, à cause de son chapiteau peu étendu, convient dans les localités pauvres en ressources mellifiques. Le corps de ruche droit rend faciles les réunions de ruches par superposition ; une ruche de même forme, fabriquée par le métier Durant, et dont le plancher est en paille, percé d'un trou.

Les ruches de la seconde catégorie comprennent : 1° une ruche à trois hausses en paille, des plus commodes, chaque hausse de quinze centimètres de hauteur sur trente-trois centimètres de diamètre, chaque hausse avec un plancher à claire-voie régularisé; 2° une ruche à trois hausses en bois, de même disposition; 3° une ruche à trois hausses avec chapiteau, construite au métier Durant; les hausses sont moins élevées et la ruche peut en recevoir quatre au lieu de trois; le chapiteau peut être supprimé ou remplacé par un chapiteau quelconque ou par une hausse. Toutes ces ruches peuvent être confectionnées sur place par la plupart des possesseurs d'abeilles, et leur prix de revient n'est pas élevé.

M. Hamet a aussi exposé des ruches d'observation. Les deux plus simples, qu'on ne voit qu'au rucher et non à Billancourt, sont des ruches de paille surmontées d'une cloche en verre; celle-ci est couverte par un chapiteau mobile qu'on soulève doucement, grâce à une ficelle et à une poulie de renvoi, quand on veut observer les abeilles, et qu'on a soin de redescendre aussitôt après, car ces insectes ne travaillent que dans l'obscurité; ce genre de ruches permet seulement de voir l'ensemble du travail et le pourtour des gâteaux, mais non une face isolée. Pour observer le travail de détail sur une ou deux faces d'un gâteau, il faut se servir d'une ruche quadrangle en bois, avec cadres mobiles intérieurs. En ouvrant un volet, on aperçoit, à travers une glace, une face de gâteau. Si l'on veut étudier le travail sur les deux faces du gâteau, on surmonte cette ruche, en guise de chapiteau, d'un cadre de bois à deux vitrages, c'est-à-dire de la ruche plate de Bosc ne contenant qu'un seul rang de gâteaux. En hiver, on enlève ce cadre supérieur. On retrouve cette même ruche à Billancourt. Enfin, M. Hamet expose un dernier système constitué par une ruche ordinaire en paille que l'on surmonte d'un cadre métallique circulaire à deux glaces, avec une douille creuse par laquelle passent les abeilles; on a ainsi à la fois et la ruche de produit et le cadre d'étude qu'on enlève l'hiver. Pour attirer les abeilles dans ces cadres supérieurs, il est bon d'y placer quelques morceaux de gâteaux ou une gaufre artificielle de cire, curieuse invention allemande dont nous parlerons plus loin, car elle fait la spécialité d'un exposant.

Un grand intérêt s'attache aux ruches d'observation du rucher; elles sont remplies d'abeilles italiennes (*Apis ligustica*) à ventre d'un brun fauve. Ce sont les abeilles que la Fable donne pour nourrices à Jupiter enfant et que chanta Virgile. Les abeilles françaises qu'on trouve dans les ruches de paille (*Apis mellifica*) sont plus foncées. Les abeilles italiennes ont été introduites en France, en 1860, par

M. Hamet. La première des ruches à cloche de verre a donné un essaim italien comme la souche, puis deux essaims secondaires mé-tissés, dus à une mère italienne et à un mâle français; il est très-rare qu'on évite ce fait, car les mères s'accouplent toujours de préférence loin de leur ruche à des mâles de l'autre espèce ou race, en raison de cette harmonie providentielle qui tend à éviter la consanguinité.

A côté de M. Hamet sont les ruches d'observation de M. Warquin, de Bellevue (Aisne). L'une est une boîte carrée à cadres intérieurs, avec volet qu'on ouvre, et l'autre est formée de trois ruches plates ou trois cadres superposés à deux glaces. Elle est d'été seulement. M. Warquin a adopté la spécialité des abeilles italiennes; c'est dans cette dernière ruche que j'ai eu le plaisir, le 8 août, en ouvrant le volet d'un des trois cadres, de voir une superbe reine italienne, à long ventre blond, fendant avec peine un flot pressé d'ouvrières dont quelqu'une se détournait constamment pour donner la becquée à la mère du peuple. Les ruches d'observation attirent les visiteurs au point qu'il faut attendre son tour. M. Warquin possède encore la mère italienne que lui donna M. Hamet il y a six ans; par suite de sa vieillesse, elle commence à donner un couvain sujet à la pourriture ou *loque*. Il faut encore signaler dans le rucher un appareil breveté de M. Delinotte, de Paris, qu'on retrouve à Billancourt (Z). C'est une ruche mixte, à la fois à feuillets et à hausses, par ses divisions verticales et horizontales, avec parois mobiles sur les coins, permettant la récolte, le calotage, la visite intérieure sans déranger les abeilles; une ruche mixte à divisions analogues de M. Bœnsch, d'Algérie, que l'auteur essaie de répandre dans notre colonie, et une ruche arabe.

A côté du rucher, l'École de Grignon expose quelques ruches villageoises en paille dont elle se sert, de beaux gâteaux de miel, des cires jaunes en pains parallélipipédiques bien préparés, de l'eau-de-vie de cire, de l'œnomel, de l'hydromel.

Dans l'exposition collective du département du Nord (annexe près de l'École-Militaire), M. Wandewalle, de Berthen, a placé les ruches usitées dans le nord de la France et donnant de 6 à 7,5 kilogrammes de miel; ce sont des ruches villageoises en paille, avec calotte, des ruches normandes où la pose de la calotte sert à empêcher l'essaimage et des ruches à hausses propres au renouvellement facile de la cire et à l'essaimage artificiel.

Pour achever la revue des exposants apicoles français, il faut nous transporter à Billancourt. Dans le compartiment Z, situé près du petit bras non navigable de la Seine, nous rencontrons des ruches, de M. Hubert (hors concours) en osier, soit simple, soit enduit de mortier de bouse. Ce sont des ruches cylindriques à capuchons minces et légères, mais exigeant dès lors une capote de paille ; puis une ruche intéressante construite d'après le système de M. l'abbé Bouguet, de Montluel, par M. P. Gautier, instituteur à Béligneux (Ain). C'est une ruche à feuillets en paille, peu coûteuse ; un plancher de bois reçoit une série de cadres de paille, en demi-cercle allongé, juxtaposés verticalement et garnis de baguettes horizontales ; le fond est en paille, à l'opposé est une porte en bois. Cette ruche est commode pour récolter le miel, former des essaims artificiels, réunir des ruches faibles, nourrir une ruche épuisée en lui ajoutant un feuillet rempli de gâteaux. Le même exposant présente un mellificateur en verre pour faire couler au soleil ou devant le feu, sans pression, le miel des gâteaux. M. Mauget, à Argences, a des ruches normandes en paille, cylindriques, avec chapiteaux ; M. Blum une ruche à hausses carrées en paille et une ruche à cadres de bois placés à l'intérieur de casiers verticaux en paille; M. l'abbé Monrocq, curé de Romilly (Eure), de petites ruches carrées, en bois blanc, à cadres internes, dont les parois très-minces exigent un empaillage ; M. Lefèvre, instituteur à Mortefontaine, une ruche à hausses en bois, à épaisses parois ; M. Faivre, de Seurre (Côte-d'Or), médaillé à plusieurs expositions, une énorme ruche à cadres, carrée, à épaisses parois, et de petites ruches pastorales, en boîtes rectangulaires de sapin; une ruche en bois à couvercle supérieur, avec segments mobiles internes en forme de cadres circulaires ; une ruche du système Féburier perfectionné ; une ruche à compartiments mobiles en bois de forme quadrilatère bizarre, un mellificateur, de beaux gâteaux. M. Carbonnier, de Paris, expose des ruches cylindriques en carton revêtu d'une feuille d'étain, simples, à hausses, à chapiteau. Cette invention est bonne ; les ruches très-légères et la feuille métallique, à la fois peu émissive et peu absorbante, convient contre les mois de frimas et de chaleur ; il faut couvrir de paille. M. Krug expose une grande ruche de bois à cadres, à trois étages, avec portières en glace, expérimentée à Vincennes, chez M. le maréchal Vaillant (1). M. Casimir Caron, de Seine-et-Marne, envoie des ruches

(1) Les deux ruches exposées à Billancourt par M. Krug n'y sont restées que pendant quelques jours. Il les avait amenées avec leur population ; les employés, craignant qu'il n'en résultât quelque inconvénient pour les visiteurs, l'ont forcé à

normandes en paille. Puis vient la ruche dite l'Aumônière, de M. l'abbé Sagot, curé de Saint-Ouen-l'Aumône, près de Pontoise. Cette ruche est une boîte prismatique remplie de cadres verticaux, surmontés de greniers en forme de triangles mobiles à deux côtés en bois. C'est la ruche Debeauvoys avec les greniers mobiles en plus.

les enlever. C'est alors qu'il les a transportées à Vincennes, dans la propriété de Son Excellence le maréchal Vaillant.

La ruche de M. Krug est à trois étages, et chaque étage reçoit douze cadres ; mais quand l'essaim y est introduit, on ne laisse à sa disposition que six cadres à l'étage inférieur et six cadres au-dessus. Un cadre, mobile et vitré, de la hauteur des deux étages, forme une cloison qui leur interdit l'accès du reste de la ruche. Ce cadre se déplace, et l'on agrandit la partie habitée à mesure de l'avancement du travail des abeilles. Elles sont ainsi forcées de garnir jusqu'au bas les seuls cadres qui forment leur première demeure ; autrement elles ne rempliraient que le haut des gâteaux. Le cadre mobile est couvert d'une étoffe noire qui maintient la ruche dans une complète obscurité ; mais, en soulevant cette espèce de rideau, il est facile de suivre les opérations des abeilles et de savoir quand il convient d'augmenter le nombre des cadres.

Un des avantages de la ruche de M. Krug est celui-ci : Dans les autres ruches du même genre, celle de M. de Beauvoys, par exemple, on enlève les cadres verticalement en les soulevant ; dans cette manœuvre, les ailes des abeilles sont froissées, ce qui les irrite ; aussi faut-il avoir soin de se garantir le visage et les mains. La ruche nouvelle est disposée de telle sorte que, pour chaque étage, on enlève les cadres horizontalement, en les faisant glisser dans la rainure qui les supporte. On les dépose, l'un à côté de l'autre, sur deux petites barres de bois présentant le même écartement que les parois de la ruche. Les abeilles ne témoignent pas la moindre irritation, même quand on les déplace ainsi au plus fort de leurs travaux ; aussi M. Krug procède toujours le visage découvert. A Billancourt, il a démonté complétement sa ruche en présence des membres du jury et de nombreux visiteurs. A Vincennes, il a remis un jour, entre les mains de la nièce du maréchal Vaillant, le cadre sur lequel était posée la reine, que cette dame a pu examiner à son aise pendant plus d'un quart d'heure.

Cette facilité de manier les cadres permet à M. Krug de gouverner sa ruche comme il l'entend.

Ainsi, quand une population est faible, il peut y remédier au moyen de plusieurs gâteaux enlevés à une forte ruche, et contenant des nymphes près d'accomplir leur dernière métamorphose.

Quand une ruche faible se prépare à essaimer, ce qui est un inconvénient grave, l'apiculteur intercale dans la ruche des cadres contenant du couvain, et d'autres au milieu desquels il a appliqué une feuille mince de cire gauffrée. Les abeilles, ayant ainsi beaucoup de besogne dans l'intérieur de la ruche, ne songent plus à émigrer.

La feuille de cire qui est employée dans d'autres systèmes présente une grande utilité. Dans notre climat, après le mois de juin, les abeilles peuvent bien encore

Un autre modèle de cette ruche est placé dans le palais, à cette classe XLIII qui renferme l'amalgame le plus diversifié : celle-là a ses parois de bois remplacées par des glaces, pour montrer le mécanisme interne, et tourne sur elle-même comme les poupées de cire des coiffeurs. Derrière est un cadre bordé de superbes rayons de miel, portant en lettres faites avec des morceaux de rayons : *Vive Napoléon III, à lui nos cœurs reconnaissants*, 1867, *Sagot*. Comme on voit, M. le curé a trouvé une manière pittoresque d'exposer à la fois de bons sentiments et de beaux produits. Puis est une ruche à hausses, en bois blanc, de M. Dupont, d'Attichy (Oise), avec un toit trièdre ; par la forme extérieure, cette ruche rappelle la ruche Sagot, mais elle est sans cadres. M. E. Thierry Mieg, de Mulhouse, a envoyé une ruche en bois, très-longue, de 1 mètre environ, avec cadres internes, mobile dans toutes ses parties, avec recommandation de remplir, en hiver, les vides avec de la mousse.

Le hangar B, à Billancourt, contient des ruches et divers appareils faire du miel, mais ne trouvent plus assez de provisions pour faire la cire. Sur la feuille qu'on leur donne, quel qu'en soit le peu d'épaisseur, elles trouvent le moyen d'extraire la matière qui formera la cloison des cellules. M. Krug, au surplus, regarde le gaufrage de la feuille comme inutile.

Il a inventé une petite machine fort simple qui permet d'enlever tout le miel des gâteaux sans les détruire. C'est une boîte de bois dont le fond, incliné et percé d'un trou, correspond à un vase qui sert de récipient. Au milieu de la boîte se trouve un axe vertical, mobile, auquel on adapte, d'un seul côté, un châssis de bois capable de contenir un des cadres-rayons de la ruche. Après avoir enlevé, avec une lame fine, la pellicule de cire qui recouvre les alvéoles, on place le rayon dans le châssis. Au moyen d'une ficelle qu'on enroule à l'extrémité supérieure de l'axe, on lui imprime un mouvement rapide de rotation, et le miel est projeté contre les parois de la boîte d'un des côtés du rayon. On détache alors le rayon, on le retourne, et par un second mouvement de rotation on achève de le vider. Après cette opération, le cadre ne conserve aucune parcelle de miel ; la cire reste intacte et n'a subi aucune déformation.

Cette manière de récolter le miel peut être utile, même au point de vue économique ; mais elle présente d'autres avantages.

Ainsi, dans les beaux jours, les abeilles rapportent souvent à la ruche le miel en si grande abondance, qu'elles en remplissent toutes les cellules, même celles qui sont destinées à recevoir le couvain. La reine alors ne sait plus où déposer ses œufs. Des gâteaux tout formés, avec leurs cellules vides, viennent fort à propos dans ces moments de presse.

Ainsi encore, quand on a recueilli un essaim, si l'on place dans la ruche quelques-uns de ces rayons vides, on les voit presque immédiatement remplis de miel ; c'est que les abeilles qui composent la jeune colonie s'étaient munies de provisions ; elles se sont hâtées de dégorger, dans les cellules mises à leur disposition, le miel qu'elles

d'apiculture. On y voit un nourrisseur de M. Warquin et des ruches
du même exposant en plus grande quantité que dans le parc ; une
ruche en forme de petite maison avec toit en tôle et des cadres intérieurs ; une ruche d'observation à quatre fenêtres avec glaces sur
les quatre faces verticales ; deux ruches en bois à hausses, l'une à
trois étages de cadres mobiles, l'autre à deux ; au bas de celle à trois
étages est une grille servant à enlever les mâles dans la bourdon-
nière, cage en fils de métal, et au bas de celle à deux hausses, une
grille un peu plus serrée pour éviter l'essaimage. On voit à côté un
appareil à transvaser les abeilles envoyé par l'inventeur, M. Moreau-
Barbou, de Thury (Yonne); une haute ruche à hausses en bois blanc,
cylindrique, à quatre hausses, avec capuchon en bois séparé des
hausses par un plancher muni de cinq trous à fermetures mobiles à
volonté, de M. Paupy, à Perrigny (Yonne). Je trouve encore, sous le
même hangar B, une ruche en bois, sur un support élevé, avec dix
cadres verticaux ayant environ 30 centimètres de haut, une portière

avaient emmagasiné dans leur estomac et qui devait les faire subsister pendant plusieurs jours.

On doit comprendre, au surplus, qu'avec la ruche de M. Krug rien n'est plus
facile que de former un essaim artificiel. Il ne s'agit que de prendre, dans une ruche
bien peuplée, cinq ou six cadres dont les cellules contiennent des œufs, des larves,
des nymphes, et aussi quelques alvéoles royaux. On place ces cadres, avec les
abeilles qui s'y tiennent, dans une nouvelle ruche dont on ferme l'entrée, et que
l'on dépose, pendant trois jours entiers, dans un lieu obscur. On peut alors la
reporter au rucher ; les abeilles, qui ont mis en liberté une des jeunes reines, ne
songent plus à retourner à l'ancienne ruche.

Dans une ruche où l'essaimage n'a pas lieu, il devient nécessaire de remplacer
la reine au bout de trois ans, parce qu'alors sa fécondité diminue. Avec le système
de M. Krug, il est facile de supprimer l'ancienne reine et d'en substituer une nouvelle, mais celle-ci est immédiatement mise à mort par les abeilles. Pour empêcher
ce meurtre, l'habile apiculteur sort tous les cadres de la ruche, puis, avec un gou-
pillon, il les mouille complétement. Il s'empare alors de la vieille reine et la remplace par une jeune. Il remet alors tous les cadres à leur place. Les abeilles, qui
passent beaucoup de temps à se sécher et à assainir la ruche, se familiarisent avec
la nouvelle venue et l'adoptent sans difficultés.

Son Excellence le maréchal Vaillant, qui dans sa propriété de Vincennes a pu
étudier à loisir la ruche de M. Krug, a fait accorder à cet apiculteur une médaille
d'or de l'Empereur.

La Société protectrice des animaux, qui encourage les systèmes propres à empêcher la pratique barbare de l'étouffage, a décerné à M. Krug une de ses médailles
d'argent.

Un des membres de cette Société, M. Émile Lefèvre, a publié une intéressante
brochure sur cette nouvelle manière de traiter les abeilles.

et à la face opposée une entrée des mouches avec grille pouvant se lever à volonté ou s'abaisser pour éviter l'essaimage; une jolie ruche de M. Gérardin, instituteur à Omelmont (Meurthe), de bonne forme pour placer au milieu d'un jardin, assez exhaussée sur quatre tiges étroites pour gêner beaucoup les limaces et les escargots, à toit à quatre pans dont le dessus permet de poser un vase de fleurs ou une statuette; des appareils de M. Carbonnier pour manipuler et nourrir les abeilles.

Le grand intérêt de l'exposition apicole de la Suisse, ce pays privilégié du miel parfumé, m'oblige à la placer avant l'Angleterre, bien qu'elle offre moins d'objets. Elle est disposée dans une galerie annexe, avenue Suffren. La ruche la plus remarquable et une des plus heureusement imaginées de toute l'Exposition, est celle de M. Mona, de Faido (Tessin), pouvant servir pour l'observation et pouvant s'exploiter de la manière la plus commode. C'est une ruche en bois à cadres verticaux, mobiles chacun autour d'une tringle verticale ou charnière, de sorte que, la portière ouverte, les feuillets avec leurs gâteaux se déboîtent et s'étalent en éventail comme les feuilles d'un livre ouvert; l'idée est très-heureuse. M. Carey, de Genève, présente une ruche de bois à quatre hausses carrées, déjà vue à l'exposition apicole du Jardin d'acclimatation, en 1863 ; deux ruches à hausses mixtes, chacune à deux parties circulaires en paille et deux parties quadrangulaires en bois, plus divers appareils de manipulation d'apiculture. Une très-curieuse spécialité, à peine connue en France, est celle de M. Pierre Jacob, à Fraubrunnen, canton de Berne. Il fabrique, au moyen d'un gaufrier où l'on coule de la cire fondue, des gaufres en cire plates, présentant des compartiments hexagonaux ayant la dimension des alvéoles naturels. On attache verticalement ces gaufres dans les cadres des ruches, en les collant au bord supérieur, et les abeilles trouvent ainsi une paroi factice contre laquelle elles adaptent leurs alvéoles en remaniant la cire, de sorte que la gaufre devient partie intégrante du gâteau.

La Grande-Bretagne, dans l'annexe de l'avenue Suffren près du chemin de fer, a une exposition assez considérable de ruches, dues surtout à deux fabricants. On est frappé au premier abord de l'aspect à la fois élégant et compliqué de ces ruches, ornementées, munies de cheminées d'aérage, de cloches de verre, de thermomètres. Ce sont à la fois des ruches et des jouets. Leur prix est élevé, elles sont destinées à orner des parcs et des jardins, à distraire la famille et les visiteurs non moins qu'à donner du miel.

L'Angleterre, en effet, a peu d'éducations apicoles rustiques ; son climat humide, sa flore insulaire peu variée, ses vastes prairies naturelles et ses céréales, la rendent médiocrement productrice de miel. M. Pettitt, de Douvres, présente une ruche en bois quadrangle, à cadres verticaux internes, avec regards vitrés et bouchés sur les faces, une autre dont les faces sont en glaces, d'autres octogones en bois, à hausses, avec des regards vitrés et des thermomètres à l'intérieur. La température s'élève d'autant plus dans les ruches que les abeilles sont plus actives, l'élévation de la colonne indicatrice donne des signes avant-coureurs de l'essaimage, fait reconnaître le réveil des insectes au printemps et la nécessité de les nourrir, etc. Cette idée de thermomètres à demeure dans les ruches est due au célèbre naturaliste Newport, à propos de ses expériences sur la chaleur des insectes (*Philos. trans.*, 1837). La plus curieuse des ruches de M. Pettitt est une ruche en bois, recouverte de peinture blanche à filets dorés, de l'invention du major Munn's, présentant des cadres intérieurs, recouverte d'un toit peu aigu, mais dont la forme est à section triangulaire avec le sommet en bas, ce qui, dit M. Pettitt, est la configuration qui se rapproche le plus du nid des abeilles redevenues sauvages. On voit aussi un cadre isolé d'observation à deux glaces et des appareils manipulateurs. Les appareils de MM. George Neighbour et fils, de Londres, sont d'un prix plus élevé que ceux de M. Pettitt. Ce sont de nombreuses ruches de toutes formes, toutes chères, même la ruche rustique ou de cottage, cylindrique en paille, avec calotte de paille munie d'un regard vitré. Les ruches, dites communes, ont deux compartiments séparés par un plancher en bois percé dans le haut d'une cheminée d'aérage en tôle. Viennent encore des ruches écossaises octogones, à quatre hausses, en bois peint en rouge ; ces ruches se séparent en deux moitiés qui sont à volonté corps de ruche et calotte ; des ruches tout en verre avec petite calotte supérieure en verre et tuyau médian d'aérage ; quelques triangles en bois sont disposés dans le haut du corps de ruche en verre ; une ruche vitrée sur les quatre faces ; une immense ruche d'observation, formée d'un seul grand cadre à deux glaces, avec six compartiments internes, et deux persiennes ; des vêtements de sûreté pour les apiculteurs, en filet noir, etc. Un apiculteur d'Irlande, M. Lovey, a envoyé une ruche à dessus mobile s'agrandissant à volonté.

Dans le châlet russe (isba, maison de paysan) construit dans l'avenue Suffren, en face des écuries de l'empereur de Russie, sont des ruches qui nous étonnent immédiatement par leurs dimensions considérables. Les deux plus grandes sont exposées par M. Vélik-dane, de Tchernigov, qui a fondé, en 1828, un établissement d'apiculture pour 1500 à 2000 ruches de diverses constructions et particulièrement du système Prokopovitch, auquel appartiennent les deux ruches précitées; l'une est en bois, l'autre en paille, à cela près pareilles. Les parois sont très-épaisses, celles de paille de 4 centimètres environ. Les climats rigoureux de la Russie expliquent cette précaution, et ces ruches peuvent aussi très-bien convenir à la Provence, à l'Italie, à l'Espagne, à l'Algérie par la raison opposée. Elles préservent à la fois les abeilles contre le refroidissement et l'insolation. Ces ruches ont plus d'un mètre de haut sous le toit et sont en forme de prisme rectangle de 50 centimètres environ de large. Elles semblent au dehors offrir quatre étages, mais les trois supérieurs seulement ont sur une face des portes d'abeilles; celui du bas est, je crois, un nourrisseur où l'on dépose du miel au besoin dans les hivers doux. Trois volets s'ouvrent sur les trois divisions du haut, ayant chacune des rangées de cadres mobiles et communiquant entre elles. Chaque année on enlève un des étages de gâteaux et on le remplace par des cadres vides, de sorte que la récolte complète du miel dure trois ans, et qu'on n'est jamais obligé de tuer les abeilles. Alors on renverse la ruche de la base au sommet et on recommence la rotation triennale. Ces ruches énormes sont appropriées à une flore mellifère très-développée sur les lisières des grandes forêts; la Russie et la Pologne fournissent au commerce des quantités considérables de miel.

Les ruches Propokovitch peuvent donner jusqu'à 64 kilogrammes de miel et de cire. Les abeilles, qui essaiment de juin en juillet, selon les localités, donnent des essaims pesant 6 livres russes, environ 2^k,5. L'apiculture, favorisée en Russie par la cherté du sucre et par le nombre considérable des cierges brûlés dans les églises, est une branche de l'agriculture des plus lucratives pour les petites bourses. La consommation annuelle de miel indigène s'élève à 12 millions de kilogrammes et celle de la cire à 3 millions et demi, et la valeur totale des produits des abeilles est au moins de 16 millions de francs (1). Le foyer principal de l'éducation des abeilles est la Petite-Russie et le nord de la Russie méridionale. On y compte de 400 à 500 000 ruches par chaque gouvernement. Dans ces contrées, les champs arables et les prairies sont constamment entre-

____

(1) Je remercie beaucoup M. de Bourakoff, délégué à la section russe, des renseignements qu'il a bien voulu me fournir avec tant d'obligeance.

coupés par de petites forêts contenant les essences suivantes : tilleul, érable, chêne, frêne, orme, cerisier mahalep, poirier et pommier sauvages, prunellier, bouleau, aune, peuplier, sorbier, viorne, aubépine ; dans les champs, de même que dans les forêts, les plantes herbacées sont très-variées et successivement en fleurs pendant toute la durée de la belle saison. Les abeilles recherchent beaucoup le tilleul, la vipérine, les borraginées, le sarrazin cultivé pour la nourriture de l'homme, et qu'on sème à leur intention à différentes époques. De même, chez nous, les abeilles de la Bretagne recueillent sur le sarrazin un miel de goût médiocre, mais très-recherché pour la fabrication du pain d'épice. En Russie, 216 établissements occupant 1300 ouvriers préparent, blanchissent la cire, et fabriquent les cierges. Ils existent à Moscou, Koursk, Voroniji, Kharkoff, Kazan, Perm, et surtout au Caucase, à Kieff, Ekatherinosiaff, Vladimir, Jaroslaff et Valogda.

Je crois que nos pays, avec leurs petites cultures morcelées, ne pourraient donner aux abeilles assez de nourriture pour développer une colonie remplissant d'aussi vastes demeures que les ruches de Propokovitch. En ouvrant les portières de ces ruches, je les ai vues remplies de gâteaux de haut en bas, et les abeilles françaises et italiennes du parc, qui les ont envahies au mépris de toutes les convenances internationales, ne tarderont pas à n'y laisser que la cire. On voit ensuite une ruche en châssis, inventée par l'abbé Dolinouski et perfectionnée par M. Adam Mieczinski, rédacteur du *Journal agricole de Varsovie*. C'est encore une ruche énorme, en forme de caisse de bois, ayant près de 1 mètre de long sur 45 centimètres de large environ, et dont l'intérieur est rempli de cadres verticaux mobiles où les abeilles placent leurs gâteaux, le tout avec un couvercle. Les parois de la caisse ont environ 1 décimètre d'épaisseur, ce qui rend cette ruche essentiellement appropriée aux climats les plus froids. Elle donne, dit l'exposant, jusqu'à 40 kilogrammes de miel et de cire blanche dans les bonnes années.

On trouve encore, dans le chalet, divers modèles réduits de ruches de bois ; ainsi une ruche de bois en parallélipipède rectangle, à trois hausses, de M. Klykovski, à Kazan, et une à deux hausses, en parallélipipède carré, de M. Rossiénoff, à Kiev, une ruche scientifique en pyramide quadrangle, avec deux portes opposées pour observer les deux pans d'un grand cadre interne, par M. J. Klykovski, à Kazan.

La Prusse a quelques ruches parmi les produits disposés contre le mur extérieur de la galerie des machines. Ce sont une ruche

16

Dzierzon, de bois, disposée pour l'observation, une énorme ruche d'observation de bois, de M. Frédéric de Buchardi, ayant 1 mètre de haut, rappelant les formes russes à huit compartiments, avec petits cadres et plancher à jour intercalés ; au-devant est une porte en forme d'armoire et sur le côté une planchette précédant l'entrée des mouches.

Dans l'annexe des États-Unis de l'avenue Suffren, sont des ruches Langstroth, d'Oxford (Ohio), appartenant aux ruches à cadres. Ce sont de véritables petits monuments de bois que ces longues caisses rectangles, avec cadres mobiles internes disposés en deux sens, les uns selon la plus longue dimension, les autres suivant la plus courte. Ces ruches indiquent des pays dont la flore mellifère abondante développe de riches colonies. La même galerie contient des ruches du Canada. Ce sont la ruche de la fermière canadienne, à corps de paille et chapiteau de bois, exposée par M. Th. Valiquet, et des ruches à cadres mobiles avec chapiteau de bois logeant des vases de verre.

Dans le parc, les yeux sont attirés par un petit château à clochetons, orné de glaces. C'est une ruche à cadres mobiles intérieurs, de M. Valentin Golz, de la Hesse, habitée par une colonie d'abeilles italiennes très-actives, car elles ont fourni deux essaims en juillet, alors que l'essaimage était terminé à Paris.

Dans le palais, à la galerie des machines, on trouve, au Danemark, une très-grande ruche à quatre étages, à cadres mobiles. C'est une ruche Dzierzon, ayant l'aspect d'une guérite de 2 mètres de haut, aux portes et parois garnies de paille épaisse, construite par M. Nielsen, de Copenhague.

Les autres insectes utiles ne sont pas longs à passer en revue. Je n'ai pas trouvé de cochenilles ; j'ai rencontré une boîte d'échantillons de cantharides, fort singulièrement placée au milieu des produits alimentaires de la Hongrie, et de belles noix de galle dans l'exposition turque des produits importés par la maison Ovaness Dédeyan. On sait qu'un cynips (Hym.), le *Cynips gallæ tinctoriæ*, dont on ne connaît que la femelle, développe, par sa piqûre, ces excroissances destinées à abriter et à nourrir ses larves sur les chênes de la Syrie. L'acide tannique très-pur en forme la partie principale. Nos chênes présentent, en France, une espèce de galle due à un autre cynips, presque aussi dure que celle d'Orient ; mais bien moins riche en tannin, et d'ailleurs rare.

III. — COLLECTIONS ENTOMOLOGIQUES.

APPAREILS D'ENTOMOLOGIE APPLIQUÉE.

La Société d'acclimatation n'est intéressée que d'une manière fort indirecte aux collections d'étude; je vais cependant m'efforcer de trouver çà et là quelques faits qui peuvent rentrer dans le programme de ses travaux.

Dans la galerie II, M. Mocquerys, d'Évreux, déjà connu aux Expositions précédentes par des envois de même genre, a exposé, près des préparations anatomiques, une série de cadres consacrés à un seul ordre d'insectes, celui qui est le plus étudié, les coléoptères. On y trouve les dégâts des scolytes, bostriches, cérambycides, lucanides, ravageurs des forêts, les coléoptères des légumes et fruits secs (bruches, charançons), les coléoptères nuisibles aux arbres fruitiers, à la vigne, aux céréales, aux plantes industrielles, notamment les divers hannetons et leurs vers blancs; l'eumolpe, ou écrivain, ennemi de nos vignes, les apions, les criocères, le colaspe ou négril qui dévaste les luzernes du Midi, etc. La partie de cette exposition qui nous regarde davantage est celle des coléoptères utiles, dont on doit encourager la propagation. Un cadre contient la série des carabes, des calosomes, des silphes, des staphylins, des coccinelles, tous d'espèces françaises, qui détruisent en si grand nombre les insectes nuisibles à nos cultures. Je voudrais voir un cadre de ce genre dans chacune de nos écoles primaires, afin d'enseigner aux enfants le respect qui est dû à ces protecteurs de nos récoltes aussi bien qu'aux nids des oiseaux insectivores. C'est un chagrin pour moi, dans mes promenades aux environs de Paris, de voir écrasés dans tous les sentiers ces brillants carabes dorés, qui sont les ennemis les plus acharnés des vers blancs. Un autre cadre renferme les coléoptères vésicants, ceux qui sont employés, les cantharides et les mylabres, et ceux qui pourraient l'être, les cérocomes et les méloés. Il faudrait ajouter aux espèces d'Europe une espèce de l'Amérique du Sud, la *Lytta punctata*, à laquelle on attribue les propriétés vésicantes de notre cantharide, sans y joindre les dangereux effets toxiques; elle pourra devenir l'objet d'un commerce important, car on ne peut aucunement songer à acclimater ce genre d'insectes, dont les larves, encore à peine connues, vivent en parasites dans les nids des mellifiques sociaux, se cramponnant à leurs poils quand ces insectes viennent butiner sur les fleurs. Un dernier cadre de M. Mocquerys réalise une application très-curieuse, due à M. Reiche, membre de la Société entomologique. Certains coléoptères peuvent servir à reconnaître la pureté des laines en signalant les mélanges frauduleux de laines de valeur inférieure et d'une autre provenance. On voit dans ce cadre les coléoptères qu'on trouve mêlés aux laines de Russie, d'Australie, du Maroc, d'Espagne et de Buénos-Ayres, et comme ces localités ont des faunes parfaitement distinctes, on comprend immédiatement leur usage comme expertise.

J'ai trouvé dans le palais quelques cadres, assez incomplets et médiocrement préparés, de tous les états des sauterelles (*Acridium peregrinum*) qui ont dévasté l'Algérie en 1866, et destinés aux collections de l'enseignement professionnel. Au ministère de l'instruction publique se trouve exposée une belle collection d'insectes provenant du Mexique et récoltés par M. Boucard. Elle ne contient rien qui concerne les applications. Je n'y ai pas trouvé le *Bombyx psidii* (Sallé) indiqué autrefois par moi dans nos *Bulletins* comme donnant une soie utilisable et qui serait peut-être un objet d'exportation ailleurs que dans ce triste pays.

Dans les matières premières de la Prusse, à côté des ruches du docteur Pollmann, de Bonn, est une très-intéressante collection d'apiculture du même exposant. Dans une série de cadres se trouvent des reines, des mâles, des ouvrières des espèces ou races des *Apis mellifica* et *ligustica*, les métis, les abeilles dites noires, les mâles avec organe saillant prêts à la fécondation, les cellules des diverses abeilles, les nymphes, les larves, la mère dans la cellule royale, les gaufres de cire pour aider à la confection des gâteaux, du couvain sain et du couvain atteint de pourriture. D'autres cadres contiennent les ennemis des abeilles, ainsi que les deux espèces de teignes de la cire (*Galleria cerella* et *colonella*), avec les gâteaux où elles enlacent leurs fils, les abeilles qui y meurent captives, et les cocons; les frelons, les guêpes, les bourdons, tous friands de miel, le pou de l'abeille (*Braula cœca*), l'*Acherontia Atropos*, énorme sphinx qui bouleverse les gâteaux, les forficules, les araignées, les cloportes, les fourmis; divers oiseaux qui dévorent les abeilles, fauvettes, hirondelles, rouges-gorges, bergeronnettes, pic-vert, pic-épeiche, enfin le mulot et jusqu'à un petit ours de carton. Je signale un oubli à M. Pollmann, ce sont des hyménoptères fouisseurs, le *Philanthus apivorus* en France, le *Philanthus Abd-el-Kader* en Algérie, qui emportent les abeilles dans leurs nids. A cette collection apicole est joint un herbier apicole, des plantes à miel qu'il est bon de cultiver autour des ruches, du prix de 75 francs. Ces collections sont à recommander pour les écoles normales primaires.

L'Académie impériale et royale d'agriculture d'Autriche, dans une très-remarquable exposition du maïs, de ses maladies, de ses produits, a joint à ses divers spécimens un cadre de tous les insectes qui nuisent à cette céréale. Dans l'annexe italienne est une collection des insectes nuisibles de ce pays, surtout de lépidoptères et de coléoptères, envoyée par la Société agricole de Bologne. J'y ai remarqué la *Procris ampelophaga*, lépidoptère fort dangereux pour les vignes italiennes, qui, heureusement pour nous, n'a pas passé les Alpes, et la *Vanessa polychloros*, notre grande tortue, qui paraît beaucoup plus nuisible en Italie qu'en France.

Je citerai, comme sans intérêt pour nous, la collection d'insectes de l'isthme de Suez, celle de la Roumanie, la curieuse collection de Coléoptères du Maroc, de M. L. Dupuis; il est juste de faire mention de la magnifique collection locale de l'île de Cuba, envoyée par M. Gundlach (annexe espagnole), et qui présente le plus grand intérêt de géographie zoologique, et la belle collection du docteur Abdullah bey (médaille d'or), destinée à former le premier noyau d'un musée d'histoire naturelle à Constantinople, pour lequel le sultan Abd-ul-Aziz a accordé un firman; espérons que l'Exposition universelle et la visite en France de ce souverain, qui a osé braver des préjugés séculaires pour sortir des mystérieuses profondeurs de l'Orient, hâteront la réalisation de cette nouvelle importation civilisatrice. La collection des insectes du Canada renferme les *Attacus luna, cecropia, polyphemus, prometheus* (l'*A. cecropia* se trouve aussi dans la collection de la Nouvelle-Écosse). Il y a là un fait intéressant pour nous. L'éducation de ces producteurs de soie est essayée en Europe, et l'on voit que le climat leur convient, puisqu'on les rencontre à l'état libre dans ces régions septentrionales de l'Amérique.

Le Japon a envoyé une collection d'insectes, piqués sur soie, et dont les cadres sont faits dans le pays, malheureusement sans aucune indication. J'ai pu, à son inspection, éclaircir un fait d'une certaine valeur. On y voit figurer l'*Attacus Artemis* (Bremer), espèce à ailes caudées du nord de la Chine et de la Sibérie orientale, et à côté son cocon, jusqu'ici inconnu, qui nous apprend que cet insecte ne peut se ranger dans les producteurs de soie. Ce cocon est en effet à claire-voie, comme celui de l'*Attacus trifenestratus*, de Java, et de l'*Aglia tau*, bombycien si commun dans la forêt de Saint-Germain.

Les cocons ne sont pas liés aux affinités zoologiques. Les autres *Attacus* à queue ont des cocons soyeux, ainsi que les *A. luna* de l'Amérique, *selene* de l'Inde, et l'*A. Isabellœ*, forme exotique égarée au centre de l'Espagne dans une localité restée secrète jusqu'à présent.

Le Vénézuela a exposé un cadre de morphos contenant des *Morpho Cypris* et un *Morpho amathonte*, et la Guyane anglaise des *Morpho Menelas* et *rhetenor*. Ces splendides papillons bleus de l'Amérique équinoxiale sont recherchés aujourd'hui dans le commerce pour la parure des dames; il semble que ce soit pour cet usage que les entomologistes leur ont réservé les noms les plus doux de la mythologie antique. On les fixe dans les cheveux, après avoir consolidé en dessous leurs ailes éclatantes au moyen de crêpe apprêté, ou bien, enchâssés dans du mica, ils forment, entourés de pierres précieuses, des broches du plus riche aspect. Il y a peu d'années, le *Morpho Cypris*, à l'azur chatoyant semé de macules de nacre, reçut sa consécration pour la mode européenne en figurant dans la coiffure de l'Impératrice des Français.

La collection d'insectes de l'Australie contient une grande espèce d'hépiale (lépidoptères), le *Strigops grandis*, dont les longues et grasses chenilles vivent dans les troncs et les racines des casuarinas. Les naturels australiens sont très-friands de ces larves dodues, qu'ils mangent avec délices. De même des larves des coléoptères phytophages, qui vivent dans les chênes, figuraient sur les tables romaines sous le nom de *Cossus*, et les dames demandaient, dit-on, à leur crème délicate, le secret d'un embonpoint qui prolongeait leur beauté. En Orient, on mange les sauterelles salées et grillées; en Chine, les chrysalides cuites du ver à soie. Les habitants de Madagascar aiment beaucoup les chrysalides. Lors de la dernière ambassade française envoyée au malheureux Radama II, son fils, enfant de dix ans, avait les poches pleines de chrysalides frites dont il se régalait pendant la réception. Nous mangeons avec grand plaisir beaucoup de crustacés; qui sait si nous n'arriverons pas aux insectes en hors-d'œuvre.

Je dois me détacher de tous ces sujets, qui sont un peu trop des digressions hors de notre domaine, pour réserver la fin de ce rapport aux instruments destinés à combattre les ravages des insectes. Nous trouvons en première ligne le poulailler roulant de M. Giot, exposé dans sa ferme, près de la porte qui regarde l'École-Militaire. Les hannetons exercent des dégâts qui croissent chaque année; et qui, près de Paris, sont favorisés par le mode actuel de culture, renouvelant sans cesse dans le sol, continuellement remué, l'air et les jeunes racines si favorables à leurs larves (1). Ils ont le privilége en France d'exciter aussitôt l'esprit de facétie, plus dangereux fléau encore que tous les insectes. M. Giot a eu l'esprit de laisser rire et, depuis 1861 où ils figurèrent à l'exposition agricole, ses poulaillers roulants, qui ont réalisé une ancienne idée de Parmentier, fonctionnent à la ferme de Chevry-Cossigny (près Brie-Comte-Robert, Seine-et-Marne). Depuis plusieurs années j'ai pu les étudier sur place pendant plusieurs mois. Qu'on imagine une voiture en forme d'omnibus, assez légère pour qu'un seul cheval puisse la traîner dans les terres labourées, contenant de 200 à 300 poules et coqs, avec leur perchoir et une porte s'abaissant en pont-levis pour laisser entrer et sortir les volailles, on aura l'idée exacte du poulailler roulant. On amène la voiture dans le champ criblé de vers blancs qui doit subir un labour, puis un hersage. Aucun gardien, pas d'autres soins que de l'eau dans une auge à la portée des poules.

Les laboureurs ouvrent le matin la porte du poulailler et la ferment le soir au cadenas. La voiture et son peuple ailé demeurent ainsi seuls pendant la nuit, sous la protection dont la loi couvre tous les instruments agricoles au milieu de nos campagnes. Les poules suivent en grand nombre la charrue et la herse et picorent dans un rayon étendu autour de la demeure mobile qui leur sert de point de ralliement. Comme elles sont inégalement voraces, il faut un poulailler assez nombreux si l'on veut que son emploi ait de l'efficacité. En outre, les poules sont surtout avides de larves depuis le matin jusqu'à midi, puis elles mangent peu. Elles sont plus utiles avant la moisson qu'après, car alors elles se gorgent de grains dont la digestion est lente, tandis que les vers blancs se digèrent très-vite et qu'une poule gloutonne peut en avaler plusieurs centaines par jour, ses déjections devenant ainsi le meilleur moyen d'utiliser le ver blanc comme engrais. Les poules nourries à la ferme, exclusivement avec des vers blancs morts qu'on leur apporte, ne tardent pas à devenir malades et à donner des œufs d'un goût détestable. C'est aussi ce qui arrive pour les poules, dans nos départements de grande sériciculture comme la Drôme, où ces volailles sont nourries avec les vers à soie morts et les chrysalides

(1) Il est bon d'observer que les herbages de la Normandie qui ne sont pas labourés sont périodiquement ravagés par le ver blanc ; la culture n'est donc pas la seule cause de développement de la larve du hanneton.

étouffées. On ne mange pas alors leurs œufs ; il est vrai qu'ils ne sont pas perdus, car on a soin de les exporter à Marseille. Rien de pareil n'arrive avec les poulaillers roulants ; là les poules ne rencontrent que des vers blancs vivants et en bonne santé ; de plus leur instinct leur fait joindre à ces aliments des graines et des herbes. J'ai souvent mangé des œufs du poulailler roulant, fonctionnant depuis plusieurs jours, je n'ai pas trouvé de différence de goût avec les œufs journellement consommés à Paris ; leurs jaunes sont très-colorés et excellents dans la cuisine pour la liaison des sauces. Quant à la chair, il est facile de remettre quelques jours les volailles à la ferme avant de les manger. Je ne prétends pas dire que les poulaillers roulants détruiront tous les vers blancs ; il faudrait contre les insectes nuisibles des réglements généraux, non-seulement promulgués, mais surtout strictement exécutés partout à la fois, et nous en sommes loin. Les poulaillers roulants peuvent être utiles surtout parce qu'ils sont bien moins coûteux que le ramassage des vers blancs à la main, le produit des œufs pouvant compenser la dépense en partie.

A Billancourt, sous le hangar B, est exposée la machine échenilleuse de M. Badoua-Gommard, de Toulouse, destinée à débarrasser de leurs insectes dévastateurs les fourrages naturels et artificiels et surtout les luzernes ravagées par le *négril* (*Colaphus ater* ; *Eumolpides, Coléoptères*), elle peut être manœuvrée à la main par une seule personne, en parcourant en un jour trois hectares de prairies. A l'arrière est une vanne inclinée, en treillis de toile, courbant les fourrages sans les casser et faisant tomber en même temps les insectes dans une sorte de bâche antérieure de tôle demi-cylindrique, dans laquelle on les ramasse avec une large cuiller de fer-blanc. A côté, sous le même hangar, est un appareil d'aspect assez bizarre imaginé par M. Rigon, de Chelles (Seine-et-Marne). C'est un bicône élevé de plus d'un mètre, muni d'un manche, de toile métallique, se posant par terre sur l'orifice des guêpiers de la guêpe commune, ou, au moyen d'un disque de caoutchouc, qui en entoure la base, sur les arbres et contre les murs, pour les guêpiers des frelons, de la guêpe des arbres et des polistes. On adapte l'appareil le soir ou le matin à l'orifice du guêpier, alors que tous les insectes sont rentrés ; on entoure la base de terre tassée pour éviter les fuites et arrêter l'air. On ouvre ensuite un registre, les guêpes pour respirer sont forcées de monter dans le bicône où on les flambe. Cet appareil peut aussi servir pour s'emparer des essaims d'abeilles mal placés. Malheureusement, s'il est construit en fer, il est altérable, et en cuivre, son prix est trop élevé. Je crois que le meilleur moyen pour diminuer le nombre des guêpes est de chasser au filet, au printemps, les mères guêpes, source des colonies dévastatrices de l'automne, en les attirant au moyen de groseillers, cassis en fleurs, sur lesquelles elles se jettent avec frénésie.

Dans la classe XLIII, au palais, se rencontrent les diverses poudres insecticides Vicat, Zacherl (médaille de bronze), Mazade et Daloz, Willemot avec nombreux échantillons de pyrèthre du Caucase. Les exposants de ce genre sont trop enclins à la réclame, en voiture et sur les murailles, pour que je m'y arrête. L'effet de ces poudres est incontestable, au moins sur certains insectes; il est probable qu'il y a à la fois action toxique spéciale et asphyxie résultant de l'occlusion des stigmates ou orifices des trachées respiratoires par une matière pulvérulente très-ténue.

LES

PRODUITS AGRICOLES

RAPPORT

Par M. H. VILMORIN

Agronome, Secrétaire de la Société botanique de France, membre de la Société impériale
d'acclimatation.

La culture des céréales et des plantes fourragères étant la base de
l'agriculture et partant la source la plus réelle de la richesse d'une
nation, on ne doit épargner aucun soin et aucun travail pour introduire dans son pays les variétés les meilleures et les plus productives. Il suffit de songer à la prodigieuse extension de la culture du
blé, par exemple, pour se rendre compte aisément que l'introduction d'une race nouvelle donnant avec les mêmes frais une augmentation de produit, quelque minime qu'elle soit, crée d'un coup
une somme de richesse très-considérable. Mais il suffit, par contre,
d'adopter légèrement une variété inconnue pour changer une culture qui payait à peine ses frais en une culture désastreuse; aussi
doit-on user de la plus extrême circonspection quand on recommande ou simplement signale à l'attention publique des céréales
nouvelles. Il faut éviter d'enflammer les imaginations et de faire
naître des espérances destinées trop souvent à être déçues après
avoir donné lieu à des expériences coûteuses. Il faut se rappeler
qu'en France la culture du blé est, dans la plupart des cas, la
moins profitable de toutes, et qu'une innovation malheureuse a
pour effet, non pas de restreindre les bénéfices de l'agriculteur,
mais de rendre l'opération absolument mauvaise. La Société d'acclimatation sait trop bien quelle autorité s'attache à son nom et
quel poids son avis a auprès des agriculteurs pour ne pas faire
preuve de la plus grande réserve dans ses jugements et ses appréciations; elle signalera comme dignes d'être essayées toutes les
choses qui l'auront frappée dans les collections étrangères, mais
sans jamais en recommander d'ores et déjà l'introduction en grand;

c'est le seul moyen d'avancer avec sécurité dans une voie où tout faux pas peut être fatal.

Il se présente dès l'abord une grande difficulté à surmonter dans l'étude des collections agricoles réunies au Champ de Mars, c'est le manque presque absolu de renseignements précis sur les objets exposés. Peu de produits ont été envoyés par les divers pays en aussi grande abondance que les blés et les grains de diverses sortes, mais il n'y en a pas qui aient été accompagnés d'indications aussi incomplètes. Ici les flacons ne portent aucune désignation, quelle qu'elle soit; là ils offrent quelques caractères chinois et un numéro renvoyant on ne sait à quoi; il serait facile de citer une collection fort belle en apparence, où, sous un seul nom, sont contenues dans le même bocal des variétés de céréales et de légumes très-distinctes. Ailleurs on rencontre à chaque pas les indications suivantes : « *sorte de graine* », « *feuilles* » ou « *racines sèches* » ; presque partout on lit sur les bocaux : blé, seigle, maïs; heureux, quand l'orge n'est pas appelée riz et l'avoine sorgho. Plusieurs pays ont évité ces erreurs, mais en n'étiquetant pas du tout. En un mot, presque partout on ne peut savoir sur les grains exposés que ce que dit leur apparence, et cela ne suffit pas, car ce n'est pas seulement la nature du résultat, mais les conditions de production qu'il importe de connaître : en agriculture, il ne s'agit pas de produire à tout prix de beaux grains, mais de produire du grain qui donne un profit.

Passant de notre mieux par-dessus ces difficultés, nous allons parcourir les envois des différentes nations, notant en chemin les objets qui nous paraîtront offrir le plus d'intérêt.

Des collections françaises, les plus riches de toutes en céréales et les seules qui contiennent quelques fourrages, nous n'avons rien à dire ici, tous les produits récoltés en France pouvant être considérés comme introduits et acclimatés définitivement. La beauté des blés envoyés par les départements du Nord, du Pas-de-Calais et de la Somme, montre ce qu'on peut tirer au moyen d'une culture perfectionnée, des races existant actuellement en France.

L'exposition anglaise nous suggère la même réflexion; elle n'est pas riche en céréales : le seul objet marquant est le cadre qui contient des échantillons des races de choix obtenues par M. Hallet, des variétés communes. Nous avons en France des types au moins aussi beaux que ceux qui ont servi de point de départ à M. Hallet, et il suffirait des mêmes soins pour les porter au même degré de perfection.

Si la Grande-Bretagne n'a pas envoyé beaucoup de céréales, en revanche ses colonies en exposent un assortiment presque infini.

Le Canada nous en présente une collection considérable. Pour la plupart, elles sont identiques avec celles que nous cultivons en Europe, les blés ont en général le grain petit et assez maigre, les orges sont belles, en particulier l'orge à six rangs exposée par M. John Mitchell ; la colonie Sainte-Anne a envoyé de nombreux échantillons de grains, parmi lesquels se remarque une avoine à grain noir, renflé et assez court, portant le n° 10. Elle paraît distincte des variétés européennes, et pourrait peut-être présenter un certain intérêt. On peut signaler encore, parmi les productions canadiennes, un haricot blanc, maculé de rouge autour de l'ombilic, plus allongé que les haricots de Prague, mais en rappelant un peu la forme.

Le maïs blanc du Canada, si productif qu'il coûte à peine dans son pays 7 à 8 francs l'hectolitre, figure à l'Exposition par pleins barils ; ce n'est pas une nouveauté, mais peut-être est-il bon de profiter de l'occasion pour le signaler de nouveau à l'attention des cultivateurs ; il ne semble pas encore aussi connu qu'il mériterait de l'être.

Les colonies du cap de Bonne-Espérance et de Natal ne présentent pas grand intérêt au point de vue des grains si l'on en excepte une orge à deux rangs à barbes caduques présentés en épis, mais sans aucun renseignement, par la colonie de Natal. Les blés du Cap, représentés à l'Exposition par de très-beaux échantillons, sont déjà connus et cultivés en France et en Angleterre : ce sont de beaux blés blancs à gros grain, probablement d'origine espagnole.

L'Australie, qui a aussi tiré d'Europe tous les blés qu'elle cultive, nous renvoie nos races remarquablement améliorées. Les blés envoyés par M. A. Bell et par la Commission locale, sous le nom de *blé à paille violette*, peuvent être rangés parmi les beaux de l'Exposition. En 1862 déjà, les blés de l'Australie avaient été très-remarqués à Londres, et une de leurs variétés à grain très-plein, arrondi et extrêmement blanc, est aujourd'hui très-recherchée et cultivée en Angleterre.

Les autres céréales d'Australie, avoines, orges, maïs, viennent également, soit d'Europe, soit du nouveau monde. Des pierres à moudre, employées par les indigènes, pourraient faire croire qu'il existe en Australie quelque graminée à graine farineuse, mais il n'en est rien ; ces pierres servent à broyer les spores menues du *Marsilea macropus*, plus connu sous le nom de *nardoo*, et célèbre pour avoir sauvé la vie de Burke et de ses compagnons dans sa fameuse exploration de l'Australie centrale.

Comme fourrage indigène, l'*Anthistiria australis* « kangaroo grass », présente seul de l'intérêt, et encore trouve-t-on qu'il ne résiste pas suffisamment à la dent des moutons, et cherche-t-on à y suppléer par l'introduction des graminées de l'Europe ou de l'Amérique du Sud.

Le Bengale, au milieu de riz et de productions des climats tropicaux, présente un fort beau blé d'été portant le n° 1. Nous remarquons encore une belle collection de sorghos consistant surtout en variétés du *Holcus cernuus*, le même qui vient d'être prôné en Angleterre comme céréale nouvelle. Ce n'est pas pour en recommander la culture que je veux en dire ici quelques mots, mais au contraire pour faire connaître les essais infructueux dont il a déjà été l'objet. Il me semble que la Société d'acclimatation peut rendre service aux agriculteurs, non-seulement en leur faisant connaître les plantes utiles nouvelles, mais encore en les détournant de consacrer leur temps et leurs efforts à des expériences qui déjà, à plusieurs reprises, ont été tentées sans succès. L'usage du sorgho à épi penché, comme céréale, est très-répandu dans l'Afrique centrale et dans l'Inde; son grain blanc et tendre est plus farineux que celui du sorgho à balais; il n'est donc pas surprenant qu'on ait depuis longtemps songé à l'acclimater en Europe, mais il demande un climat trop chaud pour réussir dans notre pays, et ne mûrit même pas régulièrement en Italie. On ne pourrait donc le cultiver que comme fourrage: mais, sous ce rapport, bien des variétés de maïs lui sont supérieures.

Les expositions de Belgique et des Pays-Bas, remarquables comme ensemble, ne présentent rien de nouveau si l'on entre dans les détails : ce sont de beaux échantillons des races répandues dans la culture courante du Nord. Les collections de la Bavière et du Wurtemberg sont dans le même cas, moins le coup d'œil général, qui fait défaut.

La Hesse envoie de beaux échantillons d'orge et d'épeautre, mais on trouverait aisément les mêmes en France; il n'y a pas lieu de s'y arrêter.

L'Autriche, dans laquelle nous comprenons la Hongrie, expose des blés de peu d'apparence, mais de bien bonne qualité, à en juger par les farines qui en sont faites; ce sont en bonne partie des épeautres. Mentionnons d'une façon toute particulière un blé de printemps à grain assez gros, blanc, ferme et plein comme un bon blé d'hiver; il figure dans la collection de la Société agronomique de Cracovie.

Peu de pays ont envoyé des collections aussi nombreuses et aussi bien nommées que la Prusse, aussi y trouvons-nous plusieurs plantes à mentionner, entre autres le seigle de la Campine et les blés « du Prieuré » (*Probsteier Weizen*) et de Frankenstein, tous les trois figurant dans l'Exposition de l'Union Baltique. Un échantillon d'orge, envoyé de Silésie par M. de Gronow, est des plus remarquables comme beauté, comme grosseur et comme poids.

L'exposition agricole de la Russie est supérieure, comme qualité des produits, à celle de la Prusse, mais l'étiquetage n'y est pas aussi bon, ce qui est regrettable, car nous y aurions sans doute trouvé plusieurs variétés intéressantes. Parmi les blés tendres, le plus beau est celui qui porte le nom de *Sandomirga*; et le meilleur blé dur est appelé *Arnaoutka*; ces deux dénominations doivent être assez élastiques et embrasser plusieurs variétés, car elles sont appliquées à plusieurs échantillons tous beaux, mais présentant entre eux des différences marquées. On remarque encore, dans les collections russes, deux très-belles avoines, l'une blanche, grosse et courte, se rapproche un peu de l'avoine de Géorgie; l'autre noire et longue, est bien distincte. J'insisterais davantage sur la belle apparence de ces deux avoines si je n'avais pas lieu de croire qu'elles proviennent de cultures faites sur défrichement. On sait que les grains prennent, dans ce cas, un développement et un aspect tout autre que sur des terres depuis longtemps en culture. Il y aurait cependant intérêt à essayer ces deux races, elles pourraient encore donner de très-beaux produits, tout en restant un peu inférieures à ce que nous voyons aujourd'hui.

Les blés forment la base des collections agricoles de la Roumanie; ils sont en général petits et maigres, mais assez propres; il est douteux qu'on y puisse rien trouver à introduire.

La Turquie aurait une Exposition agricole très-intéressante si elle était mieux présentée et un peu plus étiquetée. J'y ai remarqué un blé tendre portant le n° 90, et trois blés durs sous les n°⁸ 103, 218 et 247.

L'Égypte présente des blés indigènes et des blés européens ou algériens acclimatés; ces derniers, supérieurs en apparence, sont aussi beaucoup plus riches en gluten, comme le fait remarquer une note de M. Gastinel, qui en a dirigé l'introduction et l'acclimatation; nous ne nous occuperons donc pas des blés égyptiens, et remarquerons seulement la belle qualité du sorgho ou gros mil de Nubie, le même dont il a déjà été question à propos de l'Exposition du Bengale.

Deux blés durs sont ce que nous trouvons de plus remarquable en Portugal. L'un est appelé « blé saint» et l'autre «blé géant» ; ils se ressemblent et rappellent le grain du blé de Pologne. S'ils peuvent présenter un intérêt, ce doit être surtout pour le midi de la France ou l'Algérie; chez nous, ils ne supporteraient sans doute pas l'hiver, et, semés au printemps, ils ne seraient plus aussi beaux ni aussi pleins.

On peut en dire autant des blés durs d'Italie, dont plusieurs, et surtout ceux qui portent le n° 29, sont extrêmement remarquables. L'Italie a une collection considérable de maïs; mais, à défaut de renseignements, nous ne pouvons que signaler leur présence.

En Espagne aussi, l'étiquetage est insuffisant, quoique les envois aient été en général nombreux et bien présentés. Il y a à remarquer un blé tendre de très-belle apparence appelé « *Trigo candeal* », et un autre qui est étiqueté « *raspinegro* ».

Notons encore une très-grosse avoine blanche, qui porte le n° 3, dans l'exposition des îles Baléares, et un gros haricot rond, blanc, provenant de la province de Barcelone.

Si on laisse de côté les collections de la Chine, du Japon et de Siam, où il m'a été impossible de rien découvrir d'intéressant, il ne reste plus à voir que les États-Unis d'Amérique, pour que la revue des céréales exposées au Champ de Mars soit à peu près complète.

Les blés et les maïs forment presque la totalité des envois de l'Union. Parmi les blés, ceux de la Californie sont les plus beaux, quoiqu'ils puissent difficilement rivaliser avec ceux d'Europe. Quant aux maïs, ils sont là en nombre infini, présentant toutes les modifications possibles de dimension, de forme et de couleur. La plupart des variétés à grain corné et à épi moyen sont déjà introduites en Europe, où elles mûrissent plus ou moins bien, selon leur précocité, mais notre climat est trop froid pour les variétés à gros épis et à grain tendre. Cependant on pourrait en essayer quelques-uns comme plantes fourragères dans le nord de la France.

Les États de l'Amérique du Sud n'exposent en général d'autres céréales que ces mêmes maïs. Les expositions du Pérou et de la Bolivie ne contiennent même pas ce fameux maïs Cuzco, dont l'introduction avait fait un certain bruit il y a quelques années.

Signalons enfin une collection plutôt scientifique qu'agricole, celle du Jardin botanique de Christiania, en Norwége, présentant presque toutes les variétés de céréales et de légumes cultivées et récoltées sous le 60° degré de latitude.

Nous voyons encore dans la partie horticole de l'Exposition une plante qui, sans être céréale ni fourragère, présente pourtant assez d'intérêt pour être signalée ici, et cela d'autant plus qu'il n'y a pas là une acclimatation entièrement à faire, mais une acclimatation déjà commencée avec succès. Il s'agit du bambou de la Chine (*Bambusa mitis?*) rapporté par le consul général de France, M. de Montigny, et propagé par les soins de M. le baron Jules Cloquet. Les trois pieds présentés à l'Exposition proviennent des cultures faites au domaine de Lamalgue, près Toulon, où il en existe, dès à présent, environ 300 pieds provenant de quelques plants reçus dans l'origine de la pépinière d'Alger. La rusticité de ce bambou en Provence ne peut donc plus faire l'objet d'un doute, mais non content de cultiver le bambou de la Chine chez lui, M. le baron Cloquet l'a introduit dans plusieurs parties plus septentrionales de la France où il végète en pleine terre, et il se propose de le propager dans les régions humides de nos départements du centre et du midi, où il trouvera un sol favorable à son développement.

Le bambou dont il s'agit n'atteint pas la taille des espèces géantes de l'Inde, mais il présente néanmoins des dimensions remarquables. Les tiges des sujets exposés mesurent 9 mètres de hauteur et quelques-uns ont jusqu'à 10 et 11 centimètres de diamètre. En outre, il est d'une multiplication et d'une culture très-faciles.

On sait quels services le bambou rend dans les pays où il croît naturellement, et combien son emploi est général pour les usages domestiques et les arts industriels. En Chine, les maisons sont presque entièrement construites et meublées en bambou ; les lits, les chaises, les tables, les nattes, en sont faits, ainsi que les paniers, les corbeilles et les ustensiles de toute sorte ; il est donc probable que, grâce à leur solidité unie à la légèreté, les pousses de bambou trouveront aussi chez nous un fréquent emploi et pourront, dans beaucoup de circonstances, se substituer au bois sur lequel le bambou a l'avantage d'être moins cassant et moins facilement attaqué par les insectes.

En outre, on doit dès à présent reconnaître le mérite de ces plantes au point de vue ornemental ; elles ne tarderont pas à figurer dans tous les jardins, et c'est pour le faire mieux connaître sous ce rapport que M. le baron Jules Cloquet a fait don à la ville de Paris des trois beaux exemplaires qu'il a exposés et qui prendront place dans un des squares ou jardins publics.

On voit qu'en somme il y a à l'Exposition un assez petit nombre de céréales (principalement celles du Canada, de l'Australie et de la Russie), qui, par leur belle apparence, attirent l'attention à première vue ; il peut y avoir, parmi celles qui passent inaperçues, des variétés recommandables à plus d'un titre, et que des renseignements exacts sur leurs qualités feraient hautement apprécier, aussi suis-je convaincu qu'il est bon, tout en ne préjugeant rien, d'essayer le plus grand nombre possible de nouveautés. Je ne doute pas que la Société d'acclimatation ne puisse obtenir des différentes commissions étrangères une centaine d'échantillons aussi bien qu'une douzaine : elle augmenterait ainsi les chances de trouver dans ses essais des plantes qui plus tard pourront devenir pour l'agriculture française de précieuses acquisitions.

PRODUITS VÉGÉTAUX DU BRÉSIL

CONSIDÉRÉS AU POINT DE VUE

DE L'ALIMENTATION ET DE LA MATIÈRE MÉDICALE

RAPPORT

Par M. LE Dr J. L. SOUBEIRAN

Professeur agrégé à l'École de pharmacie de Paris,
Secrétaire délégué de la Société impériale d'acclimatation.

ET Augustin DELONDRE

Ancien préparateur de chimie à l'École impériale polytechnique
et au Muséum d'histoire naturelle de Paris.

La flore du Brésil est assurément d'une très-grande richesse. Plus de douze cents espèces de cette flore sont déjà connues et se recommandent à nous par la variété des produits qu'elles peuvent nous fournir.

Les forêts du Brésil contiennent les espèces de bois les meilleures que puisse employer la construction navale et civile, et les espèces les plus riches et les plus belles que puisse utiliser l'ébénisterie.

Parmi les bois de construction, nous citerons la *péroba*, le *tapinhoá*, le *cabiuna* ou *jacaranda* noir, le *corcunda*, le bois du Brésil, le sorbier, dont le suc laiteux sert d'aliment et s'emploie dans les maladies de poitrine; le *bacuri*, le *sucupira*, l'*aroeira* du *sertao*, l'*ipé*, le *pequia*, dont on connaît trois espèces : le *pequia* commun ou vrai, le *pequia-rana* ou faux *pequia*, et le *pequia* noir; le *massaranduba*, dont le suc, d'une couleur blanche, est très-savoureux, et se prend avec le thé et le café; le bois de fer, le cèdre, le laurier, le cannellier, la *sapucaia*, dont le fruit, espèce de coco, contient une amande agréable au goût, et donne une émulsion anticatarrhale et antinéphrétique; la *barauna*, l'*itauba* (*Oreodaphne*), fort commun dans la province de l'Amazone, dont il existe quatre espèces : le jaune, le rouge, le noir et le tacheté; le *matamata* (*Lecythis coriacea* Mart.), dont il existe trois espèces : celui des forêts, celui de la plaine, et le *matamata* noir; le *guarabu* ou bois violet; le *pau d'arco* ou bois d'arc, espèce de tecoma; le *pau lacre* ou bois de laque, qui doit son nom à la résine laque qu'il produit; une grande quantité de lianes de toute espèce, et beaucoup d'autres.

La plupart des bois de construction appartiennent à la famille des légumineuses ; viennent ensuite les laurinées, les sapotacées, les apocynées, les lécythidées, les bignoniacées, les cédrélées, les anacardiacées, les antidesmées, les protéacées.

L'*oleo* (bois à huile), le *mairapinima*, le *saboa-rana*, le *pau-cruz*, le *vinhatico*, le *pao-setim*, le *jacaranda* (palissandre), le *gonçalo-alves*, le *sebastiâo d'arruda*, le *pau marfin*, le *muirapiranga*, le *pau-rosa* (bois de rose), le *cajueiro do mato* et d'autres se recommandent pour l'ébénisterie.

Le manglier de cordonnier, l'arbre de Sainte-Rita, et beaucoup d'autres, nous fournissent des matières tannantes.

Le bois de Brésil, le *tatajuba*, l'indigo, le rocouyer, appelé dans le pays *urueu*, dont les graines, renfermées dans la capsule couverte d'épines qui forme le fruit du rocou, servent à la teinture ; le *cumaite*, le campêche, le *mangue* rouge, le *barauna*, et beaucoup d'autres sont excellents pour la teinture.

Outre ces arbres, les forêts voient naître spontanément et en abondance les *seringueiras*, qui naissent et croissent spontanément dans les provinces du Nord, surtout dans celles du Para et de l'Amazone ; leur sève, en s'épaississant, donne le *caoutchouc*, qui est exporté en grande quantité hors du Brésil et contribue au Para pour un tiers de la rente provinciale, et qui peut être retiré aussi du *manguabeira*, du *monpiqueira* et d'autres plantes ; le palmier *carnauba*, important surtout par la cire incrustée dans ses feuilles, sur laquelle un des membres de la Société vous a fait un rapport ; les *myristica* qui produisent une cire végétale ; la vanille, le cacao, le café et beaucoup d'autres plantes dont les produits, d'une utilité reconnue, sont l'objet d'un commerce important.

En ce qui concerne le *thé*, dont un des membres de la Société s'est occupé spécialement, nous dirons que la culture du thé commence à donner au Brésil de belles espérances, fondées sur la qualité et l'abondance des produits : la consommation du thé cultivé au Brésil est, du reste, encore limitée à l'intérieur. Il existe des cultures de thé dans les provinces de Rio de Janeiro, de Saint-Paul, de Minas Geraes et du Parana.

La vanille, le cacao, le café sont des produits trop importants pour que nous ne leur consacrions pas quelques lignes ; toutefois. en ce qui concerne le cacao, nous serons très-restreint : en effet ce fruit a été l'objet d'un rapport spécial.

Vanille. — La vanille est, comme on le sait, le fruit de l'*Epidendron vanilla*. Les gousses de cette plante varient entre 130 et

220 millimètres de longueur. La vanille inculte croît dans les lieux sombres et humides des régions chaudes de l'Amérique, spécialement au Brésil et au Mexique. La variété, connue sous le nom de *vanille de Saint-Domingue,* donne des fleurs vertes et blanches et des fruits noirs ; les fleurs et les fruits de cette variété sont inodores. Les variétés de la vanille du Brésil ont, pour la plupart, des gousses de plus grandes dimensions que celles du Mexique ; on les appelle en France *vanillons* ; ces gousses ont, dans la province de Sergipe, 8 à 10 pouces (22 à 27 centimètres) de longueur et 6 à 12 lignes (1 à 2 centimètres) de largeur. Dans celle de Minas, elles ont 6 à 9 pouces (18 à 26 centimètres) de longueur et 4 à 6 lignes (8 à 14 centimètres) de largeur. Celles du Mexique ont 6 à 7 et même 8 pouces (22 centimètres) de longueur et 2 à 4 lignes (4 à 8 centimètres) de largeur. La vanille est souvent mal préparée au Brésil, où elle n'est pas, à vrai dire, cultivée, le travail se bornant à la récolte dans les bois quand les gousses sont ouvertes. La vanille a des qualités médicinales : elle est très-employée par les médecins espagnols pour la cure de diverses maladies ; elle est stimulante et stomachique, et sert par ce motif à la préparation du chocolat, qu'elle rend plus digestif. On en fait usage dans la confiserie et la parfumerie.

On prépare au Brésil avec la vanille une sorte de liqueur et un sirop.

La culture de la vanille est une des plus profitables. On la plante à l'aide d'échalas, et le soin essentiel à prendre pour obtenir la fructification consiste dans la fécondation artificielle. Pour l'obtenir, on ouvre ou l'on coupe les fleurs mâles, afin d'en répandre le pollen sur les fleurs femelles.

Cacao. — On prépare le cacao pour le commerce en cueillant le fruit mûr, ôtant les graines et les faisant sécher au soleil. Les indigènes de la province de l'Amazone en fabriquent du chocolat pour leur usage domestique, ainsi que du savon et quelques autres articles. Il réussit, dans les plaines surtout, sur les bords des fleuves Madeira et Salimoes. On en fait deux récoltes par an : la première de décembre à janvier, et l'autre de mai à juin ; celle-ci est la plus abondante. Le cacao, sauvage aussi bien que cultivé, ne souffre pas du débordement des rivières, bien que les troncs des arbres restent baignés pendant le débordement jusqu'à la hauteur de quatre palmes au plus (environ 66 centimètres).

Le cacao se cultive dans les provinces de l'Amazone, du Para, du Maragnon, de Bahia et, sur une petite échelle, dans celle de Rio-

Janeiro. En dehors de ces localités, la culture en est rare au Brésil.

Dans les provinces de l'Amazone et du Para, le cacao croît naturellement sans culture, et, en général, les plantations, arrivées à l'état de production, n'exigent aucun soin jusqu'à la récolte ; aussi, dans cet endroit, elles constituent un revenu qui sert à doter les filles de cultivateurs.

L'exportation de l'excellent cacao de l'Amazone se fait par le Para.

Les documents officiels montrent que, dans l'exercice 1864-65, le Para a exporté hors du Brésil 216 485 arrobes.

On extrait du cacao la partie huileuse ou beurre ; il est d'une couleur jaune clair quand il est purifié, et présente la consistance du beurre de lait. Il est employé dans les confiseries, les parfumeries, les pharmacies.

Avec la pulpe du cacao, on fait au Brésil de bon vinaigre. Nous avons trouvé aussi à l'exposition du Brésil de l'eau-de-vie de cacao, de la liqueur de cacao, de la crème de cacao et de la gelée de cacao.

Outre le chocolat préparé avec le cacao, les Brésiliens préparent aussi une sorte de chocolat avec le fruit du *cupuassu* (*Deltonea luctea*). La fabrication de ce chocolat est limitée, dans la province de Para, à un petit nombre de fabriques, dont la principale se trouve dans la capitale. La fabrication de chocolat de cupuassu n'est, du reste, qu'un essai.

Café. — Le café peut croître dans presque toutes les localités du Brésil, car la température moyenne d'au moins 20 degrés centigrades qu'il exige, se rencontre dans la plus grande partie de l'empire.

Le caféier prospère même dans les lieux exposés au froid, et semble parfois y végéter avec plus de vigueur ; mais la fructification n'y est pas aussi abondante et n'offre pas la périodicité et la régularité nécessaires pour rendre la récolte avantageuse (1).

Si la culture du café n'est pas encore généralisée dans toutes les parties de l'empire, c'est au manque de bras et de moyens de transport qu'il faut l'attribuer. En ce qui concerne la qualité, nous ne devons pas cacher que beaucoup de planteurs n'ont accordé pendant longtemps que fort peu d'attention à la perfection du produit. Aujourd'hui cette indifférence a disparu.

La récolte et la préparation du café n'exigent pas de travail pénible, et peuvent être faites par des femmes et des enfants, mais elles demandent beaucoup d'attention et de soin.

(1) A Java (6 degrés au sud de l'équateur), les meilleures plantations se trouvent dans les montagnes entre 2000 et 4000 pieds au-dessus du niveau de la mer.

La floraison et la fructification qui la suit ont lieu dans deux périodes de l'année ; il en résulte que la récolte doit se faire en deux fois. Il est absolument nécessaire que, durant la dessiccation, le fruit n'entre pas en contact avec la terre, ce qui nuirait beaucoup à sa bonne qualité ; et, par conséquent, indispensable, pour la grande culture, de disposer des terrasses (*terreiros*) en pierre ou en toute autre matière analogue. Le café ainsi desséché porte le nom de *café de terreiros*. La petite culture peut faire usage de plateaux faits de bambous ou bien de *taquarrussus*, plante presque partout fort abondante.

Les terrasses en pierre étant fort dispendieuses, il y a grand avantage à employer des machines à séparer la pulpe, qui dispensent d'avoir des terrasses d'une très-grande étendue, bien que, à leur tour, ces machines ne laissent pas que d'être dispendieuses à cause des travaux hydrauliques qu'elles rendent nécessaires.

Le café étant sec, il reste à le dépouiller de son écorce, à le nettoyer au moyen de la ventilation et à le lisser. La nature des machines que l'on emploie à ces opérations n'a pas grande influence sur la perfection du produit. C'est uniquement une question de temps et de travail, plutôt économique qu'industrielle, pourvu que, dans tous les cas, on applique avec le soin nécessaire le procédé que l'on préfère. En effet, on ne saurait imaginer des appareils plus simples et plus primitifs que ceux en usage dans les pays dont le café est le plus estimé sur les marchés européens.

La valeur officielle du café exporté durant l'exercice de 1864 à 1865 s'est élevée, pour tout l'empire, à près de 10 millions d'arrobes. Le café consommé dans le pays constitue le cinquième de la production totale.

Le café est la culture principale des provinces de Rio-Janeiro, de Minas-Geraes et de Saint-Paul ; elle y produit des fortunes considérables. Les deux premières de ces provinces et une partie de la dernière ont exporté, dans l'exercice déjà cité, 8 791 247 arrobes. Le reste de la province de Saint-Paul a exporté, par la douane de Santos, 1 672 486 arrobes.

La culture du café est la culture la plus récente de la province de Ceara, mais elle commence à se développer sur une grande échelle dans les montagnes de Maranguape, Aratana, Baturite, Araripe, Machado, Uraburotama. Bien que les plantations ayant été attaquées par les insectes, la production ait diminué depuis 1863, elle continue néanmoins à être la seconde branche d'exportation de

la province. En 1866, le total de l'exportation a été de 103 390 arrobes.

On peut préparer avec les feuilles du caféier une sorte de *thé de
café* (Peckolt). On peut extraire de l'huile de la semence du caféier;
et de l'eau-de-vie de sa pulpe. On prépare avec le café de l'eau-de-
vie, de la liqueur, de la crème de café.

Maté. — Nous dirons ici quelques mots du maté, qui est la
boisson préférée de la plus grande partie des habitants de l'Amérique du Sud. La plante qu'on appelle aussi *congonho*, n'est qu'un
arbuste de la famille des aquifoliacées, du genre des houx, de l'espèce *Ilex mate*, plus génréalement connue sous la dénomination
d'*Ilex paraguayensis*.

Le maté croît sauvage dans les bois du Rio-Grande du Sud et
du Parana, de préférence dans les terrains bas et humides. La culture de cette plante a d'autant plus besoin d'être encouragée que
l'arbuste, cultivé, s'améliore, développe plus de végétation, et devient même un arbre touffu beaucoup plus grand que l'arbre sauvage.

On connaît généralement deux variétés de *maté* : l'une appelée
caamini et l'autre *caauana*. La première est la plus appréciée et est
destinée de préférence à l'exportation ; la seconde est peu estimée,
parce qu'elle a un goût excessivement amer quand elle croît à l'état
sauvage. On a reconnu, du reste, par des expériences répétées, que,
cultivée, son amertume devient supportable.

Le maté a des propriétés toniques et diurétiques ; il est salutaire dans les fièvres intermittentes, à cause de son principe amer ;
et, comme il est assez diurétique, il doit sans doute être utile comme
préservatif des hydropisies.

Il renferme les mêmes principes que le thé et le café, contenant à
poids égal la même quantité de ces principes qui existe dans les
feuilles de thé, et une plus grande encore que celle produite par
les grains du café.

Dans les provinces du sud du Brésil et dans les républiques d'origine espagnole, on prend le maté d'une autre manière que le thé
et le café. On jette de l'eau bouillante dans une petite callebasse
qui contient l'herbe mélangée avec une portion convenable de sucre,
et l'infusion faite, on aspire le liquide au moyen d'un chalumeau
muni d'une petite boule, dont la partie inférieure forme un crible
qui empêche la poudre provenant des tiges et feuilles desséchées de
s'élever ; le maté acquiert ainsi une saveur particulière.

Ailleurs, on fait infuser les feuilles ou la poudre dans une théière
avec de l'eau bouillante de la même manière que le thé.

Le maté du Brésil est exporté dans les républiques de l'Amérique du Sud.

Les provinces du Parana, de Sainte-Catherine, de Rio-Grande du Sud ont exposé du maté. Un exposant de la province de Parana, M. Anacleto Dias Baptista, a exposé de l'eau-de-vie de maté. Un autre exposant de la même province, M. José Candido da Silva Murici, a exposé de la liqueur de maté. M. Mathias Marcos Vieira, de la province de Rio-Grande du Sud, a exposé de l'extrait de maté cristallisé et de l'extrait de maté liquide.

Guarana. — Le guarana est une pâte résineuse, fabriquée avec les fruits de la liane vulgairement connue sous ce nom. On s'en sert en médecine pour le traitement interne contre les dysenteries et les fièvres intermittentes. Il présente, avec le café, le thé et le maté, ce caractère commun qu'il contient aussi de la caféine. Le guarana est actuellement inscrit au Codex français.

Les Indiens emploient l'enveloppe rouge des fruits pour se teindre le visage, ce qu'ils considèrent comme un ornement.

Afin d'éviter la fermentation à laquelle est soumise la pâte des graines de guarana, qui sert à la fabrication du guarana, on a soin de n'en préparer que la portion qui doit être employée. à la fabrication du même jour.

On donne au guarana toutes sortes de formes ; ainsi, nous en voyons à l'Exposition qui présente la forme d'ananas, de couleuvre, de chien, de pomme de pin, etc., etc.

Produits médicinaux. — On rencontre au Brésil, réparties entre les différentes provinces, de nombreuses plantes dont les fruits, les écorces ou les graines sont médicinales, comme la salsepareille, l'ipécacuanha, le *café-rana*, l'*urari*, le *guarana*, le *mururé*, puissant antisyphilitique fort en usage dans les provinces septentrionales de l'empire, le jalap, le *caroba*, diverses plantes connues par leurs qualités fébrifuges, le *pau-pereira*, l'*abutua*, l'*avenca*, le *canica*, le *tamaquaré* et beaucoup d'autres, comme les arbres à baume, parmi lesquels nous citerons l'*oleo vermelho* (*Myroxylon peruiferum*), qui fournit le baume du Pérou, et le baumier à odeur persistante qui porte au Brésil le nom de *cabucicica*, nom sous lequel on désigne aussi le baume qu'il produit ; enfin une grande variété de plantes résineuses et laiteuses, comme le *jutahi*, l'*angico*, le *jurema*, dont l'écorce amère et astringente sert en médecine comme narcotique ; l'*aroeira* (*Schinus aroeira*), dont l'extrait est un succédané du cachou, dont l'écorce, qui est astringente, laisse échapper par l'action de la chaleur un baume qui rentre dans la composition d'un emplâtre réputé, par les naturels, très-efficace contre les affections provenant de refroidissement, les rhumatismes, les douleurs arthritiques avec atonie et la distension des tendons; le fruit fournit une couleur rose employée en teinture, les feuilles fraîches fournissent une eau distillée propre à la toilette et fébrifuge, et dont les feuilles et les fruits donnent une eau distillée diurétique; l'*andiroba*, qui fournit l'huile du même nom, dont il sera question plus loin; le *copaier*, qui fournit l'huile essentielle de copahu; l'*oiticica* (1).

Nous citerons encore l'*almecega* ou bois à élémi qui fournit la résine élémi; l'*assacu* dont le suc, administré à hautes doses, est

(1) M. Peckolt, de Cantagallo, dans la province de Rio de Janeiro, n'a pas envoyé à l'Exposition universelle de 1867 moins de 213 échantillons de produits qui peuvent être utilisés en médecine : les uns sont des produits naturels, les autres ont été obtenus au moyen d'opérations chimiques ou pharmaceutiques. M. Peckolt a exposé notamment une nombreuse collection d'huiles essentielles, dont nous avons compté un nombre d'au moins 54, parmi lesquelles nous remarquons l'huile de copahu, les huiles essentielles tirées des graines, des fleurs et des feuilles du café; son exposition contient des acides organiques dont quelques-uns, comme l'acide araucarique, l'acide apolaustique, l'acide carabique, sont encore inconnus de la plupart des chimistes; des alcaloïdes, dont quelques-uns sont nouveaux, comme l'ichtyochtonine, etc., etc., et dont quelques autres, bien qu'anciens, nous sont montrés sous la forme d'échantillons de différentes origines, comme la caféine extraite des graines de thé de l'Inde, des grains du café, du parchemin du café, des fleurs du café, du maté, des feuilles du maté cultivé, du guarana et de l'écorce des graines du guarana. M. Peckolt signale encore à notre attention divers principes immédiats, tels que la timboïne, principe volatil provenant de la racine de timbo, la chenopoïdine, principe volatil extrait des semences de Santa-Maria, la manihotine et la sepsicolytine, qui proviennent du manioc.

La sepsicolytine présente cette propriété curieuse que, si l'on en mélange quelques gouttes avec du blanc d'œuf, ce dernier peut se conserver pendant plusieurs mois sans se gâter et sans perdre aucune des propriétés qui le rendent utile aux usages industriels. La sepsicolytine exerce cette même faculté sur d'autres substances albumineuses.

M. Peckolt nous signale encore ce fait que le baume qui est retiré du *Myroxylon peruiferum*, est différent suivant qu'il est extrait de l'écorce ou du bois. Dans les bocaux qui composent sa collection, on peut remarquer le *congonha mansa*, qui fournit d'excellent *maté*, la *carabina*, succédanée de la salsepareille; le *pigericu*, qui pourrait remplacer le poivre de la Jamaïque; le *maca do mato*, qui possède toutes les qualités du laurier-cerise.

M. Peckolt donne, en outre, l'idée d'employer le *parchemin du café*, qui représente 25 pour 100 du poids total de la graine sèche et qui contient 0,27 pour 1000 de caféine.

Sa riche collection contient, en outre, des extraits, des résines, des gommes,

vénéneux tandis que, administré par gouttes, il est vomitif et purgatif. Sur la peau, ce suc produit des ulcères difficiles à guérir; on
s'en sert dans le traitement extérieur des dartres.

Parmi les arbres donnant un suc laiteux, nous indiquerons le
guaxinguba, dont le suc laiteux est anthelminthique; l'*amapa*, dont le
suc laiteux est employé en médecine pour le traitement des ulcères,
plaies et coupures; le *sucauba* employé en médecine comme anthelminthique interne; le *muiratinga*, dont le suc laiteux s'emploie à
l'extérieur, dans le traitement des douleurs rhumatismales, des
tuméfactions, des contusions; le *jacaré-uba*, etc., etc.

Parmi les produits de l'exposition brésilienne relatifs à la matière
médicale proprement dite, nous signalerons le *canellinha* rouge,
dont la racine fournit une écorce douée de propriétés fébrifuges;
surtout deux fébrifuges : l'*abutua* qui est une espèce de liane, et le
cafe-rana dont il y a de nombreux échantillons.

Nous signalerons encore, parmi les produits pharmaceutiques de
l'empire du Brésil, un grand nombre de teintures médicinales préparées avec des produits naturels peu connus en Europe et qui
nous paraîtraient mériter d'être étudiées et peut-être expérimentées
par les médecins.

Tabac. — Le tabac à fumer, dont nous dirons quelques mots
maintenant, s'exporte du Brésil en grande quantité. Le végétal qui
le produit est un de ceux auxquels convient le mieux le sol du
Brésil. Celui de la province de Bahia, de Barba dans celle de l'Amazone, du Mato-Grasso, de quelques endroits de la province de
Minas-Geraes, et de la province de Saint-Paul est d'excellente qualité.

Les terrains de la province de Para produisent du tabac à fumer
de la meilleure qualité. Ce tabac est consommé dans l'intérieur. Le
plus renommé est celui qui vient de la paroisse d'Irituia,, sur le
bord du fleuve Guama.

Le tabac n'est pas cultivé sur une grande échelle dans la province
de Rio Janeiro. L'exportation de la capitale pour l'extérieur est
alimentée par la production des provinces de Saint-Paul et de
Minas-Geraes. La régie française achète annuellement au Brésil

entre autres la gomme du *Cedro vermelho*, qui est un succédané de la gomme
arabique.

Nous signalerons surtout à l'attention des savants deux des alcaloïdes nouveaux
de la collection de M. Peckolt : l'*agoniadine*, extraite de l'*agoniada* (*Plumeria lancifolia*) et l'*angéline*, tirée de l'*angelina pedra*, qui paraîtraient être des succéda-
nées de la quinine. L'*agoniada* s'emploierait à doses égales et ne coûterait pas
plus cher que le quinquina du Pérou et de la Bolivie'.

du tabac pour une somme qui en moyenne s'élève à 6 millions.

Dans la province de Bahia, la production du tabac à fumer est extraordinaire et constitue une importante branche de commerce.

La fabrication du tabac à priser tend à prendre un grand développement à Rio Janeiro, où divers établissements le fabriquent : cependant il ne paraît pas être exporté au dehors et paraît être consommé dans le pays.

Fruits. — On trouve tant dans les forêts que dans les prairies et sur la côte une grande abondance d'arbres et de plantes qui donnent d'excellents fruits ; nous citerons : le châtaignier (*Bertholetia excelsa*) qui abonde dans les forêts du Para et dont le fruit est exporté pour les différents marchés de l'Europe et des Etats-Unis ; les fruits de pins de dimensions colossales qui abondent à l'état sauvage dans la province de Parana à tel point que ces fruits paraîtraient pouvoir suffire à la consommation de tout l'empire ; le *cajueiro* dont les fruits, châtaignes de *caju* ou *noix d'acajou*, lorsqu'ils sont verts, sont mis dans les ragoûts, et lorsqu'ils sont secs, sont mangés rôtis ou servent à faire des dragées ; le *tucumanzeiro* dont le fruit fournit une pulpe qui, très-mûre, est alimentaire et agréable au palais ; le *pequia* dont le fruit donne une pulpe alimentaire et fort savoureuse contenant une huile et une graisse qui sont employées comme condiments ; le palmier *muriti* dont le fruit fournit une pulpe avec laquelle on prépare une boisson dont les naturels font usage, et un vin très-estimé, ainsi qu'une confiture et une gelée très-recherchées ; le *pupunha*, palmier très-commun dans la province de l'Amazone, dont les habitants du pays mangent comme aliments, après l'avoir fait bouillir avec du sel, le fruit avec lequel les Indiens des tribus qui habitent les bords du Rio Negro et de ses tributaires préparent une eau-de-vie qu'ils appellent *cacheri* ; le *bacaba* et *l'assahi* dont les fruits à l'état frais servent à préparer des boissons oléagineuses dont les naturels de la province font un grand usage ; le *coumarou* dont le fruit renferme la semence connue sous le nom de *fève de coumarou* et de *fève de tonka*, qui donne une huile employée en parfumerie ; le jacquier dont le fruit appelé *jaca* se mange, ou rôti ou bouilli, et sert d'aliment général à quelques classes de la province de Bahia ; le bananier, le goyavier, le cédratier, le citronnier, etc., etc., qui nous donnent des fruits bien connus sous les noms de *bananes* de *goyaves*, de *cédrats*, de *citrons*, etc., etc.

Nous ne voulons pas oublier de mentionner ici les piments pour assaisonnements dont la province de Para possède une profusion de variétés. La production de cette province en piments est presque entièrement employée en conserves par les fabriques de vinaigres.

Nous ne passerons pas non plus sous silence tous ces fruits qui produisent des huiles grasses dont les unes servent pour l'éclairage, les autres pour l'alimentation et les autres enfin pour la médecine. Parmi ces huiles grasses, nous citerons :

L'huile de châtaignes qui est extraite des fruits de l'arbre connu vulgairement sous le nom de *châtaignier* (*Bertholetia excelsa*), qui peut remplacer l'huile d'amandes douces et donne une excellente lumière; elle s'emploie comme condiment quand est fraîche; elle est propre à la fabrication du savon blanc dur aromatisé; elle est appliquée en médecine comme émollient.

L'huile d'*andiroba* qui est extraite de l'arbre nommé Andirobeira (*Carapa guyanensis*, famille des Méliacées), qui est très-abondant dans toutes les forêts de la province. Cette huile est employée dans la guérison des ulcères et des dartres : elle est employée par les habitants pour l'éclairage des maisons ; on en fait aussi usage pour la fabrication des savons ordinaires.

L'huile de *dende*, de *caiaue* ou de *palme* qui est extraite des fruits d'un palmier connu dans les provinces au sud de l'Amazone sous le nom de *dende* (*Elais guineensis*) ; elle porte dans la province de l'Amazone le nom d'huile de *caiaue ;* dans d'autres provinces, le nom d'*huile de dende*, et enfin plus généralement le nom d'*huile de palme*, surtout en Europe. Il en existe deux qualités qui diffèrent selon le mode de fabrication : l'une, tirée du sarcocarpe fibreux qui enveloppe la graine ou noyau, est plus grossière et sert à des usages culinaires et à la fabrication de savons fins; l'autre, tirée de l'amande, est blanche ou presque blanche, solide même dans les climats chauds : elle est appelée communément *beurre de palme* et, dans la province de Bahia, huile de *senteur :* elle est exclusivement employée à l'alimentation à cause de sa pureté.

L'huile de coco qui est fabriquée sur une grande échelle depuis plusieurs années et qui est devenue un objet d'exportation, principalement pour la province de Bahia, où elle est employée non-seulement pour les machines, mais aussi pour la parfumerie.

L'huile de *pupunha* qui est employée comme assaisonnement en substitution de l'huile d'olives : sa fabrication est encore très-limitée parce que le fruit de l'arbre dont on l'extrait se mange comme dessert.

L'huile de *bacaba* extraite du fruit de l'arbre de ce nom qui abonde dans la province; elle est employée pour l'éclairage et pour les usages culinaires, dans lesquels elle peut remplacer l'huile d'olive.

L'*huile de Butiputa* extraite des semences de l'arbre connu sous ce nom que l'on rencontre en grandes quantités sur tous les plateaux des montagnes de la province de Rio Grande du Nord. En médecine, cette huile est surtout employée contre les affections rhumatismales et les éruptions de la peau ; elle est aussi fort estimée pour la préparation du poisson frit.

L'huile d'*uixi* qui est tirée de la pulpe des graines de l'arbre colossal de ce nom, et est employée pour l'éclairage. L'écorce de cet arbre qui est fort commun dans les forêts de la province de l'Amazone, est très-astringente et s'emploie en médecine.

L'huile de ricin, qui est le principal article de la production de la fabrique impériale de Porto-Aleyre, capitale de la province de Rio Grande du Sud.

Nous nous arrêterons ici dans cette nomenclature des huiles grasses, parce que l'énumération de toutes les huiles grasses d'origine végétale que fournit le Brésil pourrait nous conduire trop loin.

Céréales, farines et *fécules*. — Nous ne nous arrêterons pas longtemps sur ce sujet, qui a été très-bien traité dans un article spécial par un des membres de la Société, M. Vilmorin.

Nous dirons seulement que les céréales de la province de Saint-Pierre de Rio Grande du Sud sont excellentes ; que le *froment* suffit déjà à la consommation locale de la province et qu'il est probable que, dans quelques années, elles fourniront aussi les marchés de la capitale et des autres provinces.

Nous signalerons les fécules d'*araruta* et de *jacatupé*, et nous donnerons quelques renseignements sur la *farine de manioc*.

Il existe dans la province de l'Amazone quatorze qualités de manioc : les unes blanches, les autres jaunes. Quelques-unes atteignent leur développement complet en six mois, d'autres en dix ou douze. Les indigènes profitent de la baisse des cours d'eau pour placer le manioc de six mois sur les rives ainsi mises à découvert.

La production de la farine de manioc est considérable dans la province de Sainte-Catherine : elle constitue le principal aliment de la population dans la province de Ceara.

Le jus du manioc, après avoir été bien bouilli et exposé au soleil, sert, sous le nom *Pichuna tucupi*, d'assaisonnement pour manger le poisson.

Canne à sucre. — La canne à sucre dont nous allons parler maintenant, est l'une des sources de la richesse du Brésil. La canne qui croît sans le travail du laboureur dans les terres du nord du Brésil, se cultive avec avantage dans le sud de l'empire. C'est de cette plante que l'on extrait exclusivement le sucre qui est consommé dans le pays et exporté sur une grande échelle pour l'extérieur.

La province de Pernambouc est celle où prospère le plus la canne à sucre : ses terrains, son climat sont très-favorables à cette culture. La canne à sucre commence à peine à être cultivée dans la province de Para.

Nous ne citerons ici que pour mémoire le coton, le chanvre et les nombreuses fibres textiles du Brésil, m'en référant à l'excellent article que M. Carcenac, membre de la Société, a fait sur les fibres textiles de l'Exposition.

Nous observerons, en terminant, que le Brésil, déjà si riche par les productions naturelles du sol, cherche encore à augmenter ses richesses en améliorant par la culture les produits qui y poussent spontanément.

L'agriculture constitue la principale source de la richesse nationale et la plus grande partie de la population y est occupée.

L'horticulture proprement dite et le jardinage ont fait de grands progrès depuis plusieurs années dans la capitale de l'empire et dans celles des provinces de Bahia, de Pernambouc, de Saint-Pierre de Rio Grande du Sud et autres, ainsi que dans les colonies.

Il en est de même de l'introduction et de la culture des plantes exotiques ; nous citerons à l'appui de cette opinion l'acclimatation du thé et du houblon et nous ferons remarquer que deux chênes provenant de graines venues d'Europe, avaient atteint au bout de quatorze ans, dans les environs de la ville de San-Leopold, dans la province de Rio Grande du Sud, un développement tel que, dans les climats dont ces arbres sont originaires, ils n'y seraient arrivés qu'au bout de quarante ou cinquante ans.

La culture et la préparation du café, du sucre et des principales denrées de productions nationales se sont beaucoup améliorées par l'introduction d'importantes machines, aussi bien que par la préparation et le perfectionnement des séchoirs et des moyens de transport.

Des instituts protégés par le gouvernement et placés sous son inspection dans la capitale de l'empire et dans celles des provinces de Bahia, Pernambouc, Sergipe et Saint-Pierre de Rio Grande du Sud, ayant des revenus propres et aidés par des commissions municipales travaillent au développement de l'agriculture.

Nous signalerons notamment l'Institut Impérial d'agriculture de Rio Janeiro qui a été fondé par souscription, en 1860, sur l'initiative de l'Empereur qui a pris pour 250 000 francs d'actions ; cet Institut reçoit, en outre, une subvention du Trésor à la charge d'entretenir et d'améliorer le jardin botanique de Lagoa das Freitas qui était auparavant entretenu aux frais et sous la direction du gouvernement. Ce jardin, situé à 10 kilomètres de la ville, aux pieds du Corcavado, est bien connu des voyageurs : c'est là que se trouve cette célèbre allée de palmiers tant de fois reproduite par la peinture, la lithographie et la photographie. Il se trouve dans le jardin des champs d'expérience pour tout ce qui est cultivé au Brésil.

Il existe aussi des Instituts agricoles du même genre à Bahia, Pernambouc, Sergipe, Para, etc.

Nous devons mentionner encore le *Paseio publico* qui est la promenade publique de Rio Janeiro : elle est située dans la ville même et a été complétement transformée en 1861 en une sorte de jardin d'étudés par un Français, M. Glaziou, élève de M. le professeur Decaisne, et botaniste distingué. M. Glaziou y fait de nombreux essais d'acclimatation : c'est là qu'ont été faits les essais d'acclimatation des cinchonas auxquels il a été décerné une médaille à l'exposition nationale de Rio Janeiro.

Nous ne quitterons pas le sujet qui nous occupe sans parler de la belle exploitation de l'un des membres de la Commission brésilienne, M. Ferreira Lage, qui est située à *Juiz de Fora* sur la lisière de la province de Minas-Geraes. Il y cultive surtout le café ; mais il y fait pousser aussi du maïs, des haricots, du manioc, etc., etc. M. Lage a introduit dans la culture brésilienne des machines perfectionnées ; il a fondé sur ses terres une colonie d'émigrants allemands, la *colonie de Pedro II*, qui est déjà en voie de prospérité. M. Lage est directeur de la société *União e Industria* qui a fait construire une grande route pavée qui fait communiquer Rio Janeiro avec la province de Minas-Geraes. La tête de cette route est un chemin en lacet qui gravit la montagne des Orgues et va à Petropolis. Des diligences attelées de mules gravissent cette montagne au grand trot.

Nous ne terminerons pas cette notice sans exprimer nos sincères félicitations, d'une part, à la Commission directrice et à son président, M. Souza Ramos, par qui a été organisée l'exposition préparatoire de Rio Janeiro en 1866 ; et, d'autre part, à la Commission brésilienne à Paris et à son président, M. le baron do Penedo, qui avait déjà présidé l'exposition brésilienne à Londres en 1862, et qui a fait sur cette exposition un très-remarquable rapport. Nous ajouterons que nous félicitons aussi M. Ch. Quentin, délégué de la

Commission brésilienne, qui a organisé l'Exposition au palais du Champ de Mars et a su entasser tant de richesses sur un si petit espace, sans que l'examen en présente aucune difficulté. Nous lui adressons les plus vifs remercîments pour l'amabilité avec laquelle il nous a fourni toute espèce de renseignements, même manuscrits et inédits, et nous exprimerons notre grande satisfaction d'avoir pu continuer avec le Brésil les bons rapports que ce pays a toujours entretenus avec la Société impériale d'acclimatation et son illustre président, M. Drouyn de Lhuys, dont la grande aménité est si justement appréciée de tous les membres de la Société.

LE

PALMIER CARNAUBA [1]

RAPPORT

Par M. CALAIS

Vice-Secrétaire de section à la Société impériale d'acclimatation.

Le palmier carnauba existe en grande abondance dans la province de Ceara, au Brésil, quelquefois dans des terrains sablonneux, mais généralement dans des terrains salins, noirâtres, de sédiments, et complétement nivelés par le séjour des eaux à une époque plus ou moins éloignée. Les vallées sont les endroits qui lui conviennent; on ne le rencontre jamais sur des hauteurs ni sur des ondulations de terrain; il craint le voisinage des végétaux de haute tige. Ce palmier, bien que résistant à des inondations périodiques et prolongées, aime cependant les terrains qui restent à sec la plus grande partie de l'année; il est tellement rustique que lorsqu'on veut débarrasser sa tige des vieux pétioles, cueillir des palmitos ou les éclaircir pour les faire pousser plus vite, on a recours au feu, qui produit l'effet désiré. Par ce moyen, les plantes adultes recouvrent leur vigueur, et les jeunes se développent plus promptement.

Ses produits sont remarquables. Toutes ses parties sont utiles : sa racine a des propriétés analogues à celles de la salsepareille; son bois est employé par le charpentier, le menuisier et l'ébéniste; ses feuilles, depuis des temps anciens, servent à faire des nattes et des cordages; son fruit, amande et pulpe, fournit un aliment sain et recherché par les gens du pays, mais le produit de cet arbre, sur

[1] M. de Humboldt a décrit, sous le nom de *Ceroxylon*, un grand palmier qui croît sur des montagnes élevées de 900 à 1400 toises au-dessus du niveau de la mer et dans des régions toujours couvertes de neiges. Le produit de *Ceroxylon*, à l'analyse faite par Vauquelin, publié par Humboldt, a donné deux tiers de résine, un tiers de cire. M. de Humboldt n'a pas ignoré non plus la production de la cire sur le carnauba. M. Correa de Serra l'en a informé.

18

lequel j'appelle plus particulièrement l'attention, c'est la cire végétale que l'on recueille sur ses feuilles. Ses propriétés ont été étudiées au commencement de ce siècle, particulièrement par M. de Macédo ; cependant son exploitation ne remonte que vers 1845.

La récolte de la cire est des plus simples. Dès que les feuilles formant le réseau qui couronnent la tête du palmier se sont écartées et commencent à former l'éventail, on les coupe, en ayant soin de laisser la gaîne du milieu qui doit donner le réseau de feuilles de la pousse suivante. Pour exécuter ce travail, on se sert, dans le pays, d'une faucille emmanchée à une perche. Un ouvrier habile peut, dit-on, couper des milliers de feuilles par jour. On fait sécher les feuilles sur place en les étendant en ligne, l'envers de la feuille sur le sol, afin que la cire ne s'échappe pas par l'ouverture des angles de l'éventail. Au bout de quatre jours, on les amoncelle, puis on étend, à côté, sur le sol, un drap assez large autour duquel deux ou trois femmes se placent de manière à pouvoir prendre facilement les feuilles, les battre à l'aide d'un bâton et les secouer sur le drap, qui reçoit la poussière. Cette poussière est mise, avec quelques gouttes d'eau, dans des marmites de terre ou de tôle. Aussitôt fondue, on la coule dans des moules contenant de 1 à 2 kilogrammes. Cette poussière, fondue et refroidie, est la cire végétale. Ce produit est plus particulièrement exploité dans la province de Ceara, où, en 1863, on en a recueilli environ 2 millions de kilogrammes, dont la valeur officielle est de 3 750 000 francs.

On m'a assuré que le palmier carnauba existe à la Guyane. Si ce fait est vrai, la Société pourrait, je crois, y signaler l'existence de la cire végétale sur ces feuilles en même temps que les moyens employés au Brésil pour la recueillir et en tirer parti. Ne serait-il pas possible aussi de tenter son acclimatation en Algérie et en Corse, dans des terrains analogues à ceux de son sol natal ?

DE

L'UTILISATION DE L'AGAVE

RAPPORT

Par M. DECROIX

Vétérinaire en premier à la Garde de Paris, Membre de la Société impériale d'acclimatation.

L'*agave*, plante très-répandue dans les pays chauds, notamment en Algérie et au Mexique où on la désigne improprement sous le nom d'*aloès*, à cause d'une certaine ressemblance dans l'aspect général avec cette plante, forme un genre classé par quelques naturalistes dans la famille des *liliacées*, et par d'autres dans celle des *amarillydées*. Les différentes espèces d'agaves ne se distinguent que par des caractères botaniques secondaires auxquels, au point de vue de l'acclimatation, nous croyons inutile de nous arrêter.

L'agave est une plante monocotylédonée, herbacée, formée de feuilles radicales, lancéolées, glabres, qui atteignent, en Algérie, 1 à 2 mètres de longueur, 15 à 20 centimètres de largeur au centre, 6 à 8 d'épaisseur à la base, dont les bords, légèrement relevés en gouttière, sont armés de piquants noirâtres et dont la pointe est terminée par un aiguillon très-dur et très-acéré. Les feuilles présentent une couche extérieure vert glauque, tandis que l'intérieur a l'aspect, et à peu près la consistance de la betterave blanche. Elles sont implantées et imbriquées sur un réceptacle commun, de la face inférieure duquel partent de longues et nombreuses racines ayant assez de ressemblance avec celles de la salsepareille pour leur être substituées par sophistication dans le commerce de la droguerie.

Pendant cinq, dix, quinze ou vingt ans, selon l'espèce et le climat, l'agave ne présente que des feuilles radicales ; mais après ce laps de temps, on voit sortir du centre, sous l'apparence d'une monstrueuse asperge, une hampe pleine, charnue, cassante d'abord et qui devient résistante et ligneuse vers l'automne, après avoir acquis, en 1 à 2 mois, une hauteur de 5 à 6 mètres. Cette hampe garnie de bractées éparses, supporte dans son tiers supérieur des paquets de fleurs élégantes, jaunâtres, disposées en cône ou panicule. Chaque fleur consiste en un périgone renfermant six étamines plus longues que le style dans la variété de l'Algérie, plus courtes dans celle du Mexique. Le fruit, du volume du doigt, ressemble à une petite banane et présente trois loges polyspermes.

Après la fructification, la plante se dessèche peu à peu et meurt dans l'année. La multiplication et la propagation par drageons est plus prompte et plus facile que par graine.

L'agave préfère les pays chauds ; cependant, elle prospère dans le midi de l'Europe et en particulier sur le littoral de la Méditerranée.

Usages agricoles et industriels. — Dans les climats qui lui sont favorables, l'agave est employée à établir des haies impénétrables. Un des grands avantages de ces clôtures, c'est de n'être mangées par aucun animal, pas même par le chameau, si peu délicat pour la nourriture ; mais un inconvénient à signaler, c'est qu'elles occupent une largeur de 1 à 2 mètres. Dans le nord de la France on ne voit guère figurer l'agave que dans les serres ou sur des piliers, et des perrons comme plante d'ornement.

Dans l'épaisseur des feuilles il y a une grande quantité de longs filaments blancs, élastiques, tenaces, qui, séparés de la substance charnue par l'écrasement et le raclage, sont employés, sous le nom de *soie* ou *crin végétal*, à la confection de tissus, de fouets, de cabas et d'autres objets de passementerie très-élégants et très-solides. En Amérique, les filaments dont il s'agit servent à faire du papier et des cordages qui remplacent ceux de chanvre.

Le produit le plus important que l'on retire de la variété désignée sous le nom d'*agave américaine* (*Agave americana*), c'est une boisson fermentée qui a beaucoup d'analogie avec le cidre, et que l'on désigne sous le nom de *pulque*. On obtient cette boisson en coupant la hampe florale, au moment où elle commence à se développer, en forme de godet dans lequel la séve suinte en quantité considérable. On recueille ce liquide, et on le place dans des vases où il fermente avec facilité à cause du sucre qu'il contient. Il constitue alors une boisson spiritueuse dont on peut extraire une sorte d'eau-de-vie enivrante.

Pendant la campagne du Mexique, nos troupes, souvent privées de vin, ont fait usage du *pulque;* mais son goût particulier, *sui generis*, excitait la répugnance d'une partie des soldats.

Les essais tentés en Algérie pour extraire cette boisson n'ont pas donné de bien bons résultats. Cela dépend peut-être de ce qu'on n'a pas suivi des procédés convenables d'extraction, ou de ce que la préparation et le goût du *pulque* répugnait aux habitants qui peuvent, du reste, se procurer du vin à bon marché.

M. Joseph Boussingault vient de publier, dans les *Annales de chimie et de physique* (août 1867, p. 444), sur la fermentation du suc d'agave, un article fort intéressant, d'après lequel l'odeur de *viande faisandée* du *pulque* serait causée par la putréfaction d'une lie assez épaisse qu'il serait facile de séparer du liquide avant la fermentation. M. Boussingault résume ainsi son travail :

« ... Cette expérience prouve que le suc d'agave mis à fermenter
» avec une levûre fraîche, inaltérée, donne un *pulque* dont l'odeur
» n'est nullement repoussante; d'où il est peut-être permis de con-
» clure que le *pulque* préparé au Mexique doit l'odeur qui le carac-
» térise à ce que la fermentation de l'agave *miel* est provoquée
» et entretenue par un ferment liquide et nauséabond, une sorte
» de levain que l'on se procure en laissant aigrir et putréfier du
» suc d'agave. »

En coupant les feuilles en tranches minces et en les faisant macérer, on obtient en Amérique, selon le docteur Martin de Moussy, une espèce de colle forte dont on peut tirer un parti avantageux pour coller divers objets.

En faisant bouillir dans l'eau les feuilles écrasées ou coupées en morceaux, on obtient en Algérie un liquide savonneux, propre à nettoyer et à dégraisser les étoffes. On se sert aussi de ce liquide pour laver et rendre brillante la queue des chevaux gris, lorsqu'elle est salie, roussie par l'urine et le fumier.

En réduisant les feuilles en pulpe, et en exprimant ensuite le suc et en l'évaporant jusqu'à consistance appropriée, on obtient un produit qui peut être employé en guise de savon.

PROPRIÉTÉS MÉDICINALES. — Le *pulque*, avant la fermentation, lorsqu'il a encore sa saveur douçâtre et sucrée, est un purgatif laxatif comme le cidre nouveau. En Amérique, la racine d'agave est considérée comme diurétique et antisyphilitique.

Mais une des propriétés qui mérite de fixer l'attention et qui n'est peut être pas assez connue (au moins, aucun des auteurs que j'ai consultés n'en font mention), c'est celle d'agir sur la peau à la manière de la farine de moutarde. Voici le mode d'emploi :

On prend des feuilles n'occupant ni le centre, parce qu'elles seraient trop aqueuses, ni la circonférence, parce qu'elles seraient trop ligneuses ; on les écrase dans un mortier ou sur une pierre à l'aide d'un marteau ou d'un pilon ; on place la pulpe juteuse sur un linge et on l'applique sur la peau comme un sinapisme.

Bien des fois j'ai fait usage de cette pulpe sur moi-même ou sur des chevaux, et j'ai obtenu, comme avec la farine de moutarde, une rubéfaction ou une révulsion très-prononcée au bout de quelques heures d'application. L'effet de ce médicament est assez puissant pour déterminer, chez les chevaux, la chute des poils et de l'épiderme (1).

M. Clément, professeur à l'Ecole vétérinaire d'Alfort, a essayé, sans succès, d'isoler le principe actif de l'agave. Les extraits aqueux ou alcooliques, pas plus que le produit de la distillation, ne le contenaient. Nous espérons que M. Clément ou d'autres chimistes continueront les recherches déjà commencées pour extraire l'agent médicamenteux de la pulpe qui le renferme. Peut-être cet agent consiste-t-il en des corpuscules pointus et très-ténus, analogues à ceux trouvés dans la vanille par M. Soubeiran.

Dans un article publié par M. Léon Liguistin, vétérinaire en chef de l'armée du Mexique, nous voyons que l'agave qui existe dans ce pays possède les mêmes propriétés rubéfiantes que celle de l'Algérie (2).

Voilà donc un bon révulsif qui peut rendre de grands services dans les contrées où il existe, d'abord parce qu'il ne coûte rien, et en outre parce qu'on se le procure plus facilement dans ces contrées que la farine de moutarde.

(1) *Journal de médecine vétérinaire militaire*, t. II, p. 119.
(2) *Journal de médecine vétérinaire militaire*, t. V, p. 692.

LE COTON ET SA CULTURE

RAPPORT

Par M. CARCENAC

Juré suppléant et Rapporteur de la classe des cotons à l'Exposition de Londres en 1862,
Président de groupe du Jury à l'Exposition internationale de Porto,
Membre du Jury des récompenses à l'Exposition universelle de 1867,
Membre de la Société impériale d'acclimatation.

CONSIDÉRATIONS GÉNÉRALES. — Le cotonnier occupe, sans contredit, le premier rang parmi les cultures des temps modernes ; en 1859, la valeur des récoltes en coton était estimée dépasser 4 milliards ; aucun produit n'est venu fournir un aliment aussi considérable à la marine et au commerce, aucun n'a occupé autant de bras, soit dans les plantations, soit dans ses innombrables applications dans nos manufactures, enfin aucun n'est venu contribuer aussi puissamment au bien-être des populations.

Il y a six à huit ans, le coton entrait pour plus de la moitié dans les exportations des États-Unis, qui produisaient alors plus de 4 millions de balles, et si cette grande république américaine s'est développée d'une manière si rapide, c'est à ce précieux filament qu'on peut en attribuer la cause principale.

Confiants dans cette source cotonnière qui paraissait inépuisable dans les provinces du sud des États-Unis, le commerce et l'industrie n'avaient jamais pensé qu'un jour viendrait où elle pût être tarie tout à coup, et qu'il faudrait chercher dans d'autres contrées cette matière première si indispensable; cependant, du moment où la guerre civile éclata, les États du Nord bloquèrent si complétement les ports du Sud, et des croisières si rigoureuses furent établies, que toute exportation devint impossible, et que tout à coup nos grands établissements manufacturiers furent obligés de chômer.

La situation de l'industrie devint des plus graves et des plus critiques quand les approvisionnements des marchés européens se trouvèrent épuisés; on tirait bien encore quelques cotons de l'Inde, de l'Égypte, du Brésil et autres points, mais ces importations étaient tellement en disproportion avec les besoins manufacturiers, qu'en octobre 1863, on paya du coton américain jusqu'à 7 fr. 70 c. le kilogranime, que beaucoup d'établissements furent fermés, et que de nombreuses faillites furent la conséquence de cet état de choses; on ne se rappelle que trop douloureusement l'affreuse misère qui se manifesta, tant dans les centres manufacturiers de l'Angleterre qu'en Normandie et en Alsace.

Il était impossible que vis-à-vis du péril qui menaçait l'industrie cotonnière, on ne cherchât pas, par tous les moyens possibles, à remédier au mal, ou du moins à l'atténuer le plus promptement possible. Aussi vit-on la spéculation et les capitaux se réunir pour introduire la culture du coton là où elle n'existait pas encore, et pour la développer dans les contrées où elle était déjà pratiquée; ainsi les Indes anglaises, qui, avant cette pénurie de coton, n'avaient exporté annuellement que 7 à 800 000 balles, arrivèrent, en peu d'années, à doubler le chiffre de leurs récoltes et de leurs exportations; il en fut de même dans tous les centres cotonniers, et, dès 1865, nos établissements commençaient à marcher de nouveau en plein et à être passablement approvisionnés.

Une disette complète de la sorte de coton des États-Unis obligea la plupart de nos établissements de filature à modifier leur outillage. Avant la crise, nos industriels n'avaient jamais pu employer des cotons de l'Inde, dont la soie est plus courte, alors que les Anglais savaient en tirer bon parti, soit en le filant seul, soit en le mélangeant avec des cotons américains; mais la nécessité rend industrieux, et nos manufacturiers se mirent bien vite en mesure de lutter d'habileté avec nos voisins.

On doit redouter maintenant le contre-coup de cette pénurie, de cette disette de coton, et je pense qu'on peut envisager comme très-prochain le moment où, par suite des nombreuses cultures auxquelles on s'est livré, une surabondance se fera sentir; déjà des cours fabuleux de 7 fr. 70 c. le kilogramme pour le coton d'Amérique, et de 6 fr. 10 c. pour le *broach* et l'*omra* de l'Inde, on est retombé, pour les premiers, à 2 fr. 20 c. le kilogramme, et à 1 fr. 80 c. pour les seconds.

Si, dans ce rapport, je ne me renferme pas dans des limites aussi restreintes que je l'aurais désiré, c'est qu'il m'a semblé utile, au point de vue de l'acclimatation, 1° d'indiquer les principales espèces de cotons cultivées, leurs origines et les contrées les plus appropriées à chacune d'elles.

2° J'ai été amené à profiter du concours obligeant que j'ai rencontré auprès des commissaires étrangers, pour m'indiquer, soit les cultures nouvelles de cotonniers, soit leur développement et l'im-

portance de la production. J'espère donc que, ayant égard à l'intérêt du sujet que j'ai été appelé à traiter, on voudra bien m'accorder
la place que je réclame pour ce rapport.

DE LA CULTURE ET DES DIVERSES ESPÈCES DE COTON. — Le coton,
espèce de laine végétale plus ou moins fine, soyeuse et blanche,
enveloppe les graines d'un genre de plante de la famille des malvacées, dicotylédonées, capsulifères, qui comprend un certain nombre
d'espèces et beaucoup de variétés, présente de très-grandes différences dans son port et dans sa culture; le plus souvent c'est une
plante cultivée annuellement, ne s'élevant pas au delà de 50 à
60 centimètres, quelquefois c'est un arbuste qui atteint 1^m,50 à
2 mètres; sous la zone torride, certaines espèces arrivent jusqu'à
une hauteur de 5 à 7 mètres, et l'on trouve l'arbre à coton en Chine,
sur la côte occidentale de l'Afrique, et dans quelques autres contrées de l'équateur.

Le coton est renfermé dans une cosse ou capsule à semences, et
adhère plus ou moins fortement aux graines; cette cosse le protége contre les injures de l'air et de la poussière, jusqu'à ce qu'il
soit arrivé au degré de maturité qui le rend propre à l'industrie.
La chaleur du soleil le fait alors épanouir, et la cosse, en s'entr'ouvrant, livre alors aux planteurs ces fibres délicates dont nous connaissons tous les emplois variés.

La récolte du coton se fait quelques jours après l'ouverture des
cosses, et la cueillette se renouvelle deux à trois fois, et quelquefois
plus, car la plante ne cesse de produire qu'au moment de la gelée,
à laquelle elle est très-sensible. L'époque plus ou moins précoce ou
tardive des froids est donc une des causes prédominantes du chiffre
plus ou moins élevé des récoltes.

La plupart des variétés du cotonnier demandent un sol sec et sablonneux; le sol paraît aussi contribuer à la belle qualité du coton
de certaines espèces, et c'est sur les côtes de la mer et là où l'influence saline se fait sentir que le cotonnier fleurit le mieux, et
donne les soies les plus fines, les plus nerveuses, les plus longues.

Les hommes qui ont étudié le coton et sa culture ont regretté
qu'il existe dans la connaissance de ce précieux produit une extrême
confusion : ces incertitudes et ces confusions proviennent de ce que
certains botanistes et agronomes étendaient trop la classification des
espèces, tandis que d'autres la resserraient dans des limites trop
étroites; ainsi, on a donné quelquefois trop d'importance à la durée
de la plante, à la constitution de la tige plus ou moins herbacée ou

plus ou moins ligneuse, à la plus ou moins grande quantité de coton
contenue dans la cosse, aux divisions des lobes des feuilles, aux divisions des folioles de l'involucre, à la couleur de la fleur, à celle du coton et à celle de la graine, attendu que ces divers caractères peuvent signaler des variétés sans constituer des espèces.

Il est bon d'observer ici que toutes les espèces de cotonnier sont ligneuses et arborescentes quand elles sont à l'état sauvage et dans leurs contrées originaires de la zone torride, et que ces mêmes plantes, cultivées dans une zone tempérée, ne sont plus qu'annuelles ou bisannuelles; par contre, des plantes molles et annuelles de nos contrées deviennent souvent vivaces et arborescentes lorsqu'elles sont transportées dans des climats chauds.

M. Parlatore, dans un excellent ouvrage récemment publié à Florence, pense avec raison que le plus sûr moyen de dissiper l'obscurité et la confusion qui existent dans le classement des différentes espèces du genre *Gossypium* est de décrire et préciser ces espèces d'après l'examen approfondi auquel il a pu se livrer sur des sujets vivants. Le gouvernement italien ayant mis à sa disposition des graines de toutes provenances, il a pu entreprendre et surveiller une culture d'expérimentation opérée sur une assez large échelle, tandis que jusqu'alors les diverses espèces cotonnières n'avaient été décrites que brièvement et souvent d'après des fragments de plantes desséchées.

Il s'agissait d'abord pour lui de bien définir les espèces décrites par Linné, et d'en faire le point de départ d'études ultérieures en confrontant ses propres et minutieuses observations avec tout ce qu'il pouvait trouver sur ce sujet en descriptions et en dessins, et en étudiant aussi les riches herbiers de Florence, de l'Italie centrale, et celui de Webb.

A la suite de ces longues et laborieuses études, M. Parlatore est arrivé à admettre sept espèces distinctes; les cinq premières sont précisément celles de Linné.

1° Le *Gossypium herbaceum ;* 2° le *G. arboreum ;* 3° le *G. hirsutum ;* 4° le *G. barbadense ;* 5° et le *G. religiosum.*

Il lui semble qu'aucun doute ne peut exister sur la définition de ces espèces, tant sont exacts les caractères que Linné a indiqués à leur égard ; enfin il complète sa classification en admettant deux nouveaux genres très-distincts, étant tout à fait étrangers par leurs caractères à toutes autres espèces ou variétés connues jusqu'à ce jour; tous deux sont des régions océaniques, le premier de l'île

Sandwich a été nommé *Gossypium sandvicense*, et l'autre qui tire son nom de l'île de Taïti est le *Gossypium taitense*.

Dans cette classification M. Parlatore a suivi ce principe, que les espèces doivent être distinctes dans toutes leurs parties, tandis que les variétés résultent des différences existantes dans une ou plusieurs de ces mêmes parties, telle que le port, la couleur du coton ou de la fleur, l'écorce, la consistance, le plus ou moins de développement de tel ou tel organe, le nombre plus ou moins grand de ses divisions et la direction de ses rameaux.

L'auteur que je cite assure avoir acquis la certitude que si les *Gossypium herbaceum* et *arboreum* sont originaires des parties torrides de l'Asie et de l'Afrique, le nouveau monde et particulièrement l'Amérique centrale ont donné naissance aux *Gossypium hirsutum, barbadense* et *religiosum*.

Ce qui prouve que le coton était, à une époque reculée, à l'état natif ou cultivé dans ces contrées, c'est que Christophe Colomb reçut des présents de coton considérés par les habitants comme de peu de valeur, lorsqu'en octobre 1492 il aborda dans l'île de Guanahane, et que l'année suivante, à la Guadeloupe, il trouva aussi du coton, mais encore des étoffes grossières et des hamacs faits de ce filament.

Les *Gossypium herbaceum* et *arboreum* doivent avoir été connus, dans l'antiquité la plus reculée, des Indiens, des Égyptiens, des Grecs et des Romains; car, dans les temps anciens, le coton servait à faire les vêtements des Indiens; ils entraient notamment dans la fabrication des toiles fabriquées pour la confection des robes fameuses que les prêtres d'Isis portaient dans leurs cérémonies. Il y a tout lieu de supposer que les tissus les plus fins étaient fabriqués avec le lainage du *Gossypium herbaceum*, et que les toiles grossières provenaient de celui du *Gossypium arboreum*.

Ce qui doit faire croire également que le coton était connu et cultivé dans l'antique Égypte, c'est que, dans le musée égyptien de Florence, on conserve quelques graines et des capsules entières de cotons trouvées dans des sarcophages, près des momies.

A cela j'ajouterai que les bandelettes et linges enveloppant les momies découvertes tout récemment, et que j'ai visitées dans la section égyptienne à l'Exposition de 1867, m'ont paru être exclusivement de coton.

Il est difficile de dire avec certitude quelle est l'espèce de coton que Colomb trouva lors de son débarquement aux Antilles, cependant il y a lieu de penser que l'espèce qui fournissait ce coton était le *Gossypium barbadense*, puisqu'à dater de cette époque, le coton de la Guadeloupe, qui n'est autre que le fameux *georgie longue soie* ou *sea-island*, devint l'objet d'un grand commerce de la part des habitants qui en tirèrent des prix très-élevés ; il est bon d'ajouter encore que, c'est avec les graines recueillies sur les cotonniers sauvages de l'Amérique centrale qu'on a produit le *Gossypium barbadense* dont la culture s'est répandue en Amérique, aux États-Unis, puis dans les Indes orientales, sur la côte occidentale d'Afrique et sur la partie orientale de la Nouvelle-Hollande.

Le *Gossypium hirsutum* est certainement d'origine américaine, des contrées chaudes du Mexique et peut-être des Antilles. François Hernandez, fameux docteur de la ville de Mexico, vers la fin du xviie siècle, a donné de cette espèce une description assez bonne dans son ouvrage de l'*Histoire naturelle du Mexique;* il écrit que ce coton est très-abondant dans les lieux chauds et humides, et notamment dans les terrains cultivés, si bien que chaque année on en récoltait une grande quantité, soit cultivé, soit à l'état natif dans les Antilles, dans les contrées américaines, à l'île de France, à la Réunion ; il s'est propagé de là dans les Indes orientales, dans le royaume de Siam, dans la partie occidentale de l'Afrique, en Abyssinie, dans les îles de la Méditerranée, dans la Nouvelle-Hollande et dans diverses îles océaniques; et par sa bonté et la finesse de son coton bien que d'une soie plus courte, il rivalise avec le *sea-island*.

On le reconnaît dans le commerce sous le nom de *upland*, de *louisiane de Géorgie, courte soie,* de *coton blanc de Siam,* de *Castellamare*, etc., et ses variétés avec laine de couleur sont désignées sous le nom de *coton de Siam, coton Isabelle, coton maltais, coton rouge* et *coton couleur de lin;* dans cette espèce la capsule commence à mûrir plutôt que dans celle de *Gossypium barbadense*, et la culture peut réussir dans une zone plus étendue, plus tempérée et à peu près partout où l'on obtient l'olivier.

On n'est pas non plus très-certain de l'origine du *Gossypium religiosum*, bien qu'on ne doute pas qu'il n'ait pris naissance en Amérique; il est même probable que cette espèce est péruvienne, et que c'est de son lainage qu'étaient faites les toiles trouvées dans quelques anciennes tombes du pays ; s'il avait été possible d'examiner les capsules et graines de coton recueillies dans ces mêmes tombeaux, il aurait été sans doute facile d'apprécier si elles se rapportent à l'espèce.

Ce *Gossypium* est cultivé dans diverses parties de l'Amérique centrale et, aux Antilles, on le trouve parfois à l'état sauvage, au Brésil, au Chili, en Algérie, en Égypte, en Espagne, dans les Indes orientales et dans quelques îles de l'Océanie, où il est cependant moins cultivé pour la récolte que comme ornement des jardins, bien que son coton soit blanc, long, fin et brillant comme de la soie, mais c'est parce que cet arbre pousse à une hauteur de 15, 20 et jusqu'à 25 pieds avec un tronc épais, peu de rameaux, donne peu de capsules, et exige beaucoup de main-d'œuvre pour une cueillette peu productive.

Il n'est pas à la connaissance de M. Parlatore dans le livre duquel j'ai puisé par extrait les renseignements qui précèdent, que les deux nouvelles espèces de l'Océanie aient encore été cultivées : toutes les deux ont un lainage jaunâtre, mais la culture le modifierait. Le coton spécial à l'île de Taïti y croît à l'état sauvage et très-abondamment.

Quant à celui de l'île Sandwich, la situation et les conditions climatologiques peuvent faire espérer qu'il réussirait dans des pays tempérés comme l'Italie, la Grèce et l'Espagne.

FRANCE. — Au moment de la disette du coton, alors qu'on aurait voulu en planter partout pour faire face aux besoins, pour alimenter nos manufactures, et donner du travail à nos ouvriers, on eut la pensée d'essayer quelques plantations dans le midi de la France et en Corse ; mais ces essais furent bien infructueux au point de vue industriel, ainsi que vient le prouver l'Exposition de cette année.

Dans le département des Bouches-du-Rhône, M. A. Sicard a cultivé sans arrosage et récolté quelques cotons dont il n'indique ni l'espèce ni la provenance. M. Lacan, de Calvi (Corse), a exposé une petite boîte remplie de coton qui m'a paru assez bon, mais qui n'indique qu'une expérience en petit, méritant à peine d'être signalée ; un autre essai a été fait par M. Hortalis fils, pépiniériste, sur l'espace d'un hectare sur les sables mouvants de Pérols ; sur ce terrain brûlant, les capsules se sont ouvertes au mois de septembre et la récolte s'est trouvée ainsi terminée avant les pluies d'automne. Des tentatives plus importantes avaient été tentées en Corse, mais, d'après les renseignements que j'ai recueillis, j'ai su que la compagnie qui s'était formée dans le but de se livrer en grand à la culture du coton avait porté ses capitaux et ses efforts dans une autre contrée.

Nous devons rappeler encore les expériences faites en 1863, dans le département du Gard, par notre confrère M. le marquis de Fournès, auquel notre Société a décerné une médaille de première classe.

Nous ne devons pas quitter la France sans dire quelques mots d'une matière textile exposée classe XLIII, sous le n° 91. Nous avons remarqué sous ce numéro de petites brindilles provenant du mûrier dont on extrait une matière fibreuse qu'on est parvenu à filer dans des numéros assez gros, et qui peut encore être employée à la fabrication du papier dont l'exposant a soumis aussi quelques échantillons.

Sous le numéro 92 se trouve exposée de la pâte à papier fabriquée avec une matière fibreuse tirée de la racine de luzerne, application curieuse et qui peut devenir importante d'un produit resté jusqu'ici sans valeur.

Enfin M. de Cornemin expose les bourres soyeuses et filamenteuses de l'asclépias que nous retrouverons avec un certain nombre de produits similaires en Algérie et dans les colonies françaises.

ALGÉRIE. — Dans mes rapports avec M. Teston, j'ai obtenu des renseignements précieux sur la culture du coton en Algérie ; cette culture date de plusieurs siècles; sous les Turcs on la pratiquait déjà dans plusieurs localités et à certaine époque elle couvrait les plaines du Sig et de l'Arba.

En 1842, des essais furent tentés à la pépinière du gouvernement d'Alger, mais alors la colonisation était arrêtée par la guerre; cependant, en 1851, des cotons algériens se faisaient remarquer à l'exposition de Londres, et un peu plus tard, par suite de puissants encouragements, l'Algérie figurait avec honneur au grand concours de Paris en 1855, où les cotons longue soie pouvaient être comparés aux plus belles qualités de Sea-Islands.

A partir de cette époque les cultures se sont développées et la production a pris des proportions assez importantes qu'on peut évaluer aujourd'hui à 8000 balles de 120 kilogr., soit 960 000 kilogr. dans lesquels les courtes soies n'entrent que pour un vingtième au plus; la province d'Oran à elle seule produit au moins les trois quarts de la récolte.

Les conditions de sol et de climat de la province d'Oran sont très-favorables à la culture du coton longue soie; on en récolte également dans les deux autres provinces, mais les graines de Louisiane courte soie réussissent mieux dans certaines localités, en raison de ce que la plante est plus rustique et exige moins de soins.

Des territoires immenses peuvent être employés, en Algérie, à la culture du cotonnier, mais pour la voir prendre un grand développement, M. Teston, qui a une connaissance approfondie des ressources du pays qu'il a habité longtemps, pense avec raison qu'il faudrait y faire entrer un élément nouveau en employant la main-d'œuvre indigène au moyen de l'association.

Des expériences de cette nature ont déjà eu lieu dans l'arrondissement de Bône, où les bras arabes se sont associés aux capitaux européens; quatre à cinq cents familles ont exécuté, en participation avec un propriétaire français, des cultures dont la récolte a été ensuite partagée dans des proportions fixées à l'avance.

Le cotonnier donne en Algérie des rendements très-satisfaisants; ils sont de huit à dix quintaux bruts à l'hectare et souvent plus.

En Algérie comme aux États-Unis, le coton se sème chaque année en avril et en mai. Cependant, dans la province d'Oran, où les hivers sont moins froids, la plante qui, partout ailleurs, est annuelle, vit, se conserve pendant quatre à cinq ans, et atteint alors d'assez grandes dimensions; mais déjà la deuxième année, les récoltes tendent à décliner et la nature du coton dégénère, il devient moins soyeux. Dans une culture annuelle on trouve encore cet avantage que la tige est brûlée après la récolte, et que les cendres qui en proviennent servent à l'engrais et rendent à la terre le principe fertilisant.

Des ateliers d'égrenage sont établis sur tous les points du territoire où la production a pris quelques développements.

La place me semble bien choisie pour signaler aux planteurs l'*égreneur à cotons* de M. Chaufourier, que j'ai vu fonctionner à l'Exposition, c'est ce que j'ai trouvé de plus simple en machines de ce genre ; je recommanderai particulièrement son modèle n° 3, son prix est peu élevé (250 à 300 fr.) et son rendement assez considérable, si, d'après ce qu'assure l'inventeur, un homme peut égrener 10 à 15 kilogr. à l'heure en marchant à une vitesse ordinaire. Je n'entreprendrai pas de décrire cette machine, mais elle m'a paru marcher régulièrement, ne pas déchirer le coton et donner très-peu de déchet; de plus elle est peu compliquée et son entretien doit être facile.

Les documents à propos de l'Algérie, qui m'étaient fournis si obligeamment par le commissaire de ce département quand il s'est agi des colonies françaises, je les puisais auprès de M. de Nozeilles, qui s'est mis durant plusieurs jours à ma disposition, pour visiter ensemble les produits coloniaux si bien disposés et catalogués par M. Aubry-Lecomte.

J'extrais de ce catalogue les chiffres suivants, qui attestent que, dès 1865, nos colonies ont contribué pour une part de quelque importance à l'alimentation de nos manufactures cotonnières.

En 1865 le Sénégal a exporté................	150 000	kil. de coton.
— la Martinique.....................	46 000	—
— la Guadeloupe.....................	256 000	—
— la Guyane......................	5 000	—
— la Réunion......................	17 000	—
— la Cochinchine, dans la partie française.	8 500 000	—
— Taïti...........................	140 000	—

On a cultivé de tout temps le coton au Sénégal, seulement on ne le cultivait que pour les besoins de la colonie, en coton court, laineux et très-nerveux ; depuis la guerre des États-Unis d'Amérique, on a fait de nombreux essais en cotons américains, *jumel* et *sea islands*, mais ces essais n'ont amené jusqu'ici que peu de résultats. En dehors de quelques cultures plus ou moins étendues dirigées par quelques Européens, il s'est formé depuis quelques années des établissements d'une certaine importance : M. Fritz Kœchlin, chez les Sérères; monseigneur Kabés, à Saint-Joseph, près de Dakar; puis sur les rives même du fleuve Sénégal et à une quarantaine de lieues de son embouchure, à l'endroit où le Taouey se jette dans le Sénégal, une plantation fut créée par M. Ardin d'Elteil, une autre fut établie au bas de la côte dans le royaume de Dahomey, et la maison Régis aîné, de Marseille, commença ses cultures cotonnières au grand et au petit Popo.

L'expérience a démontré, du moins jusqu'à présent, que la culture des cotons courts et indigènes était celle qui convenait le mieux au pays, et qui donnait les meilleurs résultats ; on doit donc se contenter d'améliorer cette espèce et surtout d'apporter plus de soin à la cueillette et à l'égrenage.

En dehors du coton, on trouve au Sénégal, en très-grande quantité et à l'état sauvage, plusieurs espèces d'*asclépiades* et entre autres l'*Asclepias gigantea, curassavica* et *procera;* j'ai même examiné, dans une des vitrines des colonies, des tissus fabriqués en partie avec ce filament, dont la fibre très-fine et très-lisse ne me paraît pas appelée à fournir un fil élastique et résistant; cependant l'asclépias filé peut être employé comme trame et arrive à produire ainsi un tissu mélangé, d'un toucher soyeux et d'un aspect brillant qui le fait ressembler au foulard fait de bourre de soie, mais je pense que ce filament pourrait surtout servir à la fabrication de couvertures qui auraient le double avantage d'être très-légères et très-chaudes.

J'ai remarqué aussi une autre soie végétale très-fine, très-brillante et très-duveteuse, se rapportant à un *Échitis* et à un *Strophantus*, qui, par sa nature, ne pourrait pas se filer, mais qu'on pourrait employer comme édredon végétal.

La Martinique et la Guadeloupe produisent de très-beaux cotons courtes soies indigènes, mais les longues soies réussissent surtout parfaitement; dans la dernière de ces îles, on s'est adonné, depuis 1852, à la culture du Sea-Island, et en 1858, MM. Grellet et Balguerie ont obtenu 120 balles dont les premiers types ont atteint le prix et la valeur de ce qu'on récolte de mieux dans la Géorgie et la Caroline du Sud.

La *Guyane* produit à peu près les mêmes natures de coton que la Guadeloupe et la Martinique, les premiers essais de culture de coton courte-soie, faits dans les pénitenciers, ont réussi de manière à pouvoir servir d'encouragement.

Avant de quitter nos colonies, nous devons encore citer les ouates du *Bombax pentandrum*, l'*Heptaphyllum*, le *Ceïba*, l'*Ochroma lagopus* ou pattes de lièvres, ainsi que plusieurs espèces d'*Asclepias* et une sorte de crin végétal du *Tilandsia usnoïdes*, dont on n'a pas encore fait grand emploi, bien que l'*Ochroma*, le *Bombax* et l'*Asclepias* puissent servir à faire des ouates, des édredons et des couvertures.

L'*île de la Réunion*, sa production en cotons courts et longue soie est très-belle, son sol est des plus favorables à la culture du cotonnier; cette plantation cependant tend plutôt à diminuer, d'autres produits présentant plus d'avantage. De cette île on a exposé outre ses échantillons de cotons, une sorte d'édredon naturel tiré du *Typha angustifolia* et diverses espèces de *Bombax*, entre autres le *Malabaricum*.

Mayotte et Madagascar. — Les premiers essais de coton dans ces deux colonies ont donné des résultats satisfaisants, mais jusqu'à ce jour la production a été assez minime.

Inde française. — Les cotons correspondent, pour la qualité, avec ceux que nous connaissons des Indes anglaises, mais ils ne sont pas l'objet d'une exportation, étant tous employés dans les filatures et les tissages de la contrée, qui possède trois filatures de coton, plus 4750 métiers à tisser à Pondichéry, 2400 à Karikal, et 1400 à Chandernagor.

La *Cochinchine* est, de toutes nos colonies, celle qui produit des cotons en plus grande abondance, et les échantillons qui m'ont été soumis m'ont convaincu que la qualité en est généralement supérieure à nos sortes de l'Inde.

Tahïti et ses dépendances présentent déjà une culture d'une certaine importance ; la Compagnie Soarez a dès à présent 600 hectares de plantés et doit, sous peu, porter sa culture à 3000 ; j'ai vu de ce pays des échantillons de coton longue soie qui m'ont paru très-beaux, sous le rapport de la finesse, du soyeux et de la nuance.

Passons à l'*Angleterre* et à ses colonies.

La quantité de coton récolté annuellement dans l'Inde britannique n'est pas bien connue. En 1858, l'exportation pour l'Angleterre n'était que de 300 millions de livres, mais ce n'était là qu'une bien minime partie de la production réelle ; car, si l'on en croit le docteur White, la consommation intérieure absorberait 3 milliards de livres. Évaluant à 10 livres par tête la consommation de l'Inde, peuplée de 150 millions d'habitants, il estime qu'une égale quantité de coton est en outre absorbée dans ce pays, où cet article est d'un emploi si général pour la confection de tous les objets d'usage habituel.

En supposant ces évaluations exagérées, on peut cependant se rendre compte de la facilité avec laquelle l'Inde a plus que doublé ses exportations. Il est vrai que les voies de communication manquaient, mais des chemins de fer furent promptement ouverts, et permirent bientôt de transporter de l'intérieur des balles de coton vers les ports d'embarquement.

Depuis quelques années, les cotons de l'Inde sont plus propres et mieux égrenés ; les sortes les mieux appréciées sont les Broach et les Omra.

Queensland (Australie). — La culture de cette partie du continent australien fournit des cotons de la nature du *Sea-Island*, sous le rapport de la finesse et de la qualité ; ces plantations, réparties sur un espace très-étendu, ont fourni, en 1866, à l'exportation, des marchandises pour une valeur de 500 000 francs environ, et elles peuvent être tellement augmentées dans l'avenir qu'on pense que l'Australie pourra répondre à tous les besoins manufacturiers de l'Angleterre, dès l'instant où les bras et les capitaux viendront l'aider à développer ses ressources.

En 1862, le gouvernement anglais, dans le but d'encourager les planteurs, avait accordé une prime de 250 francs par balle exportée.

M. Brisbane estime la production d'un are de terre convenablement préparé à 400 livres de coton égrené.

Australie du Sud. — Le coton longue soie semble plus approprié à la nature du sol que le coton de la Nouvelle-Orléans, cependant ces derniers, plantés sur les terrains élevés de l'intérieur, ont produit 530 livres par acres, quantités rémunératrices des frais de culture.

Victoria. — Quelques beaux échantillons de coton venant de Sandhurst et autres points de la vallée de Loddon et de la rivière Goulburn ont été de temps en temps apportés dans les expositions locales. Il paraît cependant qu'au moins dans les parties sud de Victoria, les chaleurs d'automne ne suffisent pas pour mûrir les cosses, et que, comme spéculation, la culture du coton dans cette contrée ne mérite pas d'être recommandée.

Nouvelle Galles du Sud. — L'exposition des produits de cette contrée, à l'Exposition universelle, comprend des échantillons de coton courte soie des États-Unis, des sea islands semés en octobre 1865, récoltés depuis mars jusqu'en août 1866, ainsi que d'une variété nouvelle, résultat d'un croisement du sea-islands avec la courte soie d'Amérique ; je n'ai pu me procurer de documents sur l'importance de ces cultures, qui paraissent cependant assez développées et produisent de bons résultats, car ces exposants accusent un rendement de 12 à 1500 livres par acre de coton non égrené.

Nouvelle Guyane. — Cette contrée est la seule, d'après les renseignements que j'ai pu recueillir jusqu'à présent, où le coton a fait place à d'autres cultures ; jusqu'en 1820, cette matière avait été le principal objet d'exportation ; en 1803, on embarqua du comté de Demerara 46 435 livres de coton, mais l'accroissement rapide de la production américaine ayant fait baisser les prix, et les cours ayant cessé d'être rémunérateurs, on préféra planter du sucre et du café, et la culture du cotonnier diminua sensiblement.

Toutefois, l'élévation du prix, en 1863, pouvait donner une impulsion nouvelle à la culture abandonnée et tenter quelques propriétaires, mais la crainte de ne voir que momentanément ces cours élevés les a retenus, et le résultat fut que, dans peu de localités, cette culture est encore pratiquée.

Colonie de Nathal. — Cette vaste contrée, au sud-est de l'Afrique, produit de bons cotons en longue et courte soie; si les prix se maintenaient assez élevés pour être rémunérateurs du travail, Nathal arriverait facilement à augmenter de beaucoup sa production actuelle; de plus, ayant une population native apte à être employée à cette culture, cette colonie serait bien vite à même de fournir de grandes quantités de coton si une nouvelle crise arrivait.

Lagos (Afrique occidentale). — Dans cette contrée, la culture de coton se pratique à l'intérieur du pays, et à 60 milles anglais, loin des côtes ; cette production, qui est indigène en cotons ordinaires et courte soie, peut être évaluée annuellement à 40 000 balles de 130 kilogrammes.

Iles de Bahamas. — Le sol et le climat de ces îles conviennent parfaitement à la culture du coton longue soie, on prétend généralement que le sea-islands leur doit son origine, et que c'est de là que sont sorties ces graines qui ont donné naissance à ces merveilleux cotons du sud de la Géorgie.

Malte. — La culture du coton est assez répandue dans cette île qui n'a cependant qu'un seul exposant; on peut évaluer sa production annuelle à trois millions de kilos en coton blanc et coton rouge.

Russie. — L'industrie cotonnière s'est rapidement développée en Russie, où elle fut introduite il y a seulement quarante ans. Le chiffre de ses cotonnades peut être évalué aujourd'hui à 350 millions de francs, et avant la crise cotonnière, sa production pouvait s'élever à 400 millions. Ses importations en tissus de coton étant à peu près balancées par l'exportation de ses produits en Asie, on peut conclure de là que ses 77 000 000 d'habitants ne consomment en coton que les produits de sa propre fabrique.

Les récoltes du coton dans les provinces caucasiennes ne dépassent guère 11 à 1 200 000 kilos par an ; cette production suffit à peine à alimenter les fabriques de Tiflis, et à satisfaire aux besoins de la population indigène.

Le reste de l'empire doit se fournir des cotons de l'Amérique et

des Indes, mais dans ces dernières années, à défaut de coton des
Etats-Unis, la Russie a dû s'approvisionner de coton asiatique venant de Perse et des Indes.

Pays-Bas. — Dans l'exposition de la Hollande et de ses colonies,
un certain nombre d'échantillons de coton provenant des Indes
orientales, présentent à peu près les mêmes types et qualités que
les produits des Indes anglaises, filaments un peu durs, laineux et
mal épluchés.

Espagne et Autriche. — J'ai trouvé à l'exposition de l'Espagne
des échantillons de coton indiquant qu'on s'occupe de la culture ;
mes renseignements m'ont convaincu que cette plante réussissait
sur les côtes de la Catalogne, dans les îles Baléares et à Malaga, mais
il m'a été impossible de rien savoir de l'emploi des récoltes et de la
qualité des produits.

L'Autriche a présenté des échantillons de coton récoltés à Pola et
à Zara, mais l'absence de catalogue et de renseignements ne me permet pas de parler d'une culture qui, du reste, ne peut pas avoir
d'importance.

Portugal et colonies. — Sur la côte occidentale d'Afrique, dans
les districts de Massamèdes et de Bengala, on cultive le coton assez
largement pour que ces provenances puissent alimenter en partie
les filatures portugaises; cette production, qui provient des semences
qu'on a fait venir des Etats-Unis, n'est pas précisément connue, mais
on évalue l'exportation à 120 000 kilos, le surplus est consommé à
l'intérieur.

Saint-Thomas et Prince donnent aussi quelques cotons moins
bien cultivés et moins abondants; au cap Vert, la production commence, mais elle est encore de très-peu d'importance. Le coton des
Indes, dans les districts de Goa et de Timore, est propre et d'un joli
lainage, qui conserve cependant le type des anciens cotons de l'Inde
n'ayant pu encore parvenir à faire adopter dans ces contrés les
graines d'Amérique ; enfin, Mozambique avait envoyé aussi quelques échantillons de coton indigène ou provenant de graines acclimatées depuis longtemps déjà dans le pays.

Italie. — Parmi les nombreux envois d'échantillons faits à l'Exposition universelle de 1867, qui prouvent qu'en Italie on s'occupe
très-activement de la culture du coton, j'ai remarqué particulièrement la belle collection de la sous-commission de Catane.

A Sassari, en Sardaigne, une Société française, à la tête de laquelle se trouvent des noms alsaciens bien connus, a fait d'assez grands ensemencements de 1864 à 1866.

Cultivé dans les plaines de Salerne et de la Calabre, et dans les basses vallées de la Sardaigne et de la Sicile, le produit du coton peut être évalué à 60 millions de francs, et sa culture est destinée à produire une grande et heureuse modification dans l'économie rurale des provinces méridionales et des îles.

Pendant ces dernières années, la France a passablement tiré du coton des provinces napolitaines et de la Sicile ; ces cotons sont depuis longtemps connus dans le commerce sous la désignation de Castellamare, et généralement estimés ; on en récolte bien un peu dans les environs de Venise, mais dans cette partie de l'Italie, c'est une culture sans importance.

Grèce. — La culture du coton s'est développée dans ce pays dans le courant de ces dernières années ; la nature du filament est généralement bonne. Les graines ont été tirées des Etats-Unis dans les espèces à courte et à longue soie, mais ce sont les premières qui réussissent le mieux ; c'est principalement dans les provinces d'Argoli, Missolonghi et Libadi, que les plantations se sont multipliées ; l'importance de l'exportation, qui n'était que de 33 000 francs en 1860, s'élève à 680 000 francs en 1863, et dépasse aujourd'hui deux millions et demi sans comprendre dans ce dernier chiffre ce qui reste en Grèce pour y être consommé.

Empire Ottoman. — La production du coton de la Turquie en Europe et en Asie a un certain développement, bien que le lainage de son coton ne jouisse pas de la même faveur que celui des vallées du Nil.

Pendant ces dernières années, il est entré assez largement dans la consommation de l'Europe. Les meilleures sortes sont celles d'Alep et de Kutaïo, on évalue la récolte générale à 42 321 000 okes, soit 52 901 000 kilogrammes (l'oke équivaut à 1^k,250).

Dans cette production Alep entrait pour 35 245 000 okes, Smyrne pour 4 162 000, Salonique pour 1 813 000. Le surplus se trouvait réparti entre les diverses îles et provinces; sur ces chiffres, une grande partie est absorbée à l'intérieur du pays pour l'industrie domestique.

Égypte. — Je dois des renseignements très-intéressants et trèscomplets sur les plantations des cotons en Égypte, sur ses résultats et sur les ennemis dont il faut autant que possible préserver la plante, à l'obligeance de Figari bey qui a mis une rare complaisance à m'initier à la culture de son pays.

Les espèces introduites dans la vallée du Nil sont les cinq décrites par Linné et détaillées par M. Parlatore, seulement ces différentes espèces forment plusieurs variétés qui prennent des désignations particulières suivant la nature du filament, à laine plus ou moins longue, plus ou moins fine, plus ou moins soyeuse.

L'époque de l'introduction du cotonnier en Égypte est bien incertaine, mais, ainsi que je l'ai dit plus haut dans ce rapport, elle doit être fort ancienne ; toutefois, par suite du peu de soins apportés à cette culture, le cotonnier a fini par dégénérer et donner des produits mauvais et de peu d'importance. C'est sous le gouvernement de Mohamed Ali, il n'y a pas plus de cinquante-six ans, que la culture du coton a repris une certaine activité et a fourni au commerce quelques centaines de balles par an ; mais au fur et à mesure que le coton de la nouvelle culture fut connu, recherché et apprécié sur les marchés de l'Europe, les plantations ont progressé au point de donner des récoltes considérables dans ces derniers temps.

L'exportation du coton, qui n'était, en 1862, que de 36 904 550 kilogrammes, atteignait, en 1865, 112 815 000 kilogrammes, d'une valeur de 401 520 000 francs, expédiés en grande partie pour l'Angleterre, la France et l'Allemagne.

La culture du cotonnier, sous le climat tempéré de la vallée du Nil, est généralement assez productive, et on peut l'évaluer en moyenne à 3 quintaux par fedan (un fedan est égal à 42 ares).

Pour obtenir une récolte satisfaisante, il est indispensable que la graine soit de bonne qualité, parfaitement mûre, récente, d'une seule espèce, et non altérée par les larves des insectes parasites.

Il faut que l'ensemencement soit opéré en temps convenable (avril pour la moyenne et basse Égypte, et pendant les mois de février et de mars, pour la haute vallée du Nil).

Il faut un sol des plus fertiles, convenablement labouré après les inondations d'automne et soigneusement préparé pendant les mois de février et de mars, pour la basse Égypte, et un mois plus tôt pour les terres de la haute vallée.

La récolte s'opère ordinairement en trois fois ; la première cueillette a lieu dans le courant de septembre, la plus abondante ; la seconde se fait du 20 octobre au 15 novembre, et la troisième, vers la fin de décembre, ne donne que le coton des dernières capsules qui ne jouit pas des mêmes qualités que celui des deux premières récoltes ; la laine de la première cueillette est même toujours la meilleure pour sa finesse, pour sa longueur et la force de son filament.

Le cotonnier cultivé dans la basse Égypte donne de plus beaux produits que celui planté dans la haute vallée du Nil, par la seule raison que le sol étant plus bas, il est plus facilement arrosé que celui des pays élevés, où le cotonnier réussirait tout aussi bien s'il pouvait obtenir la même quantité d'eau, soit à l'époque où la plante est en fleur, soit pour mûrir ses capsules cotonnières ; car dans ces hautes vallées, la température lui est très-favorable et la nature de la terre est très-meuble et très-fertile.

L'Égypte, pays parcouru par le grand fleuve et sillonné par affluents, peut être considéré comme des plus favorables à la culture du coton, quand la plante reçoit tous les soins nécessaires pour prospérer; ainsi, les cotonniers d'Amérique ont une bonne réussite en Égypte, s'ils y sont soignés convenablement.

Pour que le lainage justement estimé des cotons d'Amérique ne dégénère pas, une des précautions les plus importantes, est de renouveler les graines tous les trois ou quatre ans, en les tirant de leur pays d'origine ; dans ces conditions, on arrivera à acclimater en Égypte les différents cotons des Indes orientales, des régions américaines, comme on a réussi pour beaucoup d'autres plantes intéressantes.

Dans la haute Égypte, on cultive beaucoup le *Gossypium herbaceum*; cette espèce de coton est même désignée sous le nom de coton du pays, ce qui prouve que s'il n'en est pas originaire, l'introduction du moins en remonte à des temps reculés. Ce cotonnier dans de bonnes conditions produit des plantes qui atteignent 5 à 6 pieds d'élévation, très-ramifiées et produisant beaucoup de capsules dont la laine est belle et même assez longue, très-soyeuse, souple et d'un blanc perlé.

Il y a cinquante ans environ qu'un Français, M. Jumel, introduisit en Égypte le *Gossypium arboreum*. Ce cotonnier, sous l'influence du climat et du sol des contrées où il se trouvait implanté, a donné lieu à des variétés, soit dans les organes de la végétation, soit dans ceux de la fleur, et a fourni un nouveau type dont le lainage, plus ou moins beau, est pourtant assez estimé; il a ses caractères particuliers qui l'ont fait désigner comme *coton Jumel*, du nom de son importateur.

Le *Gossypium hirsutum* est aussi communément cultivé dans le pays où il constitue trois variétés, sous les dénominations de *Gossypium figarei* de *Gossypium tricuspidatum* et *Gossypium cespitosum*. Ces variétés donnent de bons cotons en soie longue, souple et nerveuse, mais ces espèces de cotonniers, quoique produisant de grandes plantes, ne portent pas en Égypte une grande quantité de capsules cotonifères ; ainsi elles sont peu productives sous le rapport de la récolte.

L'espèce de *Gossypium religiosum* ne s'est introduite dans ces contrées que dans ses variétés de coton rouge ou nankin ; cette culture, qui est assez répandue à Rhodes et à Malte, n'est pas très-estimée en Égypte, quoique sa plante soit très-généreuse et réclame peu de soins.

Enfin le *Gossypium Barbadens* (le Sea-islands des Anglais) prend, dans le pays, la dénomination de cotons *indiens*, de *Jumel*, de *Makau*. Cette espèce existe dans la culture d'Égypte depuis un grand nombre d'années ; elle a toujours produit de très-bon coton à soie plus ou moins longue. Il y a sept ou huit ans, des graines nouvelles sont arrivées de plusieurs contrées d'Amérique, lesquelles, cultivées dans les environs du Caire, ont donné du coton longue soie, souple, nerveux et soyeux, préférable de beaucoup à la même nature de coton cultivée en Égypte depuis très-longtemps. D'après mes observations, je conclus que le coton sea-islands d'Amérique, dès la huitième année de culture en Égypte, commence à perdre de sa finesse, de sa souplesse et de la longueur de sa soie ; il est donc indispensable d'abandonner la graine vieillie, dégénérée, et de la remplacer par de la nouvelle tirée du pays d'origine.

S'il peut être intéressant pour la Société d'acclimatation de remonter à l'origine des produits et de suivre leur développement et leur propagation, il ne doit pas être moins curieux pour elle d'être mise au courant des ennemis qui viennent sans cesse attaquer ces mêmes produits, quand ce ne serait que pour les bien connaître et arriver ensuite, à force de recherches, aux moyens de les combattre et de s'en préserver, moyens du reste indiqués par M. Figari bey.

J'espère donc ne pas sortir de mon sujet en venant parler ici de ces larves parasites qui très-souvent mettent le cotonnier dans un état de langueur plus ou moins profond ; ces larves appartiennent au genre *Noctua Gossypii*, qui s'introduisent une ou deux à la fois dans le péricarpe, et finissent par se loger dans ses compartiments, avant sa maturité, et causent dans leur développement de grands dégâts à la fibre cotonneuse ; la capsule, ainsi atteinte, ne peut plus obtenir son état de perfection; même, assez souvent, une ulcération purulente se manifeste à l'intérieur, s'épanche dans les autres compartiments, et fait mourir la capsule avant sa maturité. Ainsi, lorsque la larve se propage dans une plantation de cotonnier, on est assuré d'avoir de mauvais produits.

Un second insecte est la larve du genre *Aphis Gossypium*, qui s'agglomère en très-grand nombre dans les capsules cotonifères sans cependant produire aucun dégât au filament cotonneux, et disparaît entièrement par suite de l'action du soleil.

Une troisième larve appartient encore au genre *Noctua subterranea*; celle-ci occasionne, dans certaines années, beaucoup de dégâts aux jeunes plantes et les fait périr.

La première de ces larves était presque inconnue avant qu'une grande culture de coton eût lieu dans la vallée du Nil; mais depuis quelques années, le *Noctua Gossypii* n'a fait que se développer de plus en plus et dévaster des champs entiers. La seconde accompagne toujours la culture des malvacées; le cotonnier en est infesté plus ou moins, suivant l'humidité de l'atmosphère; les brouillards et l'ombre sont très-propices au développement de ces insectes, et il en est de même pour le *Noctua subterranea*.

Un moyen efficace pour détruire tous ces petits papillons nocturnes du cotonnier, c'est de détruire chaque année la plantation, et de changer la culture là où la larve a pris trop de développement; on a eu trop souvent la mauvaise habitude de laisser un terrain porter trois ans de suite des récoltes de coton; non-seulement par là on altère considérablement la fertilité du sol, mais aussi la terre se charge d'une infinité d'œufs microscopiques de tous les insectes parasites du cotonnier.

L'expérience a démontré combien ce système de culture était défectueux. Aujourd'hui, pour avoir des terrains productifs, on sait qu'il faut avoir une terre bien travaillée, bien fumée, et n'ayant reçu la culture du cotonnier qu'à des époques assez éloignées les unes des autres, et occupées successivement par des prairies ou par du blé ou autres céréales avant de revenir au coton.

ÉTATS-UNIS D'AMÉRIQUE. — Dans l'examen successif que je viens de faire ici de l'état plus ou moins développé de la culture du coton sur les différents points du globe, il est impossible que les États-Unis ne se présentent pas en première ligne, comme les plus grands producteurs de l'aliment de nos manufactures.

La guerre civile dans ces États a été la cause, pour l'Europe, de graves désordres industriels; mais, à côté de cela, n'y aurait-il pas une grande injustice de notre part à méconnaître que cette immense culture du coton, en même temps qu'elle constituait rapidement la richesse et la force de la grande République, contribuait puissamment au développement de nos fabriques et aux perfectionnements de nos machines. Qui n'a vu, à l'Exposition, sans en être émerveillé, ces métiers à filer (*self-acting*) de 800 à 1000 broches renvidant, sans le secours de la main de l'homme, autant de fils que le charriot vient d'en étirer, ces métiers à tisser sur lesquels 300 fils de trame entrent par minute et produisent de 4 à 5 centimètres d'un bon tissu; eh bien! si les États-Unis n'étaient pas venus si largement approvisionner nos filatures et nos tissages, qui peut dire où en serait aujourd'hui l'industrie et cet outillage perfectionné qui produit des miracles? Pour exécuter, par les moyens primitifs, la production de l'Angleterre, en coton filé, dans la seule année de 1856, et suivant le calcul qui est fait, il faudrait le travail de 91 millions d'hommes, c'est-à-dire la population de la France, de l'Autriche et de la Prusse réunies.

Le calcul suivant pourra donner une juste idée des résultats de cette industrie.

Pour donner une idée de la progression de la culture des cotons aux États-Unis, je rapprocherai seulement deux chiffres se rapportant à 50 années de distance : de 1806 à 1860, la récolte qui n'était en moyenne que de 38 448 000 kilos, était arrivée en 1858 à 563 628 122 kilos. De 1859 à 1861, les recettes augmentaient toujours et la récolte sur pied était des plus abondantes au moment où la lutte s'engagea entre le Nord et le Sud, et où toutes les plantations furent compromises.

En dehors du chiffre énorme de leurs exportations, les Etats-Unis étaient arrivés, avant la guerre, à manufacturer une grande partie de leurs cotons. Les filatures et les tissages s'étaient développés à ce point que leurs filatures absorbaient plus de 800 000 balles de 200 kilos, et que la France et l'Angleterre rencontraient la concurrence de leurs produits sur tous les marchés étrangers.

Un des commissaires des États-Unis, M. James Butler, a bien voulu me donner quelques renseignements sur la situation actuelle de la culture. Son opinion est d'abord que la culture du cotonnier est aussi simple que celle du blé, et qu'elle ne doit pas être beaucoup plus dispendieuse, suivant son avis. C'est une erreur de penser que les nègres seuls sont aptes à cultiver le coton, une grande partie des opérations et même la plus longue et la plus minutieuse peuvent être confiées avantageusement à des femmes, et ne demande aucune force. M. Butler m'a affirmé qu'en 1860, la production générale s'était élevée au chiffre énorme de 5 387 052 balles.

Il ne se dissimule pas que l'interruption de la culture du coton aux États-Unis a fait profiter largement d'autres contrées, qui ont acclimaté ou augmenté la plantation de *Gossypium* ; mais il pense aussi que la supériorité du coton d'Amérique, supériorité due au sol, au climat et aux soins de culture, le fera toujours préférer du moment où la production reprendra son importance.

Les cotons *sea islands*, cultivés dans le sud de la Caroline, au sud de la rivière Saules, dans les basses îles Sandy, près de l'embouchure du Savanah, sont, avec ceux de la Géorgie surtout, les plus beaux cotons longue soie du monde. Cette culture, qui fut introduite en 1788 par M. Bissell, fut une source nombreuse de fortune. La récolte entière de 1867 est retenue par la France, pour être mélangée avec de la soie, tant sa fibre est longue, fine et brillante ; les recettes de ce précieux coton, qui montaient en 1805 à 8 000 000 de livres, ne se sont guère accrues depuis, tant sont limitées les contrées où cette culture peut être faite avec un plein succès.

On peut évaluer que dans les divers comtés des Etats-Unis, à peu près la moitié des anciens terrains cotonniers sont de nouveau employés à cette culture, mais les inondations dernières ont ravagé beaucoup des meilleures terres et détruit les espérances des récoltes de la Louisiane.

Pour se faire une idée de l'étendue de l'inondation de 1867, au mois de mai, il faut savoir qu'il y eut une partie du Mississipi, en Louisiane notamment, où les eaux s'étendirent sur une largeur de 70 milles anglais, portant la destruction sur un million d'acres.

En général, la culture du coton aux Etats-Unis passe pour être très-avantageuse ; dans les bonnes terres, la récolte peut aller de 1000 à 1200 livres par acre, ce qui donne un beau résultat aux propriétaires.

La statistique de la production pendant la guerre n'est pas connue, et il est plus sage de s'abstenir que de se livrer à une évaluation qui n'aurait rien de certain.

Brésil. — On sait que le coton vient facilement et est cultivé dans tout le Brésil sur une grande échelle, dans les provinces de Maragnon-d'Alagoas et de Minas-Geraes, mais depuis quelques années des demandes réitérées et des prix élevés ayant stimulé les planteurs, les plantations se sont multipliées dans les districts de Rio Grande du Sud, de Sainte-Catherine, de Parana, et surtout dans celui de Saint-Paul.

Une grande partie des cotons du Brésil est à longue soie, mais si la fibre a de la longueur, on lui reproche d'être un peu grosse et un peu dure, ce qui empêche de l'employer à des filées aussi fines que le *sea island* ; on y plante cependant aussi des cotons courte soie ; chaque cultivateur, d'ailleurs, adopte la semence qui lui paraît la plus appropriée à son sol.

Pendant la disette cotonnière, l'exportation augmenta au Brésil dans des proportions très-considérables ; d'après les renseignements que j'ai pu me procurer, les chargements de cotons pour l'Europe qui ne s'élevaient en 1861 qu'à 12 821 487 kilos, montaient en 1865 à près de 50 000 000 de kilogrammes.

Je pense qu'il faut admettre que la culture ne s'est pas accrue dans cette proportion, mais que les hauts prix de cette matière première ont provoqué l'envoi dans les ports d'une grande partie de ce qui se consommait à l'intérieur.

Confédération argentine. — Province de Tucuman. — La production de cette province est limitée à la consommation intérieure, par suite du peu de relation qu'elle avait jusqu'alors avec l'Europe ; mais l'envoi de beaux échantillons à l'Exposition, et les encouragements que le gouvernement donne à cette culture, contribueront puissamment à lui assurer des débouchés et à stimuler le zèle du planteur.

La province de Mendoza se trouve absolument dans les mêmes conditions.

États de l'Uruguay. — Les plantations en cotonniers sont demeurées jusqu'à ce jour très-restreintes, et sa production moitié en longue soie, moitié en coton court, n'a servi jusqu'à présent qu'aux besoins intérieurs auxquels même elle ne suffit pas.

Paraguay. — La culture du coton occupe d'assez grands espaces de terrains dans ce pays, et les récoltes qui y sont considérables auraient été exportées en partie et seraient venues utilement sur nos marchés européens pendant la dernière crise cotonnière si la navigation n'avait été complétement suspendue depuis trois ans par suite du blocus et de la guerre que le Paraguay soutient contre l'empire du Brésil.

Costa Rica. — J'ai examiné avec soin dans les vitrines de cette contrée des échantillons d'un très-joli coton courte soie, dont la fibre est fine et soyeuse; il paraît que sa production est assez régulière, mais elle n'a donné, jusqu'à présent, lieu à aucune exportation.

République de l'Équateur. — *Province de Guyaquil.* — L'Équateur n'exportait pas de coton avant 1862, et ses exportations en 1865 se sont élevées à 11 000 quintaux ; du reste, le sol et le climat doivent être des plus favorables à la culture du *Gossypium.* Les planteurs devront toutefois faire choix des espèces les plus appropriées à cette latitude, car dans les échantillons qui m'ont été donnés, j'ai trouvé que la fibre manquait de brillant et de consistance.

États-Unis de Venezuela. — Un certain nombre d'échantillons envoyés à Liverpool pour y être appréciés et classés, prouvent que le chiffre de la production a déjà acquis une certaine importance. L'ensemble de ces échantillons représente un coton courte soie, fibreux, fin et brillant; la marque *la Margarita,* qui se distingue des autres, est d'un lainage longue soie, en belle et bonne marchandise.

Pérou. — La culture du coton au Pérou est ancienne et régulière, portion en longue soie et portion en courte soie ; je ne sais si cela tient à la sécheresse de la saison, les échantillons que j'ai examinés m'ont paru un peu durs et laineux; mais ce que j'ai trouvé de bien remarquable, ce sont ces beaux flocons longs de 15 à 22 centimètres, suspendus à la capsule.

San Salvador. — Les cotons courte soie de cet État m'ont paru beaux, propres, bien récoltés. La culture a fait de grands progrès depuis quatre à cinq ans; cependant sur le marché de *Liverpool,* les cotons de cette provenance sont confondus avec ceux de Vénézuela.

Chili. — Les propriétaires du sol trouveraient au Chili des localités très-convenables à la culture du cotonnier ; mais jusqu'à présent ils se sont livrés de préférence à l'élevage des troupeaux et à la culture des céréales.

Hawaï. — Cette île est très-fertile, son climat très-remarquablement salubre et tempéré. Les premières cultures de coton faites de graines de sea-islands, qui ont porté en 1866 11 000 kilogrammes, donnent lieu de penser que des cotons courts réussiraient mieux, attendu qu'on a pu remarquer que l'espèce de la semence avait un peu dégénéré.

Il y aurait ingratitude de ma part à quitter l'exposition des États de l'Amérique du Sud sans exprimer ma vive reconnaissance à l'é gard de son représentant, M. Durassié, près duquel j'ai rencontré une rare complaisance et des renseignements qui ont contribué à rendre ma besogne facile.

Chine et Japon. — Il est de toute impossibilité de se faire une idée de la production et de la consommation de ces immenses contrées, et je suis convaincu que les évaluations auxquelles on a voulu se livrer relativement à la Chine sont restées bien loin de la vérité. ·

En 1858, on avait estimé la production de la Chine à 500 000 balles, soit 75 millions de kilogrammes, et les importations de l'Inde et des États-Unis à 45 millions de kilogrammes, soit en tout 120 millions, chiffre beaucoup trop faible, si on le compare à une population de 3 à 400 millions d'habitants, dont les neuf dixièmes portent des vêtements de coton. Ce pays, comme le Japon, nous est trop peu connu pour asseoir le moindre calcul. Qu'il me suffise de signaler un fait relativement à la Chine, c'est que cet empire, dont la culture cotonnière était restée insuffisante jusqu'à ces dernières années, puisqu'il tirait des cotons du dehors en quantité assez ronde, est arrivé en peu de temps, non-seulement à se passer des cotons d'A- mérique, mais à trouver dans sa production un excédant dispo- ponible qu'il a exporté en France et en Angleterre.

CONCLUSIONS.

Après avoir passé successivement en revue les nombreux centres cotonniers, je demeure convaincu qu'une disette de coton ne saurait, quelle que fût sa cause et son importance, se prolonger durant de longues années ; il y a trop de contrées où le coton peut être cultivé, trop de spéculateurs disposés à apporter des capitaux dans des entreprises avantageuses, trop de planteurs qui se laisseront tenter par des prix élevés, pour qu'en pareille circonstance on ne fasse pas de grands efforts pour augmenter la production et rétablir bientôt par là l'équilibre entre les récoltes et les besoins.

Quand bien même la guerre aurait continué, ou que par suite de ses ravages et de l'affranchissement des nègres, le grand marché des États-Unis serait resté fermé pour l'Europe, je suis persuadé que, dès 1866, nous touchions au moment où toutes les manufactures auraient trouvé à s'alimenter pour reprendre en plein leurs travaux dans des cours qui auraient cessé d'être excessifs.

LES

PLANTES TEXTILES

RAPPORT

Par M. CARCENAC

Juré suppléant et rapporteur de la classe des cotons à l'Exposition de Londres, en 1862 ;
Président de groupe du Jury à l'Exposition internationale de Porto;
Membre du Jury des récompenses à l'Fxposition universelle de 1867 ;
Membre de la Société impériale d'acclimatation.

CONSIDÉRATIONS GÉNÉRALES. — L'extrême rareté du coton, par suite de la guerre d'Amérique, et la hausse extrême qui en a été la conséquence, ont donné pendant ces dernières années une importance nouvelle aux autres textiles. La disette des cotons a augmenté l'usage des tissus fabriqués de lin et de chanvre, a amené avec la demande une certaine élévation de prix et une culture plus étendue de ces deux textiles.

L'étude que je me propose de faire de l'importance de la culture, en Europe, particulièrement du lin et du chanvre, m'offrira des difficultés qui ne se présentaient pas quand il s'agissait du coton ; généralement, dans les diverses contrées de l'Europe, les entrées en douane déterminent l'importance des importations et de la consommation, tandis que d'un autre côté les chiffres des balles expédiées des grands centres cotonniers sont également d'un contrôle facile et accusent la production. Pour le lin et le chanvre, c'est tout à fait différent : on fait bien dans chaque pays une évaluation approximative des récoltes et de la consommation, mais comment apprécier avec un peu d'exactitude ce qui se récolte au milieu des campagnes de ces deux fibres textiles, dont une portion assez notable se file encore à la main et se tisse dans la famille pour les besoins du ménage ? Mes efforts tendront à rester aussi près que possible de la vérité, et l'on pourra considérer les chiffres que je pourrai indiquer comme étant au-dessous de la production. Si en France les enquêtes et les estimations sont souvent en défaut, parce qu'elles ne peuvent arriver à apprécier justement la production et la consommation, par les motifs dont je viens de parler, à bien plus forte raison, dans

20

les autres contrées où l'industrie et les manufactures sont moins importantes et moins centralisées, les appréciations deviennent encore plus difficiles et moins certaines.

Lin. — Le lin est une plante annuelle (*Linum usitatissimum*), espèce type de la famille des linées ou linacées ; la plante est annuelle, à tige droite et cylindrique, haute de 50 à 60 centimètres, rameuse à la partie supérieure. Ses feuilles sont linéaires, lancéolées, aiguës et d'un vert glauque. Ses. fleurs sont d'un bleu clair tirant sur le gris.

Ses semences ont une grande importance comme graines oléagineuses et leur emploi est fréquent sous forme de farine, en pharmacie.

La culture du lin est simple et facile ; on le sème ordinairement au printemps : dans quelques localités cependant les semis se font en automne avec une variété dite *lin d'hiver*. Lorsqu'on a surtout en vue d'obtenir de bonnes graines, il faut semer clair dans une terre forte ; mais si l'on cultive le lin pour sa fibre textile, on doit semer plus dru dans une terre légère et bien préparée.

Lorsque la plante est mûre, quand ses tiges et les capsules sont jaunes, on l'arrache de terre et l'on réunit les pieds en petites bottes. Dès qu'elle est bien sèche, on sépare les graines, soit à la main, soit en battant légèrement l'extrémité des tiges, soit encore au moyen d'un petit râteau. Le rouissage s'opère ensuite de deux façons différentes. Le premier procédé et le plus ancien consiste à immerger le lin dans l'eau courante ou à l'étendre sur le pré ; le second à opérer le rouissage par le séjour de soixante-dix à quatre-vingt-dix heures dans des cuves remplies d'eau entretenue à une haute température, et à laquelle on ajoute quelquefois des substances qui agissent chimiquement.

A l'opération du rouissage succèdent celles du teillage et du peignage. Le teillage a pour but d'écraser la partie ligneuse de la tige et d'en débarrasser les fibres corticales, et au moyen de l'espadage ou du raclage, on délivre la filasse des brins ligneux restés adhérents. Le peignage vient ensuite diviser la filasse et l'assouplir sans la fatiguer.

Au point de vue de la finesse de leurs fibres, on divise les lins en trois sortes, savoir : le *lin de fin*, le *lin moyen* et le *lin de gros*. Le premier, appelé aussi *lin froid*, se compose des plus beaux filaments de *lin ramé*, et sert aux filés et aux tissus les plus fins. Le *lin moyen* est tantôt blanc, tantôt gris, plus dur, mais aussi plus nerveux que le premier ; il est employé à la fabrication de belles et bonnes toiles et du linge de table. Enfin, le *lin de gros*, ou *lin tétard*, ou *lin chaud*, comprend les gros filaments de toutes couleurs ; il est plus court, plus rude et moins brillant que les précédents, et ne peut servir qu'à faire du gros linge de ménage et des toiles communes.

Chanvre. — Le chanvre est la fibre fournie par la plante du même nom ; cette plante constitue à elle seule un genre. Placée d'abord dans la famille des urticées, elle est devenue le genre type de la petite famille des cannabinées, composée de deux genres seulement : le genre *Cannabis* et le genre *Humulus*.

Celui dont nous nous occupons dans ce rapport ne comprend qu'une seule espèce, c'est le *Cannabis sativa*, qui varie comme toutes les plantes, suivant le sol, le climat et les soins qu'il reçoit.

Originaire d'Asie, le chanvre fut transporté et naturalisé en Europe dès la plus haute antiquité. Cette plante, qui n'est qu'annuelle, est dioïque, et il existe une différence très-sensible entre le chanvre mâle et le chanvre femelle. Ce dernier, destiné à porter à maturité la semence, est plus fort et vit plus longtemps que le mâle dont le rôle est fini dès qu'il a répandu sa poussière fécondante.

Le chanvre se prête à une grande culture ; il s'accommode assez bien de tous les terrains ; cependant, ceux qui lui conviennent le mieux, sont les plus riches en humus ; l'excès de sécheresse ou d'humidité lui est également nuisible. La semaille se fait dès que les gelées ne sont plus à redouter, en avril et mai, et la récolte arrive trois ou quatre mois après. On récolte d'abord le chanvre mâle, qui jaunit le premier, et un mois ou six semaines après le chanvre femelle, et l'on sépare de ce dernier, au moyen d'un égrugeoir, la graine (chènevis).

La tige du chanvre arrachée et séchée est ensuite soumise à un rouissage pour séparer, par la fermentation, les fibres ligneuses de la partie gommo-résineuse qui les unit. Ce rouissage s'opère, soit dans l'eau stagnante, mais ce moyen entraîne avec lui des exhalaisons malsaines, soit dans l'eau courante, mais ce procédé est pernicieux pour le poisson ; enfin, sur pré, mais ce mode est plus lent que les deux autres, sans inconvénient et donne de bons résultats. Après le rouissage, vient l'opération du *teillage*. Suivant les localités, les moyens varient pour débarrasser la fibre de la chènevitte, puis le *sérançage*, qui a pour but d'affiner la filasse.

Dans le principe, le chanvre n'était employé qu'à la fabrication des cordes ; son emploi comme fibre textile est moderne : on n'en fit au début que des tissus grossiers, et l'on cite comme un tour de force de fabrication les deux chemises de toile de chanvre que possédait la reine Catherine de Médicis. Aujourd'hui, le chanvre est employé à faire des cordes et de la ficelle ; mais, soit employé pur, soit mélangé avec le lin, on en fabrique des toiles assez fines, d'une grande solidité, et pouvant servir à un grand nombre d'usages.

Jute ou pat. — Depuis vingt ans, mais surtout dans ces dernières années, le *jute* est devenu d'un usage trop répandu en France, et surtout en Angleterre, pour que je puisse me dispenser d'en parler ici à la suite du lin et du chanvre. On confond sous la même désignation de *jute* les filaments de deux espèces de *Corchorus*, le *Corchorus capsularis* et le *Corchorus olitorius*, famille des *tiliacées*. La ténacité de la fibre de ces deux variétés est à peu près la même ; les brinsles plus beaux sont réservés à l'exportation. La consommation indigène de cette matière est énorme ; une grande partie des sacs qui servent à l'emballage du sucre et du riz, et qu'on appelle *sacs de gunny*, sont faits de *jute*. Ce sont ces mêmes sacs que l'on renvoie ensuite vides de France et d'Angleterre, et qui servent aux États-Unis à l'emballage des cotons ; la population pauvre de l'Inde ne revêt que des habits de jute, et un nombre considérable de femmes et d'enfants est occupé au filage et au tissage de cette matière. Ces deux variétés de *Corchorus*, qui se trouvent abondamment dans l'Inde, se rencontrent aussi à Siam, dans l'Annam et en Chine.

Quant aux autres textiles qui n'ont qu'une importance secondaire, nous ne nous en occuperons que lorsque nous les rencontrerons, soit dans nos colonies, soit dans les contrées dont ils sont originaires.

FRANCE. — *Lin et chanvre.* — Le lin et le chanvre sont cultivés sur une grande échelle dans notre pays : les parties de la France où l'on cultive le plus le lin sont la Flandre et la Normandie. Viennent ensuite le Maine, l'Anjou, la Bretagne, le haut Languedoc et la Gascogne ; les environs de Valenciennes et de Douai fournissent les plus belles qualités, tandis qu'on ne récolte que du lin roux et de qualités inférieures en Picardie et dans la basse Normandie.

Par contre, c'est la Picardie qui fournit les plus beaux chanvres ; on en récolte d'excellents aux environs de La Fère, de Chauny et d'Abbeville. Ces chanvres sont très-longs, très-fins, soyeux et doux au toucher, d'une odeur fraîche et d'un blanc brillant avec un léger reflet doré. Le chanvre de Champagne était jadis le plus recherché : bien qu'on lui préfère le précédent, il peut être considéré comme

une de nos bonnes espèces ; on en fait des filasses fort belles et des
ficelles très-fines. Les départements de Maine-et-Loire, d'Indre-et-
Loire, de la Mayenne et de la Charente, mais principalement les
deux premiers sont ceux où la culture et la préparation du chanvre
ont le plus d'importance et le plus d'étendue. Ces chanvres sont
d'une grande solidité et conviennent mieux que ceux de la Russie
pour les cordages destinés à la marine. Toutefois, comme ils prennent moins le goudron, on leur préfère les chanvres du Nord pour
la série de câbles et de cordages allant plus fréquemment à l'eau.

Les chanvres de Bourgogne ressemblent à ceux de Champagne ;
ils sont plus forts, mais aussi plus grossiers.

En raison de cette force, ils sont souvent recherchés pour la fabrication des gros câbles de la marine. Le chanvre d'Alsace est d'une
grande force, tantôt gris, tantôt blond, dur, à fibres larges et apla-
ties, difficile à travailler lorsqu'il a été teillé, plus doux lorsqu'il
a été broyé, mais chargé de chènevottes. Comme le chanvre d'Alsace résiste bien à l'action de l'eau, on l'emploie beaucoup pour
faire des lignes, des filets et autres engins de pêche. Plusieurs autres contrées de la France, la Normandie, la Bretagne, le Berry,
l'Auvergne, le Languedoc, le Dauphiné, etc., produisent aussi des
chanvres de toutes qualités, mais ne présentant pas de caractères
distinctifs.

Bien que la production française en lin et chanvre s'élève au
moins au chiffre de 65 millions de francs, la consommation et le
commerce tirent encore d'Angleterre, de Russie, d'Italie et d'autres
contrées, une quantité de ces matières constituant en numéraire une
somme considérable, et je ne parle pas encore de l'entrée en France
des filés et des tissus qui viennent ajouter un chiffre considérable à
nos importations.

ALGÉRIE. — *Textiles divers.* — Le lin pousse à l'état naturel en
Algérie ; on le trouve dans tous les lieux humides ou arrosés par
des cours d'eau. Déjà avant la conquête, les Arabes cultivaient le
lin, mais en très-petite quantité ; depuis que ces contrées sont devenues françaises, la culture de cette plante s'est considérablement
accrue ; dans le principe, les planteurs s'étaient attachés à obtenir
des lins pour graines, culture qui, d'ailleurs, donne de bons résultats, mais ne procure qu'une paille grossière dont on ne peut tirer
un bon parti, les frais de rouissage n'étant pas compensés par la
valeur du produit, bien que sa fibre puisse s'appliquer à divers
usages, notamment à la corderie et à la pâte à papier. Depuis quel-

ques années, la culture du lin a été grandement améliorée par l'introduction des graines de Riga, particulièrement dans les provinces d'Alger et de Constantine, le territoire d'Oran se prêtant moins bien à la culture du lin, en raison de ses eaux saumâtres.

Aujourd'hui, on peut évaluer la récolte annuelle à 2000 balles de 120 kilogrammes, et la plus grande partie de cette marchandise exportée peut être employée à la filature des numéros moyens et fins, du numéro 50 à 180. La plupart des terres d'Alger et de Constantine peuvent être considérées comme très-favorables à la culture du lin qui, au lieu d'être semé ainsi qu'il l'est en France au printemps, ne l'est en Algérie qu'en automne, et dont la récolte se fait en avril et mai.

Une particularité à noter, qui se rattache à l'acclimatation, c'est que la graine de lin de Riga semée en Algérie, loin de perdre ses propriétés et sa qualité, ainsi qu'on le remarque en France au bout de quelques années de culture, s'y améliore et donne des produits supérieurs après trois ou quatre ans. A l'appui du fait que nous signalons, nous pouvons citer les expériences qui ont eu lieu l'année dernière sous la direction de M. Farnèse-Favarcq, de Lille; des graines originaires de Riga cultivées quatre ans en Algérie, ont donné, tant dans le département du Nord qu'en Belgique et en Hollande, des produits plus longs et plus fins que des semences de choix venant directement de Russie.

La compagnie française dont M. A. du Mesgnil est le directeur, a obtenu la médaille d'or pour sa belle exposition : l'exploitation de cette société comprend au moins 200 hectares en lin de Riga qui sont rouis et teillés dans ses usines de Boufarik : de plus M. A. du Mesgnil achète les produits bruts de plus de 1200 hectares, qui sont également préparés dans cet établissement.

Des usines à peu près semblables existent dans la province de Constantine à Planchamp, propriété appartenant à M. Ferdinand Barrot : ses produits suivent de près pour la qualité ceux de Boufarik.

En dehors de ces deux établissements considérables, les autres planteurs n'ont plus chacun que des cultures limitées, mais dont l'ensemble arrive à un chiffre considérable que nous avons cité plus haut.

L'Algérie produit aussi d'autres matières textiles très-intéressantes pour l'industrie : elles sont produites par l'*Abutilon indicum*, plante d'une croissance rapide et dont on peut extraire, au bout de trois mois de culture, 20 à 22 quintaux de filasse par hectare.

Le corite textile (*Corchorus textilis*), qui donne une filasse propre à la fabrication des toiles à sacs.

L'agave d'Amérique et du Mexique (*Agave americana* et *mexicana*) sur lesquelles on peut couper tous les deux ans dix feuilles dont on peut tirer 250 grammes d'une fibre d'une grande finesse et d'une solidité remarquable.

L'agave fétide (*Fourcroya gigantea*), d'une culture facile : c'est de cette espèce qu'au Brésil et dans toute l'Amérique centrale, on retire la *pitte*.

La sansevière (*Sanseviera guineensis*), dont les fibres sont fines, solides et d'une facile extraction.

Le bananier (*Musa paradisiaca*), dont les fibres sont propres à la fabrication d'excellentes toiles. Ces fibres ne s'obtiennent que lorsque le bananier a donné son fruit; il y a là par conséquent double produit.

Plusieurs espèces de *bœhmeria* parmi lesquels le *china grass*, désigné souvent sous le nom d'*Urtica nivea*, dont on s'est beaucoup occupé ces dernières années, qui a donné lieu à de nombreux essais, mais qui, jusqu'à présent, n'a pas obtenu une importance industrielle.

Le chanvre ordinaire (*Cannabis sativa*), le chanvre de Piémont et le chanvre géant de la Chine.

On rencontre encore dans nos possessions algériennes trois plantes intéressantes, qui sont :

1° L'alfa (*Lygeum spartium*), qui croît dans le Sahara et dans le Tell. Les indigènes et les Espagnols l'utilisent dans toutes sortes d'ouvrages de sparterie, et partout l'industrie s'en est emparée pour la confection de la pâte à papier.

2° Le *diss*, *Arundo festucoides*, graminée très-commune et servant aux mêmes emplois que l'alfa.

3° Le palmier nain (*Chamœrops humilis*); cette plante a fait long-temps le désespoir des cultivateurs algériens, par la profondeur, la ténacité et la ramification de ses racines : un champ couvert de palmiers nains ne coûtait pas moins de 3 à 400 francs à défricher par hectare; on le travaille actuellement comme l'alfa et on l'utilise assez grandement pour la fabrication du crin végétal ou crin d'Afrique, dont l'usage est très-répandu en France.

COLONIES FRANÇAISES. — *Textiles divers*. — Un examen sérieux de la belle collection des principaux textiles extraits des plantes de nos colonies peut donner une idée des richesses que nous possédons et qui cependant sont restées jusqu'à présent à peu près sans emploi. L'Inde seule a su tirer parti de ses jutes alors que nous avons laissé jusqu'à ce jour sans profit et sans exploitation les nombreux filaments qui pourraient être utilisés à la fabrication de cordages, de tissus et de pâte à papier, et qui, en général, ne coûteraient que les frais d'exploitation et de transport sans ceux de culture, puisque la plupart des plantes qui la produisent sont indigènes et poussent à l'état sauvage.

Dans cette riche série de plantes utilisables, nous ne citerons que les principales, savoir :

1° Le *vétiver*, *Andropogon squarrosas*, qui sert à faire des tatis ou sortes de stores qu'à Pondichéry on arrose pendant la chaleur du jour, ce qui donne en même temps de la fraîcheur et un certain parfum.

2° Les bambous (*Bambusa arundinacea*), dont l'écorce fendue sert à fabriquer de la vannerie, de la sparterie et à faire des chapeaux, et ce n'est là qu'un des emplois de cette précieuse graminée; les feuilles peuvent servir à la fabrication du papier, etc.

L'*Eleusine coracana*, autre graminée dont la tige fournit des cordes grossières, mais très-résistantes.

La paille de riz (*Oriza sativa*), la bagasse, résidu de la canne à sucre après son passage au moulin, et qu'on emploie à la fabrication du papier.

Dans la famille des liliacées, nous avons les nombreuses variétés d'aloès et nous distinguons le *Phormium tenax*, qui avait eu l'espoir et la prétention de détrôner le chanvre, mais dont les cordages et les tissus se détériorent promptement; puis les *Sanseviera* dont les fibres magnifiques peuvent faire de superbes filés et de beaux tissus, joignant la finesse à la force et la blancheur au brillant; les *Yucca* qui donnent aussi de bonnes fibres et qui sont tellement abondants que rien ne serait plus facile que de les utiliser.

Le *Tacca pinnatifida*, plante de la famille des Taccacées; les lanières satinées provenant de la hampe florale de cette plante servent à Taïti à faire des tresses, des chapeaux, des couronnes.

Les agaves, famille des amaryllidées, présentent de nombreuses variétés de fibres fines et très-résistantes, qui se prêtent à une foule d'emplois, notamment le pitte, *Agave fœtida*, avec lequel on fait des cordes fines, des filets et des hamacs.

Dans les broméliacées, le *Bromelia ananas* et ses congénères, on trouve des fibres qui peuvent servir aux usages les plus variés, depuis les cordages les plus grossiers jusqu'aux tissus les plus fins

et les plus délicats ; le *Bromelia karatas*, très-commun dans les Antilles, croissant dans les lieux les plus arides, donne une fibre
excellente pour tresses, hamacs et cordages. Presque tous les filins
de la marine marchande américaine sont faits avec de la filasse de
karatas. Le *Bromelia sylvestris* du Gabon mérite aussi d'être men-
tionné à cause de la longueur de ses fibres qui ne le cèdent en rien
à d'autres filaments pour la résistance et la finesse, comme aussi
pour l'abondance avec laquelle il croît au Gabon, à Grand-Bassam,
à Assam et à Porto-Novo.

A Cayenne, on trouve une espèce de *Maranta*, famille des zinzi-
béracées, qui sert aux indigènes à faire des paniers, des pagaras,
des presses à manioc, etc.

Dans la famille des musacées (bananiers), on trouve une grande
variété d'espèces dont les principales sont : le *Musa sapientium* ou
bananier ordinaire, le bananier figues bananes, figues mignonnes,
rouge de Barbarie, gingely, féhi, etc.; tous abondent dans toutes
nos colonies, et donnent comme textile une fibre qui m'a paru résistante et bonne pour cordage et surtout pour faire de la pâte à
papier. L'importance de cette matière obtenue dans des conditions
avantageuses de prix pourrait devenir très-importante et rendre de
grands services à l'industrie du papier. Ainsi la fabrique d'Écharcon
a obtenu 50 pour 100 de papier avec de la filasse bien épurée et a
pu même aller jusqu'à 89 pour 100 en ménageant beaucoup ses
réactifs; la fabrique d'Essonne a obtenu 25 pour 100 avec de la filasse
brute; du jour où l'industrie s'occupera largement de ce produit
filamenteux, la production répondra bien vite à tous les besoins.
Dans la même famille des musacées, il nous faut encore citer le
Musa textilis, *Abaca*, ou chanvre de Manille, avec lequel on fabrique
les plus beaux tissus du monde.

La longueur de la fibre peut avoir 3^m,50 à 4 mètres. Sa résistance est supérieure à celle des autres variétés, et la Guadeloupe
pourra se mettre facilement en mesure de satisfaire à toutes les
demandes qui pourraient lui être faites de cette précieuse filasse.

Dans la famille des aroïdées, le *Caladium giganteum*, appelé à
Cayenne *moucoumoucou* ; cette plante borde les rives limoneuses de
la Guyane. L'abondance de ce roseau sur les bords de l'Oyapock,
du Ouassa, de l'Ouanary, de l'Approuague et du Kaw est prodigieuse et permet une exploitation que la prompte reproduction de
ses tiges assure à jamais. Le *moucoumoucou* donne de 25 à 35
pour 100 de pâte à papier qui ne présente pas l'inconvénient de la
transparence qu'on trouve bien souvent dans d'autres fibres. La

massette, *Typha angustifolia*, de la famille des typhacées, sert à Pondichéry à faire des ficelles, des cordes, des paillassons ; cette plante n'est pas d'un grand intérêt.

La famille des pandanées présente plusieurs variétés servant aux mêmes emplois, comme sacs à sucre et à café dans l'île de la Réunion. On pourrait utiliser ce genre de plante à papier, et son abondance dans toutes les colonies pourrait donner lieu à une importation importante et avantageuse.

Le cocotier, *Cocos nucifera*, est l'objet d'un grand commerce dans les îles de l'Océanie et de l'Inde ; ainsi, seulement sur le petit territoire de Yanaon, on obtient une matière fibreuse en quantité suffisante pour la fabrication de 700 000 kilogrammes de cordages. Dans cette même famille, qui fournit une grande quantité de textiles utiles et très-employés par les natifs de nos colonies, se trouvent l'*aouara* de la Guyane, le *latanier*, très-abondant à la Réunion, le *romier*, le *Borassus flabelliformis*, et enfin le *Sagus Raphia*, dont on fait des pagnes et pièces d'étoffes ; dans cette même famille, il y a lieu de citer encore l'*Arenga saccharifera*, dont la fibre de la gaîne des feuilles remplace le crin naturel et dont la fibre des pétioles sert en partie à faire les balais à macadam.

Dans la famille des morées, on remarque le *Broussonetia papyrifera* qui pousse à Taïti et dont on se sert pour faire des vêtements, et dont on fait du papier en Chine et au Japon (1).

Parmi les urticées, l'*Urtica nivea*, ou *china grass*, sert à la fabrication de fort jolies étoffes en Chine, au Japon et aux Philippines. Cette plante, acclimatée à la Martinique par M. Bélanger, commence à se répandre dans les environs de Saint-Pierre. La Cochinchine peut en fournir aussi de grandes quantités. Dans la Nouvelle-Calédonie, on récolte le *Picturus velutinus*, dont on fait des filets très-forts et qui ont le grand avantage de ne pas pourrir dans l'eau. D'autres espèces de cette même famille sont utilisées par les indigènes dans nos diverses colonies.

Le chanvre, *Cannabis sativa*, de la famille des cannabinées, est cultivé dans quelques parties de l'Inde et de la Cochinchine. Dans l'Inde, on cultive une variété dont on fume les feuilles, et cette fumée amène une ivresse voluptueuse.

----

(1) Nous rappelerons que la Société a reçu des renseignements très-intéressants sur l'emploi du *Broussonetia* et de quelques autres plantes papyrifères du Japon, de MM. Tanaka et Yekoussima, botanistes japonais. (Voy. au *Bulletin*, 2ᵉ série, t. IV, p. 339, 1867.)

Parmi les artocarpées, l'*Artocarpus lacucha* donne un liber propre à la sparterie et à la fabrication du papier; l'*Artocarpus incisa* (arbre à pain) fournissait autrefois son liber pour vêtir les indigènes à Taïti, mais l'usage de ces vêtements primitifs a disparu depuis l'introduction des tissus de coton d'Europe.

Dans la famille des Daphnoïdées, nous citerons le mahot-piment, *Lagetta funifera*, qui, à la Guadeloupe, sert à faire des cordages très-solides.

Parmi les cucurbitacées nous parlerons du *Cucumis sativus* dont la filasse donne de bons cordages et le *Momordica operculata*, dont la partie fibreuse du fruit est employée avec avantage à la fabrication du papier.

La grande famille des malvacées renferme un nombre considérable de plantes à fibres textiles, et, dans ces diverses espèces, plusieurs méritent toute notre attention; en premier, citons le genre *Hibiscus*, dont les nombreuses variétés fournissent des fibres d'un emploi important et journalier. L'*Hibiscus cannabinus*, vulgairement appelé gombo-chanvre, dont la filasse peut remplacer le chanvre dans toutes ses applications, est fort commun dans nos établissements de l'Inde et à la Guadeloupe.

Dans les bons terrains, les tiges s'élèvent de 1^m,60 à 2 mètres de hauteur; les cordes, ficelles et filés, ainsi que les tissus écrus blancs et teints qui nous ont été soumis, attestent l'utilité qui peut être donnée à cette plante.

L'*Hibiscus rosa-sinensis* donne des fibres soyeuses et longues de 3 mètres environ. La culture de cette plante peut fournir par hectare, à raison de deux coupes par an, 8000 kilogrammes de filasse, et peut être étendue sans installation dispendieuse. L'*Hibiscus gossypinus* est une plante de la Guadeloupe croissant sur le bord des ruisseaux et donnant une fibre dont on fait des lignes et des filets de pêche qui ont le grand avantage de ne pas pourrir dans l'eau. A la Martinique, le *Malva sylvestris* peut être employé comme le jute. Je dois encore signaler le *Pavonia zeylanica*, dont la filasse que j'ai vue, blanche, souple et dépouillée de toute écorce, m'a été indiquée comme n'ayant subi qu'un rouissage de quatre jours; cette dernière plante est originaire de l'Inde.

Parmi les bombacées, l'*Adansonia digitata* ou baobab, arbre aux proportions gigantesques, donne une écorce qui, jusqu'à ces derniers temps, n'avait guère eu d'autre emploi que celui que lui donnaient les naturels de la côte d'Afrique, qui en faisaient des cordes grossières; mais, depuis quelque temps, les Anglais en font une exploitation des plus sérieuses et importent chez eux le liber de cette plante pour la fabrication du papier. Il y a là, pour la marine, le commerce et l'industrie, une mine féconde à exploiter, car l'abondance et les dimensions de cet arbre pourront satisfaire à toutes les demandes.

Les tiliacées forment encore une grande famille dans laquelle nous trouvons sous le nom de *jute*, le *Corchorus olitorius* indien, dont l'emploi augmente sans cesse, tant en France qu'en Angleterre. On en fait des sacs, des cordes, des tissus : c'est la principale industrie de Chandernagor. Nous citerons aussi le mahot cousin, *Triumfetta lappula*, très-abondant dans toutes nos colonies et donnant une fibre résistante qu'on doit pouvoir utiliser à divers usages.

Dans le genre des euphorbiacées, le *Tragia cannabina* fournit une fibre résistante, fine et ayant beaucoup d'éclat : ce végétal est très-commun dans l'Inde, où l'on en fait de beaux tissus.

Parmi les linées, le lin commun, *Linum usitatissimum*, n'est guère cultivé que dans l'Inde où il paraît donner, soit en graines, soit en fibres, des résultats assez encourageants.

La famille de lecythidées a une de ses variétés, le *Lecythis ollaria*, dont le liber a la propriété de se séparer en feuilles excessivement minces dont on se sert à la Guyane comme de papier à cigarettes.

Dans la famille des légumineuses, il y a un assez grand nombre de plantes à fibres textiles dont les principales sont : Le *Sesbania cannabina*, abondant dans l'Inde et présentant une filasse fine et résistante dont on fait des ficelles et des cordes. Le *Crostalaria juncea*, servant à la fabrication de cordes, de ficelles et de papier, et dont on doit pouvoir faire de jolis tissus. L'*Hedysarum lagopodioïdes*, fibres blanches et nacrées propres aux mêmes usages. Le *Pachyrisus montanus* dont on fait des filets qui ont la réputation de résister très-longtemps à l'humidité ; et enfin, l'indigotier, *Indigofera tinctoria*, bien connu pour la vertu tinctoriale de ses feuilles et dont la tige offre des fibres textiles qui renferment un principe savonneux assez abondant.

Pour ne pas étendre davange la nomenclature de nos richesses coloniales, je n'ai cité que les familles et les variétés les plus importantes et les plus dignes de fixer l'attention des spéculateurs et des industriels ; j'ai passé sous silence les apocynées, les asclépiadées, les gentianées, les bignoniacées, les passiflorées et beaucoup d'autres dont on utilise les produits, mais qui ne m'ont pas paru devoir occuper le premier rang.

ANGLETERRE. — La Grande-Bretagne met en œuvre dans ses manufactures de toiles et de tissus du même genre d'immenses quantités de lin : la production intérieure, bien que considérable, est bien loin de suffire à ses besoins; aussi le royaume britannique exporte-t-il relativement peu de lin; en revanche, il en fait venir de tous les pays où cette plante est cultivée, notamment de Russie, de Prusse et des autres pays allemands, des Pays-Bas, de la Belgique, de la France, de l'Égypte même; ces sources si nombreuses et si fécondes ne satisfont encore qu'à peine l'énorme consommation de la fabrique; aussi les regards de ces nombreux manufacturiers se tournent-ils du côté de l'Inde, où le Punjaub semble promettre de fournir du lin en abondance quand on y connaîtra mieux la manière de cultiver et de préparer cette fibre textile.

INDES ANGLAISES. — Ces vastes contrées sont des plus riches en plantes textiles. Une simple nomenclature de ces diverses espèces fera apprécier les ressources considérables que ce pays est appelé à fournir quand la spéculation, le hasard peut-être, auront fait apprécier ce que nous avons laissé jusqu'à ce jour sans emploi dans l'industrie européenne. C'est ainsi que par hasard le mérite du jute a été reconnu et que c'est aujourd'hui l'objet d'une très-grande importation.

Il y a une vingtaine d'années, M. Williams ayant occasion d'envoyer de la province de Deswallee à Calcutta des échantillons de cire, de graines oléagineuses et autres matières, remplit la caisse avec du chanvre indigène provenant du *Corchorus olitorius*, pour empêcher les flacons de se briser. Arrivée à Calcutta, la netteté et le brillant de cette fibre attira tellement l'attention d'un propriétaire de corderie, qu'il la déclara valoir les meilleurs chanvres russes et qu'il en fit immédiatement une commande de 400 maunds (le maund = 33 kil. 864 grammes). Le commerce, depuis lors, s'en est bien largement accru, et ce même Williams envoie maintenant annuellement 600 mille maunds de cette fibre à Calcutta. Le jute est régulièrement cultivé, mais la culture en est limitée. A peu près 10 pour 100 de la fibre sont perdus dans les manutentions, et le prix de cette matière varie suivant les lieux du district et les saisons de l'année; le prix de la fibre préparée est d'environ 4 roupies par maund (la roupie = 2 fr. 38). Les moyens de transport du lieu de provenance à Mirzapore sont des chariots, ensuite des bateaux. De là jusqu'à Calcutta, ces divers frais élèvent le prix du maund à 7 roupies quand la marchandise arrive à Calcutta. M. Williams a également tenté de nombreux essais en culture de lin, mais il n'a pas réussi jusqu'à ce jour. Le lin peut croître à deux pieds, mais les vents chauds desséchant les tiges et dégageant la fibre de son bois, tout devient étoupe. Il n'y a pas de doute que des milliers de tonnes de lin des plus belles qualités pourraient pousser dans des localités bien disposées, et servir aux besoins de Dundee et de la Grande-Bretagne; mais, pour cela, il faut qu'un particulier ou une compagnie veuille bien donner ses soins à cette branche d'industrie.

La longueur du transport des lourds produits de l'Inde centrale et les énormes dépenses qui en résultent ont jusqu'à ce jour empêché M. Williams d'envoyer son chanvre en Angleterre; mais, arrivera bientôt le moment où le 'rail-way de Bombay à Jubbulpore sera ouvert, alors le chanvre pourra être rendu à Liverpool en moins de temps qu'il en faut aujourd'hui aux chariots et bateaux indiens pour le transporter de sa station à Calcutta. Il n'y a pas de doute qu'avant peu de temps, chanvre et lin deviendront, pour les territoires de Sangor et de Nerbudda, des articles importants d'exportation, et que ces provinces sont appelées à produire un jour des quantités capables de répondre à la plus grande partie des demandes de l'Angleterre.

D'autres provinces que celle de Deswallee produisent encore du *jute* en grande quantité, et l'on estime qu'aujourd'hui l'Angleterre en absorbe annuellement 50 millions de kilogr. et la France de 8 à 10 millions.

Les diverses autres plantes textiles qui poussent abondamment sur le sol indien, sont : le *Crotalaria juncea*, l'*Agave vivipara*, le *Saccharum moonja*, le *Seali*, le *Moorga*, le *Kodal*, le *Rhea*, l'*Hibiscus cannabinus*, le *Bunkuss*, l'*Aloe*, l'*Urtica tenacissima*, le *Sterculia*, l'*Urena lobata*, le *Calotropis gigantea*, etc.

Parmi les colonies anglaises, *Bahama*, le *Canada*, le *cap de Bonne-Espérance*, *Natal*, la *Nouvelle-Écosse*, *Queensland*, ont envoyé des échantillons de textiles divers, mais sous les mêmes latitudes, ce sont toujours à peu près les mêmes produits que nous avons trouvés dans nos diverses colonies. Ensuite, un examen détaillé m'entraînerait trop loin, et je me bornerai à signaler ici le Canada, comme ayant exposé de nombreux spécimens de lin et de chanvre. Dans ce pays, on trouve encore le *Pinus strobus*, qui donne un liber des fibres duquel on fabrique des cordes et des étoffes grossières.

Russie. — Après la culture des céréales, celle du lin et du chanvre est sans contredit la branche la plus importante de l'agriculture russe. On rencontre la culture du lin dans toute la Russie d'Europe, dans certaines localités de la Sibérie, dans le gouvernement d'Astrakan, dans une partie de celui d'Arkhangel, de Samara et du pays du Don.

Au sud et sud-est, le lin ne se cultive que pour la graine, tandis que dans le centre, le nord et le nord-ouest, c'est à la fois comme graine et plante textile.

On peut évaluer le quantité de lin employée dans le pays et exportée à l'étranger, à 12 000 000 pouds, d'une valeur de 144 000 000 fr. Quant à la graine, sa récolte annuelle doit être estimée de 22 à 23 000 000, et en argent, à 67 500 000 francs.

Le chanvre est cultivé, dans la majeure partie de la Russie du centre, mais particulièrement dans les gouvernements de Kalouga, Toula, Smolensk, Tschernigoff, Koursk et Orel. D'autres gouvernements en produisent encore, et sa récolte totale doit s'élever, en fibre, à 7 500 000 pouds valant 82 000 000 francs, et en chènevis, au même poids, environ, mais d'une valeur seulement de 8 millions de francs.

Ces chiffres peuvent donner une idée de l'importance de la culture du lin et du chanvre, soit comme graines oléagineuses, soit comme plantes textiles.

En Russie, l'industrie linière, malgré sa grande importance, se trouve tellement disséminée dans les villages et parmi les ménages de paysans, qu'on rencontre partout dans les campagnes des appareils de filature et de tissage, et cette industrie domestique porte un nom qui la caractérise : elle s'appelle *industrie des buissons*. Cependant, dans les gouvernements de Pskoff et de Livonie, on préfère l'exportation à la fabrication, et l'on ne s'occupe guère que du rouissage, du teillage et du peignage. En 1864, 73 grandes fabriques travaillant mécaniquement occupaient près de 13 000 ouvriers, et l'on évaluait à 3 000 000 fileuses et 500 000 tisserands le nombre des individus occupés à l'industrie linière, mais en dehors des fabriques.

Les mêmes caractères se rencontrent dans l'industrie du chanvre pour les tissus grossiers et ordinaires ; mais les toiles à voile constituent en Russie une branche d'industrie distincte, et ont acquis une réputation méritée. La fabrication en câbles et cordages présente aussi un mouvement ascendant, et l'on peut dire que, en général, l'industrie chanvrière s'est développée davantage que l'industrie du lin.

PRUSSE. — De fort beaux spécimens en lin et en chanvre, provenant de Weedern, Obrighoven, Rhéda, Troechtelborn, Stockhausen, Thuringue, Marienberg et Warendorf prouvent que la culture de ces deux textiles est assez répandue dans le royaume de Prusse. Mais il ne m'a pas été possible de me renseigner sur l'importance de la production : tout ce que je me plais à constater ici, c'est qu'en lin teillé et peigné, j'ai trouvé, dans ces différents échantillons, une qualité remarquable par la finesse, la force et la souplesse de sa fibre.

Toutefois, il est de notoriété que la Prusse exporte des quantités considérables de lin, dont une grande partie est achetée par l'Angleterre, et que ses premières marques jouissent de la même réputation que les plus beaux lins de Riga.

En Westphalie, la culture du lin a fait de grands progrès depuis quelques années, et les produits indigènes tendent à se substituer à ceux d'importation étrangère.

La production de cette fibre textile dans le Hanovre est également considérable : on évalue la moyenne annuelle de ses récoltes à 3 millions de kilogrammes.

GRAND-DUCHÉ DE BADE. — 13 exposants de chanvres teillés et non teillés sont une preuve que la culture de cette filasse a une assez grande importance dans le pays badois, mais l'absence de catalogue spécial et de renseignements auprès de la commission ne me permet pas de pouvoir apprécier la production d'une culture qui m'a paru très-soignée, à en juger par les échantillons qui m'ont été soumis.

ROYAUME DE WURTEMBERG. — La culture du lin occupe, dans cet État, un espace de 788 925 ares. Comme il manquait autrefois absolument d'établissements pour la préparation du lin, la culture en était restreinte ; mais depuis que ce vide est comblé, la culture de cette plante prend de grandes proportions, surtout dans les contrées de la forêt Noire, qui sont très-favorables à ce genre de produit. Le lin wurtembergeois acquerra donc bientôt, par l'excellence de sa matière et par l'importance de ses produits, une bonne renommée dans le commerce et des demandes suivies pour l'exportation.

AUTRICHE. — On peut être étonné, lorsqu'on voit la belle exposition de cet empire, qu'à peine sortie d'une guerre formidable,

l'Autriche ait pu s'occuper de l'envoi de tant de produits variés;
mais elle n'a pu trouver le temps et le calme nécessaires pour publier, comme l'ont fait d'autres pays, des documents sur sa position
agricole, industrielle et commerciale. Les renseignements sur l'Autriche m'auraient donc manqué sur ce pays comme sur les autres
contrées de l'Allemagne, sans l'obligeance du secrétaire du commis-
sariat, et j'aurais été réduit alors à examiner les échantillons de
chanvre et de lin teillés et sérancés qui m'ont paru généralement
beaux.

Grâce à ces documents, je puis dire que, en dehors d'une production considérable, qui n'est pas inférieure à 60 937 072 kilogrammes de lin pour la Bohême, la Silésie, la Moravie et la haute
Autriche, et à 87 184 216 kilogrammes de chanvre récolté en Hongrie et en Transylvanie, l'importation en lin est de 15 311 750 kilogrammes, et en chanvre de 6 277 750 kilogrammes. Ces chiffres importants peuvent donner une idée de l'importance de l'industrie
linière de l'Autriche, qui compte actuellement 56 filatures mécaniques avec 312 954 broches.

PAYS-BAS. — Dans le lin des Pays-Bas, nous avons remarqué trois
espèces bien distinctes : le lin bleu de Hollande, le lin jaune de
Frise et le lin blanc de Zélande. Une certaine quantité est envoyée
en Belgique pour y être filée, et rentre ensuite dans le pays pour
servir à la fabrication des toiles de ménage et des engins de pêche.
Le surplus de cette matière première est destiné à l'exportation, et
c'est en Angleterre qu'on en trouve le principal débouché. Le
chanvre des Pays-Bas est également très-estimé, et la culture en est
assez étendue; comme le lin, on l'envoie en Belgique pour être con-
verti en fils qui servent ensuite au tissage des toiles à voiles.

Le rouissage artificiel est souvent usité en Hollande; on place les
lins en botte dans des bassins maçonnés remplis d'eau saline chauffée à la vapeur, et, après cette première opération, les tiges sont
écouchées à la machine.

Les Pays-Bas trouvent dans leurs colonies à peu près les mêmes
plantes dont nous avons parlé à propos des colonies françaises.
Sous les mêmes zones, on retrouve à peu près partout les mêmes
espèces, et si je n'en fais pas ici l'énumération, c'est pour ne pas
donner à mon rapport des proportions trop longues.

BELGIQUE. — Ce pays offre une très-belle exposition de lin brut,
teillé et sérancé. Depuis les temps les plus anciens, la culture du lin

est une des principales sources de richesse pour sa population agricole. Depuis quelques années, cette culture s'est développée d'une manière très-notable au point de dépasser l'importance qu'on lui avait connue il y a trente ans; elle a pénétré même dans quelques districts où elle n'avait pas été pratiquée, et on peut, sans crainte d'exagération, évaluer aujourd'hui à 50 000 hectares les terres consacrées à cette culture : à raison de 500 kilogrammes par hectare (moyenne des années de 1861 à 1865), cela fournit un rendement de 25 millions de kilogrammes de filasse.

Les arrondissements où la culture du lin a le plus d'importance se classent de la manière suivante : Termonde, Saint-Nicolas, Thialt, Malines, Roulers, Gand, Courtrai. Le lin de mars, supérieur au lin de mai, se récolte à peu près exclusivement dans les arrondissements de Termonde, de Courtrai et de Saint-Nicolas.

Les Flandres et les environs de Courtrai surtout recueillent et livrent à l'industrie le plus beau lin qui soit connu en Europe; aussi l'exportation en devient-elle de plus en plus considérable : cette exportation s'est élevée, en 1864, au chiffre de 46 810 000 francs.

Les eaux de la Lys ont des propriétés particulières pour le rouissage des lins, et ceux de Courtrai lui doivent en partie leur qualité et leur réputation.

Le teillage, qui est une opération importante, occupe dans l'arrondissement de Courtrai seulement, 26 établissements, dont 19 mus par la vapeur, et dans le ressort de Roulers il existe 86 teillages plus ou moins considérables.

Le sérançage et les dernières préparations qui précèdent la mise en œuvre du lin, donnent également lieu à beaucoup de main-d'œuvre : le commerce de l'Okeren est très-habile en ce genre de manipulation, qui s'exerce d'ailleurs avec succès dans la plupart des districts liniers.

Le chanvre, d'après le relevé horticole de 1846, n'était guère cultivé que sur 1712 hectares, et ce chiffre n'a pas sensiblement varié depuis vingt ans; chaque fermier sème seulement quelques ares de cette plante pour récolter la filasse nécessaire à la toile de ménage.

Espagne. — Les plantes textiles sont en Espagne l'objet d'une culture assez importante dans plusieurs de ses provinces, particulièrement en Galicie, Léon, dans la Catalogne, l'Aragon, Valence, Murcie, aux îles Baléares, dans les provinces basques et de la Castille. Les lins et les chanvres figurent pour un certain chiffre, et donnent des produits utiles malgré les mauvais procédés employés en général pour la séparation de la fibre textile; le rouissage dans des fosses remplies d'eau et le teillage à la main sont les seules méthodes employées dans le pays, ainsi que le filage et le tissage domestiques. L'Espagne a donc de grands progrès à réaliser dans la culture et le traitement du chanvre et du lin; sa production est loin de suffire aux besoins de la consommation et de la marine, et les importations annuelles de cette matière ne montent pas à moins de 35 millions de francs.

PORTUGAL ET SES COLONIES. — La production du lin en Portugal ne suffit pas à sa consommation. En 1858, il en tirait de Riga pour une somme de 586 000 francs, et depuis lors les importations de ce textile doivent avoir augmenté en raison de l'accroissement que ce pays a su donner, dans ces dernières années, à son commerce et à la fabrication des tissus. Cependant, je crois que généralement le filage du lin se fait encore à la main.

La culture du chanvre est peu connue en Portugal, qui tire des lieux de production ce qu'il faut de cette matière pour sa marine.

Dans ses colonies d'Afrique, nous trouvons de nombreuses variétés de textiles utilisables dans les *Agaves,* les *Musacées,* les *Dracœnées* et le *Yucca aloefolia.* Les autres régions soumises au Portugal possèdent aussi des richesses textiles dont l'industrie saura bientôt tirer parti et qui deviendront alors un objet important de commerce et d'exportation.

ITALIE. — On évalue la récolte du lin dans le royaume à 135 000 quintaux métriques et celle du chanvre à 500 000 quintaux métriques. Les principales espèces de chanvre que l'on cultive sont le chanvre ordinaire, *Cannabis sativa,* le chanvre de la Chine et le chanvre géant, dont les tiges atteignent quelquefois la hauteur de 5 mètres.

Les exportations en lin et en chanvre dépassent de beaucoup les importations : la longueur des chanvres de Bologne, la finesse et le brillant du brin, ainsi que les qualités remarquables des lins de la province de Ferrare et en particulier ceux venant de la culture du comte Revedini, font comprendre la faveur dont ils jouissent à l'étranger.

En Italie, le filage du lin et du chanvre s'opère presque entièrement à la main : on n'y compte encore en Lombardie que cinq filatures mécaniques. A ce travail de manufacture il faut ajouter celui de 300 000 paysannes, qui s'occupent à filer pendant à peu près 150 jours par an, moyennant un gain de 15 centimes par jour.

La ville de Bologne possède aussi deux filatures de chanvre et sur les bords du Sarno, la principauté Citérine a vu construire récemment une manufacture assez considérable qui occupe environ 800 ouvriers.

Turquie. — Le chanvre, le *cannabis* des Romains et *kennebi* chez les Turcs et les Arabes, peut être cultivé partout où le terrain n'est pas trop sec et le sol de l'empire Ottoman en est couvert dans les trois parties du monde où il s'étend. Les chanvres exposés en filasse sont très-beaux, surtout ceux de Smyrne et d'Amasia. Les cordes de chanvre se vendent à très-bon marché ; mais généralement la fabrication en est très-négligée ; il n'en est pas de même de celles des arsenaux militaires dont la consommation annuelle est d'environ 5 millions de kilogrammes. Cette production de l'État est l'objet de soins qu'il serait désidérable de voir imiter dans l'industrie civile, dans l'intérêt du commerce et de la marine marchande.

La culture du lin est rare en Turquie, en raison de la peine qu'elle donne et du manque d'instruments qui lui sont nécessaires ; peu de plantes exigent autant de soins et un terrain aussi bien préparé. Il ne s'agit cependant, pour les cultivateurs des provinces ottomanes, que de s'appliquer à cette culture avec les mêmes soins qu'on y apporte en Occident, ce qui serait d'autant moins onéreux que les journées de travail ici sont moins chères que partout ailleurs.

Égypte. — Si je donne à l'Égypte une large part dans ce rapport, c'est d'abord parce que ce pays, qui fut le berceau de la civilisation de l'ancien monde et qui de nouveau marche d'un pas assuré dans la voie du progrès et des connaissances modernes, m'a semblé mériter une mention particulière ; mais ensuite parce que je tiens du docteur Figari bey des documents précieux que je craindrais de mutiler en ne vous en donnant ici que de trop courts extraits.

Si nous voulons un instant considérer l'histoire du travail, nous trouvons des toiles de fil de lin de toutes façons et de toutes finesses. En Égypte, dans les nécropoles de Memphis, de Thèbes, etc., nous observons les momies entourées de bandelettes de toiles de lin pur. Depuis l'introduction de la culture du coton en Égypte, les linges et bandelettes entourant le corps des momies ont souvent été faits de cette matière. Il résulte de là que le lin a été introduit dans la grande culture de la vallée du Nil depuis environ huit mille ans et

qu'à cette époque l'homme cultivateur avait déjà passé par les longues périodes de son état d'*inconscio* et de *conscio* sauvage. L'humanité avait donc alors déjà parcouru les âges de la *pierre non polie*,
de la *pierre polie* et des *grottes*, l'homme avait été pasteur, cultivateur et déjà industrieux à l'époque du *bronze* avant de savoir préparer les filasses textiles. Ainsi le rouissage, le teillage de la fibre,
sa filature, le tissage de toiles aussi belles et aussi fines que celles
qui se fabriquent aujourd'hui, peuvent donner une idée de l'état
des connaissances et de l'industrie à des âges très-reculés. Le lin se
cultive dans la haute et moyenne Égypte et plus encore dans la
partie sud du Delta. Il faut à cette plante un terrain fertile, de nature meuble plutôt argileuse, annuellement inondé et bien nivelé.

La culture du lin qui se fait dans la haute et moyenne Égypte
diffère de celle pratiquée dans la basse, où elle reçoit beaucoup
plus de soins ; ainsi, dans les régions supérieures de la vallée du
Nil, la graine est semée dès que les eaux ont abandonné le sol
(octobre et novembre) pendant que la terre est encore à l'état de
boue. La graine germe, et quelques jours après le champ est couvert
d'un tapis d'un vert ravissant. On doit être sévère sur le choix des
graines, et la quantité employée par hectare varie de 96 à 110 kilogrammes. Au bout de trois mois et demi, la plante est mûre, et l'on
procède à la récolte : les tiges arrachées avec leurs racines sont liées
en petits faisceaux qu'on laisse huit ou dix jours sur le sol pour les
dessécher, puis transportées sur l'aire où elles sont égrainées. Après
cette opération, elles sont placées à l'intérieur d'un vaste quadrilatère en maçonnerie où s'effectue le rouissage putride, d'une durée de
dix à quinze jours. Ces faisceaux de tiges de lin sont ensuite passés à
l'eau fraîche, séchés à l'ombre. On procède alors à la décortication
en plaçant ces fascicules sur une large pierre unie et en les frappant
avec une massue. Ainsi teillées et peignées chez le cultivateur, ces
filasses se vendent aux fabricants de toiles de Girgeli et d'Assiout ;
ceux-ci raffinent la filasse en la faisant passer une seconde fois au
peigne avant de la filer (opération correspondante au sérançage). La
culture du lin peut donner par hectare 250 kilogrammes de bonne
filasse et 350 kilogrammes de graines.

La culture du lin dans la Basse-Égypte et du Faaoum s'opère
d'une manière bien différente de celle que nous venons de décrire.
De même, on a soin de choisir un terrain fertile qui, l'année précédente, aurait été mis en prairie et sur lequel on aurait fait séjourner du bétail : le sol soumis ensuite à deux labours doit être laissé
en repos pendant quatre mois jusqu'à l'époque de la nouvelle inon-

dation qui le submerge pendant vingt-cinq à trente jours, temps suffisant pour que les eaux puissent y laisser leur limon fécondant et macérer les matières organiques que le sol a reçues pendant le temps du pâturage. Après la retraite des eaux, on laisse la terre pendant un mois s'assainir au soleil, puis vers la fin de février, on procède de nouveau à deux labours pour y semer le lin dans les premiers jours de mars; pour pouvoir ensuite arroser le sol, des hommes le divisent par petits carrés, environ 100 à l'hectare. Le cultivateur nourrit de nouveau ses champs avec un engrais de cendres d'immondices et de fumier d'animaux. Aussitôt que la plante a acquis 6 à 7 pouces, cette opération est suivie de l'irrigation; grâce à ces soins multipliés, le lin ne tarde pas à prendre toute sa vigueur et on peut faire la récolte en mai. Dans la Basse-Égypte, le rouissage se fait à l'eau courante. La bonne culture du lin se manifeste dans le rendement, car, si, dans la Haute et Moyenne Égypte, la récolte en filasse ne dépasse pas 250 kilogrammes par hectare, elle s'élève généralement sur le Delta à 320 kilogrammes. La culture du chanvre d'Europe (*Cannabis sativa*) est fort peu étendue et ne comprend que de très-petits espaces. Dans la Basse-Égypte, on sème en février dans un bon terrain bas et humide préparé par deux labours. Au bout de quarante jours, on a soin de donner à la plante un nouvel engrais en mettant à chaque pied deux poignées de bon compost. Une bonne condition de succès, c'est de renouveler tous les trois ans la graine qu'on tire ordinairement de l'Émilie ou de la Lombardie. Il est important de changer tous les ans l'endroit de la culture, de semer épais, sauf à arracher les plantes trop voisines et trop faibles ; on arrive ici à obtenir comme en Europe et en Syrie des tiges de 6 à 7 pieds de hauteur : un hectare cultivé en chanvre produit en moyenne 500 kilogrammes de filasse : dans certaines localités, on en a obtenu jusqu'à 960 kilogrammes; la moyenne des graines oléagineuses est aussi de 300 kilogrammes par hectare.

Après le chanvre d'Europe vient le *chanvre du pays*, espèce naine connue en arabe sous le nom de *haschich;* cette plante, cultivée sur les bords du Nil et dans les canaux de la Haute-Égypte, ne s'élève pas à plus de deux pieds. Sa tige couverte d'aspérités porte des rameaux rapprochés et opposés, des feuilles larges, presque agglomérées entre elles, d'un vert foncé; toute la plante donne une odeur vireuse *sui generis* et le sommet se trouve recouvert d'un pulvisque granuleux comme la lupuline et qui contient une liqueur grasse et résineuse; c'est là le vrai principe actif du chanvre sauvage d'Égypte, des Indes et de la Syrie. Dans les autres plantes textiles, nous mentionnerons d'abord l'*Hisbiscus cannabinus* qui croît partout en Égypte et surtout dans la partie du Delta.

On n'en fait pas une culture spéciale; cet *Hisbiscus* n'est semé que dans des sillons autour des champs cultivés en coton et autres plantes et dans le but de former des haies qui la protégent. La récolte se fait en coupant la tige à la base de la plante qui repousse de ses racines la seconde année. Ces tiges, ensuite préparées comme celles du chanvre d'Europe, donnent une belle filasse propre à plusieurs emplois. D'autres malvacées des genres *Hibiscus*, *Pavonia*, *Abutilon*, des régions intertropicales de la Nubie, poussent également sous le climat de l'Égypte et y donnent d'excellentes fibres textiles.

En Tiliacées, on trouve encore dans ces contrées le *Corchorus* des Indes Orientales, le *Corchorus olitorius* dont les tiges atteignent 6 pieds d'élévation, le *Grewia*, l'*Eriodendron* et les *Apocynées*. Parmi les *Asclépiadées*, le *Calotropis procera* croît communément en Nubie, en Abyssinie sur les bords du Nil. Dans la basse Nubie et dans l'Égypte supérieure, il fournit à la fois de la soie végétale, une filasse résistante, et un bois léger dont les Arabes se servent pour faire du charbon propre à la fabrication de la poudre. Dans le désert oriental de la vallée du Nil vient aussi en abondance un autre *Asclepias*, c'est-à-dire le *Cynanchum pyrotechnicum*, plante vivace, frutescente dont les baguettes séchées fournissent une fibre solide et fine; une autre espèce encore, le *Cynanchum acutum* qui pousse en gros buisson dans des endroits pierreux, donne aussi une bonne filasse; enfin l'*Asclepias curassavica* qui croît en abondance au Caire et à Alexandrie, et dont la fibre est forte et d'une teinte argentée.

L'*Urtica nivea*, cultivé également dans les environs du Caire, se propage par des rejetons qui partent des racines. Le bananier *Musa paradisiaca* croît abondamment en Égypte et peut donner une grande quantité de bonne filasse. Le Ricin, qui se propage à l'infini, fournit outre ses graines un textile utilisable. Enfin, l'Égypte voit encore des juncées, le *Typha angustifolia*, les cypéracées, les *Morus alba* et *nigra*, le *Broussonetia papyrifera*, l'*Agave americana*, les diverses espèces de *Yucca*, l'*Opuntia ficus-indica*, le *Paracchima albumina*.

On cultive fréquemment dans les jardins comme plante rampante le *Momordica luffa*, lequel produit un grand nombre de fruits allongés qui ont à l'intérieur un tissu cellulaire fibreux qui sert comme éponge dans les bains.

Dans les campagnes de la Haute et Basse Égypte, deux graminées, le *Poa cynosuroïdes* et le *Saccharum egyptiacum*, donnent aussi, après une macération dans l'eau, une fibre assez tenace pour en faire des cordes et autres ustensiles à l'usage des ménages.

L'Égypte possède deux palmiers, le *Phœnix dactylifera* et le *Cucifera thebaïca*. Le Dattier est comme le *Palmier carnauba* du Brésil, un arbre providentiel, puisque en Égypte il offre à l'homme dans le désert, la nourriture pour lui et pour ses chameaux et des fibres pour différents besoins de sa vie. Le *Cucifera* lui fournit de même des fruits, des fibres et du combustible pour les longues étapes qu'il doit faire sans trouver d'autres ressources.

États-Unis d'Amérique. — La culture du lin est restreinte dans les États-Unis d'Amérique, et sa récolte d'après les relevés officiels ne dépasserait pas 2 360 072 kilogrammes. Il n'en est pas de même pour le chanvre dont les produits monteraient à 70 433 000 kilogrammes sur lesquels 53 millions seraient rouis à l'air, 4 millions à l'eau et le surplus par des procédés divers et nouvellement adoptés.

Ainsi qu'on peut le voir plus haut, la culture du chanvre a pris une grande importance en Amérique, bien que cette partie du monde possède encore dans les contrées chaudes plusieurs plantes très-abondantes au nombre desquelles il faut compter le bananier et qui peuvent fournir des fibres textiles de très-belles et très-bonnes qualités. Autrefois, il s'exportait beaucoup de chanvre d'Europe aux États-Unis ; actuellement cette grande confédération se suffit à elle-même pour l'approvisionnement de ce produit. L'État de Massachusetts passe pour donner le meilleur chanvre. Jusqu'à présent, l'Amérique s'est contentée d'en produire pour sa propre consommation et n'en a pas poussé la culture en vue d'en faire un article d'exportation.

Brésil. — Il n'existe pas de pays plus riche en plantes textiles que le Brésil. Les provinces de Sainte-Catherine et de Rio Grande du Sud ont envoyé de nombreux échantillons de lin, soit brut, soit teillé. La province des *Amazones* expose :

1° Des filaments du *curacia*, plante assez fibreuse et semblable à l'ananas. Ses filaments ressemblent à ceux du lin, bien que plus rudes et de moins de durée.

2° Des fibres du palmier, nommé *tucum*, qui se prêtent au filage le plus délicat; on s'en sert pour la fabrication de toute espèce de cordages qui sont plus résistants que ceux de lin ou de chanvre.

3° Des filaments du *piassiba*. Le liber qui le produit fait plusieurs circuits autour de la tige ; on le vend en filasse ainsi qu'en balais, en brosses et en cordages.

4° L'étoupe du *châtaignier*, qu'on emploie dans le calfatage des grandes et petites embarcations : c'est un article d'exportation.

5° L'étoupe du *matamata*, qui diffère peu de celle du châtaignier.

La province du *Para* possède aussi le châtaignier, qui atteint dans ces contrées des dimensions colossales. Malheureusement, les hommes qui en tirent l'étoupe risquent souvent leur existence, à cause de ses proportions gigantesques. Les forêts de la province de *Para* abondent en plantes textiles, qui produisent des filaments de diverses qualités et propres à différents usages, les uns employés seulement à faire des cordages grossiers, les autres à fabriquer des tissus.

Entre les espèces à mentionner, nous devons citer les espèces connues dans la province sous les noms vulgaires d'*inaja*, de *muriti* et de *curaua*. Les filaments et les pailles des deux premières servent pour cordes, chapeaux, nattes et tissus grossiers ; ceux de la troisième servent pour des tissus fins, de la dentelle, etc. Dans la province de *Rio Grande du Nord*, nous trouvons le *palmier Carnauba*, qui croît en abondance tant dans cette province que dans les contrées voisines, est une des plus riches productions du Brésil ; mais pour me circonscrire ici dans le sujet de ce rapport, je ne parlerai que de ses feuilles à l'état sec. On en fait des nattes, des chapeaux, des corbeilles, des éventoirs, des balais ; et, de la fibre que donnent ces mêmes feuilles quand elles sont nouvelles, on fabrique des cordes et des filets de pêche : la paille du *Carnauba*.

Je n'ai cité qu'une bien faible partie de cette longue série de matières fibreuses que produit le Brésil ; je suis bien loin d'en avoir épuisé la liste, mais les limites de mon rapport ne permettent pas un inventaire plus détaillé des valeurs considérables dont ce vaste pays a été doté.

ÉTATS DE L'AMÉRIQUE DU SUD. — Bien que l'Amérique centrale doive, comme le Brésil, le Mexique et les Antilles, avoir à profusion ces variétés innombrables de plantes qui poussent à l'état sauvage dans les contrées qui se trouvent sous les mêmes latitudes, les expositions des quatorze États qui composent ce groupe ne présentent que très-peu de spécimens de ces produits fibreux. Ils ont donné une bien autre importance à la partie métallurgique, à leurs laines et aux collections pharmaceutiques. J'y avais trouvé également beaucoup d'échantillons de coton ; il est vrai que cet article était, dans ces derniers temps, l'objet d'une vive sollicitude et qu'il était de mode de s'en occuper.

Je puis dire, toutefois, que le Chili a envoyé de beaux échantillons de chanvre et de lin teillés et en cordages, et que c'est dans la Nouvelle-Grenade que pousse le *Carludovica palmata* qui fournit la paille dont on fait les beaux chapeaux de panama, objet d'un grand commerce.

Bien que mes citations s'arrêtent là, je n'en demeure pas moins convaincu que dans ces riches contrées, nous trouverons en grande quantité des textiles qui serviront d'échange aux produits fabriqués que l'Europe pourra leur fournir.

CHINE ET JAPON. — Nous avons trop peu de documents sur les plantes textiles que produisent la Chine et le Japon pour nous arrêter longtemps sur ces pays dont les produits doivent être cependant extrêmement variés et curieux à connaître. J'espère un jour être mieux renseigné et pouvoir fournir à notre Société le résultat de mes recherches. Pour aujourd'hui, je me contenterai de parler d'une variété de *chanvre géant* qui offre une excellente matière pour les cordages. M. Hardy, directeur de la pépinière centrale du gouvernement d'Alger, pense que cette variété pourrait être cultivée avec avantage en Afrique et dans celles de nos colonies où le chanvre d'Europe ne réussit pas. Selon M. Hardy, le chanvre géant de la Chine peut donner par hectare 3000 à 3500 kilogrammes de filasse teillée ; dans la pépinière d'Alger, il a donné 1470 kilogrammes de semences à l'hectare, et ce rendement aurait encore été plus considérable sans les déprédations des moineaux très-friands, comme chacun sait, de cette graine.

Il m'est bien difficile de quitter la Chine sans dire un mot du bambou qui rend de si grands services dans l'extrême Orient, et qui (pour me renfermer ici dans mon sujet) fournit des fibres dont on fait des cordages qui servent, mélangées avec le coton nankin dont j'ai parlé autre part, à la fabrication de ce *papier de Chine* sur lequel se tirent nos gravures et nos photographies.

CONCLUSIONS.

En écrivant ce rapport que je cherchais sans cesse à abréger, tandis qu'au contraire l'abondance des matières m'obligeait d'en étendre les limites, je n'ai pu me défendre d'un sentiment d'admiration en passant en revue tout ce que la nature a mis à la disposition de l'homme, et en songeant au rôle considérable qui est réservé à la Société d'acclimatation.

Soit que notre Société par ses enquêtes et ses rapports encourage des essais d'acclimatation et vienne mettre par là, plus à notre portée des quantités nombreuses de plantes utiles; soit que, par les renseignements qu'elle recherche sans relâche et qu'elle sera à même de fournir constamment à l'esprit de spéculation et à l'industrie, elle arrive à vulgariser l'emploi de richesses dont nous n'avons pas su encore profiter.

Dans un autre rapport, j'ai essayé de démontrer ce qui peut se faire pour réparer promptement un désastre; quand, à une certaine époque, le coton vint à manquer, en deux ou trois ans, on en introduisait la culture dans des contrées nouvelles, on la développait là où elle existait déjà, et nous touchions au moment où nous eussions pu nous passer du marché des États-Unis s'il fût demeuré plus longtemps fermé pour nous.

Aujourd'hui une grande question vient nous préoccuper, c'est l'insuffisance et la cherté du *chiffon*, vis-à-vis des besoins toujours croissants de la papeterie; au lieu de demander au bois une pâte à papier imparfaite et incomplète (puisque pour être employée elle a besoin encore de 50 à 70 pour 100 de chiffon dans la fabrication du papier); pourquoi n'irait-on pas chercher au loin ces fibres nombreuses qui peuvent suffire et au-delà à tous les besoins, pourquoi ne pas tenter l'acclimatation, dans des régions plus rapprochées, d'une partie de. ces textiles, et pourquoi, en attendant, ne pas faire profiter notre marine de l'importation de cette masse considérable de produits utilisables? Nous en obtiendrions le frêt à de bonnes conditions, car souvent les retours en marchandises manquent à ces milliers de navires qui vont porter sur tous les points du globe les produits si variés de l'industrie européenne.

Pourquoi la *pêche* n'emploirait-elle pas, elle aussi pour ses filets et ses engins, ces belles filasses dont on se sert ailleurs avec d'autant plus de profits, que quelques-unes entre autres ont le grand avantage de résister sans avarie à un séjour prolongé dans l'eau?

Mais je m'arrête, laissant à plus capable que moi le soin de tracer et d'éclairer ces voies nouvelles, de mesurer ce vaste champ qui nous est ouvert et de reculer nos horizons; j'ai la conviction intime que la Société d'acclimatation doit participer grandement au bien-être de l'humanité en utilisant, au profit de tous, les efforts, le zèle et le savoir de chacun de ses membres.

Parmi les titres de gloire de notre illustre Président, le plus assuré de tous, celui qui restera gravé profondément sur les tablettes de l'avenir, ce sera d'avoir fait notre Société ce qu'elle est, d'avoir employé sa haute position et son influence à attirer à elle, de tous les pays, les hommes les plus éminents, les plus savants, d'avoir ainsi réuni un faisceau de lumières, et enfin, d'avoir donné des bases solides au phare qui, un jour, éclairera le monde.

LES

PROCÉDÉS DE TANNAGE

EMPLOYÉS

DANS LA RÉPUBLIQUE ARGENTINE

RAPPORT

Par M. LE Dr V. MARTIN DE MOUSSY

Membre de l'Institut historique et géographique de la Plata, Membre de la Société impériale
d'acclimatation.

Tout le monde sait combien les régions du bassin de la Plata sont favorables à l'élève du bétail, et quelle immense quantité de cuirs elles envoient à l'Europe.

Par suite du peu de développement de l'industrie manufacturière dans le pays, et du haut prix de la main-d'œuvre, on avait, pour la carrosserie, la cordonnerie, enfin pour les usages habituels, pris l'habitude de faire revenir d'Europe quelques-uns de ces mêmes cuirs, tannés en France ou en Belgique, ce qui les mettait naturellement à un prix très-élevé dans les grandes villes du littoral de la Plata, telles que Montevideo, Buenos-Ayres, Rosario.

Dans les provinces de l'intérieur, et surtout vers le nord, à Salta, à Tucuman, par exemple, centres de population éloignés du littoral de quatre cents et trois cents lieues, et avec lesquels les communications commerciales n'avaient lieu que par caravanes de charrettes, il avait bien fallu tanner des cuirs sur place, et cette industrie avait même atteint assez de développement pour fournir toutes les provinces intérieures. On employait pour le tannage l'écorce de Cébil (*Acacia cebil*, mimosées), écorce fort riche en tannin et qui donnait d'excellents résultats. On peut d'ailleurs s'en assurer à l'exposition argentine en examinant des cuirs de taureau, de vache, de veau, tannés à Tucuman même et qui sont de qualité excellente. Le cébil est un bel arbre, de seconde grandeur, atteignant dans ces provinces un beau développement, mais qui malheureusement commence à s'épuiser par suite du gaspillage insensé que l'on en a fait. La cherté du transport empêchait d'ailleurs qu'on pût en amener l'écorce au littoral du Parana et de l'Uruguay, qui cherchait à le remplacer par d'autres substances. Là, le curupy, arbuste de la même famille, mais d'un moindre développement, était employé dans quelques tanneries que l'on s'était décidé à créer à Parana, à Gualeguaychu et même à Buenos-Ayres, tant la nécessité du tannage local se faisait sentir.

En effet, l'accroissement de la population et par conséquent de ses besoins, dans la région des fleuves, là où se concentraient pour ainsi dire la vie et le commerce argentins, rendait extrêmement coûteuse l'introduction des cuirs tannés venant de l'étranger, inconvénient d'autant plus sensible que la matière première commençait réellement à faire défaut dans le pays, tant par la diminution des arbres que par le coût énorme du transport.

Un industriel français, établi depuis quelque temps à Buenos-Ayres, avait monté une tannerie qu'il ne pouvait soutenir qu'en faisant venir à grands frais, des bords et des îles du Parana et de l'Uruguay, des écorces de *curupy* et de *molle*, les meilleures substances reconnues, dans la région des fleuves, pour la tannerie. Ces substances étaient rares et chères ; l'idée lui vint d'expérimenter d'abord l'écorce, puis la substance même d'un arbre très-commun dans le pays, surtout en remontant vers le nord. C'était le *quebracho colorado* ou quebracho rouge, car on en connaît deux espèces ; une autre est désignée sous le nom de quebracho blanc, d'une taille moindre que la précédente, mais plus répandue surtout vers le pied de la cordillière des Andes. L'expérience lui réussit pleinement.

Le quebracho rouge (*Aspidospermum Quebracho*, de la famille des apocynées) est un arbre de première grandeur, très-répandu dans le bassin de la Plata, surtout dans les provinces d'Entre-Rios de Santa-Fé, de Corrientes, dans le Paraguay et dans le Chaco. Il n'atteint une très-grande taille que dans les bons terrains un peu humides.

Dans la ville de Caacati, province de Corrientes, sur un arbre colossal, abattu pour construire des moulins à broyer la canne à sucre, nous comptâmes quatre-vingt-quatre couches concentriques très-développées, indiquant l'âge de l'arbre, quatre-vingt-quatre ans, et, certes, à l'ampleur de son développement, on l'eût cru beaucoup plus âgé.

Le quebracho est l'arbre de charpente par excellence sur tout le littoral, il fournit le principal et presque l'unique bois de construction pour les édifices de toute sorte. Les lourdes terrasses des maisons sont soutenues par des poutres et des lambourdes de quebracho, sur lesquelles on maçonne directement les briques. Ce bois est de couleur rouge, incorruptible sous terre, inattaquable aux insectes et d'une conservation infinie, ce qui le rend inappréciable pour les traverses de chemin de fer.

Déjà depuis un temps immémorial, on employait son écorce pour la teinture. On en obtenait une couleur feuille morte qui mordait avec une grande facilité sur la laine et le coton. M. Bletscher, après quelques tâtonnements, a eu idée de l'employer ainsi que le bois lui-même pour la tannerie.

A l'aide d'une petite machine à vapeur, il fait mouvoir un système de fraises qui mor lent sur la poutre de quebracho, placée à contre-bout et la réduisent ainsi en poudre grossière. Cette poudre est employée dans les fosses à tanner, exactement comme celle fournie par l'écorce de chêne, de redoul ou de cébil, et elle donne les produits qui ont vivement attiré l'attention par leur excellente qualité et que le jury a récompensés par une médaille d'argent. Des cuirs de taureau, de vache, de génisse, de veau; des maroquins, des basanes, des tapis de peaux de petits animaux, des veaux cirés et vernis ont été tannés avec la poudre de québracho et ont donné le même résultat que s'ils avaient été préparés avec la meilleure écorce de chêne ou de cébil.

Or, le bois de quebracho est, comme nous venons de le dire, très-répandu dans la Plata; ce n'est point seulement l'écorce, mais le tronc de l'arbre lui-même et ses grosses branches qui sont employés; la matière tannante est donc en quantité illimitée. Elle peut être exportée pour l'Europe en billes, en poutres de toute grosseur et sans le moindre soin comme lest de navires, car le bois est lourd et compact. L'exposant a eu soin d'envoyer un sac de sa poudre et une pièce du bois sur laquelle la fraise a mordu, afin qu'on pût mieux juger de sa découverte et des avantages de son procédé dans l'art de la tannerie.

Il est bon de remarquer que cette substance est à très-bas prix, puisque le quebracho rouge est le bois de charpente ordinaire dans la Plata, et qu'il arrive par eau du Paraguay, du Chaco, de Corrientes, etc., en descendant le fleuve Parana, soit sur de grandes pirogues, soit en trains installés exprès, mode de transport qui n'occasionne ainsi que des frais minimes. Enfin il faut observer encore que l'arbre entier est utilisé et qu'il n'y a nul déchet.

La découverte de M. Bletscher et ses applications nous paraissent donc un événement heureux dans l'industrie. Il l'est surtout pour la Plata, qui peut maintenant tanner ses cuirs à bas prix sur le lieu même de production et en faire l'objet d'une exportation extrêmement fructueuse pour l'Europe.

Le *Quebracho colorado* lui-même peut être acclimaté dans le midi de la France et surtout en Algérie, sur les bords de la Méditerranée ; il croît partout et n'est pas difficile sur le choix du terrain, mais la région de son meilleur développement est du 30° au 20° de latitude ; il est magnifique dans les terrains profonds de Corrientes et du Chaco, plus compact et plus petit dans les terrains secs et argileux. Du reste, cet arbre n'est pas exclusif à la Plata ; on le trouve sous d'autres noms dans diverses autres parties de l'Amérique du Sud, Brésil, Bolivie, Pérou, Colombie et Venezuela.

NOTE

SUR DIVERS PRODUITS MÉDICAUX

RAPPORT

Par M. DURIEZ ET M. TOURLET

Internes en pharmacie.

L'Exposition universelle renferme un nombre immense de produits de nature végétale, auxquels on attribue des propriétés médicinales. Quelques pays, comme l'Espagne, le Portugal, le Brésil, les États-Unis, les diverses républiques de l'Amérique tropicale, ont fourni une nombreuse série de produits. Les colonies françaises, notamment, nous offrent une nombreuse variété de produits pharmaceutiques ; et, si les propriétés qu'on leur attribue étaient justifiées, on y trouverait de quoi répondre à toutes les exigences de la thérapeutique moderne. L'emploi des végétaux appliqués à l'art de guérir est en effet plus répandu sous les tropiques que dans les régions tempérées, et il est peu de plantes auxquelles le natif des colonies n'attribue quelques propriétés curatives.

Les colonies anglaises, l'empire ottoman et quelques autres contrées ont aussi apporté à l'Exposition bon nombre de végétaux ou de parties de végétaux employés dans la pratique médicale.

Nous n'avons pas l'intention de parler de chacune de ces plantes en particulier ; nous nous bornerons à étudier seulement celles dont l'acclimatation en France ou dans ses colonies paraît offrir quelques chances de succès.

Déjà quelques tentatives ont été faites dans ce but, soit en Europe, soit en Algérie, soit dans les autres colonies ; nous en dirons quelques mots en parlant de chacune des plantes que nous nous proposons de passer en revue.

LES CACAOTIERS.

Les cacaotiers sont des arbres de la famille des byttnériacées, dont les semences employées sous le nom de *cacao* sont l'objet d'un commerce important. La consommation du cacao est d'environ 17 millions de kilogrammes en Europe, un million aux États-Unis; quant à celle de l'Amérique du Sud, il est difficile de l'évaluer, mais elle dépasse assurément de beaucoup ce dernier chiffre.

Les principales espèces de cacaotier sont le *Theobroma cacao* de Linné, le *Theobroma sylvestris*, d'Aublet ; le *Theobroma guyanensis*, d'Aublet ; le *Theobroma bicolor*, de Humboldt et Bonpland.

Le *Theobroma cacao* croît spontanément dans une région assez étendue de l'Amérique méridionale, savoir : le bassin du fleuve des Amazones et celui de l'Orénoque ; mais la culture s'est propagée de là dans plusieurs contrées américaines telles que le Mexique, les provinces de Guatémala, de Nicaragua et les Antilles. Quelques auteurs cependant prétendent qu'il croît spontanément à la Jamaïque. Il aime particulièrement les terrains fertiles, chauds et humides. C'est lui qui paraît fournir la majeure partie du cacao du commerce ; cependant plusieurs des espèces citées plus haut produisent, dit-on, des semences plus aromatiques et qui, dans les pays de production, ont une valeur plus considérable.

Les cacaotiers sont cultivés aujourd'hui dans presque toutes les régions chaudes du globe. Nous n'avons donc pas à nous occuper ici de leur acclimatation ; nous nous bornerons à signaler les centres de culture les plus importants.

En Amérique, les principaux lieux de production sont : le Brésil, les Guyanes, la Grenade, Sainte-Lucie, Saint-Vincent, la Dominique, Antigo, la Martinique, etc.

De l'Amérique, le cacaotier a été transporté dans plusieurs colonies africaines et asiatiques, et parmi les colonies françaises on peut citer le Sénégal, la Réunion, où il réussit assez bien ; mais les cultures n'ont pas encore acquis toute l'importance qu'on est en droit d'en attendre.

Nous avons trouvé des cacaos aux expositions de l'Espagne, du Portugal, du Brésil, aux expositions de diverses petites républiques de l'Amérique centrale et du nord de l'Amérique méridionale, parmi lesquelles nous citerons le Nicaragua, le Costa-Rica, le Venezuela, l'Équateur, le San Salvador, la Bolivie, et dans quelques colonies anglaises comme l'Honduras anglais, la colonie de Natal, la Guyane anglaise, la Trinité.

Mais nous ne quitterons pas ce sujet sans rappeler à votre souvenir l'établissement fondé au Nicaragua par notre collègue M. Ménier, et qui se trouve à quelques kilomètres de Naudaïmé. La propriété achetée en 1863 par M. Ménier se composait d'une ancienne plantation de cacaotiers représentant 40 000 pieds et de 1000 à 1500 hectares de terres non cultivées, mais qu'on pouvait approprier à la culture du cacaotier, grâce à un cours d'eau, le Medina, enclavé dans l'Hacienda.

M. Schiffmann, installé dans cette propriété depuis quatre ans, y a déjà planté près de 200 000 pieds de cacaotiers.

A Fortugas, sur les rives de la Sapoa, servant de frontière entre le Nicaragua et le Costa-Rica, M. Ménier possède 3000 hectares de terre qu'il se propose de consacrer à la culture des cacaotiers. Déjà 20 000 pieds de cacaotiers y ont été plantés.

Les plantations des *vallées Ménier* sont représentées à l'Exposition universelle par de beaux échantillons.

THÉ.

Le nom de *Thea sinensis* a été donné à un arbuste originaire de la Chine, dont les feuilles fournissent toutes les variétés de thé qu'on trouve dans le commerce sous différents noms.

La grande consommation du thé et les sommes énormes que son achat enlève chaque année à certains peuples ont engagé quelques nations à cultiver le thé, soit dans les colonies européennes, soit même en Europe.

Voici ce qu'écrit, à ce propos, M. le professeur Chatin, dans une note sur le thé de Java :

« Tout ce qui se rattache à la production du thé, cette feuille que les Chinois préparent, consomment et vendent encore aux autres peuples, notamment aux Anglais, aux Anglo-Américains, aux Russes et aux Hollandais, pour une somme d'environ un demi-milliard, mérite de fixer l'attention...

» Ce n'est donc pas une chose indifférente que l'extension de la culture de l'arbre à thé et la préparation convenable de ses feuilles dans des contrées autres que celle qui en a le monopole sur tous les marchés du monde. »

De nombreuses tentatives ont déjà été faites dans le but d'acclimater le thé.

C'est à la Martinique, puis à Cayenne, qu'ont été faits les premiers essais, dont le succès a été probablement douteux, puisqu'ils n'ont pas été poursuivis.

Les Anglais ont été plus heureux dans leurs colonies des Indes. C'est vers 1850 que les plantations qu'ils avaient faites au pied de l'Himalaya, dans le nord-ouest, commencèrent à prospérer. Depuis ce temps, d'autres essais tentés dans le Neilgherry, à la côte sud-ouest, ont admirablement réussi, et le temps n'est pas éloigné peut-être où cette colonie pourra faire une concurrence sérieuse à la Chine.

Les Hollandais ont également cherché à disputer aux Chinois les avantages de ce commerce. C'est en 1828, dans le jardin de Buitenzorg, à Java, que se firent les premières plantations. Le résultat ne répondit pas tout d'abord aux espérances, tant à cause de la défectueuse manipulation de la feuille que de son goût astringent et de la faiblesse de son arome. Depuis, la fabrication s'est beaucoup améliorée.

Le Brésil a fait, de son côté, surtout à San-Paulo, dans la province de Minas Geraès, des plantations de thé assez importantes pour suffire à une partie de sa consommation.

· Quelques plants ont été introduits à Port-Natal; ils semblent promettre un bon résultat.

A l'île de la Réunion, on a tenté, il y a quelques années, un essai dans la commune de Saint-Leu, par 900 mètres d'altitude, et sous une température de 8 degrés au-dessus de zéro en hiver et de 20 degrés en été. Les résultats n'en sont pas encore bien connus.

En Algérie, M. Liautaud, chirurgien de la marine française, a fait, vers 1856, quelques plantations du précieux arbuste, mais la culture n'y paraît pas devoir donner de bons résultats, l'arbre n'y mûrit généralement pas ses graines.

Il en est de même en Provence, où l'on a essayé, à plusieurs reprises, de cultiver cet arbrisseau; et, ce qu'il y a de curieux, c'est que, dans l'ouest de la France, aux environs d'Angers, le théier donne quelquefois de bonnes graines (Mérat et de Lens, *Dict. de mat. méd.*).

Une température trop élevée paraît donc être funeste à son développement; et, en effet, cela n'a rien qui doive surprendre, si l'on songe que les parties de l'empire chinois, où il croît, bien que n'étant pas situées à la même latitude que l'Europe, sont cependant à peu près sous les mêmes lignes isothermes. La température moyenne de Pékin est, en effet, à peine supérieure à celle de Paris. Il y a donc lieu de croire que le *Thea sinensis* réussirait assez bien dans l'ouest et dans le centre de la France; l'hiver de ces contrées, plus rigoureux que celui du midi, serait peut-être favorable à son développement, car, d'après les livres d'agriculture chinoise, le thé aime les gelées. Peut-être aussi viendrait-il dans le midi de la

France et en Algérie, mais en ayant soin de placer les plantations
à une altitude suffisante, sur des coteaux exposés au midi ; il serait
ainsi, pour une même température moyenne, soumis pendant l'hiver à une température plus élevée ; il retrouverait ainsi les conditions climatologiques des lieux où il croît spontanément.

Mais il est à craindre, en supposant que cet arbrisseau puisse s'acclimater, qu'il ne produise que peu de feuilles ; et, s'il devait toujours
en être ainsi, on serait obligé de renoncer à l'espoir d'en réunir une
assez grande quantité pour jamais l'exploiter ; ou que, dans le cas
contraire, les frais occasionnés par la cueillette des feuilles et leur
préparation n'enlèvent les bénéfices de la culture.

SÉNÉS.

Les sénés, feuilles et fruits, proviennent de plusieurs arbrisseaux
du genre *Cassia*, de la famille des légumineuses, principalement
des *Cassia acutifolia, obovata, æthiopica, lanceolata*.

Le *Cassia acutifolia* croît principalement dans la vallée de Bicharié,
au delà de Sienne, sur les confins de l'Égypte et de la Nubie.

Le *Cassia obovata* croît naturellement dans la Haute-Égypte, dans
la Syrie, en Arabie, dans l'Inde, au Sénégal.

Le *Cassia æthiopica* croît principalement en Nubie, dans le Fezzan,
au sud de Tripoli, et probablement dans toute l'Éthiopie.

Le *Cassia lanceolata* croît en Arabie.

Il y a un temps immémorial que l'on a tenté de transporter la
culture du séné dans d'autres contrées que dans celles où il croît
naturellement.

Ainsi on a cultivé fort anciennement le *Cassia obovata* en Italie,
surtout à Florence ; si l'on en croit Mathiole, il y serait même naturel, aussi est-il très-connu sous le nom de *séné d'Italie* ; on l'a
également cultivé en Espagne, au Sénégal, en Provence, à Saint-
Domingue, etc. Aussi est-il quelquefois désigné par le nom de ces
pays. Il vient si bien au Sénégal qu'on a proposé, il y a déjà longtemps, au ministre de la marine de l'y cultiver en grand pour l'usage
des hôpitaux, mais malheureusement les feuilles soumises à l'expérimentation ont été trouvées peu actives et les follicules presque
inertes.

Le *Cassia lanceolata* a été transporté à Tinnevelly, dans l'Inde anglaise, où il donne le Séné, connu sous le nom de *séné de l'Inde*.
Ce séné, qui est fort abondant dans le commerce, est moins actif
que le séné produit par l'espèce suivante.

Le *Cassia acutifolia* est certainement la meilleure espèce. Mélangé à de petites quantités de feuilles d'Arguel et de feuilles de *Cassia obovata* et de *Cassia æthiopica*, il constitue l'espèce commerciale, si estimée sous le nom de *séné de la Palte*. Son acclimatation a été tentée en Algérie, et paraît offrir, suivant M. Hardy, directeur du jardin d'acclimatation d'Alger, les meilleurs résultats. Il viendrait certainement au Sénégal.

On trouve à l'Exposition universelle des échantillons de séné aux expositions de diverses colonies anglaises. Nous citerons notamment l'exposition des Indes britanniques, qui, au milieu d'une matière médicale assez complète, contient des sénés que nous avons cru devoir vous signaler.

L'exposition australienne contient aussi des sénés. Il en est de même de l'exposition de Natal.

GOMMES FOURNIES PAR LES LÉGUMINEUSES.

I. — GOMME ADRAGANT.

La gomme adragant est sécrétée par plusieurs arbrisseaux du genre *Astragalus*. L'*Astragalus verus* de Perse et de l'Asie Mineure et l'*Astragalus creticus* de Crète, paraissent fournir la majeure partie de la gomme adragant du commerce. On en distingue deux sortes : la gomme vermiculée et la gomme en plaques ; mais les différences qu'elles présentent semblent tenir surtout au mode d'excrétion.

L'Asie Mineure prélevant chaque année sur l'Europe un tribut de 150 000 francs environ pour la gomme adragant employée. soit en médecine, soit dans l'industrie pour l'apprêt des tissus, il serait avantageux pour la France de s'affranchir de ce tribut en cherchant à récolter ce produit dans ses propres possessions. Or ces végétaux croissent sans culture aucune sur des collines calcaires sèches et très-arides ; il semble donc, vu l'analogie de climat qui existe entre l'Algérie et les contrées où croissent naturellement ces astragales, qu'ils pourraient être introduits avec succès dans cette colonie.

Il est probable qu'ils s'y acclimateraient facilement sur les coteaux trop arides ou trop secs pour être mis en culture. La production de cette gomme ne nuirait donc en rien aux autres exploitations.

II. — GOMMES ARABIQUES.

Les acacias qui fournissent la gomme arabique et la gomme du
Sénégal sont déjà cultivés à Alger et y réussissent très-bien ; mais,
dit M. Hardy, dans une note publiée en 1860, leur exploitation lucrative semble plutôt réservée aux régions sahariennes où ils sont déjà
en voie d'exploitation.

· GIROFLIER.

Le Giroflier, *Giroflia, Caryophyllus aromaticus* L., fournit au com
merce, sous le nom de *clous de girofles*, ses fleurs encore en boutons.

Cet arbre est originaire des Moluques, ainsi que le dit Rumphius ;
sa culture, bornée d'abord aux îles Moluques, puis à Amboine, fut
successivement portée à Java, Singapoore, Ceylan, les Séchelles,
Maurice, Bourbon, Zanzibar, Cayenne et les Antilles. Un instant elle
fut une fortune pour notre colonie de la Guyane française ; la
Réunion, à la même époque, en produisait 850 000 kilogr. Mais l'excès
même de la production fut sa ruine, et devant l'abaissement pro-
gressif des prix, qui bientôt ne suffirent plus à payer la main-
d'œuvre, cette culture fut abandonnée. L'exportation de ces deux
colonies s'élève à peine aujourd'hui à 90 000 kilogr., et c'est de l'Inde
anglaise et de Zanzibar que se tire la plus grande partie des clous
de girofles du commerce.

Si l'on compare la quantité produite par nos colonies à celle que
l'on consomme annuellement en France, 225 000 kilogr. environ, on
est fondé à demander que la culture de cette plante reprenne, sinon
toute son ancienne valeur, du moins une valeur suffisante pour ne
plus être les tributaires des Anglais pour un produit que nos colonies peuvent facilement nous donner.

On pourrait même étendre les cultures du Giroflier au Sénégal,
au Gabon, qui ont l'avantage d'être moins éloignés de la France
que les précédentes colonies.

IPÉCAS.

On distingue dans le commerce plusieurs sortes d'ipéca, dont les
principales sont :

L'ipéca annelé mineur produit par le *Cephalis ipecacuanha* (Richard), qui croît dans les forêts ombragées du Brésil.

L'ipéca strié ou ipéca noir produit par le *Psychotria emetica* Linné, qui croît au Pérou et dans la Nouvelle-Grenade.

L'ipéca ondulé ou ipéca blanc produit par le *Richardsonia brasiliensis*, Gomez, qui croît dans les prairies de Rio-Janeiro.

La première de ces espèces est la meilleure et la seule qui soit officinale. Mais ce médicament est assez rare dans le commerce et son prix tend à y devenir de plus en plus élevé. Il serait donc avantageux pour la France d'acclimater ce précieux végétal dans nos colonies. Il paraît aimer surtout les terrains fertiles, chauds et cependant ombragés.

Il n'est pas à notre connaissance que des essais aient été déjà tentés dans ce but. Plusieurs de nos possessions intertropicales : le Sénégal, le Gabon, la Guyane, les Antilles, paraissent cependant présenter des conditions climatologiques assez favorables au développement de cette plante. Peut-être même réussirait-elle en Algérie, où M. Hardy a introduit avec succès le *Psychotria emetica*.

On trouve à l'exposition du Brésil des échantillons d'ipécas.

SEMEN CONTRA.

Le *semen contra* (abréviation de *semen contra vermes*, nom qui en indique la propriété médicamenteuse) n'est pas un amas de graines, comme on l'a cru autrefois, mais un assemblage de fleurs ; il présente dans le commerce deux espèces distinctes :

L'une connue sous le nom de *semen contra du Levant*, longtemps attribuée aux *Artemisia judaïca* et *santonica* de Linné, est produite par l'*Artemisia contra*, L. ou *Artemisia Sieberi*, D. C.

L'autre, connue sous le nom de *semen contra de Barbarie*, est fournie par l'*Artemisia glomerata* de Sieber.

Ces deux plantes croissent toutes les deux dans la Palestine, le royaume de Boutan, la Caramanie.

Le *semen contra* du Levant, nommé aussi *semen contra d'Alep* ou *d'Alexandrie*, parce qu'il arrive par la voie de ces deux villes, est beaucoup plus estimé que le *semen contra* de Barbarie.

Longtemps, en médecine, on a employé le *semen contra* en poudre, en infusion aqueuse ou en sirop. Mais depuis que M. Kahler, de Dusseldorff, en a extrait le principe actif (santonine), qui est d'une administration plus commode, on a un peu délaissé les anciennes formes pharmaceutiques.

Ceci est fâcheux sous plusieurs rapports. En effet, pour obtenir une substance chère et d'une efficacité peu intense, on détruit des masses considérables d'une matière première, suffisamment efficace par elle-même, d'une administration facile également, et que son bas prix met à la portée du peuple dont les enfants ont surtout besoin (Guibourt).

L'obtention d'une petite quantité de santonine exigeant l'emploi d'une masse considérable de *semen contra*, et l'emploi de la santonine étant assez considérable, on est donc menacé de voir, dans un temps plus ou moins éloigné, le *semen contra* faire défaut, ou du moins prendre une valeur de plus en plus considérable.

Il y a donc intérêt à augmenter la production de cette substance. C'est pourquoi des essais de culture de l'*Artemisia contra* ont été tentés en Algérie; le résultat paraît en être très-satisfaisant. Il est à présumer qu'au Sénégal la culture de cette plante réussirait également bien.

JALAP.

La plante qui donne le jalap a été l'objet de beaucoup de controverses. On l'a regardée tantôt comme une bryone, tantôt comme une belle-de-nuit ou un liseron. Il est bien reconnu maintenant que le jalap est la racine d'une convolvulacée; mais on n'a pas découvert, de prime abord, l'espèce qui la fournit.

On a cru, dans le principe, que c'était le *Batatas Jalapa*, Choisy. On admet unanimement aujourd'hui que c'est l'*Exogonium Purga*, Bentham.

Cette plante croît au Mexique, et probablement dans d'autres parties de l'Amérique.

Pour ce qui est relatif à la culture du jalap et à son acclimatation, nous ne croyons pouvoir mieux faire que d'extraire les passages suivants d'une note de M. Daniel Hanbury, insérée dans le *Pharmaceutical Journal*, sur la culture du jalap, et dont la traduction a été publiée dans le *Journal de pharmacie et de chimie*, n° de juillet 1867.

« Les motifs qui rendent nécessaire la culture du jalap ailleurs que dans le pays où la plante est indigène, sont les suivants :

» 1° La production actuelle du jalap est peu abondante et incertaine;

» 2° La racine commerciale est souvent de mauvaise qualité, même quand elle est sans mélange, ce qui tient à la méthode défectueuse employée pour la dessiccation, et à ce qu'on récolte les tubercules trop jeunes;

» 3° Le jalap du commerce est souvent mélangé avec des racines qui lui sont étrangères. »

Cependant la culture du jalap ne sera utile qu'autant qu'elle produira une racine aussi active que celle employée jusqu'à présent, toujours de bonne qualité, d'un prix modéré, et en quantité suffisante pour que le marché en soit fourni. L'expérience apprendra si ces résultats peuvent être atteints en totalité ou en partie.

Considérons maintenant quels sont les climats et le sol où croît naturellement l'*Exogonium Purga*, et quelle est la méthode suivie pour la récolte et la préparation de la racine destinée au commerce.

Les informations les plus précises recueillies sur ce sujet sont contenues dans une lettre adressée par le docteur Schiède au docteur Schlechtendal ; elle est datée de Mexico, 26 octobre 1829, et a été publiée l'année d'après, dans le recueil périodique, *le Linnæa ;* en voici la traduction :

« La plante qui fournit le jalap ne croît pas dans le voisinage immédiat de Xalapa, mais à plusieurs milliers de pieds plus haut, sur les pentes orientales des Andes mexicaines, principalement autour de Chiconquiaco et des villages voisins, et aussi, à ce que j'ai entendu dire, autour de San Salvador, sur le versant oriental du Coffre de Pérote.

» La moindre élévation à laquelle la plante apparaît peut être évaluée à 6000 pieds (1719 mètres). Dans cette région, il pleut presque toute l'année. Durant l'été, de belles matinées sont suivies de violentes averses. Pendant l'hiver, ces ondées n'ont pas lieu, mais elles sont remplacées par d'épais brouillards qui durent des jours et des semaines, avec peu d'intervalles, tant sur les montagnes que sur leur pente. La plante préfère l'ombre, et se trouve seulement dans les bois, où elle grimpe sur les arbres et les arbrisseaux. Les fleurs paraissent en août et en septembre. On récolte la racine toute l'année, mais il serait sans doute préférable de la retirer de terre avant l'apparition des jeunes pousses, c'est-à-dire en mars ou avril.

» Les Indiens de Chiconquiaco commencent à cultiver le jalap dans leur jardin. L'avenir apprendra si les propriétés de la racine sont, à un degré quelconque, altérées par la culture ; celle-ci présente au moins l'avantage de permettre de faire la récolte au moment le plus favorable de l'année, ce qui ne peut se faire qu'avec difficulté au milieu d'épaisses forêts. Je ne perds pas l'espoir que le *Convolvulus* ou jalap puisse être quelque jour cultivé dans nos jardins d'Europe, sur une grande échelle. La pomme de terre n'est-elle pas originaire d'une région analogue? La plante du jalap supporterait difficilement, à la vérité, la rigueur d'un hiver d'Allemagne; mais les gelées blanches du printemps et de l'automne ne lui causeraient probablement aucun dommage, car la plante subit le même abaissement de température dans son pays natal.

» J'entends dire à présent que le jalap est exporté de Tampico, ce qui montre qu'il existe au nord des montagnes de Chiconquiaco, peut-être dans la Sierra Madre. »

J'ajoute à ce récit quelques lignes extraites d'une lettre d'un correspondant très-compétent que j'ai au Mexique, auquel je dois, en outre, une centaine de tubercules vivants du jalap.

« Les tubercules de jalap demandent un sol végétal et profond de débris de feuilles de pin, chêne, aune, etc.; et, comme ils poussent à une élévation de 7000 à 10000 pieds au-dessus du niveau de la mer (de 2005 à 2865 mètres), ils peuvent supporter un certain degré de froid et même de gelée pendant la nuit. Pendant le jour, la température moyenne qui leur convient est celle de 60 à 70° Fahr. (15° 55' à 21° C.).

» La plante ne réussit pas à Cordova, à cause de la trop grande chaleur. Je vous conseillerais de planter quelques tubercules à l'air libre, les traitant comme les dahlias, dont on recueille les racines en octobre pour les replanter en mars ou avril. Quand même la plante ne fleurirait pas et n'amènerait pas les semences à maturité, les tubercules prendraient du développement, et, ce qui est plus important, se multiplieraient sous terre à l'infini. Si le jalap a si souvent manqué en Europe, c'est qu'on le traitait comme plante de serre chaude.

» Ayant acquis ces données sur le climat et le sol naturel propre au jalap, il nous reste à rechercher quelles sont les régions qui offriraient les conditions les plus favorables à sa culture. Il me paraît qu'un climat humide et une température de 75° Fahr. (24° C.) en été, s'abaissant au degré de congélation en hiver, sont ce qui conviendrait le mieux. Ce qui confirme ce dire, c'est que la plante profite beaucoup en plein air, pendant les mois d'été, dans les jardins du sud de l'Angleterre, mais qu'elle ne supporte pas les mois d'hiver, à moins qu'elle ne soit garantie. Il nous reste à savoir si l'altitude où se trouve la plante au Mexique est une condition indispensable à son complet développement.

» Dans le Cornwall et dans quelques localités du Devonshire, de même que dans la partie méridionale de l'île de Wight, il est probable que le jalap se développerait bien en pleine terre comme une plante de jardin ordinaire, et il est très-désirable que l'essai en soit tenté. A Madère, le jalap réussirait probablement très-bien, étant placé dans un site suffisamment élevé.

» Mais s'il devient nécessaire de choisir dans les possessions anglaises les localités qui, pour le climat et l'élévation, présentent les conditions les plus rapprochées de celles où croît le jalap dans la Cordillière mexicaine, nous devons penser tout d'abord à quelques localités de l'Inde, et particulièrement aux montagnes de Neilgherry, dans la présidence de Madras, qui paraissent offrir la réunion des conditions les plus avantageuses. Non-seulement la plante devrait être cultivée d'abord au jardin du gouvernement, à Ootacamund, mais on tenterait sans doute avec succès de la répandre dans beaucoup d'autres localités environnantes. On peut ajouter que Ootacamund est devenu la résidence de beaucoup d'Européens intelligents dont l'attention a été dirigée, à l'occasion de la culture des *Cinchona*, sur les circonstances les plus propres à favoriser dans cette contrée l'introduction des plantes qui lui sont étrangères.

» Il y a sans doute d'autres localités indiennes dans lesquelles on pourrait tenter avec succès la culture du jalap; telles sont certaines régions de l'Himalaya; mais, jusqu'à ce qu'on puisse disposer d'une quantité suffisante de racines, il sera plus sage de borner les essais à une seule localité.

» Il ne faut pas croire, cependant, qu'il n'ait été fait jusqu'à présent aucune tentative pour cultiver le jalap. Schiède mentionne que les Indiens du Mexique ont commencé, en 1829, à le cultiver dans leurs jardins, et je tiens d'un droguiste, à Londres, qu'une certaine quantité de jalap provient de cette origine. Feu le docteur Royle assure, en outre, avoir envoyé dans l'Himalaya même des plantes obtenues par la Société royale d'horticulture et par le docteur Balfour, à Édimbourg, et qu'il espérait qu'elles y seraient bientôt en bon état de rapport. En 1862, j'ai envoyé moi-même à M. Wilson, directeur du Jardin botanique de Bath, à la Jamaïque, une plante de jalap, et il m'écrivait, au mois d'octobre 1863, que, étant placée à une altitude de 2000 pieds anglais (610 mètres), elle y venait parfaitement, et que le jalap pourrait être cultivé dans les montagnes de l'île, de manière à devenir un article commercial. »

La culture de l'*Exogonium Purga* a aussi été tentée dans le midi

de la France par M. E. Planchon, directeur de l'École de pharmacie
de Montpellier, et par M. Gustave Thuret, d'Antibes; mais, pendant
l'été, le climat de ces localités est tellement plus sec que celui de
la région où croît naturellement le jalap, que le succès est douteux.
Des tubercules de jalap ont aussi été envoyés à Madère.

Il y a encore un point sur lequel nous avons besoin de renseignements, c'est l'âge auquel le jalap peut être récolté avec le plus d'a-
vantages. Les tubercules du commerce sont de toutes grosseurs et
du poids de 1 dragme à plusieurs onces; on préfère généralement
les plus gros, les plus compactes et les plus résineux.

RHUBARBES.

On a donné le nom de *rhubarbes* aux racines de plusieurs plantes de la famille des Polygonées et du genre *Rheum*.

La plante de ce genre la plus anciennement connue est le *Rheum
rhaponticum*, dont la racine, désignée sous le nom de *racine de Rha-
Pâpontic*, est probablement le Pà ou le Pnor des anciens.

Les Romains paraissent être les premiers qui aient connu la vraie
rhubarbe. Cette racine nous vient des parties centrales de l'Asie,
aussi son origine est-elle restée longtemps entourée de la plus profonde obscurité; et aujourd'hui encore, tous les naturalistes ne sont
pas d'accord sur la plante qui la fournit.

Plusieurs espèces de ce genre croissent en effet dans ces contrées
où le botaniste-voyageur ne pénètre qu'avec difficulté et en s'exposant souvent aux mauvais traitements des indigènes qui sont jaloux
de conserver ignorée la vraie plante qui produit la rhubarbe.

Vers le milieu du siècle dernier, on découvrit dans ces régions un
Rheum jusqu'alors inconnu. Linné lui attribua aussitôt l'origine de
la vraie rhubarbe, et le nomma en conséquence *Rheum Rhubarba-
rum*, nom qu'il changea plus tard pour celui de *Rheum undulatum*.

Le gouvernement russe fit alors cultiver cette plante en Sibérie
sur une grande échelle, mais il ne put en obtenir de vraie rhubarbe
et les cultures furent bientôt abandonnées.

Peu de temps après un marchand tartare, ayant procuré au gouvernement russe des graines qu'il disait être celles de la vraie rhubarbe, ces graines furent semées à Saint-Pétersbourg et donnèrent
deux plantes différentes, l'une était le *Rheum undulatum*, l'autre
était un *Rheum* inconnu jusqu'alors; il reçut le nom de *Rheum palmatum* et on lui attribua la production de la rhubarbe.

Cette opinion fut alors admise par la plupart des naturalistes jusqu'à ce que Pallas et Georgi vinrent élever de nouveaux doutes sur l'origine de la rhubarbe, en l'attribuant, d'après les indications qui leur avaient été fournies, soit au *Rheum compactum*, soit au *Rheum undulatum*, admettant dès lors que l'insuccès obtenu par le gouvernement russe dans ses cultures de Sibérie était dû à l'humidité et à la rigueur du climat de cette contrée.

Depuis lors des essais de culture ont été tentés dans la plupart des Etats de l'Europe et les *Rheum rapontium, compactum, undulatum* et *palmatum* ont été cultivés comparativement. En France, l'établissement le plus célèbre est celui qui existait autrefois au village de Rheumpole, dans le Morbihan.

Sous le climat de Paris, ces quatre espèces ne donnent point des racines identiques. Les trois premières sont beaucoup plus rustiques que la quatrième; elles végètent très-vigoureusement et donnent, au bout de quelques années, des racines aussi volumineuses que la rhubarbe du commerce; mais elles sont plus pâles, beaucoup moins riches en oxalate de chaux; leur odeur, leur saveur, leur matière colorante sont très-différentes de celles de la rhubarbe.

Le *Rheum palmatum*, au contraire, croît moins facilement sous notre climat; ses racines n'y acquièrent jamais la grosseur de celles des espèces précédentes ; cependant elles possèdent l'odeur, la saveur et le principe colorant de la vraie rhubarbe ; ce qui semble prouver que c'est bien là la plante qui fournit le précieux médicament, et que, si on la cultivait dans des conditions de température, d'altitude, de sécheresse, identique avec celles qu'elle trouve dans son pays natal, elle produirait une racine aussi belle et aussi bonne que la meilleure rhubarbe du commerce. Cependant la racine du *Rheum palmatum* cultivée en Europe ne contient que très-peu d'oxalate de chaux, ce qui a été vérifié par M. Guibourt, sur les racines récoltées en France ; par Scheele, sur celles récoltées en Suède ; et par Model, sur celles récoltées à Saint-Pétersbourg.

Enfin, à une époque plus récente, le docteur Wallich, directeur du Jardin botanique de Calcutta, ayant reçu des graines de rhubarbe de l'Himalaya en obtint un *Rheum* nouveau qu'il nomma *Rheum Emodi* et qui fut décrit depuis sous le nom de *Rheum australe*. Le docteur Wallich regarde cette plante comme l'origine de la rhubarbe, dite de l'Himalaya, et, en effet, le *Rheum Emodi* cultivé dans l'Inde lui a fourni des racines présentant tous les caractères de cette sorte de rhubarbe.

On a alors tenté de l'acclimater en Europe, et les essais dirigés dans ce but ont été plus heureux que pour le *Rheum palmatum*, car le savant professeur Guibourt, dont nous déplorons la perte récente, nous apprend, dans son *Traité de matière médicale*, t. II, p. 402, qu'il a reçu de M. Batka, de Prague, un échantillon de la racine de cette plante, récoltée à Prague, de graines envoyées par le docteur Wallich ; et cette racine, ajoute M. Guibourt, constitue une fort belle rhubarbe, très-craquante sous la dent, colorant fortement la salive en jaune et d'une saveur très-amère et astringente. Elle possède, comme on le voit, tous les caractères de la bonne rhubarbe du commerce.

La culture de cette plante mérite donc d'être propagée. En Allemagne et en Angleterre elle est aujourd'hui assez répandue ainsi que le *Rheum ribes*; mais la culture de ces plantes est surtout dirigée en vue de la récolte de leurs pétioles qui sont très-volumineux et qui contiennent une quantité très-notable d'acide oxalique; on les mange après les avoir confits.

CAMPHRE. — CANNELLE DE CEYLAN.

Parmi les nombreux produits que la famille des laurinées fournit à la matière médicale, deux surtout méritent de fixer l'attention, ce sont : le camphre du Japon et la cannelle de Ceylan.

CAMPHORA OFFICINARUM.

Le camphre du Japon paraît n'avoir été introduit en France que depuis cinq à six siècles. Plusieurs auteurs ont attribué sa production au *Dryobalanops Camphora*, arbre de la famille des diptérocarpées qui croît à Sumatra et à Bornéo; mais on s'accorde généralement à admettre aujourd'hui que le camphre est produit par un grand arbre qui croît spontanément au Japon et à la Chine, où on le nomme *Tchang*, arbre que Kœmpfer nous a fait connaître le premier, que Linné a nommé depuis *Laurus Camphora*, et Nees d'Esenbeck *Camphora officinarum*. Cet arbre se retrouve, paraît-il, dans l'Amérique septentrionale, mais il n'y donne, dit-on, pas de camphre (Mérat, de Lens, *Dict. mat. méd.*).

Les conditions climatologiques des pays où il croît spontanément font prévoir que l'acclimatation de ce végétal pourrait être tentée avec succès dans l'Europe méridionale où dans le nord de l'Afrique.

En 1680, Commelin reçut du cap de Bonne-Espérance le premier camphrier apporté en Europe et le cultiva au Jardin botanique d'Amsterdam. Nous ignorons dans quelles conditions fut effectuée cette culture et quels en furent les résultats. Ce qu'on peut affirmer, c'est qu'aujourd'hui le camphrier est cultivé avec succès à l'île Maurice et dans plusieurs iles de la mer des Indes. Des essais, tentés en Algérie, ont aussi donné de très-bons résultats et l'acclimatation de cette précieuse espèce peut y être considérée comme un fait accompli. C'est en ces termes que s'exprime M. Hardy dans une lettre lue à la séance du 26 juin 1856 de la Société impériale d'acclimatation. « Des sujets âgés de trois ans avaient alors près de 2 mètres de hauteur. »

En Algérie, le *Laurus Camphora* est cultivé de préférence dans les lieux frais et abrités. La température semble donc y être trop élevée pour lui ; aussi l'introduction de ces arbres en France pourrait-elle être tentée avec quelques chances de succès. A Paris, cependant, on ne les sort des serres que pendant l'été.

Mais si le *Camphora officinarum* croît en Algérie, y possède-t-il, comme dans l'extrême Asie, la propriété de sécréter du camphre, et, s'il en sécrète, la production est-elle assez abondante pour que l'exploitation puisse en être faite avec avantage?

C'est ce que nous ignorons complétement.

CINNAMOMUM CEYLANICUM.

La cannelle de Ceylan est le liber du *Cinnamomum ceylanicum*, Breyn ; *Laurus cinnamomum*, Linné. Cet arbre est, paraît-il, exclusivement propre à l'île de Ceylan, on le cultive surtout dans la partie occidentale de cette île. Les environs de Colombo sont le centre de cette culture importante qui s'étend sur une longueur d'une quinzaine de lieues environ.

Lorsque le cannellier se trouve dans une exposition convenable, on peut en récolter l'écorce au bout de cinq ans. Dans le cas contraire, il faut attendre qu'il soit âgé de huit, dix et même douze ans; on continue l'exploitation jusqu'à l'âge de trente ans, et l'on fait deux récoltes par an. Un sol léger et sablonneux paraît être favorable au développement de son huile essentielle; car, dans un terrain plus fertile, plus riche en humus, l'arbre pousse, à la vérité, plus promptement, mais son écorce est, dit-on, moins aromatique.

Les cultures du *Cinnamomum ceylanicum*, autrefois confinées dans l'île de Ceylan, se sont étendues dans plusieurs autres localités.

C'est ainsi que les Anglais l'ont propagé dans l'Inde où il remplace aujourd'hui avec grand avantage le *Cinnamomum cassia* qui y croissait autrefois spontanément et que les Hollandais avaient détruit après être devenus possesseurs des plantations de Ceylan.

L'écorce qu'il fournit dans cette localité est à peine inférieure en qualité à celle qui nous vient de Ceylan ; et dans le commerce de Paris, c'est la plus abondante.

A l'île Maurice et à l'île Bourbon, le cannellier est également cultivé avec succès.

Après avoir passé successivement de l'Océanie en Asie et en Afrique, le cannellier fut transporté dans les régions chaudes de l'Amérique et aujourd'hui le Brésil, la Guyane, les Antilles fournissent au commerce des écorces de cannelle quelquefois de qualité très-inférieure comme, par exemple, celle du Brésil ; d'autres fois, au contraire, pouvant presque rivaliser avec celle de Ceylan ; telles sont les cannelles de la Guyane et des Antilles.

Il n'y a cependant encore qu'un petit nombre de colonies françaises qui produisent de la cannelle, et la production est loin de suffire à la consommation. Plusieurs de nos colonies, où cet arbrisseau n'est pas cultivé sur une grande échelle, semblent cependant présenter toutes les conditions favorables à son développement ; telles sont la plupart de nos possessions océaniennes et surtout notre nouvelle colonie de la Cochinchine. Il est probable que la culture du cannellier y réussirait bien et que la France pourrait ainsi tirer de ses colonies un produit qu'elle doit aujourd'hui acheter à l'étranger.

Des tentatives pourraient être faites dans le même but au Sénégal et au Gabon. Quant à l'Algérie, l'introduction du cannellier ne nous y paraît guère possible ; car, en supposant même que l'arbre pût y végéter, son écorce ne posséderait probablement pas les qualités qui la font rechercher. Le *Cinnamomum cassia*, qui croît naturellement dans des contrées plus septentrionales, y serait sans doute plus facile à cultiver ; mais l'infériorité des écorces qu'il produit doit en faire rejeter la culture.

EUPHORBIACÉES.

Parmi les nombreux végétaux de la famille des euphorbiacées qui fournissent des produits à la matière médicale, nous citerons :

1° Le *Croton tiglium*, originaire des îles Moluques et dont les graines désignées sous les noms de graines de Tilly, petits pignons d'Inde, graines des Moluques, fournissent une huile employée comme purgatif et surtout comme rubéfiant.

M. Hardy, dans une note publiée cette année sur la situation des essais d'acclimatation des espèces ligneuses exotiques au jardin d'Alger, dit que le *Croton tiglium* y réussit parfaitement et qu'il donnera probablement des graines prochainement.

On peut donc, d'après cela, considérer cette espèce comme acquise à notre colonie d'Afrique.

2° Le *Jatropha*, L. (*Curcas purgans*, Adanson), qui croît spontanément dans les parties chaudes de l'Amérique.

Les graines sont employées comme purgatives sous les noms de pignons d'Inde, pignon des Barbades, graines de médicinier.

De l'Amérique il a été répandu sur plusieurs autres points de l'ancien continent où il vient maintenant sans culture, et M. Hardy nous apprend qu'aujourd'hui il est acclimaté en Algérie.

3° Le *Jatropha multifida*, L. (*Curcas multifida*, Adanson).

Cette espèce est originaire de l'Amérique méridionale. Ses semences sont usitées comme purgatives sous les noms de noisettes purgatives, graines de médicinier d'Espagne.

Il est, comme le précédent, acclimaté en Algérie.

4° Le ricin, qui paraît croître spontanément dans l'Inde, en Afrique, en Amérique, et qui est cultivé avec succès en France et en Algérie.

D'après M. Hardy, on cultive en Algérie plusieurs espèces ou variétés de ricin qui peuvent s'adapter aux différentes natures du sol et aux différentes expositions.

Il est ligneux et peut donner ses récoltes pendant quatre à cinq années successives, sans exiger aucun travail de renouvellement.

ALOÈS.

On désigne sous le nom d'aloès un suc épaissi, extrait résineux qu'on retire de plusieurs plantes exotiques de la famille des liliacées, appartenant au genre *Aloe*.

Ces plantes habitent tous les pays chauds. Celles qui paraissent surtout concourir à la production de l'aloès sont :

L'aloès vulgaire (*Aloe vulgaris*, Lam.), originaire de l'Inde orientale, de l'Afrique septentrionale et orientale. On lui attribue la production des sortes dites dans le commerce aloès des Barbades.

L'aloès succotrin ou socotrin (*Aloe socotrina*, Lam.). Cette plante croît spontanément sur les côtes méridionales de la mer Rouge et . sur les parties voisines de l'Afrique et de l'Arabie qui sont baignées par la mer des Indes. Elle vient également dans l'île de Socotora, d'où est venu son nom spécifique. Elle fournit l'aloès succotrin vrai, et sa variété opaque dite aloès hépatique.

L'aloès en épis (*Aloe spicata*, Thunberg). Cette plante croît naturellement au cap de Bonne-Espérance, dans l'intérieur des terres. Elle concourt ainsi que les suivantes à la production de l'aloès du Cap.

Aloe linguæformis, Linné.

Aloe ferox, Linné, Thunberg.

L'aloès étant un médicament dont le commerce a chez nous une valeur assez considérable, il est étonnant qu'il n'ait encore été fait jusqu'ici aucune tentative sérieuse pour acclimater les végétaux qui le fournissent, dans nos colonies des pays chauds.

Cela est d'autant plus regrettable que les aloès sont des plantes qui paraissent se prêter assez facilement à l'acclimatation. En effet, l'*Aloe vulgaris*, qui, comme nous l'avons dit précédemment, est originaire de l'Asie et de l'Afrique, a été transplanté en Amérique et principalement aux Antilles, où il concourt en majeure partie à la production de l'aloès des Barbades, une des meilleures espèces qui soient dans le commerce.

Cette même plante est aujourd'hui cultivée dans presque toute la région méditerranéenne de l'Europe, surtout à Malte, en Sicile et dans l'Italie méridionale.

Elle réussirait donc très-probablement dans nos colonies de la Guyane, du Sénégal, de l'Algérie.

L'introduction des autres espèces, surtout celle de l'*Aloe socotrina*, qui fournit le meilleur aloès, pourrait aussi être tentée, et nous appelons tout particulièrement l'attention des personnes qui voudraient se livrer à ces essais sur une espèce originaire du Cap, l'*Aloe mitræformis*, W., qui se cultive assez bien chez nous et qui, d'après M. Baillon, est la plus riche en suc brun et amer.

SALSEPAREILLES.

On donne le nom de salsepareilles aux racines de plusieurs plantes du genre *Smilax*, de la famille des asparaginées.

Toutes celles qui sont employées en médecine sont originaires des parties chaudes de l'Amérique. Les principales de ces plantes, celles dont l'acclimatation dans les colonies françaises pourrait offrir quelque avantage sérieux sont surtout :

Le *Smilax sarsaparilla* qui croît au Mexique, dans les terrains sablonneux, et qui nous fournit la Salsepareille de la Jamaïque.

Le *Smilax medica* qui croît sur la pente orientale des Andes du Mexique et qui nous fournit la Salsepareille de la Véra-Cruz.

. Les *Smilax officinalis* et *syphilitica*, tous les deux originaires de l'Amérique méridionale, et qui paraissent fournir la Salsepareille caraque.

Des essais de culture pourraient donc être tentés dans nos colonies américaines, en tenant compte de la nature du terrain, de l'altitude et de la température des lieux où croît spontanément chacune de ces espèces. Des essais ont déjà été tentés en Europe, car Mérat et De Lens, dans leur *Dictionnaire de matière médicale*, disent, d'après de Candolle, que la salsepareille officinale vient très-bien en pleine terre aux environs de Marseille et qu'elle pourrait y être cultivée pour l'usage médical, ainsi que dans le Languedoc et le Roussillon.

M. Hardy, dans une note publiée en 1860, sur l'importance de l'Algérie comme station d'acclimatation, dit que la salsepareille officinale y est en bonne voie d'acclimatation.

Mais ni De Candolle ni M. Hardy n'indiquent sur quels *Smilax* ont porté les expériences. Ce doit être une des espèces qui fournissent les meilleures sortes commerciales.

Plusieurs colonies anglaises et notamment la Guyane et la Nouvelle-Galles du Sud ont envoyé à l'Exposition universelle des échantillons de salsepareille.

DE
L'ACCLIMATATION DES CINCHONAS

DANS

LES INDES NÉERLANDAISES ET BRITANNIQUES

RAPPORT

Par M. LE Dr J. L. SOUBEIRAN

Professeur agrégé à l'École de pharmacie de Paris, Secrétaire délégué de la Société impériale
d'acclimatation,

ET M. Augustin DELONDRE

Ancien préparateur de chimie à l'École impériale polytechnique
et au Muséum d'histoire naturelle de Paris, membre de la Société impériale d'acclimatation.

L'acclimatation des cinchonas, tant dans les Indes néerlandaises
que dans les Indes britanniques, ne peut être appréciée à sa juste
valeur que lorsqu'on tient compte de l'immense importance des
cinchonas au double point de vue du commerce et de l'art médical. Il nous a donc paru utile de faire ressortir d'abord cette
importance en quelques mots.

La patrie des vrais cinchonas est la partie tropicale de l'Amérique
du Sud. Ils y croissent à différentes hauteurs au-dessus du niveau
de la mer, dans les forêts vierges du Venezuela, de la Nouvelle-
Grenade, de l'Equateur, du Pérou et de la Bolivie, républiques
limitrophes l'une de l'autre. Plusieurs de ces républiques, parmi
lesquelles nous citerons le Venezuela, la Nouvelle-Grenade, l'Équateur et la Bolivie, ont envoyé à l'Exposition universelle de 1867 des
échantillons de leurs écorces de cinchonas. Le Venezuela est représenté à ce point de vue à cette exposition par M. Eugène Thirion,
consul de ce pays, qui a exposé des échantillons de cinchonas des
forêts de l'Orénoque. A l'envoi de la Nouvelle-Grenade, nous trouvons comme exposant M. José Triana, membre de notre Société, qui
recommande à notre examen de nombreux bocaux contenant divers
échantillons d'écorces de cinchonas comme faisant partie de l'herbier de la Nouvelle-Grenade et en constituant un spécimen. Les
échantillons de l'Équateur sont exposés sous les noms de Florès,
d'Alvarès, de Gomez de la Torre ; le gouvernement de l'Équateur a
aussi exposé des quinquinas. Deux des espèces exposées par cet État
ne semblent pas avoir encore été déterminées.

Les propriétés thérapeutiques des écorces des cinchonas semblent du reste avoir été connues des indigènes de temps immémorial ; mais c'est en 1632 seulement qu'elles ont été connues en Europe ; l'efficacité réelle de ces écorces dans la guérison des fièvres intermittentes ne put pas longtemps être révoquée en doute. Depuis plus de deux siècles, l'écorce des cinchonas est reconnue en Europe pour le meilleur agent thérapeutique à opposer à ce genre de maladie, aussi son emploi n'a-t-il fait que se multiplier à mesure que les médecins ont appris à s'en servir avec plus d'habileté. Mais son importance s'est accrue d'une manière toute particulière lorsque, en 1820, Pelletier et Caventou ont fait connaître d'une manière plus exacte les alcaloïdes qu'on savait déjà exister dans ces écorces. La belle découverte de Pelletier et Caventou et les découvertes ultérieures des chimistes, et notamment de M. Pasteur, nous ont appris que la propriété fébrifuge des écorces des cinchonas est déterminée par quatre alcaloïdes qui présentent beaucoup de rapports entre eux et qui ont reçu les noms de *quinine*, *cinchonine*, *quinidine* et *cinchonidine*, dont MM. Howard et fils, fabricants de produits chimiques à Stratford, près Londres, ont envoyé à l'Exposition universelle de 1867 des échantillons tant à l'état d'alcaloïdes purs qu'à l'état de combinaisons avec différents acides sous forme de sels. Par la sûreté et la rapidité de leur action thérapeutique, ces alcaloïdes présentent un avantage marqué sur l'écorce de cinchona : ils sont plus commodes à employer et plus faciles à digérer que l'écorce. Leur sphère d'action s'étend de plus à beaucoup d'autres maladies dans lesquelles l'écorce de cinchona ne pourrait pas être supportée ou ne donnerait aucun résultat, par exemple dans diverses fièvres malignes non intermittentes, et notamment dans les fièvres rémittentes d'origine paludéenne ou provenant de malaria, ainsi que dans d'autres maladies telles que le typhus, les nombreuses maladies chroniques, etc., etc., dans lesquelles leur importance est partagée toutefois avec d'autres médicaments. Ces alcaloïdes ne possèdent cependant pas une égale intensité d'action : la quinine est l'alcaloïde qui possède le pouvoir le plus énergique et, malgré les protestations les plus vives de tous les médecins qui ont fait des essais comparatifs, elle est presque seule employée en médecine. Cependant, M. le docteur Hudelet, à Bourg-en-Bresse (Ain), tant à l'hôpital que dans sa clientèle des Dombes, où les fièvres paludéennes sont endémiques, et M. le docteur Beauregard, dans le canton de l'Eure, près le Havre, ont prouvé qu'il n'y avait pas un seul cas où le sulfate de cinchonine n'ait présenté une réelle efficacité. Il en est de même de

M. le docteur Wahu, chef de-l'hôpital civil et militaire de Cherchell
(Algérie), et de M. le docteur Briquet, dont l'autorité est si grande
pour tout ce qui a rapport à la physiologie et à la thérapeutique des
alcaloïdes fébrifuges.

Cette dépréciation des alcaloïdes autres que la quinine est assurément à regretter, et le gouvernement anglais l'a pensé ainsi lorsque,
par une décision récente, il a chargé des commissions médicales
d'essayer ces alcaloïdes comparativement et de faire des rapports
sur leur efficacité; les rapports préliminaires de ces commissions
qui nous ont été communiqués si obligeamment par le gouvernement anglais, de même que tous les autres documents sur la question, sont loin de partager la prévention qui existe contre l'emploi
des alcaloïdes autres que la quinine. Autant il est irrationnel de
remplacer, dans les cas graves, la quinine si active par un autre
alcaloïde moins énergique, autant il l'est de voir les autres alcaloïdes
des cinchonas et même les autres principes de ces écorces presque
entièrement dédaignés et laissés sans emploi. M. le professeur Soubeiran père était bien de notre avis lorsque, dans une de ses leçons
à la Faculté de médecine, il s'exprimait ainsi :

« Il est d'ailleurs des fièvres qui résistent au sulfate de quinine et
qui cèdent au quinquina, soit qu'alors le concours des principes
tanniques et aromatiques soit nécessaire, ou que peut-être (j'ai
quelque raison de le croire) l'association des deux alcaloïdes, quinine et cinchonine, puisse faire ce qui est impossible à chacun d'eux
séparément. »

C'est aussi dans cet ordre d'idées que M. A. Delondre père a préparé le *quinium* et M. le docteur J.-E. de Vrij le *quinoïdate de
quinoïdine*; des expériences encore inédites de M. le professeur
Ph. Phœbus, de Giessen, sur les propriétés médicales de l'*acide qui-
novique* viendraient à l'appui de l'opinion de M. Soubeiran père.

Quoi qu'il en soit, la quinine est devenue indispensable et elle est
aujourd'hui plus impossible à remplacer qu'aucun autre agent thérapeutique, et son usage paraît s'étendre de jour en jour. Par suite
de cette extension de son usage, l'importation en Europe de l'écorce
de cinchona ou du *quinquina*, car c'est sous ce nom que l'écorce
des cinchonas est vulgairement désignée dans le commerce, a beaucoup augmenté, et cette écorce constitue une des denrées dont
l'importation en Europe est la plus avantageuse pour l'Amérique tropicale. Ainsi, par exemple, suivant notre savant collègue, M. Weddell,
qui, par son *Histoire naturelle des quinquinas* (1859), a fait faire de
si grands progrès à la connaissance de ces arbres, la Bolivie seule,

bien que le gouvernement y ait limité la récolte et l'exportation, a livré au commerce trois millions de livres d'écorces dans les années 1850 et 1851. Les autres pays à cinchonas n'ont pas été moins productifs ; mais cette exportation considérable et surtout l'exploitation désordonnée et générale des cinchonas dans leurs pays d'origine ont inspiré en Europe la crainte que, même dans un avenir très-rapproché, la quantité d'un agent thérapeutique aussi indispensable pût baisser beaucoup et que certaines espèces de cinchonas, et peut-être précisément les plus riches en principes médicamenteux, fussent même presque détruites. En effet, le nombre des bonnes espèces a grandement diminué : il faut aller les chercher à plusieurs journées de distance de tous lieux habités, tandis que, par exemple, il y a une vingtaine d'années, les cinchonas servaient d'ornement à la place de Pitayo, fait qui nous a été signalé par M. E. Rampon.

MM. A. Delondre père et A. Bouchardat se font l'écho de ces préoccupations lorsqu'ils disent, dans leur *Quinologie*, page 14 :

« Ruiz se plaignait amèrement, en 1792, du peu de soin que les cascarilleros apportaient à l'exploitation de l'arbre ; M. A. de Jussieu, dans son savant rapport sur l'*Histoire des quinquinas* de M. le docteur Weddell, appuie aussi les observations contenues dans ce bel ouvrage à l'occasion de la perte de la plus grande partie des écorces. Maintenant que toutes les républiques de l'Amérique du Sud n'ont plus qu'à faire un sage emploi de l'indépendance qu'elles ont si chèrement acquise, nous ne doutons pas que les gouvernements de la Bolivie, du Pérou, de l'Équateur et de la Nouvelle-Grenade ne portent toute leur attention sur la conservation de la plus utile richesse de ces beaux pays en régularisant les coupes de forêts par des lois répressives. »

Toutefois Karsten, dont les actives recherches, non moins que le savoir, doivent inspirer une entière confiance, déclare mal fondée la conjecture que la récolte de l'écorce de cinchona doive amener l'anéantissement de cet arbre dans la contrée dont il est originaire. Il fait voir que les cinchonas coupés au-dessus du sol donnent de nouveaux rejetons, et, en outre, que les semences de cinchonas germent et que de jeunes plants croissent et se développent en grand nombre sur le terrain frappé par les rayons du soleil, après que la hache des cascarilleros a achevé son œuvre de destruction et en même temps de reproduction. Les cascarilleros sont également d'avis que leur travail fait plutôt augmenter le nombre des cinchonas qu'il ne tend à le faire décroître. Ce fait pourrait bien, en effet, être vrai, mais à la condition qu'ils y missent quelque précaution.

Ces observations, si complétement en opposition avec ce que
d'autres voyageurs ont rapporté, sont d'une grande importance,
parce qu'elles donnent pour une culture régulière des indications
précieuses dont on peut faire l'application.

Le docteur Scherzer, qui a visité l'Amérique du Sud après Karsten, et qui faisait partie de l'expédition de la frégate autrichienne
la Novara, écrit de même que les cinchonas disparaissent beaucoup
moins qu'on ne se le figure en Europe.

Les conséquences du mode d'exploitation adopté en Amérique ont
donc peut-être été exagérées, puisque les arbres coupés ne périssent
point, à moins qu'on n'arrache leurs racines, et qu'il suffit de leur
laisser le temps de repousser et de grandir; toutefois on ne peut nier
que ce mode de récolte de l'écorce ne présente de sérieux inconvénients, parmi lesquels nous citerons l'augmentation de la difficulté
de l'exploitation à des distances éloignées, à cause de l'imperfection
des routes et des moyens de transport, et la possibilité de la suspension momentanée de l'approvisionnement à cause de la nécessité de
laisser repousser les jeunes rejetons. Nous ne devons donc nullement regretter les préoccupations que l'usage toujours croissant des
écorces de cinchonas et leur mode d'exploitation en Amérique ont
fait naître en Europe, puisqu'elles ont conduit le gouvernement
néerlandais et le gouvernement anglais aux tentatives d'acclimatation des cinchonas dans les Indes néerlandaises et dans les Indes
britanniques, qui ont été couronnées d'un succès si complet.

Le gouvernement néerlandais avait déjà envoyé en 1862, à l'exposition universelle de Londres, des échantillons d'écorces provenant
de ses plantations de Java; mais ces écorces étaient beaucoup plus
minces que celles de l'Amérique du Sud, ce qui paraît devoir être attribué au mode de culture suivi à Java à cette époque. A l'Exposition
universelle de 1867, les plantations de cinchonas du gouvernement
néerlandais dans l'île de Java ne sont représentées par aucun échantillon; les envois faits par les autorités de l'île de Java paraissent, si
nos renseignements sont exacts, être parvenus en Hollande beaucoup
trop tard pour pouvoir arriver à Paris en temps utile, et le gouvernement hollandais aurait alors renoncé à les envoyer. Quant aux
plantations du gouvernement anglais dans les Indes britanniques,
elles sont représentées à l'Exposition universelle de 1867 par des
échantillons qui se trouvent, d'une part, dans la partie consacrée
aux produits du sol provenant des Indes britanniques, comme envoi
de M. W. G. Mac Ivor, surintendant des plantations de cinchonas du
gouvernement anglais en résidence à Ootacamund, et, d'autre part,

dans la vitrine qui contient les produits de la fabrique de MM. Howard et fils, dans laquelle on remarque en outre un échantillon d'écorce de *Cinchona nitida*, pris sur un arbre poussé dans les serres particulières de ces savants industriels. On sait, en effet, que les cinchonas sont cultivés et poussent très-bien dans les serres de MM. Howard et fils : pendant la belle saison, ces cinchonas sont mis en plein air ; on sait aussi que M. le docteur Hooker a cultivé les cinchonas dans les serres du Jardin botanique royal de Kew et que, en cas d'insuccès de leurs premières tentatives d'acclimatation dans les Indes, les arbres cultivés tant par MM. Howard que par M. le docteur Hooker étaient considérés par le gouvernement anglais comme devant servir de réserve.

Nous avons du reste appris récemment que les écorces de cinchonas des Indes britanniques sont maintenant cotées sur la place de Londres et viendront par suite bientôt faire sur les marchés de l'Europe une concurrence sérieuse aux écorces de cinchonas de l'Amérique tropicale.

ACCLIMATATION DES CINCHONAS DANS LES INDES NÉERLANDAISES.

Le gouvernement hollandais a incontestablement le mérite d'être le premier qui ait tenté l'introduction des cinchonas dans ses colonies des Indes orientales. Cette introduction a été réalisée sous le règne du roi Guillaume III, en l'année 1852, dans laquelle le premier plant de cinchona *vrai*, appartenant à l'espèce la plus convenable pour la préparation de la quinine, à celle qui porte le nom de *Cinchona calisaya*, est arrivé sain et sauf au mois d'avril. A son arrivée à Batavia, ce plant a été mis immédiatement en terre dans la fraisière du gouverneur général, à Tjibodas, sur la pente du Gedeh ; ce plant a fourni par boutures un grand nombre de jeunes sujets dont les deux plus âgés se trouvaient en 1862 dans la fraisière de Tjibodas ; il est mort dans le jardin botanique de Buitenzorg, où il avait été transplanté. Quoi qu'il en soit, c'eût été, dans le premier moment, faire la part trop grande au hasard que de faire dépendre la nouvelle culture des résultats obtenus au moyen du plant unique de *calisaya* provenant de MM. Thibaut et Keteleer, de Paris ; aussi, par décision du gouvernement hollandais du 30 juin 1852, le ministre des colonies de cette époque, M. Ch. F. Pahud, fut-il autorisé à envoyer au Pérou, pour y recueillir des plants et des graines de cinchonas, M. J.-K. Hasskarl, alors attaché au jardin botanique de Buitenzorg, à Java, en lui donnant pour mission de recueillir une collection de jeunes plants et de semences de cinchonas, non-seulement de l'espèce *calisaya*, mais aussi d'autres bonnes espèces. M. Hasskarl partit le 17 décembre 1852 de Southampton pour l'Amérique. Sans parler du retard qu'il éprouva d'abord en arrivant à Panama trois jours trop tard pour prendre le paquebot qui dessert la côte occidentale d'Amérique, ni des dangers et des fatigues d'un voyage en partie à cheval, en partie à pied, à travers les Cordillières par des sentiers inaccessibles, M. Hasskarl eut à surmonter en outre toute espèce de difficultés provenant d'une part de ce qu'il était, en Amérique, un étranger n'ayant aucune connaissance, ni de la localité, ni de la population, ni du langage, ni par suite des forêts où se trouvent les cinchonas, et de ce qu'il ne les avait jamais vus dans leurs sites originaires, et, d'autre part, de ce qu'il se trouva en présence de circonstances locales particulières et de ce qu'il eût à compter avec la jalousie des habitants. Nous n'entrerons pas ici dans le détail de ses pérégrinations à travers les Cordillières, mais nous dirons que, dès le 28 juillet 1853, il envoya en Hollande une bonne provision de graines de différentes espèces de cinchonas, qui ont été expédiées en partie à Java par le ministre des colonies, et confiées en partie en Hollande même, aux jardins botaniques d'Amsterdam et des diverses universités néerlandaises, pour être soumises à des essais.

Les graines de cinchona restées en Hollande ont bien germé et ont été envoyées à Java en différentes fois; un important envoi, entre autres, a été fait en septembre 1855, sous la direction de Junghuhn. Quant aux graines de cinchonas envoyées à Java, elles ont été semées en novembre 1853, à Tjibodas, par M. Teysmann, avec l'assistance de M. Teuscher.

M. Hasskarl, revenant du Pérou, prit terre à Batavia le 13 décembre 1854 avec vingt et une caisses de plants de cinchonas, et fut chargé immédiatement par le gouvernement de la direction de la culture des cinchonas à Java.

Tjibodas, site choisi pour la première plantation de cinchonas, se trouve à trente milles au sud de Batavia, sur le versant septentrional de la chaîne volcanique qui traverse Java de l'est à l'ouest, et est situé à 4400 pieds (1500 mètres environ) au-dessus du niveau de la mer. Le sol fut aussi préparé à Tjipannas, qui se trouve à un demi-mille au-dessus de Tjibodas et à 4700 pieds au-dessus du niveau de la mer. Ces localités étaient couvertes d'arbres d'une grande hauteur (*Liquidambar Altyngia*, Blume) qu'il fallut abattre. La vue de ces beaux arbres fit penser que la couche de terre y était d'une certaine épaisseur; mais en réalité elle n'était pas de plus d'un demi-pied (environ 15 à 20 centimètres). Au-dessous se trouvait une couche de *tjadas* (boue volcanique durcie) impénétrable aux racines. Dans ces localités, les plants de cinchonas ont continué à languir pendant l'année 1855, et, à la fin de cette année, l'expérience paraissait présenter peu d'espoir de réussite.

Les causes de cet insuccès sont évidentes. Après l'abatage des arbres qui se trouvaient antérieurement dans la localité, les jeunes plants de cinchonas, plantés dans une couche extraordinairement peu épaisse de terre végétale, au-dessus d'un banc rocheux impénétrable à leur racine, se sont trouvés exposés à la pleine force d'un soleil brûlant. De plus, les racines des arbres qui avaient été abattus, restaient sur le sol, s'y pourrissaient et donnaient naissance à des champignons qui attaquaient les racines des plants de cinchonas; en outre, les sites choisis ne paraissaient pas se trouver à une assez grande hauteur, et la température y était trop élevée. Par suite de l'effet combiné de ces influences contraires, il y avait seulement à Java, au bout des dix-huit premiers mois, trois cents plants de cinchonas dont l'état languissant laissait peu d'espoir.

En décembre 1855, F.-W. Junghuhn arriva à Java avec cent trente-neuf plants provenant du développement d'une partie des graines qui étaient restées en Hollande. Ces plants furent, dès leur arrivée, mis en terre à Tjiniroean, sur le mont Malabar; en six mois, soixante-seize périrent, mais le reste survécut. Quoi qu'il en soit, M. Hasskarl a fait faire les premiers pas à l'acclimatation des cinchonas dans l'île de Java, et a bien mérité la médaille d'or que la Société d'acclimatation lui a accordée dans sa séance publique annuelle du vendredi 12 février 1864, pour l'introduction et l'acclimatation des cinchonas dans l'île de Java. Hasskarl ne resta pas longtemps chargé de la direction de la culture des cinchonas à Java; atteint de maladie, il fut obligé de demander un congé et revint en Europe dans la seconde moitié de 1856. Par suite de ce départ, Junghuhn, que la Société d'acclimatation a également voulu récompenser en lui décernant une médaille d'argent de première classe pour la part qu'il a prise à l'acclimatation des cinchonas à Java, et que nous avons eu le malheur de perdre dans le courant de 1864, fut chargé d'abord temporairement, puis définitivement, de la direction de la culture des cinchonas par M. Pahud, qui était alors gouverneur des Indes néerlandaises. M. le docteur J.-E. de Vry fut de plus envoyé à Java comme chimiste chargé spécialement d'analyser les écorces des plants de cinchonas, afin d'en déterminer la valeur intrinsèque.

D'après les états officiels dressés le 20 juin 1856, le nombre des plants vivants des cinchonas existant à Java à l'époque de l'entrée de Junghuhn en fonctions, était de 251, répartis dans les plantations de Tjibodas et de Tjipannas sur le mont Gedeh d'une part, et de Tjinirœan sur le mont Malabar, d'autre part. Ils comprenaient 99 *Cinchona calisaya*, 140 *Cinchona pahudiana*, 7 *Cinchona lanceolata*, 4 *Cinchona succirubra*, 3 *Cinchona lancifolia* et 1 *Cinchona pubescens*. En dehors de ces 251 plants, il existait encore 1650 jeunes boutures dont la plus grande partie était dépourvue de racines.

Lorsque la direction de la culture des cinchonas fut acceptée par Junghuhn, il ne fut pas longtemps sans s'apercevoir que les cinchonas de la plantation de Tjibodas étaient pour la plupart sans vigueur et qu'ils dépérissaient. L'état défavorable de ces cinchonas détermina alors Junghuhn à proposer au gouverneur-général d'en transplanter la plus grande partie dans une localité plus convenable, et, lorsque cette proposition eut été approuvée, il la mit immédiatement à exécution. La plus grande partie de ces arbres ont été transportés dans la forêt qui se trouvait à proximité, sur le versant méridional du Gedeh ; de même, la plupart des plants qui se trouvaient à Tjinirœan, et qui paraissaient aussi dépérir, ont été transportés dans une portion de la forêt qui était voisine, mais se trouvait à une plus grande élévation.

Comme la rapide multiplication du petit nombre de plants que Junghuhn avait à sa disposition, était de la plus grande importance, ce botaniste établit à Tjinirœan des pépinières pour les multiplier par boutures. Bien que Junghuhn n'ait pas eu tout le succès qu'il aurait pu peut-être obtenir ainsi, le nombre des plants de cinchonas a cependant augmenté à Java par ce moyen, et Junghuhn s'est trouvé en état d'étendre beaucoup ses plantations. Il a établi successivement sur le mont Malabar plusieurs nouvelles plantations qui sont désignées dans les documents officiels sous les noms de Kebon-Pahud, Gedon-Badak, etc. Toutefois, c'est la propagation au moyen des graines surtout que Junghuhn préférait.

Bien que l'opération marchât lentement, on avait vu cependant, en juin 1857, quelques cinchonas commencer à fleurir à Tjibodas ; mais les premières fleurs s'étaient desséchées sans donner aucune graine, et c'est seulement en juin 1858 que les arbres ont fourni les premières graines mûres.

Aussitôt que Junghuhn fut en possession des graines tant désirées, il organisa de nouvelles plantations dans des forêts jusque-là presque inaccessibles et fréquentées seulement par les rhinocéros et les buffles sauvages. Ces nouvelles plantations furent établies sur les versants des monts Malabar.

Nous n'entrerons pas dans les détails de la méthode de culture adoptée par Junghuhn, mais nous ferons remarquer que, en modifiant les dispositions prises par Hasskarl et en plantant les jeunes cinchonas sous l'ombre épaisse des profondeurs des forêts, il est tombé dans un extrême opposé.

Nous observerons aussi que, en 1858, plusieurs plants ont eu à souffrir à Java des attaques d'insectes (*Bostrichus* ou *Dermestes*) de la grosseur d'une tête d'épingle qui paraissaient avoir été importés du Pérou avec les plants. 39 cinchonas des plantations de Java en ont été attaqués et en sont morts.

Quoi qu'il en soit, malgré toutes les difficultés qui ont entravé les efforts de Junghuhn, on comptait à Java, à la fin de 1863, 1 151 810 plants, dont 539 030 en pleine terre et 612 771 sur couches à l'état de semis, plus 6830 boutures en serre. Ces plants représentés par

12 093	*Cinchona*	*calisaya*,
251	—	*lancifolia*,
89	—	*succirubra*,
128	—	*lanceolata*,
1	—	*micrantha*,
1 139 148	—	*pahudiana*,

étaient répartis dans les plantations suivantes : 1° à Nagrak, sur le Tankoebanprahoe, 5000 pieds au-dessus de la mer ; 2° à Tjiniroean, 4820 pieds, et 3° à Tjibeuroem, 4800 pieds, ces deux localités sur le Malabar ; 4° à Tji-Bitoeng, 4700 pieds, sur le Goenong Wajang ; 5° à Reong-Goenong, 5000 pieds ; 6° à Kawa-Tjiwideia, 6000 pieds ; et 7° à Rantja-Bolang, 5900 pieds, ces trois localités sur la chaîne du Kenddeng, entre le Goenong-Tiloe et le Goenong-Patoca ; 8° à Telaga-Patengan, 4850 pieds ; 10° à Wonod-Jampi, sur la chaîne d'Ayang, 6830 pieds ; et enfin 11° une plantation sur le Dieng.

En se bornant à fixer son attention sur la multiplication des cinchonas qui s'est élevée à 1 151 810, on peut considérer le résultat obtenu comme favorable ; mais cette impression diminue lorsqu'on considère le rapport des différentes espèces entre elles. En effet, le rapport tout à fait défavorable de 12 093 *Cinchona calisaya* et de 1 139 248 *C. pahudiana* est assurément le contraire de ce qui, dans notre opinion, paraîtrait désirable. Toutefois, à la mort de Junghuhn, on pouvait considérer les cinchonas comme acclimatés à Java.

M. le docteur de Vry, l'éminent chimiste qui avait été associé à M. Junghuhn par le gouvernement hollandais, et qui s'était préalablement occupé, pendant deux ans, de l'étude des alcaloïdes des cinchonas avant d'accepter ces fonctions, a fait de nombreuses expériences sur les écorces des cinchonas cultivés à Java. En ce qui concerne le *Cinchona calisaya*, ses résultats sont vraiment satisfaisants. Une écorce prise sur le tronc d'un plant de cet arbre qui était âgé de six ans, lui avait fourni, en août 1860, 5 pour 100 d'alcaloïdes, et l'écorce des branches du même arbre en avait fourni 2 1/2 pour 100.

Après la mort du docteur Junghuhn, le système suivi à Java pour la plantation et la multiplication des cinchonas a été modifié de manière à se rapprocher du système suivi dans les Indes britanniques par M. Mac-Ivor, tout en restant parfaitement distinct de ce dernier.

Nous mentionnerons d'abord que, par un arrêté du gouvernement hollandais en date du 11 septembre 1862, prenant en considération la valeur inférieure du *Cinchona pahudiana*, la culture de cette sorte de cinchona avait été interdite : on devait seulement entretenir la quantité existante, sans la compléter, ni l'étendre. Par un arrêté ultérieur du 29 septembre 1864, M. K. W. van Gorkom, le nouveau directeur de la culture des cinchonas du gouvernement hollandais à Java, fut même autorisé à ne pas consacrer à l'entretien des *C. pahudiana* plus de dépense et de travail qu'il n'est strictement nécessaire, afin d'en prévenir entièrement la destruction et d'utiliser exclusivement les 40 000 plants disponibles sur les couches pour améliorer et compléter les plantations existantes.

Avant le mois d'avril 1864, les cinchonas étaient constamment plantés dans l'ombre la plus épaisse des forêts et éprouvaient les effets nuisibles de ce système jusqu'à ce qu'ils eussent atteint le développement d'un arbre dans toute sa force. Par la suite, les plantations furent rendues, non sans de grands efforts, plus accessibles à l'air et à la lumière par l'élagage d'un grand nombre d'arbres. Cette opération a donné les meilleurs résultats, et ses avantages se sont manifestés immédiatement par un développement encore inconnu et plein d'énergie des jeunes sujets.

Cet élagage doit du reste être poursuivi méthodiquement.

La difficulté de se procurer de la graine des sortes de cinchonas dont la vertu est constatée, était un grand obstacle à la multiplication simple et facile de ces espèces ; cependant, on aurait pu y sup-

pléer, ainsi qu'on l'a pratiqué avec succès dans les Indes britanniques, par des moyens artificiels tels que le *marcottage* et le *bouturage*. Il est constant que, à Java, la multiplication par les moyens artificiels est restée relativement insignifiante.

Dans les derniers mois de 1864 seulement, les serres d'élevage ont été agrandies et remplies de bonnes boutures.

A Java, le nombre des *calisaya* adultes s'élevait à la fin de 1864 à 21 et paraissait devoir promptement et régulièrement s'accroître de manière à promettre une production régulière de graines.

En ce qui concerne cette espèce, la plantation en pleine terre s'est accrue en 1864 de 3599, le nombre des jeunes plants poussés de graines et les nouvelles boutures de 4449, et celui des boutures en pleine végétation, de 10 268 sujets.

Outre le *C. calisaya*, le gouvernement hollandais possède dans ses plantations de Java, comme espèces dont la vertu est reconnue, le *C. lancifolia* et le *C. succirubra*.

Les *C. lancifolia* de Java sont issus de trois jeunes sujets obtenus de graines en 1854 par le docteur Karsten, à la Nouvelle-Grenade, et offerts au gouvernement anglais par l'intermédiaire du gouverneur de Curaçao.

Les *succirubra* proviennent de la multiplication de deux plants découverts dans la collection apportée, en 1855, de la Hollande, où ils avaient été obtenus de graines envoyées d'Amérique par Hasskarl sous la dénomination de *C. ovata*. Outre ces deux exemplaires, les Hollandais ont encore reçu des Indes britanniques, vers la fin de 1862, onze sujets de l'espèce *C. succirubra* avec un exemplaire de *C. micrantha* qui ne paraît pas jusqu'ici avoir été multiplié.

Les *C. lancifolia* et *succirubra* paraissent devoir réussir parfaitement à Java et présentent un aspect très-caractérisé.

L'un des plus forts pieds de *lancifolia*, au moment où ses premières fleurs venaient de s'ouvrir, a été détruit par un rhinocéros. Sur le Tankoeban-Prahoe, volcan en ignition près de Lembang, le *succirubra* le plus âgé a éprouvé le même sort, bien qu'il fût protégé par une clôture de fortes pièces de bois.

Dans les plantations, on a constamment à combattre les ravages causés par les rhinocéros, les bœufs sauvages, les kidangs (*Cervus Muntjac*), les sigouns (*Midans meliceps*). Dans les derniers mois de 1864, les pépinières de jeunes *calisaya*, sur le Malabar, ont eu à souffrir des dommages causés par les rats.

En mai 1865, les plantations de Java ont reçu des Indes britanniques quelques exemplaires de *Cinchona condaminea*. Les petites plantes languissantes, traitées avec le plus grand soin, ont bientôt poussé quelques branches, de sorte que, à la fin de l'année, il existait 187 plants vivants dont 12 en pleine terre. Depuis lors il a encore été envoyé de Ceylan, en échange de graines de *calisaya*, environ 1700 graines de *C. condaminea* dont on a déjà obtenu 800 plants.

Nous remarquerons, en terminant, que, à la fin de 1865, la culture comprenait à Java sept espèces de Cinchonas :

1° *C. calisaya* dont il y avait au moins trois variétés ;

2° *C. succirubra ;*

3° *C. lancifolia ;*

4° *C. condaminea ;*

5° *C. micrantha ;*

6° *C. pahudiana ;*

7° *C. lanceolata ;*

qu'elle paraissait être entrée dans une voie plus prospère; que le peu de rapport existant encore entre le nombre des plants du *C. pahudiana* et celui des plants des meilleures espèces paraissait avoir une tendance à disparaître; et enfin que, si les résultats de 1865 ne sont encore que modestes, les résultats de 1866 paraissent devoir être plus satisfaisants.

Les rapports officiels de cette dernière année n'étant pas entre nos mains, nous ne pouvons exprimer qu'une espérance basée sur certains faits venus à notre connaissance, sans donner ici notre opinion définitive. Toutefois, des renseignements venus de source officielle nous permettent, en ce qui concerne du moins les bonnes espèces, de donner pour le premier trimestre de 1867 les chiffres suivants :

153 605	*Cinchona*	*calisaya,*
100	—	*succirubra,*
2 802	—	*condaminea,*
27	—	*lancifolia,*

dans les plantations, de plus que l'année précédente et en tout :

342 717	*Cinchona*	*calisaya,*
617	—	*lancifolia,*
2 932	—	*succirubra,*
11 054	—	*condaminea,*

ce qui fait en somme 357 320 plants.

ACCLIMATATION DES CINCHONAS DANS LES INDES BRITANNIQUES.

Après avoir fait en 1855 une première tentative infructueuse dans le but de transporter des plants et des graines de différentes espèces de cinchonas d'une valeur réelle dans les Indes britanniques, le gouvernement anglais se décida, en juin 1859, à organiser une expédition dans ce but sous la direction de M. Clements Robert Markham à qui la Société impériale d'acclimatation a accordé une médaille d'argent de première classe, dans sa séance publique annuelle du vendredi 12 février 1864, pour la part vraiment considérable qu'il a prise à l'introduction des cinchonas dans les Indes britanniques.

M. Markham était assisté de MM. Spruce et Pritchett, ainsi que de deux hommes habitués à la pratique de l'horticulture, MM. Cross et Weir.

« Dans la conduite des opérations qui devaient me permettre de faire collection de plants et de graines de cinchonas, il était nécessaire », dit M. Markham dans son *Travels in Peru and in India*, « d'employer des personnes compétentes pour recueillir les graines simultanément dans la Nouvelle-Grenade, dans la république de l'Équateur, dans les forêts Huanuco du Pérou, dans la province de Caravaya ou dans la Bolivie. Je considérais qu'il était essentiel que les mesures fussent complétées durant la première année si cela était possible dans le but de laisser un temps aussi court que cela pouvait être praticable à l'éveil de la jalousie mesquine du peuple des républiques de l'Amérique du Sud que je pensais bien exciter plus tôt ou plus tard. C'était aussi mon devoir de conduire l'opération le plus économiquement possible, et il n'y avait pas de doute que l'emploi de plusieurs agents pendant un petit nombre de mois coûterait moins que la mission d'un seul voyageur qui aurait à parcourir des milliers de milles en trois ou quatre ans. Le temps était aussi un objet qui devait entrer en ligne de compte au point de vue de l'établissement des plantations dans l'Inde.

» Le secrétaire d'État pour les Indes a sanctionné tous les détails de mon plan, à l'exception de l'expédition dans la Nouvelle-Grenade et de la précaution de se pourvoir d'un steamer pour transporter directement les plants à travers l'océan Pacifique dans l'Inde. Mais ce n'était pas une chose facile de trouver des agents qui possédassent les conditions nécessaires pour accomplir la tâche : une familiarisation personnelle avec les forêts où se trouvent les Cinchonas, une connaissance de la contrée, du peuple et du langage étaient essen-

tielles, ainsi que la connaissance des espèces particulières de cinchonas qui poussent dans chaque région, et comme le travail devait
être accompli sans délai, on ne pouvait pas perdre de temps à acquérir quelqu'une de ces conditions.

» Pour les forêts de cinchonas de l'Equateur, j'ai été assez heureux pour m'assurer des services de M. Spruce, excellent botaniste
et intrépide explorateur, qui avait été occupé pendant plusieurs années à explorer les pays sauvages de l'Amérique du Sud et qui était
alors dans la localité. Je ne pouvais pas douter de son aptitude, mais
je pouvais à peine me hasarder à espérer que la mission qu'il avait
entreprise, serait exécutée aussi complétement et aussi parfaitement
et serait couronnée d'un succès aussi indubitable. La région qui lui
était assignée, était la plus importante, en ce qu'elle contient le *Cinchona succirubra*, c'est-à-dire l'espèce dont l'écorce, connue dans le
commerce sous le nom de *quinquina rouge*, renferme en centièmes
une plus large proportion d'alcaloïdes qu'aucune autre espèce : je
me sentais une plus grande certitude de succès dans cette région
que dans toute autre, parce que la contrée où se trouve l'écorce rouge
de cinchona était plus accessible qu'aucune autre, puisque les forêts se trouvaient, sur le versant occidental des Andes, traversées par
des voies navigables qui vont verser leurs eaux dans l'océan Pacifique, et que, par conséquent, il n'était pas nécessaire de transporter
les plants à travers les portions sauvages neigeuses des Cordillères.
Je priai donc M. Spruce de prendre ses dispositions pour se procurer
des semences de l'espèce, provenant des forêts de Loxa, qui présente
le plus de valeur.

» Pour les forêts de la province péruvienne de Huanuco, je m'étais
assuré du concours de M. Pritchett qui avait passé plusieurs années
dans l'Amérique du Sud et qui connaissait bien cette région spéciale.
Il devait recueillir des plants et des graines des espèces qui fournissent le *quinquina gris*.

» J'ai entrepris d'explorer moi-même les forêts de Caravaya ou
de la Bolivie et de recueillir le *Cinchona calisaya* et les autres espèces
importantes de cette région plus éloignée. Cette portion de l'entreprise présentait des difficultés particulières provenant de la jalousie,
si habituelle au peuple de la Bolivie, qui avait été excitée récemment
dans l'esprit des Péruviens de la province de Caravaya par les mesures de M. Hasskarl, agent hollandais, en même temps que les forêts y sont bien plus inaccessibles et que la distance à la côte est
plus longue et plus redoutable.

» C'était l'opinion de M. Hooker qui m'avait fait la faveur de me donner un si important avis, qu'un bon jardinier devait nous accompagner tant M. Spruce que moi-même, et il considérait cette mesure comme impérieusement nécessaire afin que ce jardinier pût s'occuper d'emballer les plants dans les forêts, de les établir dans les caisses de Ward et d'en avoir la charge durant le voyage aux Indes. Je désignai à sa recommandation M. Cross pour agir sous les ordres de M. Spruce, et M. Weir m'accompagna dans les forêts de cinchonas de la province de Caravaya.

» M. Spruce s'était arrangé avec M. le docteur Taylor de Rio-Bamba pour qu'il allât à Loxa recueillir des graines de l'espèce désignée sous le nom de *C. condaminea*; mais un sérieux rhumatisme et une attaque de maladie nerveuse, allant presque jusqu'à la paralysie, l'engagea à résigner au docteur Taylor la charge de recueillir les plants des espèces qui fournissent le quinquina rouge, et ce n'est qu'au dernier moment qu'il se crut assez fort pour entreprendre le voyage avec son ami.

» Par suite de l'abandon inévitable de l'idée de M. Spruce d'envoyer le docteur Taylor recueillir des semences de *C. condaminea* à Loxa, une portion de mon plan consistant dans l'introduction des espèces les plus importantes dans les Indes restait incomplète à la fin de 1860. A mon retour de l'Inde, par conséquent en mai 1861, j'ai obtenu la sanction du secrétaire d'État pour les Indes, qui m'a permis de prendre des mesures pour obtenir une provision de graines provenant des forêts de Loxa. M. Cross, le jardinier qui avait si habilement aidé M. Spruce et qui avait partagé ses fatigues, déposa dans un bon état sa collection de graines et de plants dans les Indes, puis retourna dans l'Amérique du Sud, attiré par la richesse et la variété de la flore des Andes. Comme il avait acquis par expérience la connaissance du peuple et du langage des localités où l'on trouve les cinchonas, et de la manière de voyager, il se trouvait dans les conditions nécessaires; et comme M. Spruce était trop malade pour entreprendre cette tâche, elle fut confiée à M. Cross, qui s'en est acquitté avec promptitude et a obtenu un entier succès. »

M. Cross a été aussi chargé ultérieurement d'aller recueillir dans la Nouvelle-Grenade des graines et des plants de *C. lancifolia* de Pitayo et des autres bonnes espèces de ce pays. Une première expédition a donné des résultats infructueux, tout en nous fournissant des renseignements très-précieux et très-importants sur les cinchonas de cette région; mais une seconde expédition a été entreprise et il faut espérer qu'elle donnera de meilleurs résultats.

Au commencement de l'entreprise, M. Markham avait résolu de

ne pas cesser ses efforts jusqu'à ce que les diverses espèces et les diverses variétés d'une valeur commerciale réelle aient été successivement importées dans les Indes ; et, malgré les difficultés qu'ont rencontrées M. Pritchett, M. Spruce, M. Cross et M. Markham lui-même pendant leurs pérégrinations au travers de la région qu'ils avaient à visiter, ce dernier peut être considéré comme ayant complétement réussi à atteindre son but.

Bien que les plants vivants que M. Markham avait rapportés lui-même de l'Amérique du Sud fussent, en effet, à leur arrivée à Madras, par suite de la chaleur à laquelle ils avaient été exposés dans la mer Rouge, dans un état si déplorable, qu'ils moururent aussitôt après leur arrivée, M. Markham avait pris des précautions si convenables pour assurer l'envoi de bonnes graines, que sa mission peut être regardée comme étant arrivée à une heureuse issue, et nous devons reconnaître qu'il a été parfaitement secondé par la sagacité et l'énergie de madame Markham. M. Markham n'a du reste pas contribué seulement à l'entreprise en introduisant, soit par lui-même, soit par ses agents, les graines de cinchonas dans les Indes britanniques : il a aussi donné à M. Mac Ivor les renseignements fort utiles que sa connaissance de l'Amérique tropicale lui avait permis de recueillir dans les pays d'origine.

Les graines et les plants purent être répartis en grande quantité dans trois localités : 1° à Darjeeling, au pied de la chaîne de l'Himalaya ; 2° à Hakgalle, près de Newera-Ellia, et 3° à Ootakamund, dans les Neilgherries dépendant de la présidence de Madras.

Les résultats obtenus dans ces trois localités n'ont pas suivi une marche ascendante aussi rapide.

La plantation de Darjeeling fut placée sous la direction du docteur Anderson, directeur du Jardin botanique de Calcutta. Le nombre des plants qui ont formé le noyau de cette plantation, était, au commencement de l'expérience, le 1er juin 1862, de 211, et le 1er mai 1866, il était de 192 765.

La plantation de Hakgalle, dans l'île de Ceylan, à 5200 pieds au-dessus de la mer, a été confiée aux soins immédiats de M. Mac Nicoll, et placée sous la direction supérieure de M. H. K. Thwaites, directeur du Jardin botanique de Peradenia. Les premiers plants y étaient arrivés en 1861, et le nombre total des plants et des boutures qui se trouvaient à Hakgalle, à la fin de 1865, était de 500 000. A cette date, 180 000 plants avaient déjà été distribués à des particuliers, parmi lesquels nous citerons M. Corbett, de Pusilawe.

Nous ne ferons que citer les plantations récentes de la vallée des

Kangra (Punjab), qui se trouvent sous la direction de M. John Mac
Kay, jardinier en chef chargé des plantations de cinchonas du capi-
taine W. Nassau Lees, ni des plantations de Mahabaleshwur (présidence de Bombay), qui sont sous la direction de M. H. Cook, et nous
passerons à l'examen des résultats qui·ont été obtenus dans la présidence de Madras.

La plantation d'Ootakamund, à 7500 pieds au-dessus de la mer,
avec la plantation annexe des Neilgherries qui en dérive, a été
placée sous la direction de M. Mac Ivor, homme savant et éminent
praticien.

Onze espèces sont cultivées par M. Mac Ivor. Les unes, qui contiennent principalement de la quinine, sont : le *Cinchona succirubra*, le *Cinchona calisaya*, le *Cinchona uritusinga*, le *Cinchona condaminea*, le *Cinchona crespilla*, le *Cinchona lancifolia*. Les autres
espèces, qui contiennent principalement de la cinchonine, sont : le
Cinchona nitida, le *Cinchona odorata*, le *Cinchona micrantha*, le *Cinchona peruviana* et le *Cinchona pahudiana*.

Dans le but de faciliter la propagation et la multiplication des cinchonas, M. Mac Ivor a employé quatre méthodes simultanément :
1° les *semis;* 2° les *marcottes;* 3° les *boutures*, et 4° les *bourgeons*.
M. Mac Ivor insiste beaucoup sur l'absolue nécessité, pour les graines
aussi bien que pour les autres modes de propagation, d'éviter un
excès d'humidité, qui compromettrait le succès de l'opération.

L'exposition des plantations est du reste un point important à
considérer; il faut choisir une température uniforme.

Tandis qu'à Java, Junghuhn avait planté les cinchonas sous l'ombre épaisse des forêts primitives, M. Mac Ivor a suivi un plan tout
autre et les a cultivés à ciel ouvert, admettant que ce mode de culture
est préférable, pourvu que les cinchonas soient à une hauteur convenable au-dessus du niveau de la mer, variable suivant les
espèces.

Nous ne nous étendrons pas ici sur toutes les précautions prises
par M. Mac Ivor, assisté des conseils de M. Cl. R. Markham, mais
nous dirons que son mode d'élevage aussi bien que son mode d'établissement des pépinières et des plantations en plein air ont donné
les plus beaux résultats; en effet, si le 9 avril 1861 M. Mac Ivor était
en possession de 635 jeunes plants, dès le 30 avril 1861 le nombre
des jeunes plants s'élevait à 1128, et le 30 avril 1862 ce nombre était
de 31 495. Au mois de mai 1866, le nombre total des plants de
cinchonas existant sur les collines des Neilgherries était de 1 123 645,
auxquels il faut ajouter plus de 100 588 plants distribués à des par-

ticuliers. Les 1 123 645 plants de cinchonas se répartissaient de la manière suivante :

Nombre total des plants fournissant :

Du quinquina rouge (*C. succirubra*)............	297 465
Du quinquina jaune (*C. calisaya*).............	37 495
Du quinquina gris.........................	29 818
De l'écorce dite *crown-bark* (*C. officinalis*)......	758 358
De l'écorce de la Nouvelle-Grenade...........	198
C. pahudiana..........................	425
	1 123 759

Ce nombre, déjà très-important, s'est encore beaucoup augmenté, et à la fin de 1866 il y avait plus de 1 500 000 de plants de cinchonas sur les collines des Neilgherries, auxquels il fallait ajouter comme nous l'avons dit plus de 100 000 plants distribués au public. Dans toutes les plantations des Indes britanniques, il y en avait assurément près de 2 500 000 et il en avait été distribué près de 300 000 à des particuliers.

En ce qui concerne le *C. succirubra*, il était question au mois d'avril 1867 de près de 800 000 plants comme nombre total des plants existant dans les diverses plantations des Indes britanniques.

Dans les Neilgherries, les *Cinchona succirubra*, *peruviana* et *micrantha* continuent à se développer convenablement dans les plantations de Neddivuttum, à des élévations variant de 4000 à 6000 pieds, tandis que les *Cinchona officinalis*, *Bomplandiana* et *crespilla* deviennent plus vigoureux et plus forts dans les plantations de Dodabetta, à des élévations variant de 7000 à 8350 pieds.

Là propagation des *Cinchona micrantha*, *peruviana* et *nitida* a du reste récemment été discontinuée à cause de la petite quantité de quinine qu'ils fournissent, bien que leurs écorces rendent une quantité considérable de cinchonine.

Pour donner une idée de la multiplication des cinchonas à Ootacamund, nous citerons le fait suivant : M. J.-E. Howard, de Londres, le célèbre quinologiste dont le savant concours a assurément été très-utile à MM. Markham et Mac Ivor, a donné au gouvernement anglais un plant vivant de *Cinchona uritusinga* qui avait environ 5 pieds de haut. Cet arbre, arrivé à Ootakamund le 18 avril 1862 dans un état languissant, a commencé à végéter le 31 mai suivant, de sorte qu'il a été possible d'en prélever quelques boutures; le 31 décembre 1863, par conséquent en dix-neuf mois. ce pied unique avait produit 6850 nouveaux individus.

Nous devons mentionner encore ici que M. Mac Ivor ne s'est pas contenté seulement d'appliquer toute sa sagacité au bon développement des cinchonas; il a cherché à se rendre compte si, par une culture convenablement appropriée, il ne pourrait pas arriver à déterminer une augmentation du rendement de l'écorce en alcaloïdes; il a vu que ce résultat pouvait être obtenu en couvrant le tronc de l'arbre avec de la mousse, de manière à dépasser toutes les espérances qu'il aurait pu concevoir; c'est ainsi que, par le *moussage*, le rendement en alcaloïdes s'est trouvé doublé, triplé, ainsi que cela a été constaté par les expériences de MM. J.-E. Howard, J.-E. de Vry, et de M. Broughton, chimiste attaché récemment aux plantations d'Ootakamund. Peut-être même le rendement en alcaloïdes pourrait-il augmenter encore par ce système.

M. Howard a du reste constaté que, chez les plants qui n'avaient pas été soumis au moussage, le rendement de l'écorce en alcaloïdes n'était pas moindre dans les Indes britanniques que dans l'Amérique du Sud. Ainsi une écorce de *Cinchona succirubra*, ayant deux années et cinq mois, lui a donné 6 pour 100 d'alcaloïdes : quinine 3,40; cinchonidine 2,06, et cinchonine 0,80.

En ce qui concerne la récolte de l'écorce, le meilleur moyen paraît être de ne pas couper l'arbre, mais de détacher l'écorce par bandes en suivant un procédé analogue à celui qui est employé pour récolter le liége du chêne-liége, pourvu que l'on ait soin de recouvrir la partie mise à nu avec de la mousse bien exempte de lichens. L'écorce se reproduit rapidement sous la mousse avec un rendement remarquable d'alcaloïdes. M. Mac Ivor a, du reste, constaté que le mois de février est le temps de l'année le plus convenable pour récolter l'écorce, et qu'il faut attendre que l'écorce soit mûre pour la récolter, sans dépasser ce terme. Enfin aucun des points principaux n'a échappé à son esprit éminemment observateur qui nous fait espérer encore de nouveaux progrès.

Aussi pouvons-nous dire que le bon accord de MM. Cl. R. Markham et Mac Ivor a donné les plus heureux résultats, et qu'ils ont bien mérité tous deux la reconnaissance, non-seulement de leur pays, mais aussi du monde entier, pour la part respective qu'ils ont prise à l'introduction des cinchonas dans les Indes britanniques et pour l'énergie avec laquelle ils ont maintenu leur opinion, en s'appuyant du reste sur les faits bien constatés que leur fournissaient leurs nombreux essais contradictoires.

En ce qui concerne les autres colonies anglaises, telles que Maurice, la Trinité, l'Australie, etc., etc., l'introduction des cinchonas n'y a pas dépassé la période des essais; nous constaterons donc le fait sans nous étendre davantage sur ces essais. Toutefois les essais faits à la Jamaïque sous la direction de M. N. Wilson, surintendant du Jardin botanique de cette colonie, semblent avoir donné déjà des résultats réellement sérieux et la colonie de Queensland en Australie a envoyé à l'Exposition universelle de 1867 des échantillons d'écorces et de feuilles de cinchonas.

ACCLIMATATION DES CINCHONAS DANS LES COLONIES FRANÇAISES.

De nombreuses tentatives ont été faites pour arriver à acclimater les cinchonas dans les colonies françaises, mais jusqu'ici elles ont été peu fructueuses. Toutefois les essais faits par M. E. Morin et A. Vinson, à l'île de la Réunion, paraissent donner de meilleures espérances; aussi la Société d'acclimatation leur a-t-elle décerné, dans sa séance du vendredi 1ᵉʳ mars 1867, une médaille d'argent de première classe.

La Société d'acclimatation, appréciant du reste l'importance que présenterait l'introduction des cinchonas dans les colonies françaises, s'occupe de se procurer des plants et des graines, afin de multiplier les essais et de faire tous ses efforts pour obtenir des résultats sérieux.

ACCLIMATATION DES CINCHONAS DANS LES AUTRES PAYS ET NOTAMMENT AU BRÉSIL.

Quelques tentatives d'acclimatation des cinchonas paraissent avoir été faites dans d'autres pays. Aux îles Canaries, ces tentatives ne paraissent pas avoir encore donné de résultats sérieux. Il a dû être fait des essais au Mexique, mais nous n'en connaissons pas les résultats. Au Brésil, les résultats obtenus semblent donner de grandes espérances, du moins en ce qui concerne le *Cinchona calisaya* et le *Cinchona ovata*, qui ont parfaitement poussé dans le Jardin public de Rio-Janeiro.

L'OPIUM ET SA CULTURE

EN ÉGYPTE

RAPPORT

Par M. GASTINEL

Directeur du Jardin d'acclimatation du Caire ;
Membre de la Commission vice-royale d'Égypte à l'Exposition universelle ;
Membre de la Société impériale d'acclimatation.

En 1865, j'ai eu l'honneur de faire à la Société impériale d'acclimatation une communication relative à mes travaux sur la culture du pavot somnifère de la Thébaïde, en vue de l'amélioration de l'opium égyptien. Cette amélioration qui a toujours été le but vers lequel tendaient mes efforts, je crois aujourd'hui l'avoir réalisée, ainsi que je vais tâcher de le démontrer.

L'opium, tout le monde le sait, est un des agents les plus précieux de la matière médicale, et un de ceux qui sont le plus fréquemment employés. Mais ses effets thérapeutiques ne peuvent être assurés que s'il contient la quantité normale des principes actifs qui constituent toute sa valeur.

Jusques dans ces derniers temps, l'opium d'Egypte ne jouissait pas d'une grande faveur dans le commerce par suite de sa pauvreté en principes actifs. Cet état d'infériorité ne tenait point à la variété de pavot cultivée, mais bien à des causes dont les producteurs ne se rendaient nullement compte.

Ainsi, les jeunes plantes commençant à se développer, on les arrachait pour les transplanter et en réduire le nombre, mais dans cette opération on suivait une pratique vicieuse en enfonçant les jeunes pavots dans la terre jusqu'à la naissance des feuilles, de telle sorte que la plus grande partie se trouvait enterrée. Il en résultait que les racines, très-petites encore, n'étant point influencées par l'action vivifiante de l'air, se trouvaient presque étouffées, et la plante ne pouvait dès lors acquérir tout le développement dont elle était susceptible. Evidemment, cette circonstance devait exercer une influence fâcheuse sur le rendement du pavot en opium et sur la teneur de ce produit en principes actifs.

Une autre pratique vicieuse consistait, une fois les jeunes pavots transplantés, à les arroser souvent et abondamment jusqu'au moment de la récolte de l'opium. Dès lors les sucs devenaient trop aqueux et par suite les principes actifs extrêmement délayés.

Il nous est bien démontré que de fréquents arrosements sont plus nuisibles qu'utiles, car en Asie Mineure où l'on récolte l'opium le plus estimé, on sème dans des endroits montagneux où l'humidité atmosphérique favorise seule, avec les pluies, le développement de la plante.

Enfin une autre circonstance qui concourait puissamment à la production d'un opium pauvre en principes actifs, c'est que les producteurs, dans la pensée de retirer une plus grande quantité de produit, pratiquaient les incisions aux capsules à une époque trop avancée de la maturité, pendant laquelle l'élaboration des sucs était évidemment incomplète. L'opium récolté dans ces conditions ne pouvait être qu'un produit de qualité très-inférieure; et, partant, peu estimé dans le commerce.

Nous venons de signaler les causes principales qui concouraient à la production d'un opium pauvre en principes actifs, nous allons maintenant indiquer les procédés que des études expérimentales continuées pendant plusieurs années au Jardin d'acclimatation du Caire, nous ont permis d'adopter et de recommander aux producteurs d'opium.

Au commencement de décembre, la terre étant bien préparée par la retraite des eaux de l'inondation et fumée à l'aide d'engrais de ferme, on sème à la volée, et lorsque les jeunes plantes commencent à se développer, on les arrache pour ne transplanter que les plus vigoureuses, de manière à laisser un espace de quelques centimètres autour de chaque pied, mais toujours en ne mettant en terre que les racines seulement. Un ou deux arrosements avant et après la floraison sont suffisants pour faire atteindre, à la plante, tout son développement, et la faire arriver à maturité. Lorsque les capsules, ayant atteint le volume d'un œuf de poule, passent du vert glauque au vert blanchâtre, le moment est venu de les inciser. Cette opération doit se faire, le matin, de bonne heure, en pratiquant, sur les capsules, des incisions transversales avec un canif, en ayant soin de faire ce travail en reculant, pour ne pas entraîner le suc avec les vêtements. Après chaque incision, il en jaillit un suc d'un blanc rosé qui, sous l'influence simultanée de l'air et de la chaleur solaire, se concrète en prenant, du jour au lendemain, une couleur brunâtre et une consistance assez ferme, ce qui permet de détacher facilement ce produit des capsules en les raclant. Malheureusement, les incisions que l'on pratique ainsi sur les capsules pénètrent bien souvent dans leur intérieur, et ont alors le double inconvénient de faire perdre une quantité plus ou moins notable de suc, et de rendre l'usage médical de ces capsules plus ou moins dangereux, puisqu'elles peuvent contenir une quantité d'opium, et par suite une quantité de principes actifs plus grande que celles dont les incisions n'ont été que superficielles. Aussi, pour éviter cet inconvénient et accélérer le travail des incisions, avons-nous l'intention de faire construire un petit scarificateur à plusieurs lames à pointe assez courte pour ne pas dépasser l'épaisseur du péricarpe.

Une dernière recommandation que nous avons faite, c'est de faire subir une dessiccation un peu avancée à l'opium nouvellement récolté et pétri sous la forme de pains sphériques, afin d'en assurer la conservation, contrairement à ce qui se pratiquait trop souvent en enveloppant ces pains encore mous de feuilles de pavot pour les livrer au commerce, ce qui avait toujours le grand inconvénient de leur faire subir un commencement de fermentation qui les altérait plus ou moins profondément, souvent même la plupart de ces pains se recouvraient de moisissures.

Ces recommandations, bien observées, ont permis aux producteurs de la Haute Egypte de livrer, au gouvernement et au commerce, un opium présentant tous les caractères que l'on recherche dans cet important produit. Cet opium, que je me suis empressé d'analyser dès sa réception, renferme 9,25 pour 100 de morphine pure, tandis que les nombreux échantillons provenant de la Haute Egypte, soumis à mon examen, avant celui dont il est question, ne contenaient que 2 ou 3 pour 100 de cet alcaloïde ou n'en contenaient pas du tout, ce qui m'obligeait à les rejeter.

C'est cet opium qui figure dans les galeries de l'exposition égyptienne. Il n'a pas encore atteint assurément le titre légal de 10 pour 100 de morphine que dépasse celui que je récolte au Jardin d'acclimatation. Mais cette élévation de titre constitue déjà un résultat considérable, et en promet de plus grands encore pour l'avenir. Aussi, l'espérance que j'avais, à la suite de quelques résultats satisfaisants obtenus au Jardin d'acclimatation, de réhabiliter l'opium égyptien, et de lui rendre son ancienne célébrité, est devenue pour moi, aujourd'hui, une certitude.

Quant au procédé employé pour titrer l'opium, c'est celui de Guilliermond modifié, que je suis de préférence, parce qu'il est

prompt, facile à exécuter et qu'il satisfait à toutes les conditions
d'un dosage exact.

Ce procédé consiste à épuiser un poids donné d'opium par de l'alcool à 71° cent., et à traiter la dissolution filtrée par la quantité
nécessaire d'ammoniaque pour décomposer le méconate de morphine contenu naturellement dans l'opium : il se forme du méconate d'ammoniaque qui reste dissous, tandis que la morphine
devenue libre se dépose à l'état cristallisé. La narcotine, autre alcaloïde de l'opium, mise aussi en liberté pendant la réaction, mais plus
légère que la morphine, reste en suspension dans le liquide ; par
la décantation on la sépare facilement. Il ne s'agit plus alors que de
jeter la morphine sur un double filtre, de la laver, la faire sécher,
de la laver ensuite à plusieurs reprises avec de l'éther pour dissou-
dre et entraîner les dernières traces de narcotine, et enfin d'en prendre le poids exact après dessiccation.

C'est ce procédé de dosage qui, appliqué à l'opium de la Haute
Egypte observé dans les galeries de l'exposition égyptienne, m'a
donné 9,25 pour 100 de morphine chimiquement pure et présentant bien les caractères qui lui sont propres : petites aiguilles
prismatiques à quatre pans, insolubles dans l'eau et dans l'éther,
solubles dans l'alcool, rougissant par l'acide azotique et bleuissant
par le sesquichlorure de fer.

Voilà donc un opium qui peut dès à présent entrer en concurrence, thérapeutiquement et commercialement, avec les meilleurs
opiums connus, et qui doit par conséquent acquérir une valeur bien
supérieure à celle des opiums récoltés jusque dans ces derniers
temps.

L'amélioration d'un produit aussi important que l'opium, but
constant de mes efforts, est une question dont la solution répond à
un besoin de premier ordre, car elle touche à la fois aux intérêts de
la science, du commerce et de l'humanité.

TABLE DES MATIÈRES

FIN DE LA TABLE DES MATIÈRES.

Paris. — Imprimerie de E. MARTINET, rue Mignon, 2.

EXTRAIT DES RÈGLEMENTS

DE LA SOCIÉTÉ IMPÉRIALE ZOOLOGIQUE D'ACCLIMATATION

Le but de la Société est de concourir :

1° A l'introduction, à l'acclimatation et à la domestication des espèces d'animaux utiles ou d'ornement ;

2° Au perfectionnement et à la multiplication des races nouvellement introduites ou domestiquées.

Elle s'occupe aussi de l'introduction et de la multiplication des végétaux utiles.

Le nombre des membres de la Société est illimité.

Les Français et les étrangers peuvent également en faire partie.

Pour faire partie de la Société, on devra être présenté par trois membres sociétaires, qui signeront la proposition de présentation, et être admis à la majorité absolue des membres du Conseil.

Les personnes qui résident à l'étranger et qui désireraient être admises comme membres de la Société, peuvent faire connaître leur intention par lettre adressée directement à M. le Président.

Chaque membre paye :

1° Un droit d'entrée fixé à 10 francs ; 2° une cotisation annuelle de 25 francs, qui peut être remplacée par une somme de 250 francs une fois payée.

La Société reconnaît des *sociétés affiliées* et des *sociétés agrégées*.

Ces dernières sont complétement assimilées aux membres.

Les membres auxquels il est distribué des graines, bulbilles, tubercules ou plants de végétaux, ou des œufs de vers à soie, sont tenus de mettre à la disposition de la Société une partie des produits qu'ils auront obtenus. Dans tous les cas aussi, les membres devront faire connaître à la Société les résultats de leurs essais.

Le recueil périodique des travaux de la Société est gratuitement adressé à chaque membre, à partir du 1er janvier de l'année de son admission.

Les membres reçoivent, avec la quittance de leur cotisation, une carte annuelle qui leur donne droit à dix entrées au Jardin d'acclimatation.

Toute demande de renseignements ou correspondance administrative peut être adressée à M. le Secrétaire délégué, au siége de la Société, rue de Lille, 19.

Paris. — Imprimerie de E. MARTINET, rue Mignon, 2.

www.ingramcontent.com/pod-product-compliance
Lightning Source LLC
LaVergne TN
LVHW011222170726
843501LV00002B/338